普通高等教育“十二五”规划教材

发输电自动化

主　编　杨凌职业技术学院　曹利刚
主　审　西安理工大学　郭鹏程

中国水利水电出版社
www.waterpub.com.cn

内 容 提 要

本书共分为8个模块，每个模块又分为3个项目。主要介绍了同步发电机的并列、发电机励磁的自动调节、水电站辅助设备的自动控制、水轮发电机组的自动控制、水电站计算机监控系统、输电线路自动重合闸、备用电源自动投入装置、低频减载自动装置等内容。

本书可作为高等职业院校、高等专科院校、成人高校、民办高校及本科院校成立的二级职业技术学院机电设备运行与维护专业、水电站动力专业、电力系统自动化专业、供配电专业及相关专业的教学用书，也可作为相关从业人员的业务参考书及培训用书。

图书在版编目（CIP）数据

发输电自动化 / 曹利刚主编. -- 北京 : 中国水利水电出版社, 2013.8
普通高等教育"十二五"规划教材
ISBN 978-7-5170-1209-2

Ⅰ. ①发… Ⅱ. ①曹… Ⅲ. ①电力系统－自动化－高等学校－教材 Ⅳ. ①TM76

中国版本图书馆CIP数据核字(2013)第200482号

书　　名	普通高等教育"十二五"规划教材 **发输电自动化**
作　　者	主编　杨凌职业技术学院　曹利刚 主审　西安理工大学　郭鹏程
出版发行	中国水利水电出版社 （北京市海淀区玉渊潭南路1号D座　100038） 网址：www.waterpub.com.cn E-mail：sales@waterpub.com.cn 电话：（010）68367658（发行部）
经　　售	北京科水图书销售中心（零售） 电话：（010）88383994、63202643、68545874 全国各地新华书店和相关出版物销售网点
排　　版	中国水利水电出版社微机排版中心
印　　刷	三河市鑫金马印装有限公司
规　　格	184mm×260mm　16开本　20.25印张　506千字
版　　次	2013年8月第1版　2013年8月第1次印刷
印　　数	0001—3000册
定　　价	**43.00**元

前言

本书是根据全国示范性职业技术学院建设工程——杨凌职业技术学院全国首批示范性职业技术学院建设方案的目标和要求，以培养应用、高技能人才为目标，以最新的国家标准、技术规范为依据，以学生的专业能力培养为落脚点，按照机电设备运行与维护专业人才培养方案的要求，结合编者多年的教学和实际从业经验编写而成的。

本书彻底打破了传统教材的纯理论教学体系。以“理论浅显，依靠理论设计简单的实验，在真实案例中丰富理论”为指导思想，采用了当前国外高职类最成熟、最流行的模块教学法和项目教学法。

本书分为 8 个模块，即同步发电机的并列、发电机励磁的自动调节、水电站辅助设备的自动控制、水轮发电机组的自动控制、水电站计算机监控系统、输电线路的自动重合闸、备用电源自动投入装置、低频减载自动装置。每个模块又分为 3 个项目和该模块的总结与思考题，第一个项目介绍本模块所包括的理论知识；第二个项目介绍与本模块理论知识相关的实验设计方法或典型实验；第三个项目介绍相关的典型案例分析与最终结论。

本书特色之一是：在每个模块的第一个项目里，首先详细介绍该模块内容的发展史，然后着重说明当前具体应用情况，最后分析该领域今后发展的方向。其目的是通过发展史的介绍，对学生产生浓厚的学习兴趣，让学生了解该领域的前沿知识和今后的发展方向。

本书特色之二是：在每个模块的第二个项目里，是相对比较深奥的实验设计方法或者现成的典型实验设计。旨在让学生借助实验设计的思想，应用所学理论知识进行简单设计，以达到对知识的活学活用之目的。

本书特色之三是：在每个模块的第三个项目里，详细介绍了国内外相关领域最新发生的典型案例，并附有案例分析过程和最终结论。旨在通过案例分析，让学生知道“理论指导实践”的巨大作用，从而进一步巩固、深化理论知识。

本书在编写过程中，参考了大量的专业教材、专业期刊、硕士论文、博士论文、会议录和标准等。绝大部分参考“中国知网”、“万方数据”和相关教材，能够查到文献的详细来源。也有一部分参考“百度文库”、NARI 和重庆新世界电气有限公司的培训资料，这些都无法找到详细的来源，在此，对编写相关资料的作者表示衷心的感谢。还有一小部分内容参考了主编在本科和研究生阶段学习相关自动化课程时的课堂记录，在此，对华北水利水电学院和西安理工大学的相关老师也表示最诚挚的谢意。

本书由杨凌职业技术学院曹利刚老师担任主编并负责统稿，杨凌职业技术学院徐浩铭老师担任副主编。各项目编写分工如下：曹利刚编写模块 1～模块 3 和模块 5 所有内容；杨凌职业技术学院汶占武老师编写模块 4 的项目 10 前三节所有内容；西安理工大学硕士研究生郭改琴编写模块 4 的项目 10 后两节、项目 11 和项目 12 所有内容；徐浩铭老师编写模块 6 和模块 8 所有内容；杨凌职业技术学院孙小春编写模块 7 所有内容。西安理工大学郭鹏程副教授担任主审，并进行了全面而详细的审稿，提出了许多宝贵的意见，在此表示衷心感谢。

由于编者水平有限，书中错误和不妥之处在所难免，恳请读者批评指正。

编者

2013 年 5 月

目录

绪　论

我国是矿产资源丰富的国家，煤炭资源总量为5.6万亿t，居世界第三位。其中已探明的储量为1万亿t，占世界总储量的11%。全国除上海外，其他省（自治区、直辖市）均有探明的储量。从地区分布看，储量主要集中分布在山西、内蒙古、陕西、云南、贵州、河南和安徽，七省储量占全国储量的81.8%，分布呈现北多南少、西多东少的特点。

根据2003年全国水力资源复查成果，我国水力资源理论蕴藏量在1万kW及以上的河流共有3886条，水力资源理论蕴藏量60829亿kW·h/年，平均功率为6.94亿kW，技术可开发装机容量5.42亿kW，年发电量24740亿kW·h。我国水力资源总量居世界首位，理论蕴藏量和技术可开发量分别占全球总量的15%和17%。

我国有金沙江、长江上游、澜沧江干流、雅砻江、大渡河、怒江、黄河上游、红水河、东北三省、湘西、乌江、闽浙赣和黄河北干流共计13大水电基地。其可开发装机容量约2.89亿kW，年发电量11106亿kW·h，分别占全国水电技术可开发量的53.32%和44.89%。

截至2011年底，全国发电装机容量10.5亿kW，其中，火电7.6亿kW，水电2.3亿kW，核电1191万kW，风电4700万kW。火电装机容量占全国装机容量的72.38%，水电装机容量占全国装机容量的21.83%。我国东部地区水力资源开发利用程度已达66.0%，中部地区水力资源开发利用程度达到76%，而西部地区水力资源开发利用程度只有15%。尤其是水力资源富集西部，主要流域开发利用程度还很低，水力资源开发利用前景十分广阔。

随着社会的快速发展，我国电力系统的规模日益扩大，系统的运行方式变化也越来越频繁，发输电设备的自动化程度也越来越高。我国电网已经形成了以三峡电站为中心，辐射四方，西电东送，南北互供，全国联网的局面。

为了保证发电和输电的安全可靠，保证电能质量，提高电网的经济效益，必须借助于发电站自动控制设备和电力系统自动装置来实现，这是因为它可以：①提高供电的可靠性；②提高电能的质量；③减少系统的备用容量，提高设备的利用率；④合理利用动力资源，提高系统运行的经济性。

一、发输电自动化的内容

发输电自动化的目的在于全面提高发电和输电的可靠性、确保电能质量、减少系统误动作、确保电网的安全经济运行。经过多年的发展，计算机监控技术已基本成熟，在国内的大中型电站都能做到在中央控制室集中操作，甚至有相当一部分大中型水电站已经实现了远程控制。随着输电电压等级的不断提高，输电线路的自动控制技术也得到了很快发展。发输电自动化的具体内容可概括如下：

（1）实现机组的自动同期并列，确保并网的可靠性。

（2）通过自动调节发电机励磁装置，控制发电机的无功出力。

（3）自动调节转速，改变机组的整定值，控制机组的有功出力。

（4）当油压装置内油压不正常下降时，用自动投入备用油泵的方法来保持油压在一定的范围内。

(5) 当排水系统或技术供水系统水位不正常时，自动投入备用水泵。

(6) 当压力油槽的气压降低到下限时，具有自动补气功能。

(7) 当发生发电机轴承或油槽的油温升高、油槽及油压装置的油位不正常、冷却水中断、设备过负荷等不正常情况时，发出警报信号。

(8) 当推力轴承及导轴承过热超过允许值、轴承失去润滑水、油压装置中油压发生事故性下降，机组过速、发电机短路等故障时，机组紧急停机，并自系统切除。

(9) 当发生紧急事故停机时，具有自动关闭进水口闸门的功能。

(10) 压缩空气系统、集水井排水泵等全厂公用设备能自启动和停止。

(11) 实现坝后水位自动检测功能。

(12) 实现自动开机、停机、发电转调相、调相转发电、对于抽水蓄能电站实现发电转抽水和抽水转发电的自动控制。

(13) 自动监视常用主电源和备用电源的电压，当常用电源事故切除后，备用电源能自动投入。

(14) 根据具体情况，决定在输电线路上装设自动重合闸或自同期重合闸装置。

(15) 实现按频率自动减负荷功能。

(16) 自动显示实时发电各种参数，并作简单分析。

二、发输电自动化的目的和意义

通过对电站、输电线路的各种设备信息进行采集、处理，实现自动监视、控制、调节、保护，从而保证各设备安全稳定运行，保证电能的质量，减少运行与维护成本，改善运行条件，实现无人值班或少人值守。

(1) 减员增效，改革电站值班方式。发输电自动化的实现，使运行值班人员对设备的操作工作量大大减少，减轻了人员的劳动强度，减少了电站的人员数量，使电站实现少人值守或无人值守。

对电站运行人员的职能进行转变，把运行人员从对电站设备的操作向对电站设备的管理进行转化，使电站运行人员把更多的时间和精力花在电站设备的维护保养上，保证电站设备的可用性及完好性，延长电站设备的使用寿命及检修周期。发输电自动化实现后，富余出来的人员则可进行轮流培训，以提高对电站的运行管理水平，还可为电站从事多种经营、第三产业创造条件，充分开发电站的资源，为电站增加经济效益。

(2) 优化运行，提高电站发电效益。发输电自动化的实现，使电站自动控制系统能按优化运行方案给机组分配有功功率和无功功率，让机组运行在高效率区。

对一个电站来说，有了优化运行，就可以给电站带来直接经济效益，其意义也相当大。根据国内外资料表明，在水电站实行优化运行可最大限度地利用水能，水能利用率能提高3%～5%。如果从机组的角度来看，相当于机组的效率提高了3%～5%。

(3) 竞价上网，争取水电上网机会。水电站采用计算机控制系统可加快水电站机组的控制调节过程。比如，机组开机过程，采用人工操作，光是机组并网这一环节，有的机组经10多min都并不了网，运行操作人员精神高度集中紧张，弄不好还可能发生非同期合闸，给电网和机组带来冲击。采用计算机控制系统、自动控制装置并网，机组的频率、电压自动迅速跟踪电网的频率、电压，当频率、电压、相位差满足并网合闸要求后，机组自动并网，

并网时间很短，一般只需 2min 左右即可解决问题，时间短的只需 30s 就可并网。

（4）可靠运行，保证电网的稳定。发电自动化装置减少了运行人员直接操作的步骤，从而大大降低了误操作的可能性，避免了运行人员在处理事故的紧急关头发生误操作，保证了电站设备运行的可靠性，从而也保证了电网运行的可靠性。在设备可靠运行的情况下，计算机监控系统能自动控制发电机组频率和电压，并根据电力系统调度要求，自动调节发、供、用电的平衡，保障了电站发出的电能质量和电网运行的稳定性。

输电自动化装置实现了遥控、遥测、遥信、遥调功能，取代了传统变电站的预告信号、事故音响、仪表检测的作用；实现远方监控，取代了传统的有人值守模式；能够迅速而正确地收集、检测和处理电力系统各元件、局部系统或全系统的运行参数；提高了系统的运行可靠性，即保证了用电可靠性。比如，自动重合闸可使线路开关瞬间故障跳闸后在瞬间自动重合，不影响用电。

（5）避免事故，确保用电可靠。发输电自动化装置不仅能节省人力，减轻劳动强度，而且还能减少电力系统事故，延长设备寿命，全面改善和提高运行性能，特别是在发生事故的情况下，能避免连锁性事故发展和大面积停电；使一个重要用户有两路甚至三路电源，确保用电安全可靠，一路电源故障跳闸后，另一路可瞬时自动投入运行。

模块1 同步发电机的并列

【学习目标】 了解自同期和准同期的区别和优、缺点；能根据实际接线合理选择同期点，并会进行同期电压的引入；掌握准同期并列的三个理想条件；能识读手动准同期接线图；了解ZZQ5型自动准同期装置的各部分主要作用；掌握各种同期方式使用的场合；了解数字并列装置的工作原理。

【学习重点】 自同期和准同期方式的特点及准同期并列的理想条件。

【学习难点】 识读手动准同期接线图。

项目1 同步发电机并列的基本理论

1.1 同期方式

1.1.1 同期装置发展的历史

随着工业社会的不断发展，电力行业显得越加重要，而同期并列是电力系统中经常进行的一项十分重要的操作，不合理的并列方式会给系统造成巨大的冲击而损坏电器设备，影响电力系统的稳定性，甚至可能造成人员的伤亡。

电力系统的同期并列方式有自同期并列和准同期并列两种，自同期并列主要用于水轮发电机，作为处理系统故障的主要措施之一。但由于自同期可能造成较大的冲击，不利于系统的稳定，因此使用的场合并不多。准同期则是常用的并列方式，我国是世界上微机准同期装置最早研制的国家之一，1982年在安徽陈村水电站成功投入了第一台微机装置，陆续中国又推出了一些类似装置。目前，国内有许多科研、制造单位都在进行微机自动准同期的研制。

准同期的发展经历了以下三代产品：第一代，在20世纪60年代以前，我国大多采用“旋转灯光法”进行准同期并列操作，这是最原始的准同期方法。后来改用指针式电磁绕组的整步表构成的手动准同期装置，这种方式仍然应用在常规的设计中。第二代准同期装置是以许继的ZZQ3和ZZQ5为代表的模拟式自动准同期装置。它用分离晶体管搭建硬件电路，对同期电路进行检测和处理。ZZQ3和ZZQ5自动准同期装置的出现，极大地提高了并网速度和可靠性，但由于模拟式同期装置用模拟电子元件拟合，必然带来诸如导前时间不稳定、阻容电路作为微分电路的条件约束、构成装置元器件参数漂移不稳定等问题。模拟式的同期装置合闸准确度比较低，无法指示装置的运行状态，也不能进行故障自检等，现在已经基本被淘汰。第三代准同期装置是微机式自动准同期装置，微处理器的诞生对自动准同期装置技术指标的提升产生了质的飞跃，深圳市智能设备开发有限公司研制的SID·Ⅱ系列多功能微机自动准同期装置比较具有代表性。它是我国最早从事微机准同期装置控制器研究、开发、

生产的企业之一，相继推出了QSA型、SID·Ⅰ型、SIA·Ⅱ型、SID—2V系列线路用微机准同期控制器，具有高精度、高可靠性、人机界面友好、接线简单易懂等优点。在提高并网速度和可靠性的同时，大大提高了合闸的准确度。

1.1.2　同期并列的基本概念

在电力系统中，并列运行的各同步发电机转子以相同的电角速度旋转，各发电机转子间的相角差不越过允许的极限值，发电机出口的折算电压近似相等，只有满足这些条件，电力系统中的发电机才能并列运行。此时，发电机在系统中的运行又称为同步运行。

同步发电机经常要投入或退出系统，一台发电机在未并入系统运行之前，它与系统中其他发电机是不同步的。待并发电机的电压与运行系统并列点母线电压一般不相等。因此需对待并发电机组进行适当的操作，使之符合并列条件后，才允许将断路器合闸，与系统并列运行，这一系列的操作称为并列操作或同期操作。

同步发电机组的并列操作非常重要，任何不当的操作都可能危害发电机组，甚至引起系统的不稳定运行。提高操作的准确度和可靠性，对电力系统的可靠并列运行具有极大的现实意义。

为了保证电力系统的安全运行，同步发电机的并列操作应满足两个基本要求：首先，并列瞬间，发电机的冲击电流不应超过规定的允许值；其次，并列后，发电机应能迅速进入同步运行。

1.1.3　同期并列重要意义

同步发电机乃至各个电力系统联合起来并列运行，可以带来很大的经济效益。不仅可以提高供电的可靠性和电能质量，而且也可使负荷分配更加合理，减少系统的备用容量和充分利用各种动力资源，以达到经济运行的目的。

1.1.4　同期的两种基本方式

同期并列操作的方式有两种，即准同期和自同期。

1. 准同期并列方式

将未投入系统的发电机加上励磁，并调节其电压和频率，在满足并列条件（即电压和频率与系统相等、相位相同）时将发电机断路器合闸，发电机与系统并列运行。这样的方式称为准同期方式。

准同期并列方式的最大优点是：如果在理想的情况下使断路器合闸，则发电机定子回路的电流将为零，这样将不会产生电流或电磁力矩的冲击。但是，在实际的并列操作中，很难实现上述的理想条件，总要产生一定的电流冲击和电磁力矩冲击。一般说来，只要这些冲击不大，不超过允许范围，就不会对发电机产生什么危害。另外，突然三相短路是发电机设计制造时必须加以考虑的条件。

准同期并列方式的缺点是：当出现非同期并列时，可能使发电机遭到破坏。如果在发电机和系统间的相位差等于180°时非同期合闸，那么发电机定子绕组的冲击电流将比发电机出口的三相短路电流大1倍。造成非同期并列的主要原因有：二次接线出现错误；同期装置动作不正确；运行人员误操作等。

2. 自同期并列方式

将未励磁而转速接近运行系统同步转速的发电机投入系统，并立即（或经一定时间）加上励磁借助电磁力，待并发电机经很短的时间便被自动拉入同步，这样的方式称为自同期并列方式。

自同期并列方式最大的优点是：由于待并发电机在投入系统时未励磁，故这种并列方式从根本上消除了非同期并列的可能性；同时，并列操作比较简单，不存在调节和校准电压和相角的问题，只需调节发电机的转速；此外，自同期方式还可大大缩短并列所需时间，特别是系统发生事故时，尽管频率和电压波动很大，但机组依然能迅速投入运行。

自同期并列方式的缺点是：用自同期并列方式投入发电机时，将伴随着出现短时间的电流冲击，并使系统电压下降。冲击电流引起的电动力可能对定子绕组绝缘和定子绕组端部产生不良影响；冲击电磁力矩也将使机组大轴产生扭矩，并引起振动。

一般说来，冲击电流和冲击电磁力矩均比发电机出口突然三相短路时小，且衰减较快。值得注意的是，发电机突然三相短路很少发生，而并列操作要经常进行，如果经常使用自同期并列方式，冲击电流产生的电动力可能对发电机定子绕组绝缘和端部产生积累性变形和损坏。

综上所述，两种并列方式各有优缺点。水电站一般以自动准同期作为发电机正常时的并列方式，以手动准同期作为备用，并均带有非同期闭锁装置。至于自同期，则主要用作事故情况下的并列方式，且一般均采用自动自同期并列，同时要求发电机定子绕组的绝缘及端部固定情况应良好，端部接头应无不良现象。

1.2 同期点的选择和同期电压的引入

1.2.1 同期点的概念

为了实现与系统的并列运行，水电站必须有一部分断路器由同期装置来进行并列操作（即同期合闸），这些用于同期并列的断路器，即称为同期点。一般情况下，如果一个断路器断开后，两侧都有电源且可能不同步，则这个断路器就应该是同期点。

1.2.2 同期点的选择原则

一个水电站的同期点往往是很多的，同期点选择的一般原则如下：

（1）发电机的所有断路器都应该是同期点，因为各发电机的并列操作一般都是在各自的断路器上进行的；发电机与变压器间不设断路器的发电机—变压器单元接线，其同期点应设在变压器高压侧断路器上。

（2）三绕组变压器或自耦变压器与电源连接的各侧断路器均应作为同期点，这样，当任一侧断路器因故障断开后，便可用此断路器进行并列操作而恢复并列运行；低压侧与母线连接的双绕组变压器一般应有一侧断路器作为同期点，以便在变压器投入运行时进行并列操作。

（3）DL/T 5081—1997《水力发电厂自动化设计技术规范》，如果双绕组变压器只有一侧作为同期点，那么不作为同期点的一侧断路器合闸回路应经另一侧断路器的常闭辅助触点闭锁。

（4）接在单母线上的对侧有电源的线路断路器均应作为同期点；接于双母线的对侧有电源的线路，可只考虑利用旁路断路器或母线联络断路器进行并列，线路断路器不作为同期点。但对要分裂成两个单独系统运行的双母线和35kV及以上电压等级的系统主要联络线，则线路断路器应作为同期点。

（5）母线分段、联络断路器及旁路断路器均应作为同期点；多角形接线和外桥形接线

中，与线路相关的两个断路器均应作为同期点；$\frac{3}{2}$接线的所有断路器均应作为同期点；全厂只有一条线路时，线路断路器可不作为同期点。

1.2.3 同期电压引入

采用准同期方式并列时，需比较待并发电机与系统的电压、频率和相位。为此需将待并侧和系统的电压引至同期装置，以便进行比较判断。引入同期装置的电压通常取自不同的电压互感器。

在水电站中，升压变压器一般采用 Y/Δ—11 接线，这种变压器两侧相应电压的相位是不同的。由于用来取得同期电压的互感器可能安装在不同的地方，有的安装在发电机电压侧，有的安装在升高电压侧，且互感器本身也有各种不同的接线，因此可能出现这种情况，即从互感器二次绕组取得而引入同期装置的电压相位，与同期点两侧待并发电机和系统的实际电压相位不符，这样就可能造成非同期合闸。为了避免这种情况，必须保证从互感器取得的电压相位与同期点两侧实际的电压相位相符。下面分不同情况加以讨论。

1. 发电机断路器同期点

发电机断路器同期点两侧的电压可取自其两侧互感器的基本二次线圈，如图 1.1 所示。当发电机出口互感器为 V/V 接线时，同样可从其二次线圈取得相应的电压。显然，此时互感器反应的电压相位与同期点两侧待并发电机及系统电压的相位相符。

母联及分段断路器、断路器和变压器之间装有电压互感器的变压器低压侧断路器的同期点，其两侧电压的引入方式与上述情况相似。

2. 变压器高压侧断路器同期点

升压变压器的高压侧断路器为同期点时，其两侧电压需取自安装在变压器高、低压侧的互感器。就 Y/Δ—11 接线的变压器而言，其两侧相应相间电压存在 30°的相位差。这样，为了使从高、低压侧互感器取得的电压相位与同期点两侧电压的相位相符，就应对引入同期装置的电压相位加以校正。

在中性点直接接地系统中，为了校正引自互感器电压的相位，可从变压器高压侧互感器接成开口三角形的线圈取得电压，如图 1.2 所示。这样，引至同期装置的电压便可与同期点断路器两侧的电压的相位相符。

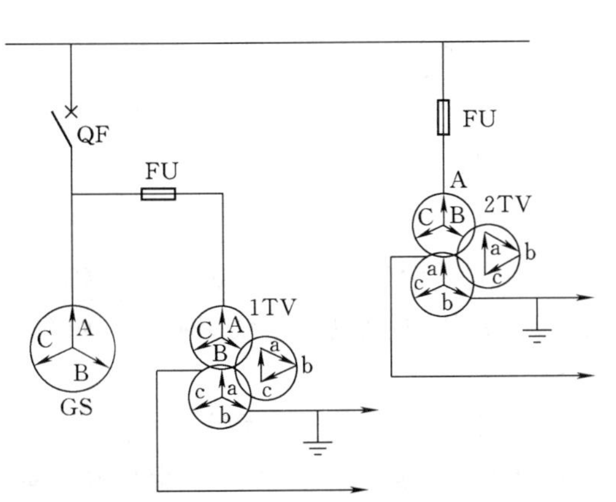

图 1.1 发电机断路器同期电压引入方式

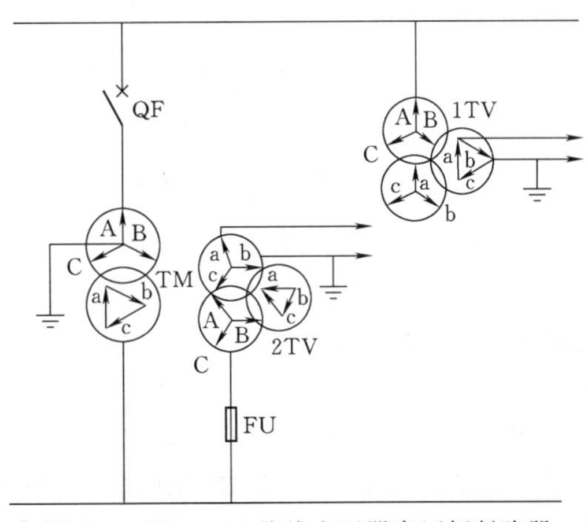

图 1.2 Y/Δ—11 接线变压器高压侧断路器同期点电压的引入方式

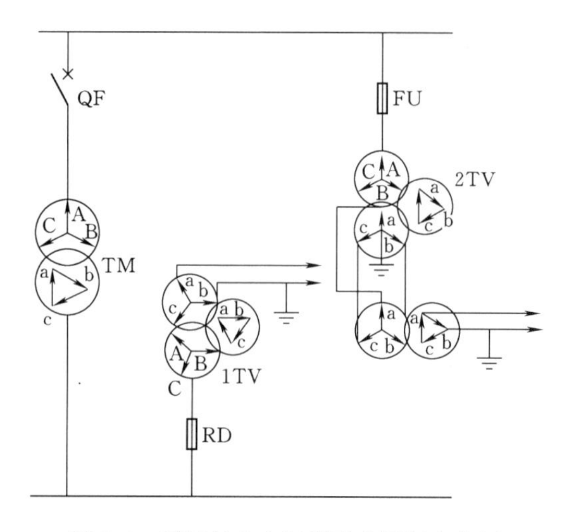

图 1.3 通过转角变压器引入同期点电压

对于中性点不接地系统，为了校正相位，通常采用中间转角变压器。转角变压器接于高压侧互感器的二次线圈，应是 Y，d11 接线，变比为$\frac{100}{\sqrt{3}}$/100V，转角变压器也可接于低压侧互感器的二次绕组，此时应是 D，y1 接线，变比为 100/$\frac{100}{\sqrt{3}}$V，如图 1.3 所示。

在同期接线中，为了简化接线和减少同期开关档数，通常将 B 相接地，而有的保护（如线路距离保护）则要求互感器基本二次线圈的中性点接地，这样就产生了矛盾。若将转角变压器接于低压侧互感器，则高压侧互感器的上述矛盾无法解决。为此，一般将转角变压器接于高压侧互感器。此时，在转角变压器的二次侧将 B 相接地，从而使上述矛盾得到了解决。

注：电力工业部电安生［1994］191 号文《电力系统继电保护及安全自动装置反事故措施要点》，电压互感器二次侧如为星形接线，应将中性点接地、B 相接地方式宜取消。

3. 母联和分段断路器同期点

当母联和分段断路器同期点电压的引入方式与继电保护的接地要求发生矛盾时，可从辅助二次线圈取得电压，如图 1.4 所示。在 110kV 及以上中性点直接接地系统中，一般即用此方法取得同期电压。

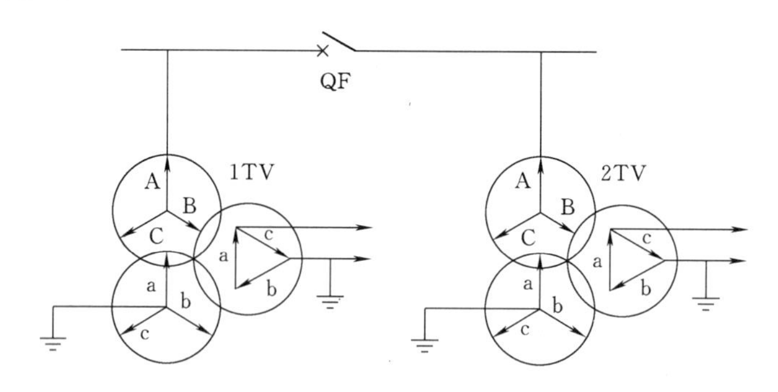

图 1.4 直接接地系统母线分段断路器同期点电压的引入方式

4. 线路上装有单相电压互感器的线路断路器同期点

在中性点直接接地系统中，单相电压互感器接于相与地之间。此时可从互感器辅助二次线圈得到 100V 电压。另一个同期电压可从母线互感器 2TV 的辅助二次线圈取得，如图 1.5 所示。

在中性点不接地系统中，单相电压互感器接在相间电压上。此时，互感器一次线圈的额定电压应是相间电压，二次电压则应为 100V。同期点另一侧的电压取自母线电压互感器基本二次线圈的相应相间电压。当与继电保护接地要求发生矛盾时，同样可通过单相隔离变压器取得同期电压。中性点不接地系统线路断路器同期点电压引入方式如图 1.6 所示。

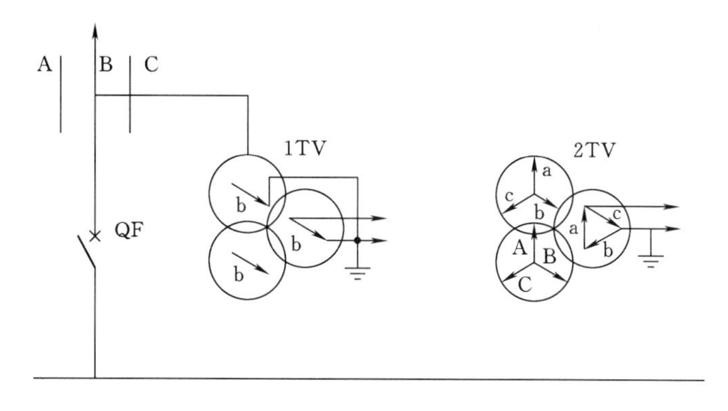

图1.5 中性点直接接地系统线路断路器同期点电压引入方式

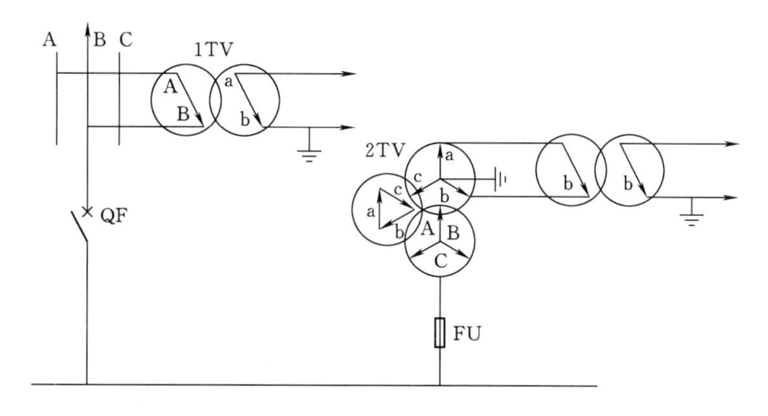

图1.6 中性点不接地系统线路断路器同期点电压引入方式

1.3 准同期条件分析

断路器合闸瞬间，待并发电机与系统的电压，可能既存在数值差，又存在相位差，频率也可能不同。此时，总的冲击电流应该是以上三种情况的综合。准同期并列的条件可归纳为以下三点：

（1）待并发电机电压与系统电压数值应接近相等，差值不应超过额定值的5%～10%。

（2）相位差应小于10°，最好在相位差为0时合闸。

（3）频率应接近相等，差值不应超过额定值的0.2%～0.5%，即0.1～0.25Hz。

在同期三要素中，频率和相位差这两个要素是一对矛盾体。只有当频率差不等于0，相位差才会出现等于0的机会。可以简单地认为，同期过程实际上是捕捉相位差等于0的过程，而电压和频率两要素仅作为同期时的限定条件，只要在一定允许范围即可。

1.3.1 电压差允许偏差

发电机并列时，设发电机电压频率 f_G 与系统电压频率 f_S 相等，二者相差角 $\delta=0°$，作出其相量图如图1.7所示，电压差值即为发电机电压 U_g 与系统电压 U_{sys} 的幅值差。

假设其他准同期条件都满足，只是并列点两端电压绝对值不等时，合闸瞬间同样产生冲击电流。因为发电机阻抗呈电感性。当 $U_g<U_{sys}$ 时，冲击电流 I_{su} 滞后于 $\Delta U 90°$，该电流对

待并发电机来说是呈容性，即起助磁作用；对系统中已运行的发电机是呈感性，即起去磁作用。当$U_g>U_{sys}$时，则I_{su}对发电机起去磁作用，使发电机电压下降到系统电压，发电机并列之后立即送出无功功率。

无功冲击电流I_{su}不会引起电磁力矩的冲击，从这一点来讲并不危险，但是I_{su}过大，将引起发电机定子绕组发热及绕组端部损坏。为了保证发电机安全，经试验测定知，一般要求冲击电流不超过出口短路电流的1/20～1/10，即准同期并列时电压允许偏差范围为5%～10%的额定电压。

1.3.2　相角差允许值

发电机并列时，设电压大小相等，$U_g>U_{sys}=U$；频率相同，$f_G=f_S$；合闸瞬间存在相角差，即$\delta\neq0°$。作出相量图如图1.8所示，由于存在相角差，断路器两端就有一电压差值ΔU，并列时将产生冲击电流。

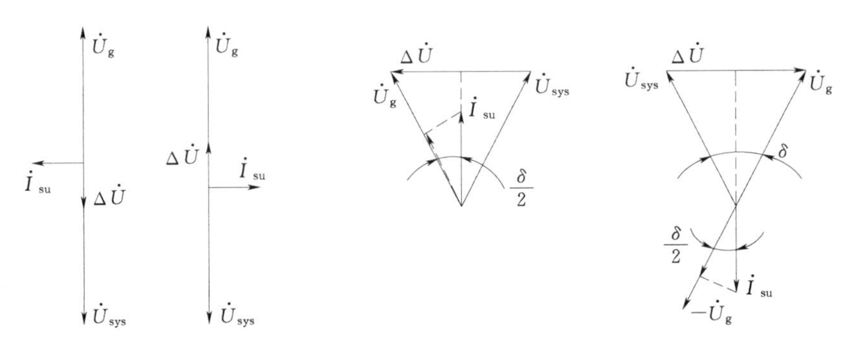

图1.7　电压差的影响说明图　　　图1.8　相位差的影响说明图

当发电机电压U_g超前系统电压U_{sys}时，冲击电流I_{su}的有功分量和发电机的电压U_g同向时，发电机并列后送出有功功率；当发电机电压U_g滞后系统电压U_{sys}时，冲击电流I_{su}的有功分量和发电机电压U_g反向，发电机并列后吸收有功功率。有功冲击电流将产生电磁力矩的冲击。并列时δ角越大，冲击电流也越大，如果在$\delta=180°$时误合闸，冲击电流为最大值，等于发电机出口三相短路电流的两倍，使发电机的联轴器受到突然冲击，这对机组转子轴系运行非常有害。通常要求冲击电流不超过发电机出口三相短路电流的0.1倍，即合闸时相角差不超过10°。

1.3.3　频率差允许值

发电机并列时，设电压大小相等，$U_g=U_{sys}=U$，二者频率不同，即$f_g\neq f_s$。作出相量图如图1.9所示。

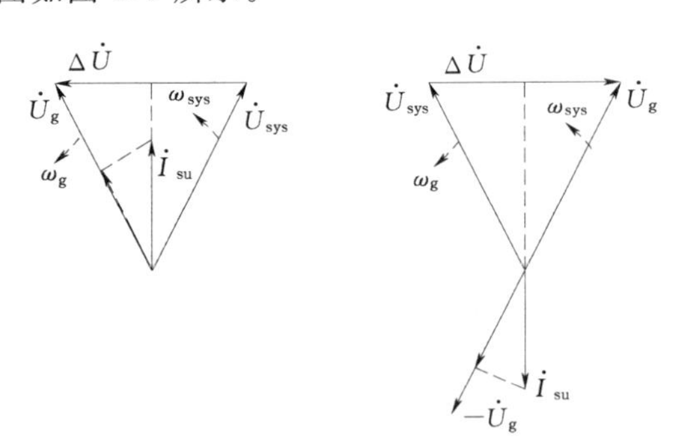

图1.9　频率差的影响说明图

U_g绕系统电压U_{sys}以角速度$\omega_g-\omega_{sys}$旋转。当$\omega_g>\omega_{sys}$，U_g绕U_{sys}逆时针旋转；$\omega_g<\omega_{sys}$，U_g绕U_{sys}顺时针旋转。在旋转过程中，两电压之间的相角差由0°→180°→360°变化，电压差值ΔU的大小也由小→大→小变化，相应产生的冲击电流也在从小→大→小变化。由于$f_g=f_s$，并列时使发电机振动，会导致系统振荡。根据运行经验，并列时频率差值不应超过0.2%～0.5%的额定频率，即不超过0.1～0.25Hz。

由以上分析可知，在发电机同步并列时，频率差、电压差和相角差都是直接影响发电机运行及系统稳定的因素。在两电源间存在着电压差和频率差的情况下，并列时将造成无功功率和有功功率的冲击，电压高的一侧向电压低的一侧输送一定数值的无功功率，频率低的一侧向频率高的一侧输送一定数值的有功功率。当合闸瞬间存在相角差时，将对发电机的转子轴系运行非常有害，严重时还可能造成同步谐振。

1.4　手动准同期

1.4.1　手动准同期的特点

手动准同期最佳合闸瞬间的选择与运行人员的经验和操作水平有关，如无法保证在最佳条件下并列、不能实现机组的自动起动和并列以及并列时间较长等问题，在水电站中一般只作为备用的并列方式。

1.4.2　手动准同期的组成元件

（1）仪表。为了完成手动准同期的并列操作，需电压表和频率表各两只，同步表一只。电压表和频率表用于指示待并发电机和系统的电压和频率。组合式同步表用于观察两者的电压差、频率差和相位差。

组合式同步表有单相和三相两种。采用单相同步表时，只需从同期点两侧各引入A、B两相电压。由于B相接地，故只需从同期点两侧各引入A（或C）相电压。这一点对于简化同期系统接线是有利的。

（2）三根同期小母线，SW_a、SW_a'、SW_b（公共B相小母线——接地）。

（3）两根非同期合闸闭锁小母线：1SLM、2SLM。

（4）同期开关及其重动继电器：SS。引入同期电压至同期小母线。所有SS共用一个可抽出的把手，此把手只有在SS断开时才能拔出。这样可以防止将几种电压同时引入同期小母线，造成非同期合闸或互感器二次回路短路。

（5）同期点控制开关：SA。断路器手动合闸回路中均串联有SS的接点，以防止同期点断路器在接通同期装置之前误合闸；手合回路均接至闭锁小母线1～2SLM；两根非同期合闸闭锁小母线通过同步检查继电器KS的常闭接点相连。同期点断路器的手动合闸回路如图1.10所示。

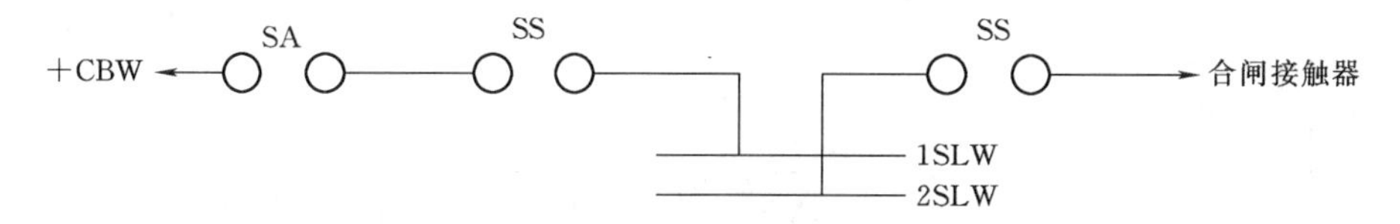

图1.10　同期断路器手动合闸回路

（6）同期闭锁（解除）开关：SA1。解除KS的闭锁作用。

（7）准同期/断开/自同期切换开关：SA1。将同步表接入同期小母线。

（8）同步检查继电器：KS。

手动准同期接线图如图1.11所示。在该图中，一次回路为发电机—变压器单元接线，三绕组变压器三侧的断路器均为同期点。高压侧为双母线接线，从两组母线电压互感器上引入的同期电压随母线隔离开关辅助接点切换。当变压器接于Ⅰ组母线时，隔离开关1QS闭合，从3TV互感器引入电压；反之，则从Ⅱ组母线互感器4TV引入电压。由于采用单相组

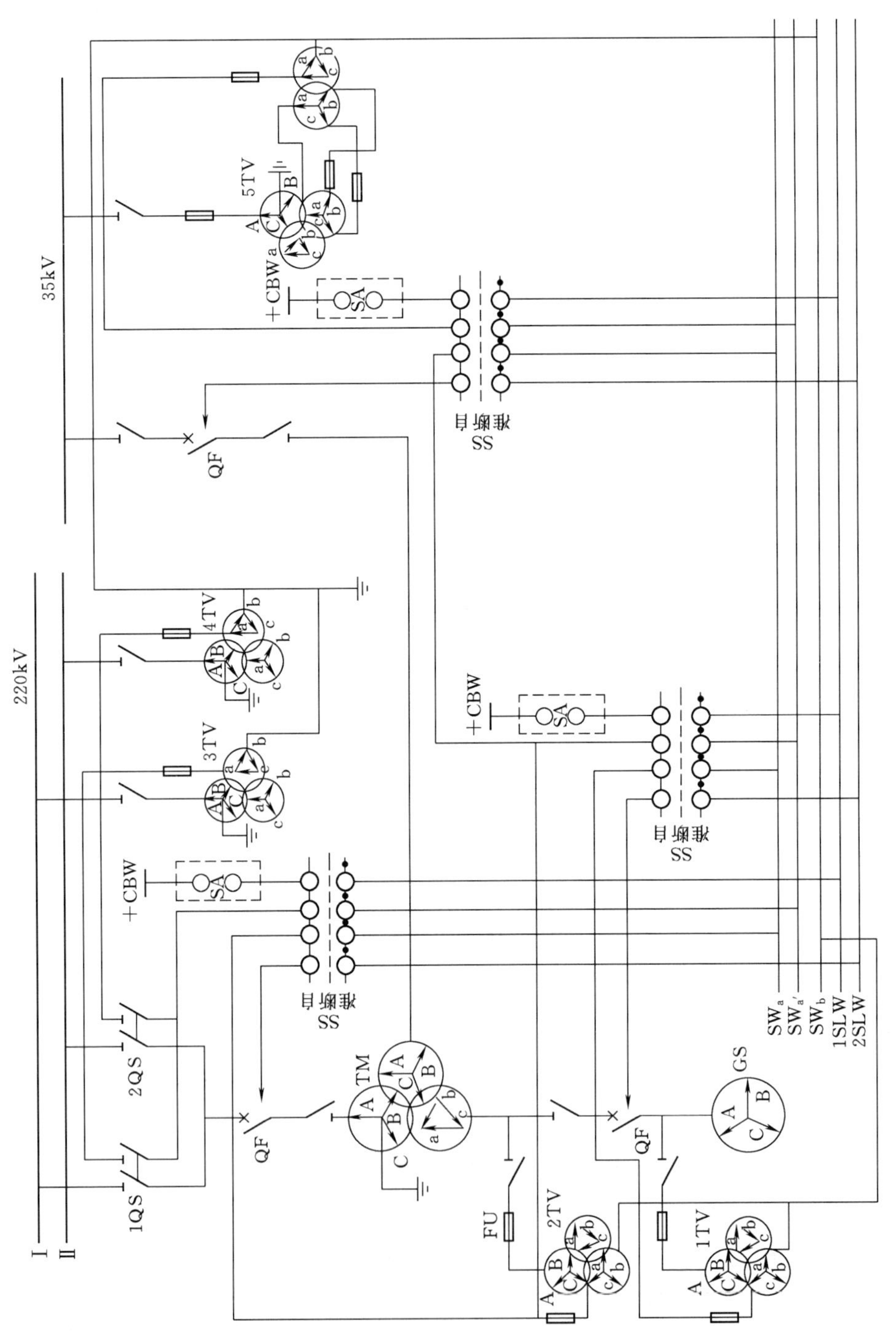

图 1.11 手动准同期接线图

合式同期表，所以只用三根同期小母线。其中 SW_b 为公共的B相小母线；SW_a' 为运行系统同期小母线；SW_a 为待并发电机的同期电压小母线。

1.4.3 结合典型同期系统接线原理分析

置于“粗调”位置，使电压差表和频率差表开始工作，并根据他们的指示调节发电机的电压和转速，使其尽量与系统值接近。置于“精调”位置，同步表也投入工作。分两步投入同步仪表的目的是防止在频率差很大时投入同步表而损坏其指针。取消“精调”，（即将图1.12中同步表的接线端子 A_0 和 A_0' 连接起来），可减少一步操作，但要注意防止损坏同步表的指针。

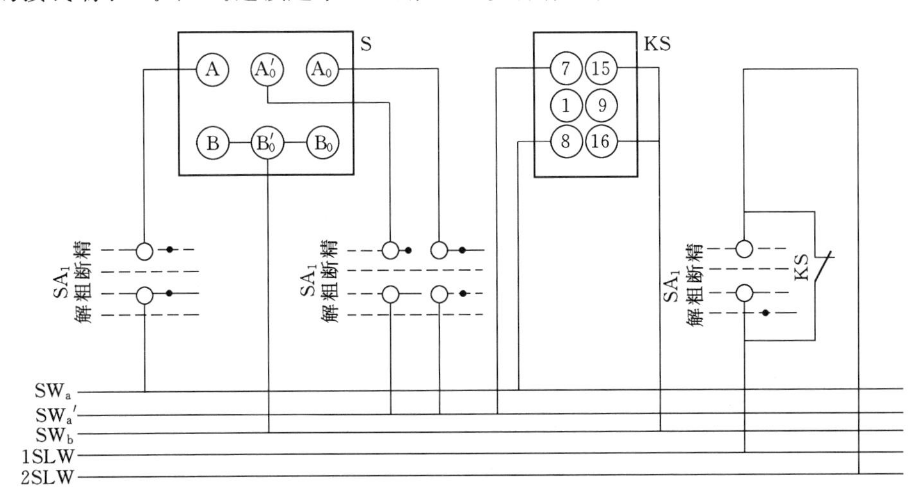

图1.12 单向组合式同步表及同步检查继电器接线

同步表工作后，可按照其指示细调发电机的电压和频率。当发电机电压高于或低于系统电压时，可调节发电机的励磁电流；若频率高于或低于系统频率，则可调节发电机组的转速。当其指针由“慢”向“快”方向缓慢转动并快要达到同步点时，迅速通过控制开关SA发出合闸脉冲，使断路器合闸，发电机并入系统。然后将有关的开关SS、SA_1 转换到“断开”位置，相应的接点和回路复归，整个并列操作过程就完成了。

1.4.4 同期操作基本步骤

（1）选定同期点——SS切换到准同期位置，将两次电压引入同期小母线。

（2）选择 SA_1 “粗调”。

（3）选择 SA_1 “精调”。

（4）发合闸脉冲——操作SA。由于断路器及其合闸接触器存在固有动作时间，合闸脉冲应在相位差等于0之前一段时间发出。

（5）SS、SA_1 切换至断开位置。相应接点、回路复归，同期操作完成。

1.5 自动准同期

正常开机时，只要条件具备，都采用自动准同期。自动准同期应具备三个功能：①调频；②调压；③在发电机的频率和系统的频率已经调到所允许的偏差值以后，发电机和系统的电压无论相位或者数值已经接近相等时，提前一段时间（等于断路器动作时间），发出合闸脉冲，待相位和数值相等时，就可完成合闸动作。当电压差或频率差不满足要求时，自动使待并发电机发出调压或调速脉冲，以加快自动并列的过程。

如果第①项和第②项是由运行人员手动来进行操作的，自动装置只完成第③项任务，就称为半自动准同期装置。

1.5.1 脉动电压

自动准同期装置为了完成上述任务，因为脉动电压包含了准同期三要素的全部信息，所以自动准同期装置一般都是利用接到它上面的脉动电压为其信号源。

设系统电压和发电机出口电压分别为 $U_{sm}\sin(\omega_{sys}+\phi_{osys})$ 和 $U_{gm}\sin(\omega_{g}+\phi_{og})$，则系统电压与发电机出口电压差为

$$U_s=U_{sm}\sin(\omega_{sys}+\phi_{osys})-U_{gm}\sin(\omega_{g}+\phi_{og})$$

如果设 $\phi_{og}=\phi_{osys}$，$U_{gm}=U_{sm}$，则

$$U_s=2U_{gm}\sin\left(\frac{\omega_g-\omega_{sys}}{2}t\right)\cos\left(\frac{\omega_g+\omega_{sys}}{2}t\right)$$

假如定义 $U_s=2U_{gm}\sin\left(\frac{\omega_g-\omega_{sys}}{2}t\right)$ 为脉动电压的幅值，则 U_s 的波形可以看成是幅值为 U_{gm}，频率接近于工频的交流电压，将 $\omega_s=\omega_g-\omega_{sys}$ 称为滑差角频率。

脉动电压瞬时值波形如图 1.13 所示，其频率为 $\frac{\omega_g+\omega_{sys}}{2\cdot(2\pi)}$，接近 50Hz；脉动电压的幅值是按照 1/2 滑差角速度变化的，是时间的正弦函数。将脉动电压变化的幅值用虚线连在一起，可得脉动电压低频包络线，如图 1.14 所示。其周期为 $T_s=\frac{1}{f_s}=\frac{2\pi}{\omega_s}$，容易得知，当频率差比较大时，周期 T_s 比较短；反之，当频率差比较小时，T_s 就比较长，所以可以用 T_s 的大小来反映频率差的大小。比如，当发电机的并列允许偏差范围为 0.1～0.25Hz 时，则相应的脉动电压周期为 $T_s=10$～4s。

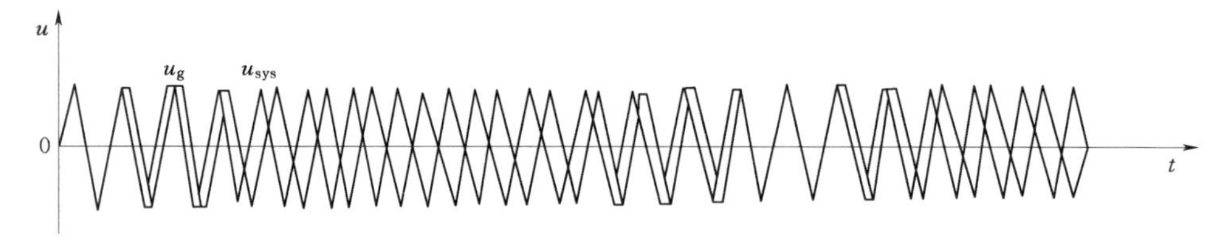

图 1.13 脉动电压波形

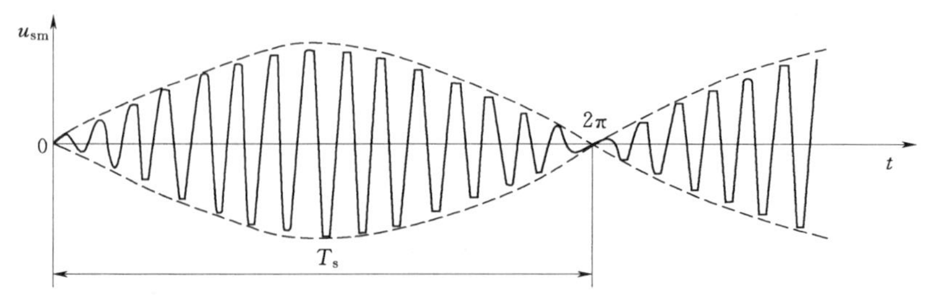

图 1.14 脉动电压低频包络线

当系统电压和发电机出口电压相等的条件下，电压的相位差等于 0 及 2π 时，脉动电压的幅值为最小，即为零。两电压不相等时，脉动电压的最小值不为零。因此，可以用脉动电压最小值的大小来判断电压差的大小。

综上所述，脉动电压周期的大小反映频率差，脉动电压过零反映电压差为零和相位一致，所以用脉动电压的特性来检测频率差、电压差和相位是否满足并列要求是非常有效的。

自动准同期装置按自动化程度分为：①半自动准同期并列装置，该装置没有频差调节和电压调节功能，只有合闸信号控制单元待并发电机的频率和电压由运行人员监视和调整当频率和电压都满足并列条件时，并列装置就会在合适的时刻发出合闸信号；②自动准同期并列装置，该装置设置了频率控制单元、电压控制单元和合闸信号控制单元待并发电机的频率或电压都由并列装置自动调节当满足并列条件时，自动选择合适时机发出合闸信号。

我国以前生产和采用的准同期装置的型号主要有 ZZQ—3A、ZZQ—4、ZZQ—5 和 ZZT—2A，它们都是利用了脉动电压的特性来工作的。

1.5.2　ZZQ—5 型自动准同期装置

ZZQ—5 型自动准同期装置可分为四个部分，即合闸部分、调频部分、调压部分和电源部分，如图 1.15 所示。

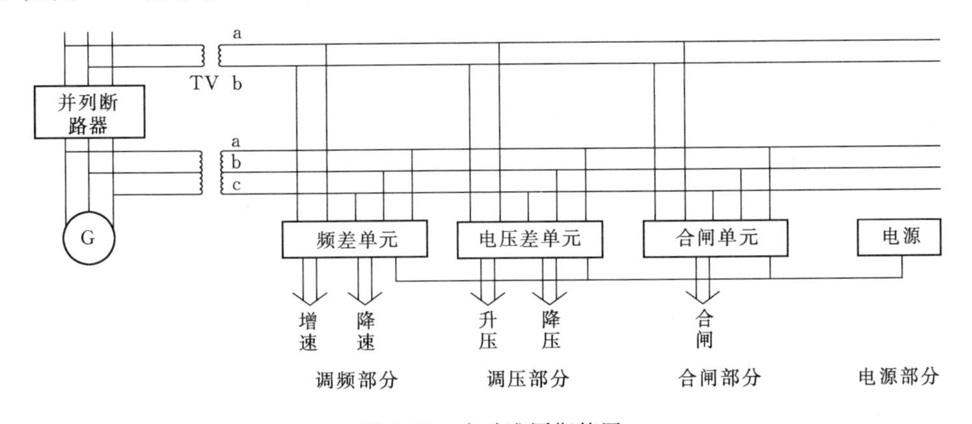

图 1.15　自动准同期简图

合闸部分的主要作用是：自动检测并调节待并发电机和系统间频率差、电压差，在发电机电压和系统电压相角差 $\delta=0°$ 之前提前一个恒定的导前时间发合闸脉冲命令，保证合闸瞬间 $\delta=0°$。

调频部分的作用是：当发电机频率高于系统频率时，自动发出减速脉冲；当发电机频率低于系统频率时，自动发出加速脉冲。这种减速脉冲或者增速脉冲作用于机组的调速器上，以降低或升高发电机转速，使发电机频率趋近于系统频率。

调压部分的作用是：当发电机的电压大于系统的电压时，发降压脉冲；当发电机的电压小于系统的电压时，发升压脉冲。使发电机电压趋近系统电压。

电源部分的作用是：向系统提供 0V，12V，40V，55V 等不同等级的电压。

1.6　自动自同期

自同期合闸瞬间引起电力系统的电压下降，其严重程度与投入发电机容量大小有关。当发电机容量比系统容量小很多时，自同期引起的电压下降不会超过 10%～15%，经过 0.5～1s 即可恢复到正常电压的 95%左右，对用电没有影响。如果发电机容量较大，自同期时，可能引起系统电压较大下降，但是利用发电机自动调节励磁装置的强行励磁作用，可使电压迅速恢复，电压降低时间只有1～2s，对系统稳定也无危险。只有当发电机容量与系统容量可以相比拟时，才需要通过计算和试验判断可否采用自同期。

同步发电机多年运行经验表明，在发电机出口发生三相突然短路时，发电机转子的轴和定子的结构、部件，以及基础等不会发生损坏，但定子绕组端部的绝缘和接头会发生各种不同程度的损伤。为此，规程规定发电机采用自同期并列时，产生的冲击电磁力矩不得超过发电机出口三相突然短路时的数值；同时，冲击电流在定子绕组端部引起的电动力不得超过发电机出口三相短路时的1/2（安全系数为2）。

由于自同期时母线电压下降，使冲击电流变得更小。如果自同期时将转子绕组经灭磁电阻短接，还可使冲击电流加快衰减，故可认为自同期对发电机并无危害。只要水轮发电机定子绕组端部绝缘和固定情况良好，都可采用自同期并列，但不能经常使用。

自动自同期方式是在系统发生故障时，为加速故障处理而采用的一种方式，但是这种方式存在一些难以解决的问题。例如大容量机组自同期缺乏经验，而且电力系统的某些运行方式又可能对自同期并列产生不利影响；无阻尼绕组水轮发电机的自同期也较不利；此外，自同期时，发电机能否被拉入同步等。

现就自同期时发电机拉入同步过程进行分析。

1.6.1 力矩平衡方程式

自同期时发电机拉入同步过程中，作用在发电机轴上的力矩可用下列方程式表示

$$M_l - M_{zl} = M_{tb} + M_{yb} + M_{fy} + T_j \frac{d\omega}{dt} \tag{1.1}$$

式中 $M_l - M_{zl}$——剩余的机械力矩；

M_l——水轮机产生的动力矩；

M_{zl}——水轮发电机的机械阻力矩；

M_{tb}——发电机同步力矩；

M_{yb}——发电机异步力矩；

M_{fy}——发电机反应力矩；

T_j——转动部分的惯性常数。

同步力矩 M_{tb} 由定子和转子磁场的相互作用而产生。在发电机加上励磁后才出现，其稳定值为

$$M_{tb} = \frac{E_q U_x}{X_d + X_{lj}} \sin\delta \tag{1.2}$$

式中 X_d——发电机纵轴电抗；

E_q——发电机空载电势。

由于合上励磁开关后转子的励磁电流受回路的时间常数 T_d 的限制，不会瞬时达到稳定值，故同步力矩是按指数函数增长的，即

$$M_{tb} = (1 + e^{-\frac{t}{T'_d}}) \frac{E_q U_x}{X_d + X_{lj}} \sin\delta \tag{1.3}$$

式中 T'_d——定子绕组闭路时，转子回路时间常数。

异步力矩 M_{yb} 是由转子闭合回路中的感应电流和定子电流相互作用而产生的。

反应力矩 M_{fy} 是由转子纵轴和横轴电抗不等而产生，其大小可由下式求得

$$M_{fy}=\frac{U_x^2}{2}\left(\frac{1}{X_q}-\frac{1}{X_d}\right)\sin 2\delta \tag{1.4}$$

式中　X_d、X_q——发电机纵轴和横轴同步电抗；

δ——发电机空载电势 E_d 和系统电压 U_x 之间的相角差，等于转子磁场相对于定子磁场的位移角。

1.6.2　拉入同步的力矩

M_{tb}和 M_{fy}的正负与 δ 有关。当 E_d 越前 U_x 时，同步力矩 M_{tb}为正值，起着平衡输入力矩的作用；当 E_d 滞后 U_x 时，M_{tb}为负值，对发电机起加速作用，故 M_{tb}能将发电机拉入同步。

M_{fy}与 U_x^2 成正比，即使转子未加上励磁，这一力矩依然存在，且具有两倍频率。在转子转动一个磁极的范围内，M_{fy}改变两次符号，如图 1.16 所示。

在滑差很大时，转子磁场相对于定子磁场移动一对磁极时间内，他的作用正负抵消，不影响发电机拉入同步的过程，仅在发电机转速接近同步转速，滑差率小于±1%时，反应力矩才起作用。水轮发电机为凸极式电机，反应力矩较大，约为额定转矩的 20%～30%，和同步力矩一样作用于发电机，将发电机拉入同步。

异步力矩是发电机转子转速和同步转速不等时，转子闭合回路中产生的感应电流和定子旋转磁场相互作用而产生的。当转子转速高于同步转速时，起着平衡力矩的作用；当转子转速低于同步转速时，起着对发电机转子加速的作用。因此，异步力矩是将发电机拉入同步的重要因素。由于滑差率为零时异步力矩消失（图 1.17），故仅靠异步力矩不能将发电机拉入同步。无阻尼绕组的水轮发电机异步力矩更小（图 1.17 中的曲线 2）。所以无阻尼绕组的水轮发电机自同期条件较为不利。图 1.17 中，曲线 1 表示有阻尼绕组的水轮发电机；曲线 2 表示无阻尼绕组的水轮发电机；曲线 3 表示无阻尼绕组的水轮发电机，其灭磁电阻等于 5 倍转子电阻时。

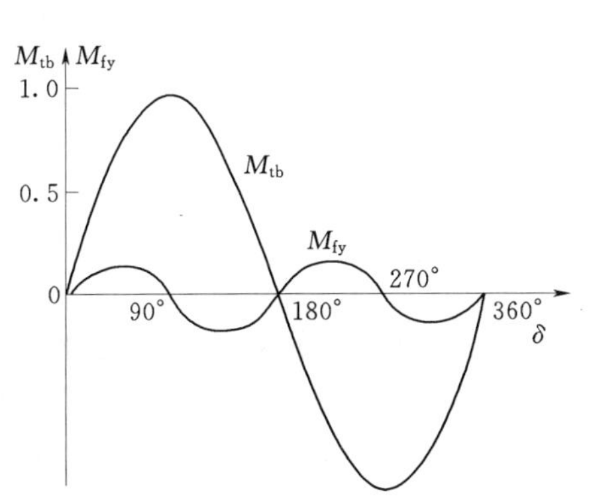
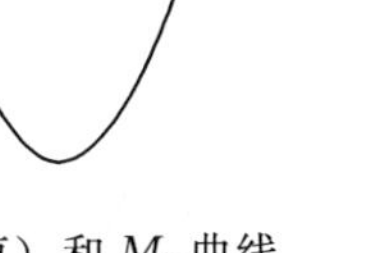

图 1.16　M_{tb}（稳定值）和 M_{fy}曲线

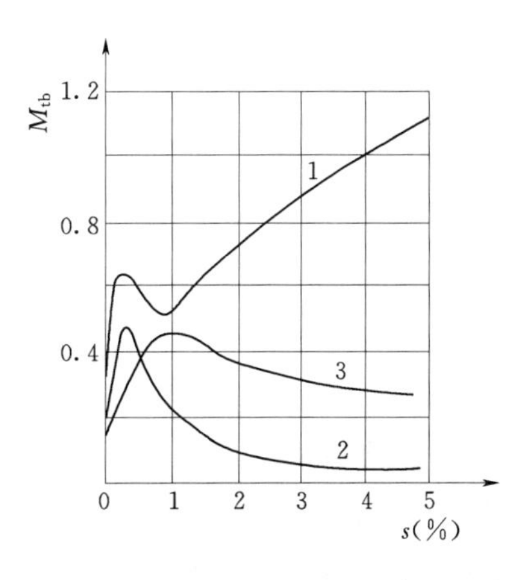

图 1.17　平均异步力矩和滑差率 s 的关系

发电机投入系统后，能否被拉入同步和拉入同步的快慢，取决于上述各种力矩和剩余力矩作用的综合结果。

1.6.3　剩余力矩对拉入同步的影响

如果发电机投入系统时，剩余力矩为零，可首先依靠异步力矩将发电机拖到接近同步转速，然后在反应力矩的作用下拉入同步。若加上励磁，则同步力矩更能可靠地将发电机拉入同步。在这种情况下，发电机可以在低于或高于同步转速下投入系统。

如果发电机投入时存在剩余力矩，当机组转速低于同步转速时，异步力矩和剩余力矩方向相同，则将发电机拉到趋于同步。在接近同步转速以后，如剩余力矩大于反应力矩，则必须等发电机加上励磁后，由同步力矩将机组拉入同步。如果剩余力矩很大，在机组转速高于同步转速时仍大于异步力矩的最大值，机组不断加速，那么，即使加上励磁也可能无法将机组拉入同步。可见，自同期并列时，剩余力矩过大有可能使机组不断加速而给拉入同步造成困难，故必须限制剩余力矩，即限制投入时的加速度。

1.6.4　启动特性及其选择

自同期并列时的发电机转子加速度与水轮机的启动特性有关，为此，必须选择好启动特性。所谓启动特性是指水轮机在启动过程中转速随时间而变化的关系，如图1.18所示。启动特性与水轮机型式、调速器特性和调速机构位置有关，分高、中、低三种。图1.18中的曲线2为中启动特性，按此启动时，转速的稳定值为额定转速；曲线1、3分别为高、低启动特性，其转速稳定值分别高于或低于额定转速的5%～10%。

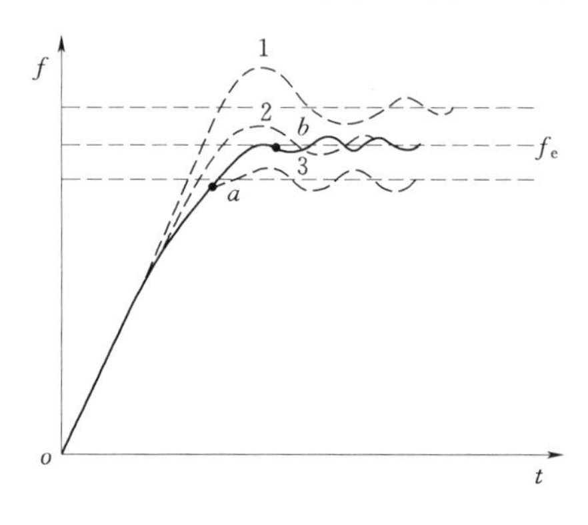

图1.18　水轮机启动特性

机组在启动过程中，速度调整机构要在机组达到某一定值后才能起调整作用，且要经过几个振荡周期才能达到稳定值。有阻尼绕组的水轮发电机因有较大的异步转矩，故选用中特性启动。对于无阻尼绕组的水轮发电机，因异步力矩小，必须采取措施来限制并列时的加速度不超过0.5～1Hz/s^2，一般采用低启动特性。即将调速机构整定在下限位置，当机组转速到达曲线3的a点时，调速机构向“增速”的方向转动，机组的启动特性沿ab过渡到额定稳定值，进入允许加速度范围，如图1.18中实线所示。所需启动特性的获得，可通过水轮发电机组自动控制接线及测速机构启动开度位置的整定来实现。

1.7　数字式并列装置

1.7.1　概述

用大规模集成电路微处理器（CPU）等器件构成的数字式并列装置，由于硬件简单，编程方便灵活，运行可靠，且技术上已日趋成熟，成为当前自动并列装置发展的主流。模拟式并列装置为简化电路，在一个滑差周期T_s时间内，把ω_S假设为恒定。数字式并列装置可以克服这一假设的局限性，采用较为精确的公式，按照δ_e当时的变化规律，选择最佳的越前时间发出合闸信号，可以缩短并列操作的过程，提高了自动并列装置的技术性能和运行可靠性。数字式并列装置由硬件和软件组成（图1.19），下面分别进行介绍。

1. 主机

微处理器（CPU）是装置的核心。

2. 输入、输出接口通道

在计算机控制系统中，输入、输出过程通道的信息不能直接与主机总线相连，它必须由

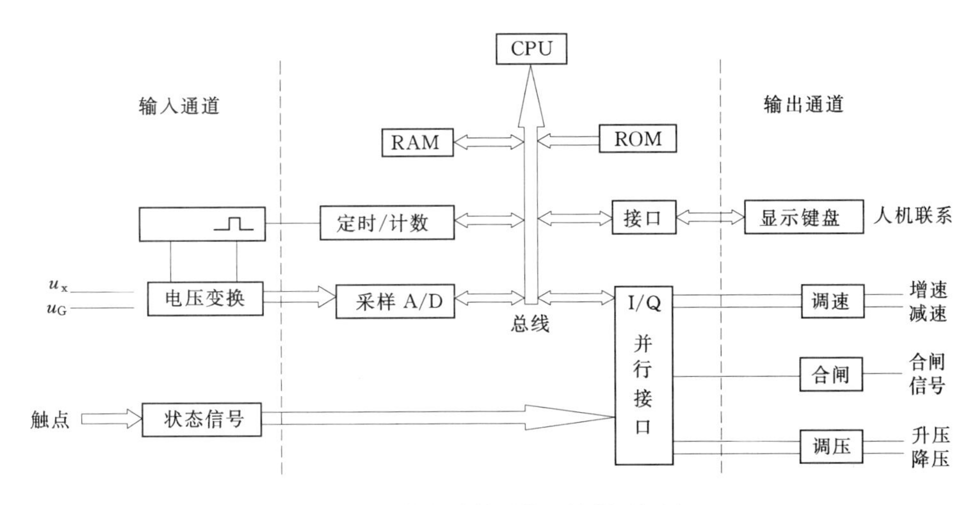

图 1.19　数字式并列装置控制逻辑图

接口电路来完成信息传递的任务。

3. 输入、输出过程通道

为了实现发电机自动并列操作，需要将电网和带并发电机的电压和频率等状态按照要求送到接口电路进入主机。

(1) 输入通道。按发电机并列条件，分别从发电机和母线电压互感器二次侧交流电压信号中提取电压幅值、频率和相角差等三种信息，作为并列操作的依据。

1) 交流电压幅值测量。采用变送器，把交流电压转换成直流电压，然后由 A/D 接口电路进入主机。对交流电压信号直接采样，通过计算求得它的有效值，如图 1.20 所示。

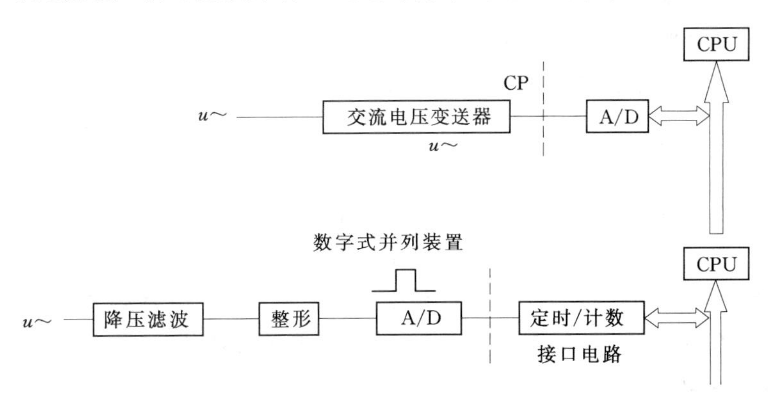

图 1.20　电压波形引入

2) 频率测量。测量交流信号波形的周期 T。把交流电压正弦信号转化为方波，经二分频后，它的半波时间即为交流电压的周期 T。

3) 相角差 δ_e 测量。如图 1.21 所示，把电压互感器电压信号转换成同频、同相的方波信号。

(2) 输出通道。自动并列装置的输出控制信号有：

1) 发电机转速调节的增速、减速信号。

2) 调节发电机电压的升压、降压信号。

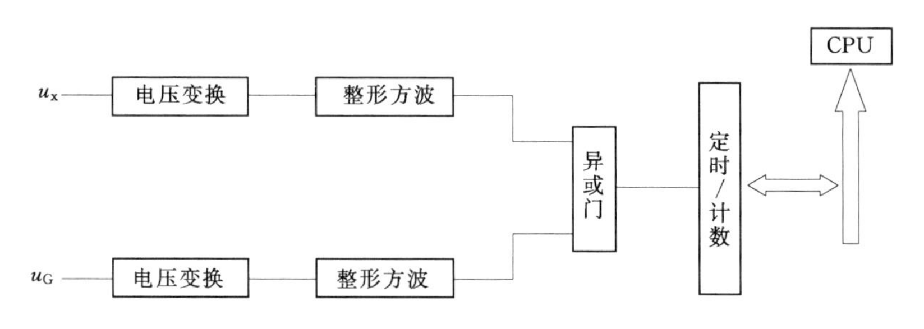

图1.21　电压信号转化为方波信号

3）并列断路器合闸脉冲控制信号。这些控制信号可由并行接口电路输出，经放大后驱动继电器用触点控制相应的电路。

4. 人机联系

主要用于程序调试，设置或修改参数。常用的设备有：

（1）键盘，用于输入程序和数据；

（2）按钮，供运行人员操作；

（3）CRT显示器，生产厂调试程序时需要；

（4）数码和发光二极管显示指示，为操作人员提供直观的显示方式，以利于过程的监控。

1.7.2　数字式并列装置的软件

1. 电压检测

交流电压变送器输出的直流电压与输入的交流电压值成正比。设机组并列时，电压偏差设定的阀值为 ΔU_{SY}，装置内对应的设定值为 $D_{\Delta u}$。

当 $D_{sys}-D_g>\Delta U$ 时，不允许合闸信号输出；当 $D_{sys}-D_g<\Delta U$ 时，允许合闸信号输出。如 $D_{sys}>D_g$ 时，并行口输出升压信号，输出调节信号的宽度与其差值成比例；反之，则发降压信号。

2. 频率检测

发电机电压和电网电压分别由可编程定时计数器计数，主机读取计数脉冲值 N_{sys} 和 N_{GO}。与上述电压检测所采用算式类同，把频率差的绝对值与设定的允许频率偏差阀值比较，作出是否允许并列的判断。按发电机频率 f_G 高于或低于电网频率 f_x 来输出减速或增速信号。选择 δ_e 在 $0\sim\pi$ 期间，调节量按 Δf 差值比例进行调节。

3. 越前时间检测

设系统频率为额定值50Hz，待并发电机的频率低于50Hz。从电压互感器二次侧来的电压波形如图1.22（a）所示，经削波限幅后得到如图1.22（b）所示的方波，两方波异或后得到如图1.22（c）中的一系列宽度不等的矩形波。显然，这一系列矩形波宽度 τ_i 与相角差 δ_i 相对应。

系统电压方波的宽度 τ_x 为已知，它等于 $\pi/2$（或180°），因此 δ_i 可按下式求得

$$
\begin{aligned}
\delta_i &= \frac{\tau_i}{\tau_x}\pi \quad (\tau_i \geqslant \tau_{i-1}) \\
\delta_i &= \left(2\pi - \frac{\tau_i}{\tau_x}\pi\right) = \left(2 - \frac{\tau_i}{\tau_x}\right)\pi \quad (\tau_i < \tau_{i-1})
\end{aligned}
\tag{1.5}
$$

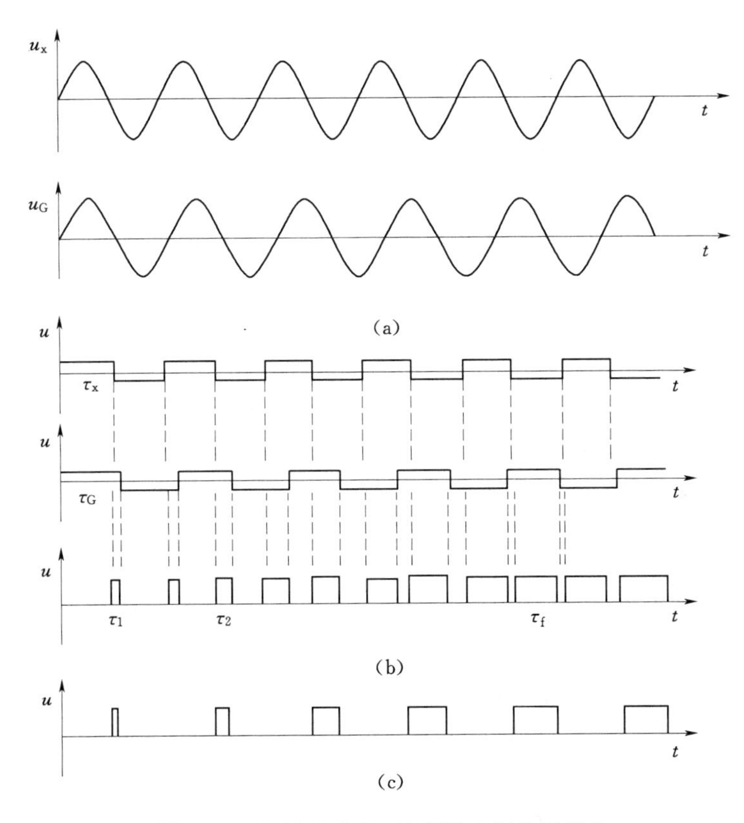

图 1.22　电压互感器二次侧的电压波形转换

式中，对于 τ_x 和 δ_i 的值，CPU 可以从定时计数器读入求得。

理想的导前合闸相角为

$$\delta_{yj}=\omega_{si}t_{dc}+\frac{1}{2}\frac{\Delta\omega_{st}}{\Delta t}t_{dc}^{2}$$

$$\omega_{si}=\frac{\Delta\delta_i}{\Delta t}=\frac{\delta_i-\delta_{i-1}}{2\tau_x}$$

式中　ω_{si}——计算点的滑差角速度；

δ_i、δ_{i-1}——计算点和上一个计算点的角度值；

$2\tau_x$——两计算点的时间；

t_{dc}——微处理器发出合闸信号到主触头闭合时需要经历的时间。

按照上式可求出最佳合闸越前相角 δ_{yj} 的值。该值与本计算点的相角 δ_i 按照以下方式进行比较（式中 ε 为计算允许误差）：如果 $|(2\pi-\delta_i)-\delta_{yj}|\leqslant\varepsilon$ 成立，则立刻发出合闸信号；如果 $|(2\pi-\delta_i)-\delta_{yj}|>\varepsilon$，且 $(2\pi-\delta_i)>\delta_{yj}$，则继续进行下一点计算，直到 δ_i 逐渐逼近 δ_{yj} 符合发出合闸信号条件为止。

1.7.3　计算机同步装置实例

近年来，我国自己研制了一些计算机同步装置，如深圳智能设备开发有限公司研制的 SID—2V 型 SID—2T 型灯多功能微机同步控制器，电力自动化研究所研制的 SJ—11 和 SJ—12 微机同步装置等。SID—2V 型多功能微机准同期控制器简述如下。

1. 主要功能及技术指标

(1) 主要功能。

1) 控制器可使用AC 220V或DC 220V、110V或用户指定的其他电压等级的电源供电。在进行准同期过程中，能有效地进行均频控制和均压控制，尽快促成准同期条件的到来。

2) 每次并网时，都自动测量和显示“断路器操作回路实际合闸时间”，这可以作为是否需要修改原来设置的“断路器合闸导前时间”整定值的依据，以使下次合闸更加精确无误。此外，这一功能也提供了鉴别断路器是否有故障的依据。

3) 机组的各种控制参数均可独立设置，这些参数包括断路器合闸导前时间、合闸允许频差、均频控制系数、均压控制系数。由于采用了EEPROM电可擦写存储器，以上参数均可就地在带电重新设置或修改。

4) 具备过压保护功能，一旦机组电压出现115%额定电压的过压（过压值可根据用户要求进行整定），立刻输出一降压控制信号，并闭锁加速控制回路，直至机组电压恢复正常为止。

5) 当不执行同期操作，且给控制器提供电源时，控制器将进行频率监视，显示器显示系统频率，相当于一个五位数字工频频率表。

6) 除控制器面板上具有一个复位键可在面板上进行复位操作外，还具有远方复位信号接口，可用于中央控制台在必要时进行远方复位操作，或由上位机对控制器实现复位操作。

7) 完善的自检功能，能定时地检查控制器内部各部件的工作情况，一旦发现错误，立即显示相应出错信息，指示出错部位，并同时以接点形式输出报警信号。当失电时，也以接点形式输出失电信号。

8) 控制器内可自行产生两路试验电压信号，可分别模拟系统及发电机电压，且发电机模拟电压可任意改变频率。因此，无需外接可调工频信号源即可调试。在使用机内模拟电压信号进行试验时，装置将自动切断合闸回路，以免在试验状态下引起误合闸。

9) 控制器还设置了一个键盘接口，当键盘接口与选配的专用开发试验装置连接时，将具有对装置更深层的开发调试功能。

10) 控制器可捕捉到第一次出现的并网时机，为联络线解列后快速再并列提供了可能，因控制器可在电网解列后的第一个频差周期后进行同期重合闸。

(2) 技术指标。

1) 输入信号。

a. 待并机组电压互感器A相电压：100V或$100/\sqrt{3}$V。

b. 系统电压互感器A相电压：100V或$100/\sqrt{3}$V。

c. 并列机组断路器辅助常开接点一对。

d. 待并机组并列点选择信号（常开空接点）。

e. 远方复位信号（常开按钮空接点）。

2) 输出信号。

a. 所有输出信号均为继电器输出：AC 220V/5A或DC 220V/0.5A。

b. 输出的控制信号有：加速、减速、升压、降压、合闸等控制信号。

c. 输出的报警信号有：自检出错、失电等信号。

3）工作电源：AC220V、50Hz 或 DC 220V 或 DC 110V。

4）绝缘强度。

a. 弱电回路对地：工频 500V、1min。

b. 强电回路对地：工频 1750V、1min。

c. 强弱电回路之间：工频 1000V、1min。

5）工作环境。

a. 环境温度：10～50℃。

b. 相对湿度：不大于 80％。

c. 海拔 2500m 以下地区。

2. 基本原理及组成

SID—2V 型控制器工作原理如图 1.23 所示。CPU 配 8K EPROM、2K EEPROM、8K RAM 和若干定时计数器及并行接口等芯片，组成一个专用微机控制系统，下面就各主要功能的原理进行介绍。

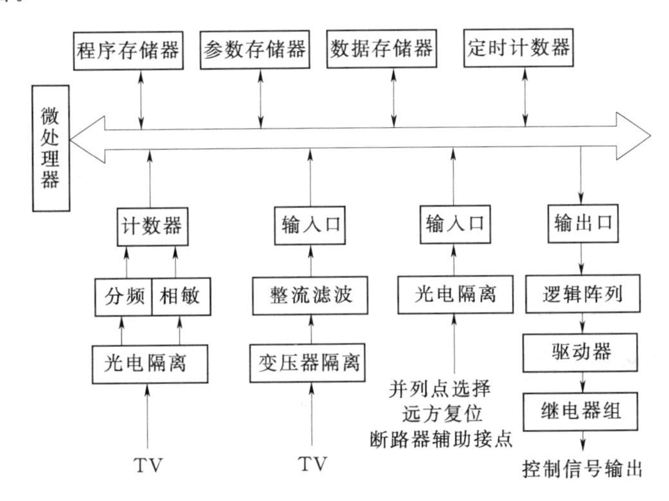

图 1.23　SID—2V 型控制器工作原理框图

（1）自动准同期并列。当待并列发电机的电压、频率与系统相应值相近（即压差、频差在允许范围内）时，待并机组断路器的主触头应在相角差 $\delta=0^\circ$ 时闭合。这时冲击电流在相应频差、压差允许条件下最小，从而大大减少了机组的冲击受损。允许差值越小，其冲击电流越小，但这将影响并列的快速性。因此，允许值可根据实际要求选择。

为精确满足上述并列条件，一个理想的准同期并列过程应该是在操作人员发出并网操作命令后，便能有效地对机组的电压和频率进行控制，使其尽快地平稳地接近系统值，并在达到允许值时有能力使其不再偏离允许值，且在此前提下，准确捕捉第一次出现 $\delta=0^\circ$的时机。确切地说，即在 $\delta=0^\circ$到来前相当于断路器合闸时间的时刻发出并网命令，将机组并入电网。这种理想的准同期并列过程，要求自动准同期装置具有优良的均压及均频控制功能，并能不失时机地捕捉第一次出现的同期时机。一般机组所配备的励磁调节器都具有较好的调压性能，因此自动准同期装置无需在调压功能上考虑过多。但不同机组的调速器具有很大的特性差异，因此，为了取得快速、平稳的准同期效果，要求自动准同期装置不仅应具有优良的均频控制品质而且还应对不同调速器具备良好的自适应能力。为此，SID—2V 型控制器采用了模糊控制原理来实施均频控制。

模糊控制的基本思想是模拟人脑的功能。人脑的思维不能用一个确切的数学函数来表达，而是基于靠实践经验所建立的一些模糊概念之上的，模糊控制理论是依据模糊数学的知识来作出模糊决策。一般模糊控制器是根据被控量的偏差 E 及偏差的变化率 C 按模糊推理规则确定控制量 U。

通常把 E 分八挡，分别为负大、负中、负小、负零、零、正小、正中、正大。把 C 和 U 分成七挡，分别为负大、负中、负小、零、正小、正中、正大。这样就可以按照人们的实践经验确定控制量 U 与偏差 E、变化率 C 的关系，并列出一张模糊推理规则表（表1.1）。

表1.1　模糊推理规则表

C \ U \ E	正大	正中	正小	正零	负零	负小	负中	负大
正大	零	零	负中	负中	负大	负大	负大	负大
正中	正小	零	负小	负小	负中	负中	负大	负大
正小	正中	正小	零	零	负小	负小	负中	负大
零	正中	正中	正小	零	零	负小	负中	负中
负小	正大	正中	正小	正小	零	零	负小	负中
负中	正大	正大	正中	正中	正小	正小	零	负小
负大	正大	正大	正大	正大	正中	正中	零	零

在准同期过程中将根据待并机组与系统的频差 Δf 及 $\Delta f'$ 对调速器进行控制，控制量的大小表现为每次控制脉冲的持续时间，即脉冲宽度 τ。所以在模糊控制器中 Δf 即为 E，$\Delta f'$ 即为 C，于是可写出

$$U=g(\Delta f,\Delta f') \tag{1.6}$$

式中　g——模糊控制算法。

将每组 Δf 及 $\Delta f'$ 按设定的调频系数 K 所产生的控制量 U 值列出一张模糊控制表，将其存在内存中。SID—2V型控制器即按此表进行均频控制。根据机组调速器的特性，整定不同调频系数 K 值，在机组运行时试设不同的 K 值，最终找到一个控制过程既快且稳的 K 值，从而实现对不同调速器都有良好的自适应性能。

众所周知，机组在并网过程中的转速是变化的。特别是作为运行备用的水轮机组、燃气轮机组、柴油发电机组等是由静止状态启动加速至额定转速的。因此，不能忽视频差变化率在准同期过程中所带来的影响，频差 Δf 和其变化率 $\Delta f'$ 分别表征机组较之系统转速的快慢及其发展趋势。特别对于断路器合闸时间较长的情况，如果不计及 $\Delta f'$ 的影响，则势必产生较大的合闸误差角，甚至在发出合闸脉冲后出现频差符号改变的情况，即同步表反转。因此，引起的后果有时会很严重。为此，SID—2V型控制器的理想合闸导前角由以下数学模型确定

$$\delta_K=\omega_\tau t_\xi+\frac{1}{2}\frac{d\omega_\tau}{dt}t_\xi^2 \tag{1.7}$$

式中 δ_K——理想合闸导前角；

ω_τ——系统与机组角频率之差；

t_ξ——并列点开关合闸时间；

$\frac{d\omega_\tau}{dt}$——频差变化率。

SID—2V型控制器每半个工频周期测量一次实时的相角差δ值，并在每两个工频周期计算一次理想合闸导前角δ_k，当$\delta_k=\delta$时控制器即发出合闸脉冲。考虑到δ的测量以及δ_k的计算均是离散的，为了不漏掉合闸机会，控制器采用了一种合闸角的预测算法，从而确保在频差及压差已满足允许值时，能不失时机地捕捉到第一次出现的并网机会。综上所述，控制器的均频控制，采用模糊控制技术，计及频差变化率的理想合闸导前角的数学模型及其预测技术，保证了SID—2V型控制器的快速性、精确性。

（2）断路器合闸时间的测量。断路器合闸时间是指发出合闸命令至断路器主触头闭合这段时间。用SID—2V型控制器的计时功能可以在发出并网命令时开始计时，直至因开关主触头闭合停止计时，从而获得开关合闸回路的总体合闸时间。停止计时信号取自于断路器辅助接点，断路器分闸状态时，该辅助接点断开。

控制器在每次并网后测得并列点断路器的实际合闸时间，并在八位数码显示器上显示实测值，如实测值与原整定值偏差较大，可考虑重新就地整定导前时间参数。应该指出，为了能读出测量的合闸时间，装置在并网结束后要保证不能立即断开供电电源。

（3）均压控制。考虑到发电机一般都具有灵敏稳定的励磁调节器，因此在机组并网过程中维持正常的机端电压并不难。在SID—2V型控制器中采用了纯硬件的电压比较电路实现均压控制。通过两个电压比较器可分别设定允许电压差的上下限值V_H及V_D。当并网时的电压差超过允许值范围时，控制器将发出降压或升压命令，控制信号是一组可由软件整定宽度的脉冲序列。控制量的大小取决于均压控制系数，这个系数也是在机组运行时进行试设，取一个控制品质最好的值。

（4）发电机过电压保护。SID—2V型控制器设置了并网过程中机组的过压保护，当发电机电压达到了115％额定电压时，控制器将切断加速回路并将持续发出降压命令，直至发电机电压降至115％额定电压以下为止。这一功能是由电压比较器以硬件方式实现的。整定值可由用户设定。

（5）自检。为保证控制器随时都处在正常工作状态，并及时发现硬件故障，SID—2V型控制器设计了一套先进的自检软件，在控制器工作过程中对全部硬件，包括微处理器、随机存储器、只读存储器、接口电路、继电器等进行自检，任何部位的故障都将及时显示出来并以继电器空接点输出报警，此时控制器将闭锁合闸回路，不产生任何对外控制，以杜绝错误操作。

（6）电源。为减少电源功耗，控制机箱温升，保证控制器的工作稳定性，SID—2V型控制器采用了高效率低纹波开关稳压电源，并配备了冷却排风扇。电源设计成不仅可由AC 220V电源供电，也可由发电厂的DC 220V或DC 110V电源供电，从而提供了交直流电源通用的便利。如需要使用其他等级的电源电压例如DC 48V等，可根据实际需要提供。

为提高抗干扰能力，交DC 220V电源经噪声滤波器除去干扰再进入开关稳压电源。考虑到不同电路在电气上隔离以抑制干扰的需要，机内设计了互不共地的若干个独立电源。

另外，控制器的所有输入、输出信号分别采用继电器、变压器、光电隔离器等器件进行隔离，同时在结构上还采用了完整的电磁屏蔽措施，大大加强了控制器的抗干扰能力，提高了控制器的可靠性。

以上对SID—2V型控制器各基本功能的原理和组成作了介绍。其工作过程可简述如下。

待并机选择信号由中央控制室同期开关经光电隔离后送入控制器，控制器自动选择该机组有关同期参数，并将待并发电机组和系统的电压经变压器和光电隔离器后送入控制器。系统和待并发电机的电压、频率、相位等参数，在控制器中进行处理和比较。若同期条件不满足，即发出相应控制待并机组的信号——加速、减速、升压、降压等，并在硬件、软件上同时闭锁合闸回路。

另外，对合闸信号还引入了最大相角闭锁、最小相角闭锁、频率变化率闭锁等措施。控制器的合闸回路由八个继电器的接点串联起来，从而完全避免了误合闸的可能性。如同期条件满足，则控制器发出合闸脉冲完成机组并网操作。

综上所述，本控制器实际上是一种按准同期方式，以自同期速度实现发电机并网，且具有多种功能的快速控制器。

项目2　自动准同期装置设计

常规的并列操作装置由集成电路或由单片机构成。集成电路构成的并列装置，在实际应用中，通常采用半自动方式，即先由人工将待并同步机的电压、频率调至与电力系统的电压、频率接近或相同，然后再投入并列装置进行并列操作，这种方式的并列时间较长；单片机构成的并列装置，虽然并列时间短，操作方便，可以实现全自动并列操作，但对于现场工作人员来说，装置使用起来较为抽象，出现问题较难解决。

由PLC构成的并列装置，可以兼备上述两种装置的优点。另外，由于编写PLC程序所使用的梯形图与现场的控制图较为接近，编写的程序易被现场的工作人员理解和接受，并可以根据现场的实际情况进行修改。

2.1　自动准同期并列工作原理

2.1.1　同期并列的条件要求

同步发电机进行准同期并列时，应满足以下三个基本条件：

（1）发电机频率 f_G 与系统频率 f_x 应近似相等，误差不超过0.2%～0.5%。

（2）发电机电压 U_G 与母线电压 U_x 幅值应近似相等，误差不超过5%～10%。

（3）发电机电压与系统电压相角差接近0，即 $\delta=\delta_G-\delta_x\approx 0$。

2.1.2　准同期并列装置的操作

一台发电机在投入系统运行之前，它的电压 U_G 与并列点电压 U_x 两者之间的状态往往不相等，须对发电机组进行适当的操作，使之符合并列条件后才允许并列。在满足并列操作的情况下，采用准同期并列方式将发电机投入电网运行可以使冲击电流最小，对电网及发电机本身的扰动也最小。

为使待并发电机满足并列条件，准同期并列装置要进行如下操作：

（1）测量发电机频率 f_G 与系统频率 f_x 的差值并调节 f_G，使它与 f_x 的差值小于规定值。

（2）测量发电机电压 U_G 与母线电压 U_x 幅值的差值并调节 U_G，使它与 U_x 的差值小于规定值。

（3）检测发电机电压与系统电压的相角差，在合适的时间发出合闸信号，使断路器主触点接触的瞬间，相角差接近于0。

2.2　自动准同期并列装置硬件设计

为实现准同期并列装置的上述功能，设计硬件电路如图2.1所示。该硬件电路由频率变送单元、电压变送单元、电压采样单元、调速单元、调压单元组成。各单元的功能如下：

（1）频率变送单元、电压变送单元用来检测发电机与电力系统的频差、压差。

(2) 电压采样单元用来检测相角差。

(3) 调速单元、调压单元可根据频差、压差的值来调节发电机的转速和电压。

在运行过程中，还需要有必要的信息显示（电压值、频率值、断路器位置等）、报警及保护操作等。

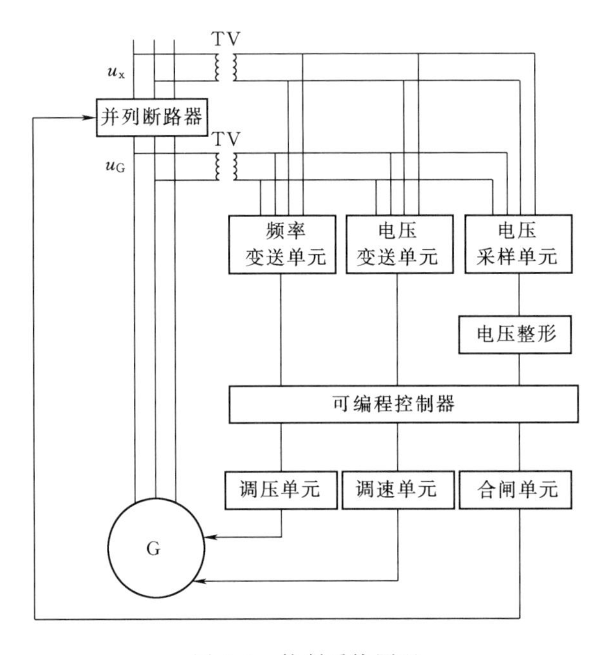

图 2.1　控制系统原理

2.3　自动准同期并列装置软件设计

程序设计采用功能模块结构。将调压程序、调频程序、合闸程序做成功能子模块，并设置好每个模块的出口和入口，采用调用子程序的功能连接在一起，使整个程序层次分明、结构清楚。其主程序流程如图 2.2 所示。

发电机的同期并列操作首先要调节发电机的转速与系统频率值接近，再调节发电机电压与系统电压相同，对于发电机电压 U_G 与系统电压 U_x 来说，其差值越小，并列时对发电机的冲击就越小，所以电压预调时应使 U_G 尽可能接近 U_x。但发电机频率 f_G 与系统频率 f_x 的差值不能太大也不能太小，这是因为频差很小时脉动周期很长，甚至呆滞不动，要捕捉相角重合时刻很困难，不利于发电机快速并网运行。所以，当脉动周期大于一定值时，需要发出扰动信号使频率增加，这就是呆滞扰动。因此，频率预调时，应避免频差过大或呆滞不动。

下面讲述同期合闸的判定。

要满足发电机同期并列的第三个条件，即发电机电压与系统电压相角差为 0，不能用直接比较的方法。这是因为合闸断路器有一定的动作时间，要使断路器主触头接通的瞬间合闸相角差 δ_i 为 0，合闸信号应提前发出。采用恒定导前时间同期原理，在断路器两侧电压的相角差为 0 之前的一定时间发出合闸信号，当断路器的主触头闭合时，断路器两侧电压的相角

差为0。从同期装置发出合闸信号到断路器主触头闭合所经历的时间为断路器的合闸导前时间，主要包括出口继电器动作时间和断路器合闸时间。每个同期开关合闸导前时间均可以由定值设定。装置根据合闸导前时间和合闸点两侧电压的滑差变化率计算出合闸导前相角，即需要一个提前的导前合闸相角 δ_{yi}，当 $2\pi-\delta_i=\delta_{yi}$ 时，断路器发出合闸信号，断路器主触头接通的瞬间，发电机电压与电网电压相角差为0，满足准同期合闸的第三个条件。

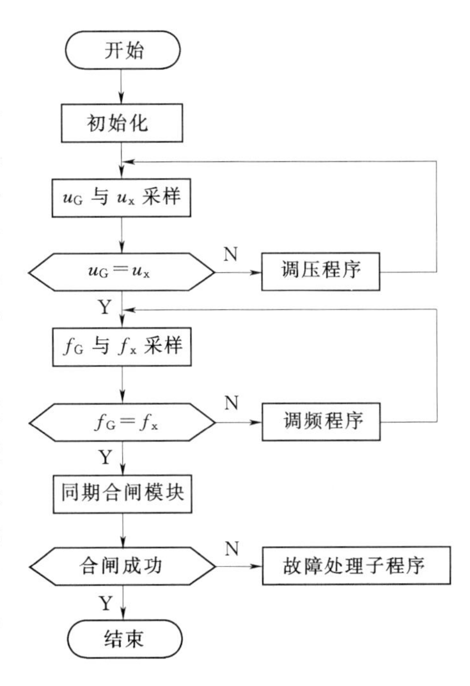

图2.2　主程序流程

因此相位差检测及同期点的捕捉是该装置的重点工作，当电压、频率满足条件后，重点对相角差进行检测。相角差检测是电压比较器输出的方波经异或逻辑电路后产生一系列脉宽与相角差角对应的脉冲波，再经积分电路后形成一个周期性的三角波，三角波的周期即为发电机与系统的滑差周期，波形如图2.3所示。

分析图2.3中的波形，可以知道各点对应的相角差：A 点0°，B 点90°，C 点180°，D 点270°，E 点360°（即0°）。理论上 E 点为断路器主触点理想的闭合瞬间点，由于断路器主触点闭合有一个时间过程，所以合闸命令应在图2.3中 F 点发出，为此提前找出 F 点成为关键。当滑差趋于稳定时，三角波基本成上下对称波形，在图2.3中 ΔCMD 和 ΔEND 基本相等，取 $|CG|=|FP|$，则 $|OG|=|FP|$。装置定时对三角波的幅值进行采样计算处理，首先判断出三角波正向最大点，即 M 点，再经延时 t_{DC}（装置发出合闸信号到断路器主触头闭合所需的时间）后，采样计算此时三角波的幅值并保存。当三角波到负半周后，不断跟踪其幅值变化，当其幅值的绝对值大于 P 点幅值时，即发出合闸命令脉冲，也即 $2\pi-\delta_i=\delta_{yi}$。

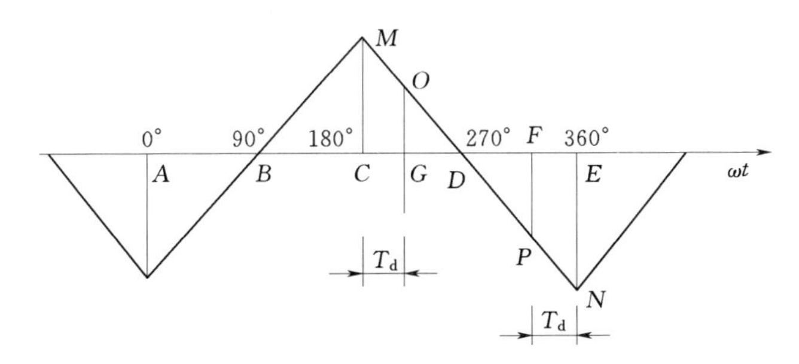

图2.3　现行整步电压三角波

装置在此导前相角发出合闸信号，同期合闸导前相角可由以下方式得出。

设 X_i 为 δ_i 的采样值，即 $\delta_i=\left(\frac{X_i}{X_n}\right)\times180°$。其中 X_n 为与180°对应的采样值。由此可求得滑差角速度为

$$\omega_{si}=\frac{\Delta\delta_i}{\Delta t}=\delta_i-\delta_{i-1} \tag{2.1}$$

式中 δ_i、δ_{i-1}——本采样点和上一采样点的角度值；

Δt——采样时间。

$$\frac{\Delta\omega_{si}}{\Delta t}=\frac{(\omega_{si}-\omega_{si-n})}{\Delta t}n \tag{2.2}$$

式中 ω_{si}、ω_{si-n}——本采样点和前 n 个采样点 ω_s 值。

$$\delta_{yi}=\omega_{si}t_{DC}+\left(\frac{\Delta\omega_{si}}{2\Delta t}\right)t_{DC}^2$$

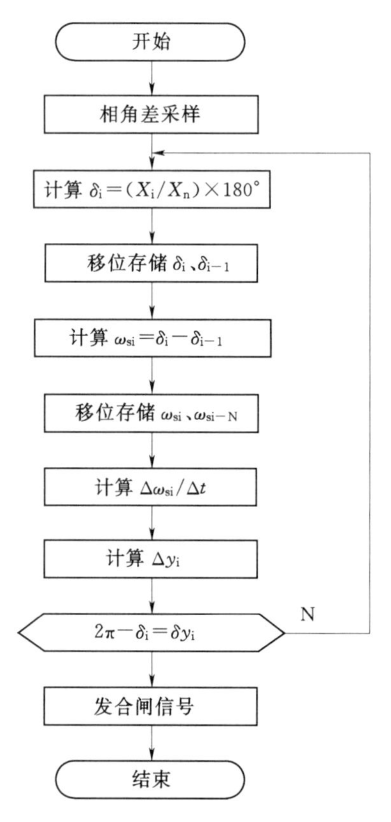

图 2.4 同期合闸判定流程

如果 $2\pi-\delta_i=\delta_{yi}$，立刻发出合闸信号。PLC 具有高速的运算和逻辑判断能力，可以用软件实现同期合闸判定。其主要流程如图 2.4 所示。同期装置在进行本点 δ_i 计算时，同时对下一点的 δ_{i+1} 进行预测，预测最佳合闸导前角是否介于两者之间，在到达最佳合闸角度时发出合闸信号，进行快速准确同期，确保断路器合闸瞬间，两侧电压相角差接近于0，此时对电网冲击最小。

该装置所使用的方法物理概念明确清晰，而 PLC 语言的灵活可靠性，可以使同期操作更加安全，并具有更广泛的适应性。由于系统工作正常与否与发电厂的大小和装机容量无关，因此该装置适应于各种类型的发电厂。随着 PLC 在发电厂内各系统中应用的普及，采用 PLC 的自动准同期装置可以与各系统间平稳衔接，保证了全厂控制系统的整体性，更有利于管理。该同期系统不仅能快速、准确、可靠地实现合闸操作，而且具有接线简洁、功能完备、操作简单、维护方便的优点。

项目3　典型同期故障与分析

3.1　准同期故障与分析

位于四川省阿坝州茂县白溪乡境内的白溪水电站电发电机额定电压为6.3kV。正常情况下发电同期并列点选在发电机断路器，同期点电压由6.3kV母线压变和发电机母线压变引入，通常采取自动准同期的方式并网。发生自准故障时，可利用组合式同期表和同期开关进行手准同期。该电站1号机、2号机都曾因不同原因多次发生自准故障，不能及时并网，严重影响电站各项功能的充分发挥。

3.1.1　故障详细情况

1. 故障一

2001年6月8日上位机开机，令2号机开机至空载。2号机按开机流程，正常开机至空载状态。发令投自准装置并网。2号发电机断路器合闸后，机组即发生事故停机。事故后查2号机保护装置为差动保护动作跳闸。经检查发现2号发电机定子绕组及其引出线都未发现故障，事故原因未查明。此后，1号机、2号机都相继发生几次相同事故。同时，发现事故时机组并网均有较大的冲击声。据此，初步判断机组并网可能是非同期合闸。

2. 故障二

2003年5月9日上位机开机，令2号机开机并网。2号机按流程图开机，转速上升至95%N_e，机组建压，投自准装置后约5s，上位机报2号机自准故障。到操作表计柜进行手准并网成功。此后，2号机多次出现此故障，而1号机只是偶尔出现。

3.1.2　故障分析

准同期并列的理想条件难于实现，但只要将电压差、频率差及相位差控制在允许范围内，是不会对发电机造成危害的。因此，导致上述故障不外乎频率、电压及相位差三种原因。

1. 故障一分析

事故后2号发电机最后跳闸数据记录为：跳闸前电流，A相469A，B相495A，C相410A；跳闸前差动电流，A相185A，B相0A，C相237A；跳闸前电压，A相5862V，B相5840V，C相5792V；跳闸前负序电流，为额定电流的14%；跳闸前频率，49.98Hz；跳闸前有功，0.627MW；跳闸前无功，－1.336Mvar。

通过上位机发现并往前2号发电机的频率及机端电压未见异常，基本满足并网条件。由此初步推断，事故原因可能是并网瞬间相位差过大导致机组并网时冲击较大引起差动保护动作。

采用自动准同期方式并网时，并网时机不够准确将会导致并网瞬间相位差过大。查阅自准装置使用手册和2号发电机自准装置参数表发现自准装置的合闸脉冲导前时间T_{DL}的默认初始值为400s。而2号发电机开关合闸时间出厂试验值和安装测试值分别为69s和70s。显然合闸脉冲导前时间与开关合闸时间相差太大导致2号机并网不同期产生较大冲击。可为什么会导致差动保护动作呢？对2号机差动保护用的电流互感器特性曲线进行测试，发现发电机出线侧电流互感器为测量用的0.5级。当发电机产生较大冲击电流时，差动电流无法躲过整定值，引起保护动作。将1号机和2号机的自准装置合闸脉冲导前时间更改为70s；同时，将发电机出线侧电流互感器更换为保护用的DD级后，机组再没有发生过此类故障。

2. 故障二分析

据故障统计，发现该故障多发生在2号机，发生时系统电压较低，最低达到5.45kV。同时，投自准初始，自准装置电源投入；调节一段时间后，自准装置失去电源。查看机组PLC梯形图发现，投自准装置电源之前要将机端电压和90%U_e（即5.67kV）进行比较。当机端电压大于5.67kV时才投自准装置电源。

由此推断该故障的全过程如下：上位机正常开机投励磁，机组建压，达到正常值后。开始进行电压比较，当机端电压大于5.67kV时，延时1s投机组自准装置电源。自准装置开始调节机组转速、电压以满足并网条件。由于系统电压较低，当低于5.67kV时，为满足并网条件，自准装置把机端电压调节至低于5.67kV后，自准装置自身电源失去，无法再进行自准并网。因此，上位机报自准故障。

但是，为什么在电站运行两年后才出现此故障呢？为什么常发生在2号机呢？这是由于2003年系统出现了供电紧张的局势，且电站机组开机并网时往往是系统负荷最大的时候，致使并网时系统电压较低。而后者的原因是2号机所在的线路为35kV，且白溪电站处在系统的末梢。2号机所属系统电压通常比1号机低约0.1kV。

考虑到系统用电紧张，且调节主变分接头比较复杂。故对投自准装置的比较电压值进行调整，由5.67kV改为5.40kV，机组并网再未发生此类故障，提高了自准并网的可靠性。

3.1.3 结论

故障一主要原因是自准装置参数设定与发电机开关合闸时间不匹配。且差动保护用的电流互感器型号错误。因此，在机组调试和设备出厂时，应该对设备的各项重要参数进行全面的测试比较；以达到设计目的，满足用户的要求。

故障二是由于系统电压较低引起的，比较少见。同时，也表明在设定各设备参数时要根据实际的需要。

3.2 非同期并网事件的分析与处理

非同期并网是诱发发电机转子轴系扭振的重要原因之一，发电机转子在非同期并网瞬间将会被定子的电磁力矩强行地迫使与系统同步，对发电机造成极大的冲击。国内外由于同期操作或同期装置、同期系统的问题发生非同期并列的事例屡见不鲜，其后果是严重损坏发电机的定子绕组，甚至造成大轴损坏。

3.2.1 故障详细情况

2006年12月21日，贵州省锦屏县三板溪水电厂1G机组调试过程中用主变高压侧断路器同期并网时，出现非同期合闸，导致系统振荡，发电机及变压器有异常声音。随后稳控装置动作跳3G机组发电机出口断路器，此时1G机因有功为负，出口断路器未跳闸，现场人员发现1G机组运行状态不正常，在现地控制柜LCU上现地跳开该发电机的出口断路器开关。检查发现1G机LCU内主变高压侧TV端子A、C相保险（0.25A）已熔断，更换保险

后，3G机和1G机用发电机出口断路器再次同期并网成功。

3.2.2 故障分析与处理

根据1G机故障时录波波形图，如图3.1所示。在发生非同期的那一时刻，主变低压侧的电压超前母线侧电压90°，减去由于主变Y/Δ—11接线引起的30°相角差，实际上合闸那一刻，主变低压侧的电压超前母线侧电压60°。根据电压向量图分析，若同期装置工作正常，有两种可能性会引起主变低压侧的电压超前母线侧电压60°合闸。

（1）500kV母线侧TV电压取U_{AB}，主变低压侧TV电压取U_{ac}。

（2）500kV母线侧TV电压取U_{AC}，主变低压侧TV电压取U_{bc}。

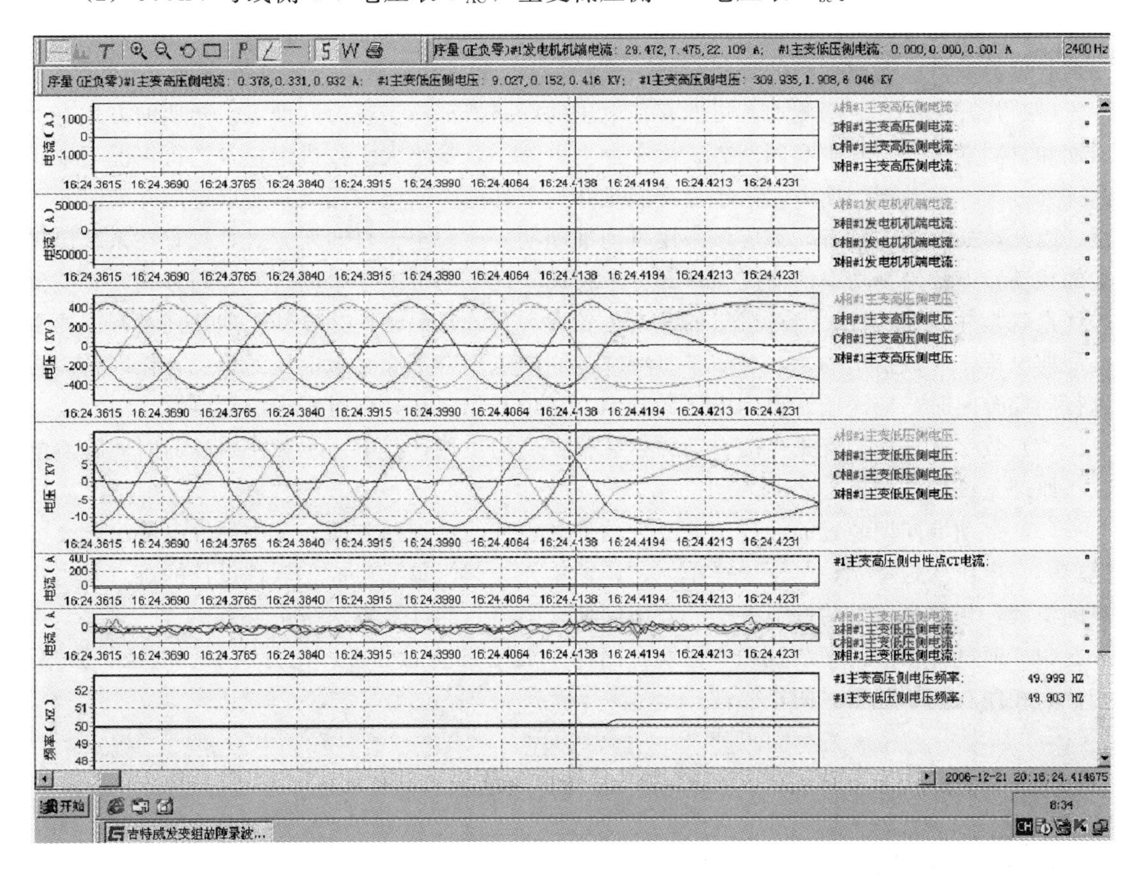

图3.1　1G机故障时录波波形图

3.2.3 结论

初步推断12月21日1G机组主变高压侧断路器非同期合闸有可能是12月20日1G机并网甩负荷试验后，试验人员在拆除试验接线，恢复正常接线过程中误将LCU柜内主变高压侧TV端子B、C相接反，从而导致1G机在主变低压侧电压与500kV母线电压相角相差90°的情况下非同期合闸，并在随后的系统振荡过程中将TV端子保险熔断。

通过对“12·21”非同期事件的分析，可以看出恰恰正是缺乏对“发电机和电网的相序必须相同”的监视直接导致了2006年12月21日三板溪电厂1G机组的一次非同期并网事件的发生。因此，同期装置生产厂家不能简单地认为发电机同期并列前发电机和电网的相序就已经相同，而要在同期过程中对同期四要素（相序、电压、频率、相位）进行一一检测，杜绝非同期，避免系统对机组的冲击。

同时，电厂人员应规范作业的操作流程和试验步骤，在发电机带主变零起升压后仔细检查发电机出口断路器两侧 TV 电压相序，主变冲击后认真检查主变高压侧断路器两侧 TV 电压相序，做完两种断路器假同期试验后才能进行断路器的真同期试验，从制度上和措施上彻底避免非同期事件的发生。

模块 1 小结

本模块主要介绍了发电机组同期并列的基本概念；数字式并列装置的工作原理；自动准同期装置的设计；典型案例的分析与解决途径。

（1）凡开关断开后两侧均有可能存在电压的断路器都应该视为同期点。同期的方式有准同期和自同期两种，其中准同期方式由于冲击电流小，是绝大多数机组正常运行情况下采用的并列方式。手动准同期方式由于捕捉满足并列条件的瞬间比较困难，所以造成并列时间较长，因此，如果条件具备，都应该采用自动准同期方式。至于自同期方式，只有在系统出现大的扰动，继续平衡功率的情况下，部分承担调频任务的机组才采用这一并列方式，它主要的优点就是并列速度快，但对机组的冲击也较大。不管是手动还是自动同期并列，都需要引入同期电压，应该指出的是，对于某些特殊的同期点而言是要考虑电压的相位补偿问题。在进行同期合闸时，应深刻认识到电压、频率、相位、相序在并列过程中的重要性。

（2）数字式并列装置是当前自动并列装置发展的主流，其电压、频率、越前时间检测的工作原理是该软件的核心。

（3）自动准同期装置的设计主要分为软件和硬件的设计两方面。其中硬件电路由频率变送单元、电压变送单元、电压采样单元、调速单元、调压单元组成。软件设计的难点是主程序的流程，频差和压差的调节方法。发出同期合闸命令的计算方法是重点。

（4）通过自动准同期装置和非同期合闸两个典型案例的分析，充分说明了电压、频率、相位、相序在同期并列时的重要性。

思考题

1. 什么是准同期？什么是自同期？
2. 准同期与自同期方式比较，具有哪些优缺点？使用的场合有何不同？
3. 准同期并列的理想条件是什么？如不满足会有什么后果？
4. 同期点的选择原则是什么？
5. 怎样给同期点两侧引入同期电压？
6. 自动准同期装置具有那几个部分？各自的作用是什么？
7. 自同期时发电机拉入同步过程会产生哪些力矩？
8. 试述数字式并列装置软件的电压、频率、越前时间检测工作原理。
9. 自动准同期时，同期合闸的判定原则是什么？
10. 总结项目 3 中两起同期故障产生的原因和应吸取的经验教训。

模块2 发电机励磁的自动调节

【学习目标】 了解发电机励磁系统的发展过程及最新发展动态；掌握励磁系统的作用；了解不同的励磁方式的优缺点；掌握晶闸管整流和逆变的工作原理；掌握半导体装置电路产生过电压和过流原因以及相应的保护方法；熟知各种灭磁方式及其特点；了解强行励磁、减磁的原因；了解低励和过励的限制方法。

【学习重点】 励磁系统的作用；晶闸管整流和逆变的工作原理。

【学习难点】 励磁系统作用的理论分析。

项目4 发电机励磁的自动调节基本理论

4.1 发电机励磁系统发展与现状

4.1.1 励磁主回路发展动态

在20世纪60年代以前，同步发电机基本上都是采用同轴直流励磁机的励磁方式，由于当时发电机单机容量不大，输电线路不长，因此基本上能满足当时的要求，但直流励磁机维护困难，炭刷易产生火花，换向器易于磨损，随着发电机单机容量的增大，励磁容量也相应增大，当汽轮发电机单机容量达10万kW，励磁机容量已近500kW，而同轴电机的转速为3000r/min的直流电机，受限于换向的极限容量仅为500kW。当时大容量发电机或是用齿轮减速后驱动直流励磁机，或是用带大飞轮的独立驱动的电动发电机供励磁。

后来，随着硅整流元件的出现，直流励磁机逐步被同轴交流励磁机和整流器代替，交流励磁机的容量基本上不受限制。在20世纪60年代，当时的第一机械工业部委托电器科学研究院，组织了汽轮发电机三机交流整流励磁系统的全国统一设计。这种方式在大型汽轮发电机上一直沿用至今。为减小时间常数，交流励磁机通常采用频率100～250Hz，中频副励磁机用350～500Hz，早期中频副励磁机采用感应子式，转子上无绕组，近年来已逐步被永磁发电机所代替。

20世纪60年代初，晶闸管元件刚出现，电流、电压额定值较低，所以他励式晶闸管静止励磁用得较少。晶闸管主要用在三机交流整流励磁系统主励磁机的励磁控制上。应该指出20世纪60年代末，天津电气传动设计研究所先后研制出了直流侧电流相加的自复励、无刷励磁和谐波励磁等系统。20世纪70年代中期南京热电厂采用了他励晶闸管励磁。在此期间，富春江水电厂采用了交流侧相加的自复励励磁系统。

对于发电机自并励方案，由于国内电力部门受陈旧观念的约束，长期认为自并励不可靠，无强励能力，故障时无足够短路电流，不能保障继电保护正确动作。在这方面，清华大学等曾进行了卓有成效的研究，并且指出自并励的优点，动态响应快，能适当提高强励倍数等，它的缺点是可以克服的。著名的三峡电厂采用的就是自并励系统。除了自并励外，无刷励磁系统因不用电刷，无火花，可用于防爆环境。没有炭刷粉末污染发电机端部绝缘，有利于延长使用寿命，没有炭刷也有可能做到免维护，适用于无人电站。

4.1.2　励磁调节器发展动态

最初的同步发电机大都用同轴直流励磁机励磁，后者有用自并励的，用于中小容量发电机，大容量发电机大多带直流副励磁机，早期的励磁调节器（常称为自动电压调节器AVR）实际上只有两个功能，即通过自动调节励磁机磁场电阻来达到发电机电压恒定和调差（使发电机并联运行下合理分配无功）目的。对较大型的发电机还备有继电强励和继电强减功能。亦即当机端电压下降较大时，利用低电压继电器短路磁场绕组内串接的某个电阻，从而达到强励的目的，反之当机端电压突然上升时，用电压继电器把一定电阻串入励磁机磁场中达到强行减磁的作用。国内在20世纪50年代进口西方国家的AVR主要有三类：①炭阻式；②银针式；③磁盘式（亦称摆励接触式）。这些都属于机电式直接动作的调压器，它们的电压敏感元件直接通过机械机构操作励磁机的磁场电阻。

由于微机励磁调节器比起模拟式励磁调节器来有许多优点，从20世纪90年代开始，国内也有许多单位竞相研制，经过10多年的竞争淘汰，有实力的研制单位已不多，例如：①南瑞集团电气控制公司，其前身为电力部南京自动化研究所，系微机励磁调节器首创者；②广州电器科学研究所，该所20世纪70年代中生产励磁装置，开始主要面对中小用户，质量较好，1992年开始研制数字式励磁调节器；③河北工学院电工厂，该厂生产励磁装置有很长的历史，原来主要生产磁性元件为主的调节器和模拟式励磁装置，近年来独立开发了适用于各类同步电机的双通道微机励磁调节器；④武汉洪山电工研究所，早先专业生产模拟式励磁调节器，性能基本稳定，有不少用户，近年来开发了新的一代微机励磁系统，目前它向市场提供模拟式励磁调节器；⑤能达公司，葛洲坝水电厂在微机励磁运行成功的基础上，成立了能达公司，也研制了微机励磁装置；⑥清华同方，清华大学的清华同方生产的微机励磁装置其特点是在控制策略方面采用了非线性最优；⑦一些老牌励磁研发单位，如机电部自动化研究所，天津电气传动研究所等，过去曾有过辉煌业绩，但受制于老体制，已基本被逐出市场。

发电厂励磁装置发展至今，功率元件已基本定型，发展的重点是微机调节器。随着新型CPU和PLC的推出和新技术的应用，国内外励磁系统向运行可靠、自控功能强大、操作简单等方向发展，具体为：

(1) 励磁方式的选择，越来越多的机组采用自并励方式，因为此方式动态品质优良，反应速度快，有利于长距离输电，并能提高机组和电力系统的暂态和动态稳定性能。

(2) 随着CPU、PLC等关键模块功能越来越强大，反应速度越来越快，硬件结构可做得越来越简单，减少运行维护量。

(3) 逐步由电子开关取代机械灭磁开关，因为电子开关无机械触点，无火花和瞬时过压，动作速度快，易于维护，目前此项技术已开始在国外采用。

(4) 功率单元、灭磁单元、保护单元等励磁系统基本组件趋向于模块化和通用化，每个组件具有独立的、智能化的数字式监控接口，进一步提高了励磁系统的可靠性和标准化。

4.1.3　国外励磁发展动态

国外在20世纪60年代末期用小型计算机进行控制励磁研究。大都是在一些大学和研究

单位进行，在理论上对控制方法规律进行了研究，有的还在试验室的小的模型发电机上进行了试验。20世纪70年代加拿大和苏联对计算机（当时称数字式自动电压调节器DAVR）励磁进行了联合研究，但是真正用于现场是在微型计算机出现后才有可能。应该指出，南瑞电气控制公司第一台WLT—1微机励磁调节器在1985年投运时，通过国际专利联网查询。实际上，国外微机励磁的应用也只是在20世纪80年代中叶后兴起的，如日本东芝公司于1989年7月在日本的东北电力（株），八户火力发电所3号机上开始投运双微机系统的数字式励磁调节器；加拿大通用电气公司CGE于1990年5月已开发出微机励磁调节器。又如瑞士ABB公司利用厂用微机系统开发了UNITROL—D型微机励磁调节器，很快就停止生产模拟式励磁调节器；1995年又推出了新的一代微机励磁调节器UNITROL—F及UNITROL—P。

计算机励磁的主要研发单位有：①瑞士ABB公司；②美国通用（GE）公司；③英国罗—罗（Rolls—Royce）公司；④日本三菱电气公司；⑤加拿大通用电气（CGE）公司；⑥意大利ANSALDO（ASG）公司。

4.1.4 我国发电厂励磁发展现状

我国发电机组可控硅励磁装置技术是从20世纪60年代末期起步，经过从小型到大、中型，从不可控制到可控，从分立元件和集成电路到微机型（数字化），技术性能不断升级完善，到20世纪90年代末，微机励磁技术已趋于成熟。

我国目前每年生产2500～3000台励磁装置，适用于各种型式水电站和火电厂，随着近年来微机晶闸管静止励磁系统调节软件丰富、友好，调节保护和限制功能齐全，其可靠性和自动化程度已得到用户的普遍认可，因此在新建水电站（火电厂）和老站改造中，绝大部分用户选择微机励磁装置。

4.1.5 总结

综上所述，励磁发展动态可初步归结为：

（1）采用微机励磁调节器的趋势是肯定的，微机励磁也由简单地代替综合放大器作用，扩大到直接数字触发等功能，由于微机处理器及CPU功能越来越强，执行时间越来越快，使硬件简化，一个通道调节器用多个CPU。其中包括取消模拟式变送器硬件，而采用直接交流采样。

为了加强发电机励磁系统的可靠性，许多厂家都采用从变送器、微机励磁调节器及其供电的稳压电源，到晶闸管整流器，都用双通道冗余，使得工作通道故障时，自动切到备用通道，避免了发电机因励磁故障停机。此外，附加的励磁系统智能调试功能，采集的电气量及调节参数显示和修正等人机会话界面以及事件记录、故障自检和自诊断也被广泛采用，使得励磁系统运行比过去更为便利。

（2）对于水轮发电机来讲，为加快停机速度，只用机械方式制动是不够的，因其存在着许多缺点，而应该采用电气制动和机械制动配合工作。电气制动要求定子短路电流为定值，这时可利用励磁调节器的恒励磁电流控制功能来完成，因此有趋势将水轮发电机的电气制动功能包括进励磁系统来。

（3）取消机械式灭磁开关的趋势。灭磁开关主要的作用是在发电机发生故障时迅速切除发电机励磁电流。与一般开关不同之处是发电机磁场绕组电感很大，因而发电机磁场绕组中储存着大量能量，需要利用开关迅速释放，才能达到灭磁效果。

4.2　发电机励磁系统的作用及分类

4.2.1　励磁系统作用

1. 维持发电机或其他控制点的电压在给定水平

电力系统正常运行时，负荷总是随机波动，同步发电机的功率也就发生相应的变化。随着负荷的波动，需要对励磁电流进行调节，以维持机端或系统中某点电压在给定水平。所以励磁系统担负着维持电压水平的任务。下面以单机为例作具体分析。

同步发电机的等值电路图如图4.1所示，其相量图如图4.2所示。

由图4.1和图4.2

易得
$$\vec{U}_G + j\ I_G\ \vec{X}_d = \vec{E}_q$$
$$E_q\cos\delta = U_G + I_Q X_d$$

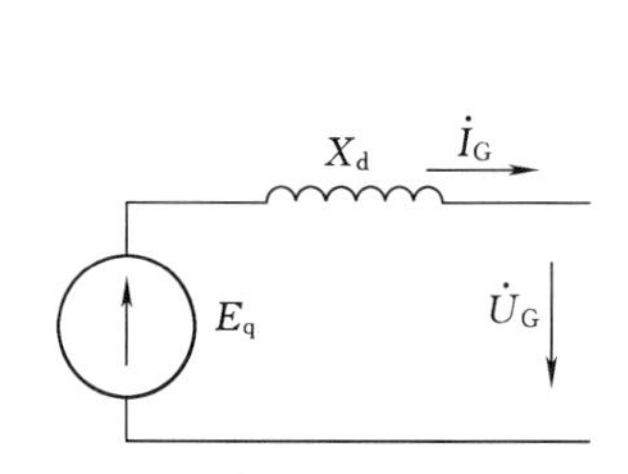

图4.1　同步发电机简化电路图

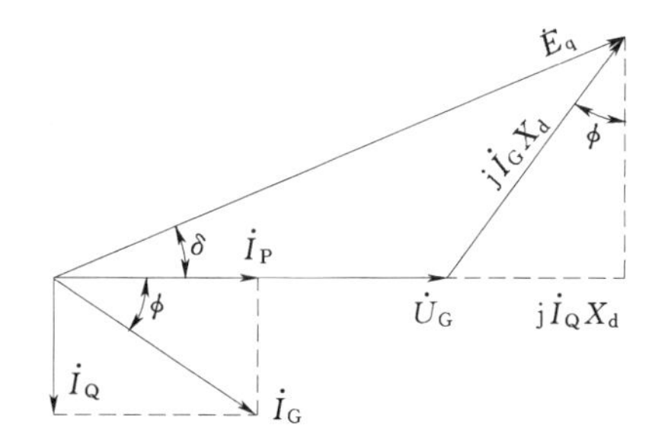

图4.2　同步电机相量图

当δ值很小时，可以认为$\cos\delta\approx1$，则
$$E_q \approx U_G + I_Q X_d$$

上式表明，在励磁电流不变（即E_q大小不变）时，机端电压随无功负荷的增大而下降。

根据式$E_q \approx U_G + I_Q X_d$可画出同步发电机的外特性如图4.3所示，可以看出如何通过励磁电流维持机端电压，即当无功电流变化时，要维持发电机机端电压平衡，就必须适当调节励磁电流。

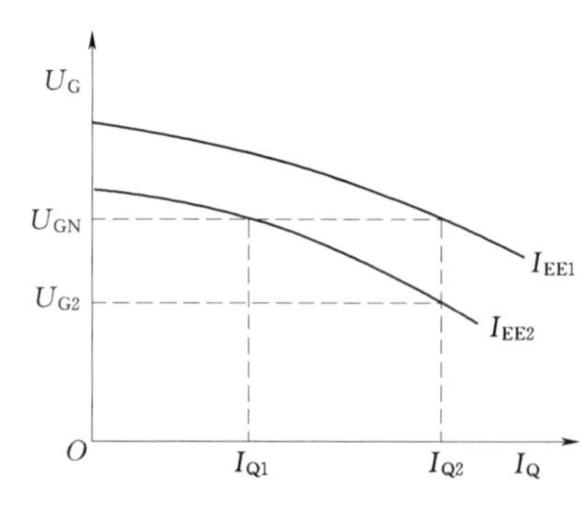

图4.3　同步发电机外特性曲线

综上所述，对于单机运行的发电机，引起机端电压变化的主要原因是无功负荷的变化，要保持机端电压不变，必须相应地调节发电机的励磁电流。

维持电压水平是励磁控制系统的最主要的任务，主要有以下三个原因：

第一，保证电力系统运行设备的安全。电力系统中的运行设备都有其额定运行电压和最高运行电压。保持发电机端电压在允许水平上，是保证发电机及电力系统设备安全运行的基本条件之一，这就要求发电机励磁系统不但能够在静态下，而且能在大扰动后的稳态下保证发电机电压在给定的容许水平上。发电机运行规程规定，大型同步发电机运行电压不得高于额定值的110%。

第二，保证发电机运行的经济性。发电机在额定值附近运行是最经济的，如果发电机电压下降，则输出相同的功率所需的定子电流将增加，从而使损耗增加。规程规定大型发电机运行电压不得低于额定值的 90%；当发电机电压低于 95%时，发电机应限负荷运行。其他电力设备也有此问题。

第三，提高维持发电机电压能力的要求和提高电力系统稳定的要求在许多方面是一致的。励磁控制对系统的静态稳定、动态稳定和暂态稳定的改善都有显著的作用，而且是最为简单、经济而有效的措施。

2. 控制并联运行机组无功功率合理分配

设同步发电机与无限大容量母线并联运行，发电机端电压不随负荷变化，是一个恒定值。当发电机输出的有功功率保持不变时，由图 4.4 可得

$$P_G = U_G I_G \cos\phi = 常数 \tag{4.1}$$

$$P_G = \frac{E_q U_G}{X_d}\sin\delta = 常数 \tag{4.2}$$

$$I_G \cos\phi = K_1 = 常数 \tag{4.3}$$

$$E_q \sin\delta = K_2 = 常数 \tag{4.4}$$

发电机接于无穷大容量电网时，调节它的励磁电流只能改变其输出的无功功率和功角。励磁电流过小，发电机将从系统中吸收无功功率。在实际运行中，发电机并联的母线并不是无限大系统，系统电压将随负荷波动而变化，改变其中一台发电机的励磁电流不但影响其本身的电压和无功功率，而且也影响与其并联运行机组的无功功率。所以自动调节励磁系统还担负着合理分配并联运行机组间无功功率的任务。

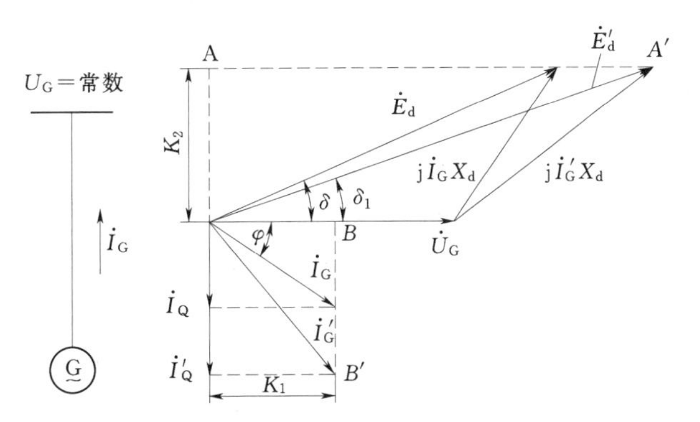

图 4.4 发电机与无限大容量系统并列运行

并联运行机组无功功率合理分配与发电机端电压的调差率有关。发电机端电压的调差率有三种调差特性，即无调差、负调差和正调差。

如果发电机变压器单元在高压侧并联，因为变压器有较大的电抗，如果采用无差特性，经变压器到高压侧后，该单元就成了有差调节。若变压器电抗较大，为使高压母线电压稳定，就要使高压母线上的调差率不至太大，这时发电机可采用负调差特性，其作用是部分补偿无功电流在主变压器上形成的电压降落，这也称为负荷补偿。调差特性由自动电压调节器中附加的调差环节整定。与大系统联网的机组，调差率 δ_T 在± (3%～10%) 之间调整。

如图 4.5 所示，具有不同调差特性的两台发电机并列运行，第一台调差率小，第二台调差率大。但两者可工作在共同的母线电压 U_f 上。这时两台发电机分别担负无功电流 I_{w1} 和 I_{w2}。如果负载的无功功率增加，两台发电机经过励磁装置的自动调节，母线电压变为 U'_f，两台发电机分别担负 I'_{w1} 和 I'_{w2} 的无功电流。这时两台发电机的无功电流都增加。无功电流的增加伴随着无功负荷的增加，当无功负荷增加时，调差率小的发电机无功电流增量比调差率

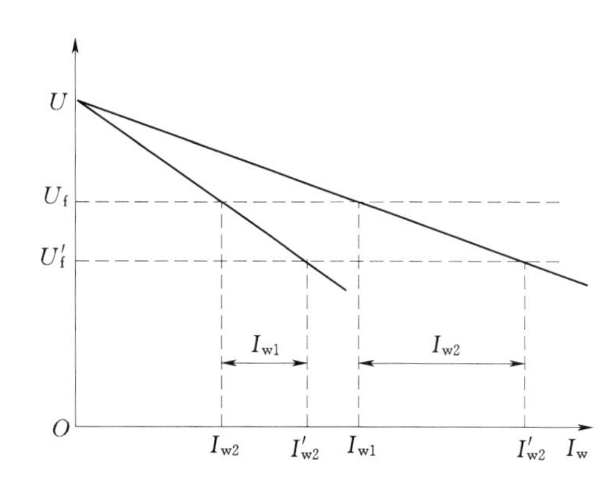

图4.5　两台有差调节特性的发电机并列运行

大的发电机无功电流增量大些。实际运行中，是根据发电机各自的额定容量按比例进行无功电流的分配。就是：小容量的发电机调差率应大些，从而使无功电流增量小；大容量的发电机调差率应小些，从而使担负的无功电流大。对于相同容量的发电机，应使其调差率相同，这样就能使无功电流的分配与其增量相同。

3．提高电力系统运行稳定性

电力系统的稳定可分为三种形式，即静态稳定、暂态稳定和动态稳定。

静态稳定是指电力系统受到小干扰后，不发生非周期性失步，自动恢复到起始运行状态的能力。稳定导则还规定，在有防止事故扩大的相应措施的情况下，水电厂送出线路或次要输电线路只允许按静态稳定储备送电。

暂态稳定是指电力系统受到大扰动后，各同步电机保持同步运行并过渡到新的或恢复到原来稳态运行方式的能力。暂态稳定的判据是电网每遭受一次大扰动后，引起电力系统各机组之间功角相对增大，在经过第一或第二个振荡周期不失步，作同步的衰减振荡，系统中枢点电压逐渐恢复。

动态稳定是指电力系统受到小的或大的干扰后，在自动调节和控制装置的作用下，保持长过程的运行稳定性的能力。动态稳定的判据是在受到小的或大的扰动后，在动态摇摆过程中发电机相对功角和输电线路功率呈衰减振荡状态，电压和频率能恢复到允许的范围内。

（1）静态稳定分析。如图4.6所示，若水轮机导水叶开度不变并忽略各种损失，当输入功率为$P_入$时，从图中曲线1可看出，不论发电机工作在曲线的a点还是b点，输入功率均等于输出功率。

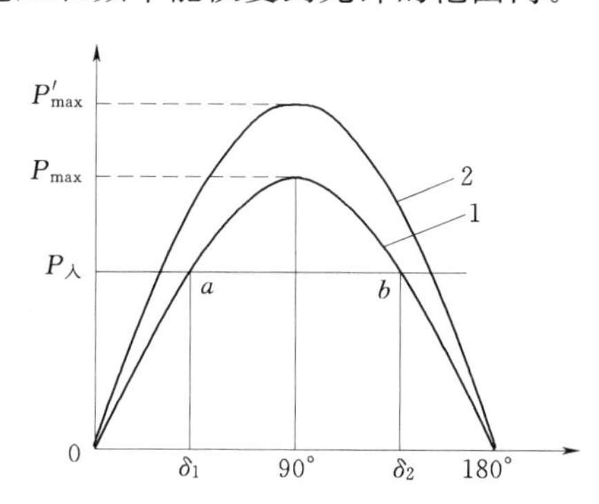

图4.6　静态稳定分析图

如果发电机运行于a点，这时相应的功角为δ_1，如果受到微小震动使δ_1增加$\Delta\delta$时，发电机的输出功率将大于输入功率，出现了负的剩余功率。这样机组将减速，δ角减小，最后仍回到a点后稳定运行。如果微小的震动使δ_1减小$\Delta\delta$时，发电机的输出功率将小于输入功率，出现了正的剩余功率。这样机组将加速，δ角增大，最后仍回到a点后稳定运行。

如果发电机工作在b点，这时相应的功角为δ_2，则不可能维持稳定运行。此时，若系统受到微小的扰动使功角离开正常的平衡状态而增加$\Delta\delta$时，则发电机的输出功率将小于输入功率，出现了正的剩余功率，使$\Delta\delta$不断增大，发电机转速越来越高，运行状态无法回到b点，最后失去同步，或称失去稳定。发电机失去稳定后，如不及时减少导水叶开度，转速将迅速增高，使发电机遭到破坏，同时由于发电机和系统频率的不同，发电机定子绕组中将出现很高的电流，同样也可能导致发电机的损坏。此外，并列运行发电机失去稳定后，还可能给电力系统带来严重事故。若系统受到微小的扰动使功角离开正常的平衡状态而减小$\Delta\delta$时，则发电机的输出功率将大于输入功率，出现了负的剩余功率，使$\Delta\delta$不断减小，一直到

a 点时，经过了一系列的震荡后达到新的平衡而稳定下来。由于发电机无时无刻都将会受到微小的震动，所以 b 点不是发电机的稳定运行状态点。

可见，在发电机励磁电流和水轮机导水叶开度不变的条件下，虽然功角特性上有两个与输入功率 $P_{入}$ 对应点，但只有 a 点是可以稳定运行的。

以上这类问题均属于静态稳定。水电站安全运行的前提就是保证静态稳定运行，为了保证静态稳定，不但要使发电机的功角 δ 满足 $\frac{dp}{d\delta}>0$，还要使发电机的工作点不过分接近极限功率。否则，发电机仍可能在微小的扰动下失去静态稳定。所以，正常运行时发电机的输出功率应与极限功率保持一定的距离，即应有一定的储备。静态稳定的储备用储备系数表示，即

$$K_p=\frac{P_{max}-P}{P}\times 100\% \tag{4.5}$$

静态稳定的程度可用储备系数 K_p 来表征。通常要求 K_p 不小于 15%～20%，在发生事故后也不应小于 10% 。

应该指出，限制功角 δ 的大小，即限制发电机输出功率的大小，以使其具有足够的储备系数，只是问题的一个方面，如果想办法提高极限功率 P_{max}，那么在储备系数不变的情况下，可提高输送功率；若输送功率不变，则能使储备增大，如图 4.6 中的曲线 2 所示。极限功率与发电机的电势有关，而电势又直接与励磁电流有关。因此，若在增加发电机输出功率时，同时增大其励磁电流，即提高发电机的运行电势，则可在提高输送功率的同时，保证静态稳定。

由此可见，适当而快速地改变发电机的励磁电流，不仅可以维持电压稳定和合理分配无功负荷，而且对提高电力系统运行的静态稳定和输送能力具有显著作用。一些无失灵区而快速动作的自动调节励磁装置，在发电机输出功率增大时，通过调节发电机的励磁电流，可维持发电机暂态电势和端电压甚至母线电压基本不变。此时，发电机可在 $\delta>90°$ 的条件下运行，而电压和电势不变，相当于补偿了部分电抗。使极限功率和输送能力都得到了提高。另外，减小发电机和变压器的阻抗、减小输电线路的阻抗、采用串联电容补偿、提高线路的额定电压等级和运行电压水平等，这些措施都可使静态稳定得到提高。

电力系统和水电站在运行过程中，还可能受到较大而突然发生的冲击或扰动，如发电机、变压器、输电线路投入或者切除以及发生短路或断线故障等。此时，系统的功率、电流和电压将发生突然的大幅度的变化。由于水轮机调速系统的惯性，不能立即改变输入水轮机的功率，故在机组大轴上将出现不平衡力矩，从而使机组转速发生变化，结果功角 δ 也发生变化。随着 δ 的变化，又要相应地引起功率、电流和电压的变化。在这种情况下，一个保持静态稳定运行的系统可能遭到破坏。

(2) 暂态稳定分析。如果电力系统受到扰动（如短路、故障切除、重合闸）后，机组转速虽然发生变化，但变化不大，可以认为转速不变，而只考虑功角的变化。此时，通常只研究转子第一个摇摆周期的变化情况。对于这一类型性质的研究，属于暂态稳定的范围。

大型机组的启动和制动、同步发电机的异步运行、再同步、自同步及非同期合闸等大的扰动，可能使暂态过程达到几秒或几十秒，发电机的转速可能发生较大的变化，对于这类问题的研究，属于动态稳定的范围。对于动态稳定的研究必须考虑发电机转速和电势的变化，

有时还应考虑负荷的动态特性和发电机的异步转矩的影响。

在系统发生大的扰动后，快速增大发电机的励磁电流，将有利于系统的暂态和动态稳定运行。

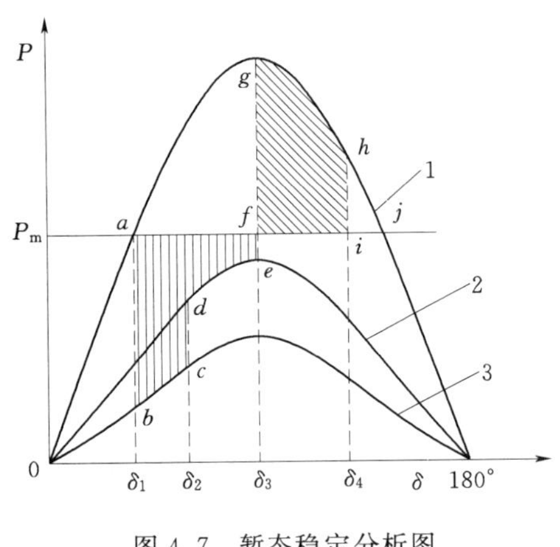

图 4.7　暂态稳定分析图

如果在输送功率为 P_m 且功角为 δ_1 时，输电线路的某点发生短路，则功角特性将发生变化，短路后，由于连接发电机和系统的等值阻抗增大，故功角特性曲线降低，如图 4.7 中曲线 2 所示（曲线 1 为短路前的特性曲线）。功角特性的降低程度与短路地点和短路类型有关。在线路始端发生三相短路时，发电机输出功率几乎变为零，这种情况最为严重。总之，短路发生后，功角特性变坏，短路性质越严重，功角特性降低越多。

发生短路后，由于转子存在惯性，功角不能突变，故在短路瞬间功角仍为 δ_1。此时，因发电机的输出功率减小（由曲线 3 决定），所以工作点由 a 转到 b，此时，由于水轮机的输入功率视为不变，出现剩余功率，发电机加速，功角将由 δ_1 增加到 δ_2，相应的发电机由 b 点转到 c 点运行。假如继电保护在此时动作，断开故障点两侧断路器，备用线路断路器闭合，由于系统接线的改变，功角特性将变为曲线 2，此时发电机运行在由曲线 2 和 δ_2 角所决定的 d 点。此时虽然发电机输出功率已增大，但仍小于输入功率，发电机继续加速，所以功角继续由 δ_2 增大到 δ_3。若线路装有自动重合闸装置，并在此时重合成功，则系统复原，功角特性恢复到曲线 1，发电机由 e 点转到 g 点运行。这个时候，虽然发电机的输出功率大于水轮机的输入功率，出现了负的剩余功率，使转子制动，但由于转子在由 a 点到 f 点的运行过程中储存了与面积 $abcdef$ 成正比的动能，所以发电机转子虽然减速，但仍高于同步转速，结果 δ 角继续增大。当功角增大到 δ_4 时，加速期间储存的动能全部耗尽，即面积 $fghi$ 与面积 $abcdef$ 相等，发电机达到了同步转速，功角不再增大。此后，因输出功率仍大于输入功率，发电机继续减速，故 δ 角减小，一直减小到 δ_1，经几次震荡后恢复到 a 点运行。以上这种情况，系统发生的暂态过程是稳定的，即称为暂态稳定。在上述过程中，若 h 点越过 j 点后才能消耗掉转子在加速时储存的能量，则发电机输出功率又小于输入功率，转子继续加速，δ 角继续增大，结果发电机失去同步，稳定运行遭到破坏。因此，与面积 fgj 对应的动能是最大减速动能。

很明显，为了保持暂态稳定，应尽量减小加速面积 $abcdef$，并增大减速面积 fgj。

以上是发电机励磁电流不变的情况。若在发生短路时，快速增加发电机的励磁电流，则特性曲线 1、2、3 都要相应提高，这样就即减小了加速面积，又增加了减速面积，因此对提高系统的暂态稳定是非常有利的。此外，加快切除故障的时间和重合闸动作时间，减小联系阻抗，采取电气制动，增加机组的转动惯性及改善电网的接线方式等，也可以提高系统的暂态稳定。

综上所述，发电机的励磁电流在运行过程中必须根据不同的情况加以调节。对于调节速度，若从维持电压水平和合理分配无功负荷出发，则并无十分严格的要求。但从提高系统的稳定角度考虑，则要求调节速度快。显然，靠手动操作难以完成，必须借助于自动装置来完

成，手动调节作为备用。

4.2.2　功角稳定和励磁负阻尼解释

1. 功角稳定比喻

碗中放置一个球，且受到外部的一个小外力，它就偏离原来的位置。如果这个碗很矮，像一个盘子，该球就有可能从碗中掉下来。此时，这个系统静稳不足。提高碗的高度最经济的办法就是采用自动电压调节器。

当碗中的球受到一个大的外力，怎样保证该球不飞出，最主要措施就是快速的继电保护。继保的作用就相当于减少这个外部力量的作用时间，继保越快，外力的作用时间就越短，这个球就不会一下子掉下来。自动电压调节器此时作用相当于自动改变这个碗的坡度，当这个球上升时增加坡度，当这个球下降时就减少这个坡度，使这个球在碗中滚动幅度迅速减小。

当碗和球之间的摩擦很小，这个球受到扰动后在碗中滚动幅度大且时间长。动稳定影响到电力系统阻尼，就如同影响这个碗中的摩擦系数一样，正阻尼就是增大摩擦系数，负阻尼减少摩擦系数。当这个球在滚动中，如果有一个外力在其上升时帮助其上升，在其下降时帮助其下降，这个球的滚动幅度就越滚越大，反之就越滚越小并最终停下来。（电力系统静态稳定器）PSS 的作用就是增加阻尼。

2. 励磁负阻尼比喻

在荡秋千中，我们停止外力，秋千就会在摩擦力的作用下慢慢停下；当我们施加使秋千停下来的外力，它就会马上停下；当我们施加使这个秋千荡起来的外力，它就越荡越高。

电力系统的动稳就像荡秋千一样，励磁负阻尼，就产生一个使秋千荡起来的外力，励磁正阻尼产生一个使秋千停下来的外力。

比较这两个外力，主要的问题就是作用在秋千上的时间不同，由于发电机转子的电感，励磁对秋千所产生的外力总是滞后，正是这种滞后效应造成励磁负阻尼。如果用 PSS 的超前环节来校正这个滞后作用，励磁的负阻尼就变为正阻尼，这就是 PSS 的原理。

4.3　同步发电机励磁方式

励磁调节系统是同步发电机的一个重要部分，在电力系统中起着十分重要的作用，是电力系统中最重要的自动装置之一，它对于提高电力系统的稳定性并改善其动态品质有着非常重要的作用。

同步发电机的励磁系统实质上是一个定值控制系统，其功率单元为可控的直流电源，所以励磁系统为一个调节器加可控电源。

根据励磁电源的不同类型，励磁系统可以分为三种：

（1）直流励磁系统：用具有整流子的直流发电机作为励磁电源。一般该励磁机与同步发电机同轴，一起由原动机带动旋转，因而励磁功率独立于交流电网，不受电力系统非正常运行状况的影响。

（2）交流励磁系统：用交流励磁机取代直流励磁机，经半导体可控整流后供给发电机励磁。其励磁功率同样独立于交流电网，因此也称他励半导体励磁系统。根据半导体整流器是静止的还是旋转的，该类励磁系统又可分为他励静止半导体励磁系统和他励旋转半导体励磁系统。

(3) 静止励磁系统：用接于发电机出口或厂用母线上的变压器作为交流励磁电源，经半导体整流后供给发电机励磁。因该励磁方式在整个励磁系统中无旋转部件，常称为全静止式励磁方式。由于励磁功率取自交流电网本身，故又成为自励半导体励磁系统。它受电力系统中非正常运行状况的影响较大。

4.3.1　直流励磁机系统

1960年以前，同步发电机的容量不大，励磁电流由与发电机同轴的直流发电机供给，即所谓直流励磁机系统。按照励磁机励磁绕组供电方式的不同，可分为自励式和他励式两种。

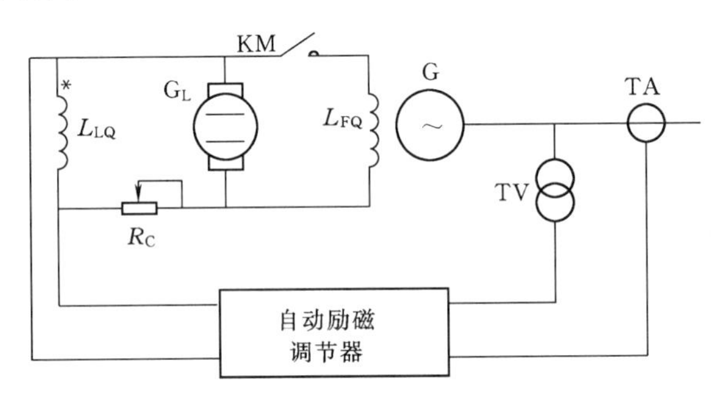

图4.8　自励直流励磁系统接线原理图

自励直流励磁系统原理图如图4.8所示。

发电机(G)的转子绕组由专门的自励式直流励磁机(G_L)供电，R_C为励磁机磁场调节电阻，该励磁系统可以手动调节R_C的大小，改变励磁机的磁场电流，达到手动调节发电机转子电流的目的；也可以由自动励磁调节器改变励磁机磁场电流，达到自动调节发电机端电压的目的。

带副励磁机的直流励磁系统称为他励直流励磁系统，其原理如图4.9所示。通常副励磁机和主励磁机都与发电机同轴。

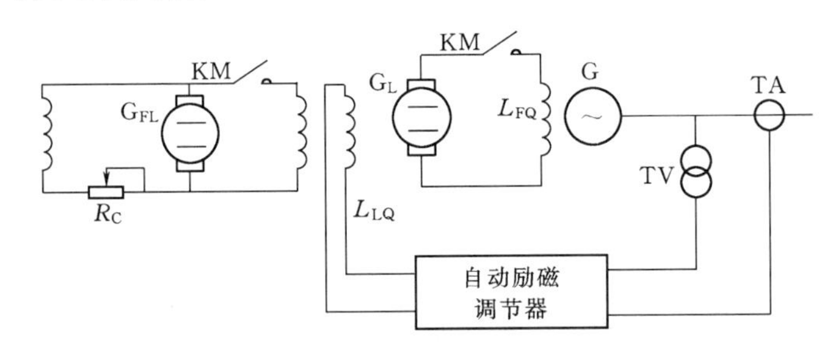

图4.9　他励直流励磁系统接线原理图

显然，他励直流励磁系统比自励直流励磁系统多了一台副励磁机(G_{FL})。主励磁机有两个励磁绕组，L_{LQ}为主励磁绕组，L_{FQ}为附加励磁绕组，用作自动电压调节(AVR)的输入。这里他励与自励的区别是对励磁机的励磁方式而言的。他励直流励磁机方式多用于水轮发电机。

相对来讲，自励方式的励磁调节器容量可以小一些，而他励方式因励磁机的时间常数较小，响应速度较快些。

(1) 直流励磁系统的主要优点是：

1) 因为励磁机与主机同轴，当系统中发生故障时，由于主机惯性大，励磁机转速不受影响，能够照常励磁。

2) 由于励磁机可以改变极性，所以在甩负荷时，能够快速去磁。

3）当系统中发生故障时，在发电机励磁绕组内感应的交流电流可以形成闭环回路，不会发生转子过电压。

（2）直流励磁系统的主要缺点是：

1）直流励磁机有较大时间常数，因此电压响应速度慢。

2）由于机械整流复杂而不可靠，维护也较麻烦。

（3）直流励磁系统不适应现代电力系统的体现。随着电力系统的发展与同步发电机单机容量的增大，直流励磁系统已不能适应现代电力系统和大容量机组的需要，主要体现在以下两个方面。

1）励磁功率不能满足要求。随着机组容量的增大，所需的励磁功率也越来越大，一般励磁容量约占发电机容量的 0.2% ～ 0.6%，而同轴的直流发电机由于存在整流子和炭刷，其容量受机械强度（如转子所决定的周边速度）和电气参数（如换相压降）等因素的限制。与汽轮发电机同轴的直流励磁机，其极限功率一般可用下式确定

$$nP=1.8\times 10^{6} \tag{4.6}$$

当 $n=3000$r/min（其励磁机整流子周边速度接近于 45m/s）时，相应的直流励磁机极限功率 600kW，约为 150MW 汽轮发电机所需的励磁功率。换言之，当汽轮发电机单机容量大于 150MW 时，将难于用直流励磁机作为励磁系统的功率单元。表 4.1 列出了不同容量的汽轮发电机相对应的典型励磁功率。

表 4.1　强迫内冷的汽轮发电机励磁功率

容　　量（MW）	120	200	300	500
励磁功率（kW）	480	790	1600	1700 ～ 2700

水轮发电机虽然转速低，机械整流不显得特别困难，但极限容量受到励磁机体积和尺寸的限制。如果励磁机体积太大，机组长度太长，则会使电站厂房高度大大增加，在经济上不合理。因此，单机容量大于 150MW 的水轮发电机，一般也不采用同轴的直流励磁机。

2）励磁电压顶值和上升速度不能满足要求。大容量发电机由于采用内冷或其他强制冷却方式，其绕组的电流密度取得很大，因此，大容量发电机的电抗增大而惯性时间常数降低（如汽轮发电机单机容量从 100MW 增加到 1200MW 时，发电机的同步电抗差不多增加到 1.5 倍，暂态电抗增加到 2 倍，而惯性时间常数约减少一半）。这些因素对于电力系统的运行稳定性是不利的，特别是大型水电站，由于输电距离远，电力系统稳定问题更为突出。为了提高系统稳定性，必须采用快速励磁系统，然而直流励磁机的时间常数大，响应速度慢，已不能满足电力系统稳定性对励磁系统的要求。

1960 年以来，随着电力电子技术的发展，大功率硅整流器和大功率可控硅在制造技术、应用技术及其可靠性方面都得到了不断的提高。在这种情况下，以大功率硅整流装置或可控硅整流装置及其相应的交流电源为励磁功率单元而构成的励磁系统逐步得到应用。

多年的实际运行经验证明，晶闸管励磁系统具有调节速度快、调节范围宽、强励顶值高、制作容易、运行维护简便等优点。同时，还为引入附加控制信号和实现先进励磁控制创造了条件。

4.3.2　交流励磁机方式

随着发电机容量的增大，所需励磁电流也相应增大，直流励磁机系统已无法满足励磁容

量的要求，所以大容量发电机的励磁功率单元就采用了交流励磁机和半导体整流元件组成的交流励磁系统。交流励磁系统的交流励磁电源取自轴功率，即主发电机之外的独立电源，故称为他励励磁系统。另外，整流器的类型以及整流器是旋转还是静止，都构成不同的励磁方式，归纳如图 4.10 所示。

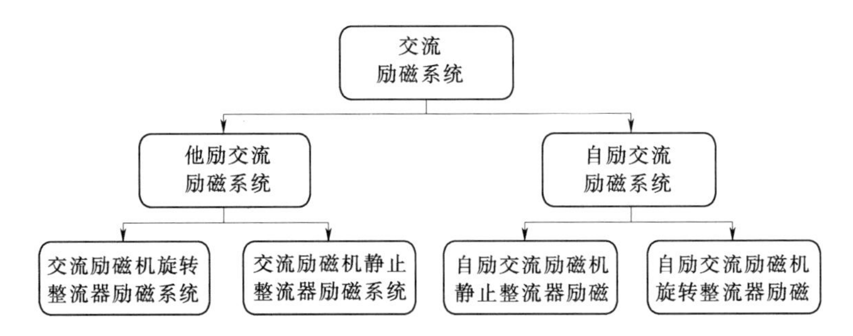

图 4.10　交流励磁机系统分类

交流励磁系统用交流励磁机作为电源，经整流后供给发电机励磁。因励磁电源独立，发电机的励磁不受电力系统运行情况变化的影响；但由于交流励磁机的电枢反应，压降相对于直流励磁机大些，在发电机近端发生短路故障时可能会造成强励能力不足。

根据是否有副励磁机及整流方式是否可控，交流励磁机方式有许多组合，常见的有以下几种。

(1) 他励交流励磁机系统。他励交流励磁机系统（三机他励励磁系统）原理如图 4.11 所示。交流主励磁机（G_{ACL}）和交流副励磁机（G_{ACFL}）都与发电机同轴。副励磁机是自励式的，其磁场绕组由副励磁机机端电压经整流后供电。也有用永磁发电机作副励磁机的，亦称三机他励励磁系统。

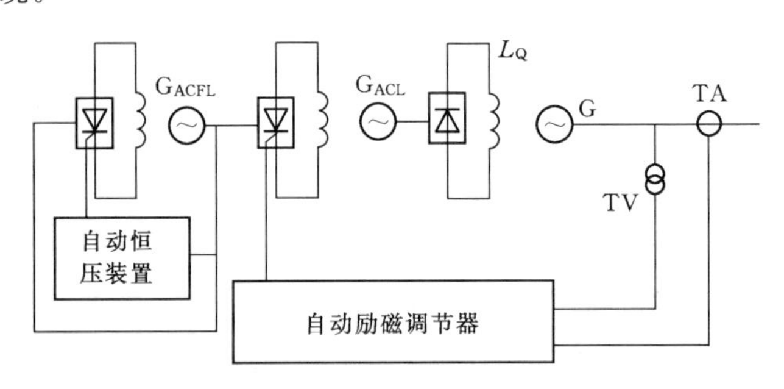

图 4.11　交流励磁机系统接线原理一（三机他励）

(2) 自励交流励磁系统。自励交流励磁系统没有副励磁机。交流励磁机的励磁电源是从该机的出口电压直接获得。其原理如图 4.12 所示。

(3) 两机他励励磁系统。交流主励磁机经过晶闸管整流装置向发电机转子回路提供励磁电流；自动励磁调节器控制晶闸管的触发角，调整其输出电流。其原理如图 4.13 所示，亦称为两机他励励磁系统。

(4) 两机一变交流励磁系统。励磁系统没有副励磁机，交流励磁机的励磁电源由发电机出口电压经励磁变压器后获得，自动励磁调节器控制晶闸管砖触发角，以调节交流励磁机励磁电流，交流励磁机输出电压经二极管整流后接至发电机转子，亦称为两机一变励磁系统，

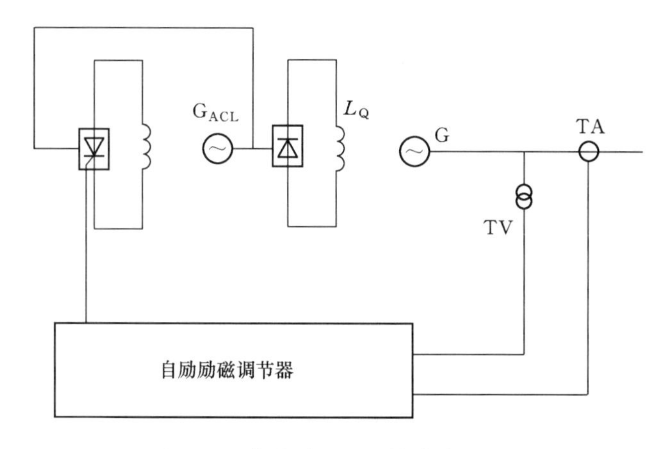

图 4.12　交流励磁机系统接线原理二

其原理图如图 4.14 所示。

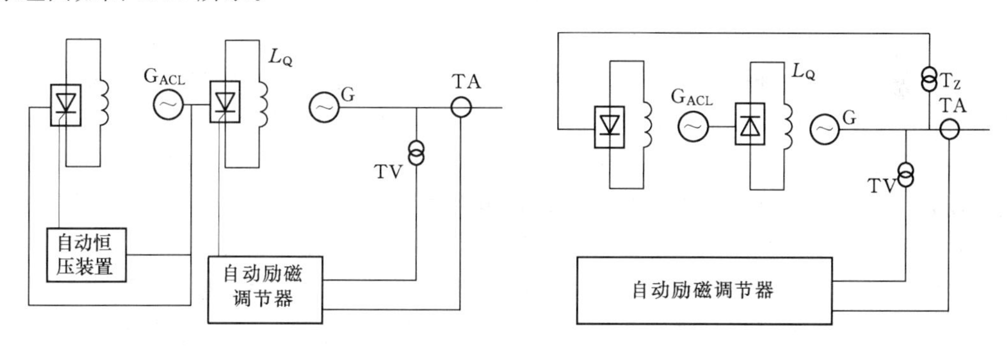

图 4.13　交流励磁机系统接线原理三　　　图 4.14　交流励磁机系统接线原理四

（5）无刷励磁系统。传统的同步发电机励磁系统采用的励磁方式是通过电刷、滑环将励磁直流电引入到转子励磁绕组。但同时电刷和滑环的引入也带来一系列的问题，例如，换向时引起的电火花限制了其在特殊工矿下的应用，尤其是在有易爆炸气体的矿井、带腐蚀性的化工厂、电冶等场所的发电机，同时随着单机容量的不断扩大，直流电机的换向也成为一大难题，而且由于炭刷磨损和炭刷粉末玷污线圈绝缘和其他零部件等问题，增加了维护的工作量和降低了装置的可靠性。为解决这类电励磁同步电机存在的励磁回路可靠性不高的问题，多年来人们在同步电机的无刷励磁技术上进行了大量研究。并且随着电力电子技术的发展和电力电子器件可靠性的提高，无刷励磁技术在同步电机上的应用越来越广泛，对无刷励磁系统新技术的研究成为越来越多人关注的热点。

目前，随着电力电子技术的发展，用于同步电机无刷励磁的方案已有多种，总结如下：

1）永磁励磁和旋转整流器式励磁方式。永磁励磁及旋转整流器无刷励磁技术为目前在同步电机中应用最为普遍的无刷励磁技术。永磁电机实际就是一种无刷同步电机，其转子上安装永磁材料，提供电机所需励磁磁势，实现了无刷化。特别是近 20 年来，随着高磁能积的稀土永磁材料的大量开发应用，使永磁电机的功率密度与电励磁电机相当。但永磁发电机应用不多，影响永磁发电机应用的根本原因是永磁发电机不能实现故障时的灭磁保护，并且由于永磁发电机不能通过调节励磁的方法调节输出电压，要稳压必须采取其他措施。为了克服永磁发电机的不足，近年来提出了混合励磁的永磁电机技术，在以永磁励磁为主的电机中引入起调节作用的电励磁结构，虽然能使发电机在一定范围内进行调节，但也大大增加了电机结构的复杂性。另一个限制其应用的原因是稀土永磁材料价格昂贵，使得成本增加。在航空、军事等领域要求电源系统具有很高的可靠性，20 世纪六七十年代，美国等西方国家开发了旋转整流器无刷励磁技术的同步发电机。这种发电机实际上是将一台旋转电枢式发电机作为主发电机的励磁机，励磁机的输出经三相旋转整流器为主发电机提供直流励磁，消除了电刷滑环，可靠性大大提高。如图 4.15 所示，目前最先进的飞机 A380、B787、F—22 等的主电源就采用这种旋转整流器式无刷交流发电机。在我国，这种形式的发电机应用在航空、船舶、战车上也很普遍。

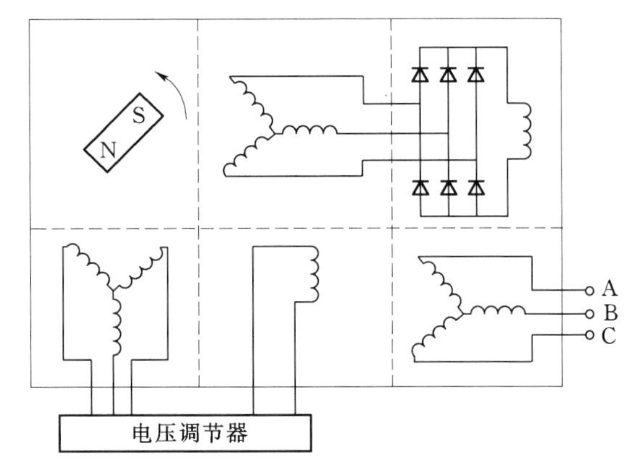

图 4.15　旋转整流器式无刷同步发电机

2）附加非同步旋转磁场感应耦合无刷励磁技术。旋转整流器电励磁同步电机的无刷励磁技术使得电机结构较为复杂，近来又有多篇文献提出了几种实现无刷励磁的结构形式的方案。这些方案的共同点在于电机气隙中除基波同步旋转磁场外，同时存在附加的非同步旋转的副磁场，配合定转子绕组的电路连接，通过电磁感应实现无刷励磁。F. Chen 在 1997 年提出一种无刷、无励磁机同步发电机结构，如图 4.16 所示，定子绕组采用两套并联三相绕组（由极相组拆分），在两套绕组的中心点接入可调直流电源，在两套绕组中形成直流电流，在气隙间形成静止直流磁场；转子绕组切割此磁场形成感应电势，转子绕组线圈由二极管短接，则在转子绕组中流过单方向的直流电流，建立旋转励磁磁场，在电枢绕组中输出三相电压。很显然由于这种电机转子励磁电流是脉动的，甚至会发生断续，因此发电机的输出波形较差；固定的直流磁场使铁心利用率有所降低；另外这种方式在低速情况下励磁效果不好，也不能用于电动启动运行。日本人 SAKUTARO 提出一种与之类似的方案，工作原理相同，不同之处是在定子上除一套三相绕组外，安放了一套直流绕组，用于在气隙间形成静止直流磁场。以上无刷励磁系统创始人还引用或介绍了其他一些形式的无刷励磁同步发电机，根本

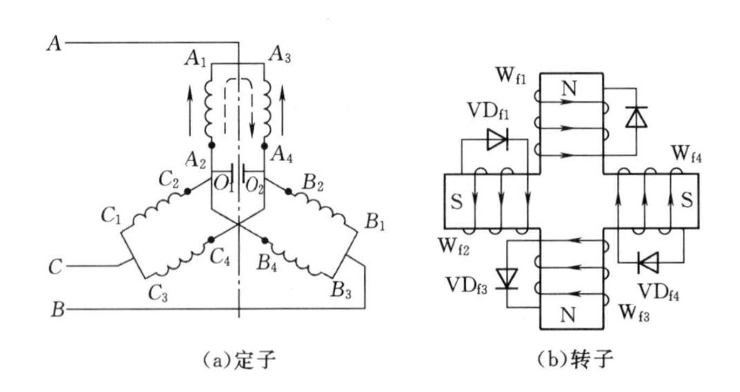

图 4.16　无刷、无励磁机同步发电机结构

O_1、O_2—直流馈入点；- -→- -—直流电流；—→—交流电流；W_{f1}、W_{f4}—励磁线圈；VD_{f1}、VD_{f4}—安装轴上二极管

点都基于在电机中形成两种磁场。K. Inoue 提出一种利用气隙磁场的五次谐波进行励磁的方法，在转子表面恰当位置安排感应磁场五次谐波的感应绕组，经过桥式整流为励磁绕组供电，这种方法利用磁场空间的五次谐波，因此不便调节电压，要通过恰当地设计电机的参数，来保证电机在固定的转速下，带负载运行时端电压变化较小。有文献中提出一种与之相近的方法，在定子上安装了激发谐波的一套三相绕组，该绕组通过 Y 接法的三相电容短接。

3）基于电力电子变换器控制的无刷励磁技术。电力电子及其控制技术的发展为同步电机的无刷化提出了一种新的途径。Sakutaro Nonaka 提出一种这方面代表性的方案，如图 4.17 所示。这是一种与电力电子装置能很好结合的新型无刷同步发电机系统，转子为三相交流绕组，由二极管短路。根据转子位置信号，在定子的旋转磁场中叠加了用于产生励磁的磁场，该磁场由变换器 1 根据合适的调制策略产生，这样在转子绕组中产生感应电势，由于二极管的整流作用，产生所需单向直流励磁电流。显然发电机的输出波形含有大量的谐波，不能直接利用。发电系统的变换器 1 的控制策略采用双磁场调制控制策略。一方面使转子绕组得到感应励磁电流，同时起脉冲宽度调制（PWM）整流作用，将发电机的有功传至直流母线，再由变换器 2 逆变输出所需的频率和幅值的电压，可与交流电网并联。这种系统适合变速运行，适宜构成变速恒频（VSCF）发电系统。

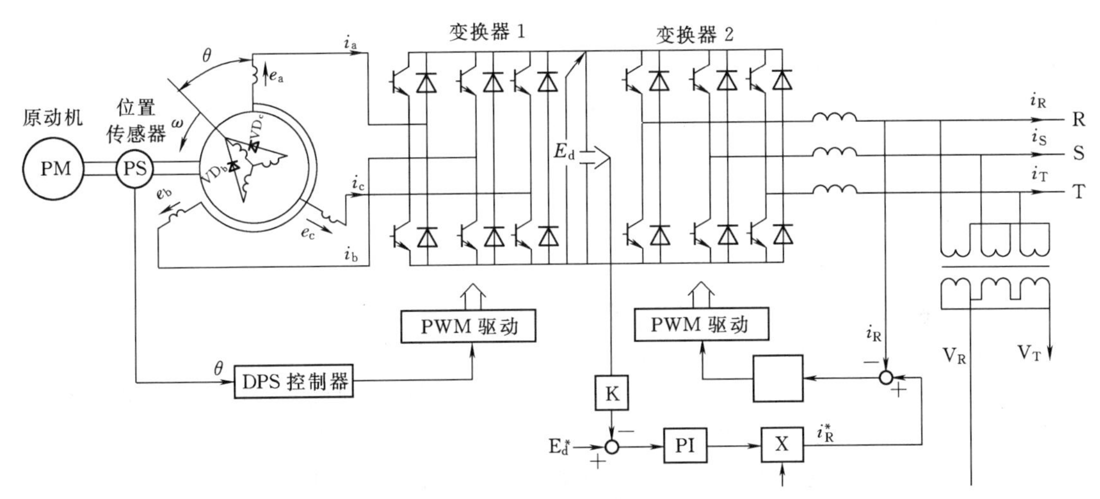

图 4.17 电力电子变化器控制的变速无刷励磁同步发电机体系

4.3.3 静止励磁方式

静止励磁方式的励磁电源不是取自专用的旋转励磁机，而是取自发电机（或电力系统）本身。励磁系统如果只用一个电压源（如在发电机出口处并接一个励磁变压器），则称为自并励方式；如果还有电流源构成复合电源，则该励磁系统称之为自复励方式。后者现在已较少采用。

自并励半导体励磁系统原理接线如图 4.18 所示，只用一台接在机端的励磁变压器 Tz 作为励磁电源，通过晶闸管整流装置 KZ 直接控制发电机的励磁。这种励磁方式又称为简单自励系统，目前国内比较普遍地称为自并励（自并激）方式。另外这种自并励方式制造简单，布置方便，由于没有旋转部分，其工作可靠、维护方便；由于没有励磁机的磁滞，其响应速度快；这种励磁方式对于发电机转速不敏感，有利于抑制水轮发电机甩负荷时引起的过

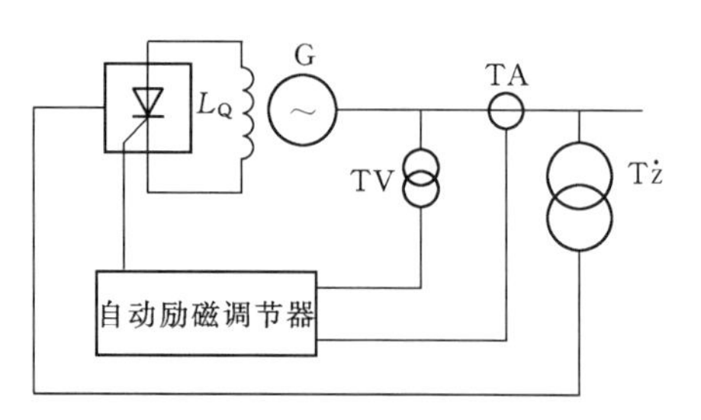

图4.18　自并励励磁系统接线原理

电压。

（1）在早期接触自并励方式时，人们容易产生两个顾虑：

（2）当系统发生短路时，机端电压下降，强励能力会受到影响。特别是机端三相短路而又长时间未被切除时，自并励方式不能保证励磁。

（3）如果上述原因造成短路电流迅速衰减，带时限的继电保护装置可能会拒绝动作。

对此，要对比一下自并励方式下与带励磁机的他励方式下的短路电流变化情况，因为短路电流是发电机提供的，它反映了发电机磁通的变化，可以间接地反映他们的励磁能力。

研究结果表明，自并励方式下，当发电机出口三相短路时，其短路电流与他励方式的短路电流相比较有共同点也有不同点。

1）共同点是：①次暂态电流分量相同，它仅由发电机的阻尼绕组决定；②暂态分量的起始值相同，它是由发电机励磁绕组的磁链守恒决定的。

2）不同点是：①短路电流的暂态分量衰减时间常数不同，自并励方式下的衰减时间常数比他励方式下的大；②在发电机机端短路时，自并励方式下的短路电流一直衰减为零，而他励方式下的短路电流衰减到某一个稳态值。

如果发生不对称短路，自并励方式下的短路电流衰减得更慢，而实际系统中，大多数短路故障是不对称的。如果短路不是发生在发电机出口处，而是经过某个外电抗发生短路，此时的短路电流衰减得更慢。鉴于这个原因，自并励方式特别适合于发电机—变压器组。由于大多数大型发电机组的出线采用封闭母线，在机端发生三相短路的可能性不大，而一旦发生短路，应当立即切除该发电机—变压器组。

电力系统中发生短路故障时，故障切除得越快，则电压恢复也越快。综上所述，只有在发电机近端发生短路，而且故障切除又慢的情况下，自并励方式的缺点才能表现比较突出。对于励磁系统的强励能力来说，由于强励动作后，要经过励磁时间常数后，才能使转子励磁电流得到明显增长，所以不论哪一种励磁方式，在短路故障被切除之前的这段时间里（如0.1～0.5s），强励动作都是有限的。如果短路故障能快速（如0.15s）切除，即使采用自并励方式，电压也将迅速恢复，其强励能力也就跟着恢复了。对于保证电力系统的暂态稳定来说，采用快速继电保护和快速断路器，比励磁系统有更加重要的作用。

总之，由于自并励方式的快速响应，再配以PSS（电力系统稳定器），几乎可以保持发电机的端电压不变，因此静态稳定极限有较大提高，并有较好的抑制低频振荡的能力，有利于动态稳定。对于暂态稳定来说，自并励方式配合快速切除故障，短路故障期间，励磁电流衰减不大，从发生短路到故障切除这段时间内，其强励能力虽略有下降，但适当提高励磁顶值电压后，可有所弥补。

自并励机组启动时，发电机的端电压为残压，其值约为额定电压的1%～2%，不能满足自励条件，必须供给初始励磁电流，即启励。启励电源一般取自直流蓄电池组（厂用直流电源），或厂用交流电加整流器。

与交流励磁机方式比较，因交流励磁机在短路时电枢反应较大，影响了励磁电压上升速度，发电机端电压在短路期间有较大的跌落，所以从总体上来看，实行强励以提高暂态稳定

的效果，自并励方式略优于交流励磁机方式。研究结果表明，采用自并励方式并配以快速继电保护，如果能在0.1～0.15s内切除故障，则在短路故障期间，短路电流仅衰减百分之几，不会影响高压线路上带时限继电保护的正确动作。

4.4　同步发电机的晶闸管整流装置

晶闸管整流装置是现代励磁系统中较为重要的一个环节，虽然其原理并不深奥，但其在励磁系统的故障中所占的比例并不小，对电厂运行维护显得特别重要，弄清其工作原理和常见故障现象，对于提高维护水平，提高励磁系统的投入率具有重要意义。

4.4.1　晶闸管的主要参数

晶闸管的参数较多，包括各种状态下的电压、电流、门极参数及动态参数。为了正确使用晶闸管，不仅要了解它的伏安特性，而更重要的是定量掌握它的主要参数。

为了正常使用晶闸管，必须清楚它能承受多大的正向电压而不转折（没有触发脉冲，不自行导通），承受多大的反向电压而不击穿；在晶闸管导通以后能允许通过多大的电流而不致烧毁；另外还要注意该管的触发电压和触发电流是多大；导通后的管压降是多少；维持电流和掣住电流是多大等。以上这些参数是选择晶闸管时必须考虑的问题。

1. 晶闸管的电压定额

（1）断态不重复峰值电压U_{DSM}。U_{DSM}是指在门极开路时，当加在晶闸管上的正向阳极电压上升到使晶闸管的正向伏安特性急剧弯曲时所对应的电压值。断态不重复峰值电压U_{DSM}应低于正向转折电压U_{PBO}，所留余量的大小由生产厂家规定。

（2）断态重复峰值电压U_{DRM}。U_{DRM}是指当晶闸管的门极开路且结温为额定值时，允许重复加在晶闸管上的正向峰值电压。规定断态重复峰值电压U_{DRM}为断态不重复峰值电压U_{DRM}的80%。

晶闸管在整流电路中工作时，由于开关接通或断开时的过渡过程会有瞬间的超过正常工作值的正、反向电压加到晶闸管上，称为操作过电压。晶闸管必须能够重复地经受一定限度的操作过电压，而不影响其正常工作。

需要说明的是，晶闸管正向工作时有两种工作状态，即阻断状态（简称断态）和导通状态（简称通态）。说断态或通态时，一定是正向的（即在晶闸管A、K之间加正向电压），因此“正向”两字可以省去。

（3）反向不重复峰值电压U_{RSM}。U_{RSM}是指在门极开路时，当加在晶闸管上的反向阳极电压上升到使晶闸管的反向伏安特性急剧弯曲时所对应的电压值（图4.19）。

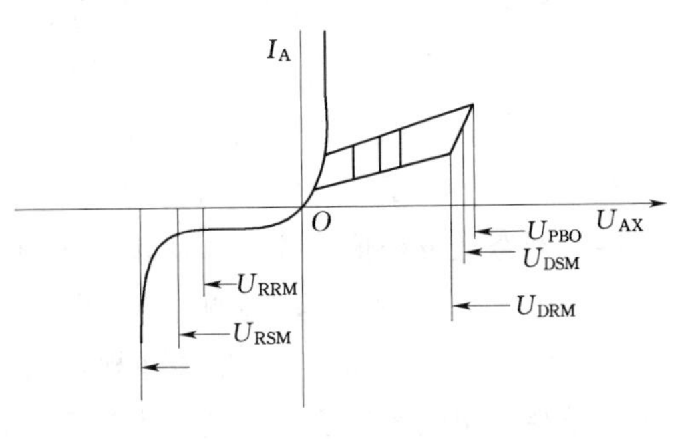

图4.19　晶闸管的几个电压参数在伏安特性上的位置

（4）反向重复峰值电压U_{RRM}。U_{RRM}是指当门极开路且结温为额定值时，允许重复加在晶闸管上的反向峰值电压（图4.19）。规定反向重复峰值电压U_{RRM}为反向不重复峰值电压U_{RSM}的80%。通常，晶闸管若受到反向电压作用，则它必定是阻断的，因此参数名称可省去“阻断”二字。

（5）额定电压 U_N。将 U_{DRM} 和 U_{RRM} 中较小的那个数值取整后作为该晶闸管型号上的额定电压 U_N。在选用晶闸管时，额定电压 U_N 应是正常工作电压的 2～3 倍，以此作为允许的操作过电压余量。

（6）通态平均电压 U_T。通态平均电压 U_T，是指在晶闸管中流过正弦半波额定通态平均电流和额定结温时，晶闸管的阳极和阴极间电压降的平均值，俗称管压降。通态平均电压 U_T 按规定分为九组，每组差 0.1V，最低值为 0.4V，最高值为 1.2V。

2. 晶闸管的电流定额

（1）通态平均电流 $I_{T(AV)}$。$I_{T(AV)}$ 是指在环境温度为＋40℃和规定冷却条件下，在带电阻性负载的单相工频正弦半波电路中，管子全导通（导通角不小于 170°）而稳定结温不超过额定值时所允许的最大平均电流。按照标准，取其整数作为该晶闸管的额定电流。造成晶闸管发热的原因是损耗，它由四部分组成：一是通态时的损耗，这是晶闸管发热的最主要原因，为了减小不必要的发热，总是希望晶闸管在导通时的通态电压越小越好；二是断态和反向时损耗，一般希望断态重复平均电流 $I_{DR(AV)}$ 和反向重复平均电流 $I_{RR(AV)}$ 尽可能小些；三是开关时的损耗，当频率增高时开关损耗增大；最后是门极的损耗，通常该项损耗较小。

影响晶闸管散热的条件包括：

1）晶闸管与散热器的接触情况和散热器的热阻。

2）冷却方式（自冷、风冷、水冷或油冷等）和冷却介质的流速。

3）环境温度和冷却介质的温度。

众所周知，决定发热的因素是电流的有效值，但晶闸管整流电路输出端负载常用所需的平均电流来衡量整流电路的容量，晶闸管的额定电流也是按带电阻性负载单相工频正弦半波电路中，管子全导通，而稳定结温不超过额定值时所允许的最大平均电流来定义的。因此，不同的整流方式的整流桥，带不同类型的负载，具有不同的导通角时，流过晶闸管的电流波形也不一样，造成电流平均值和有效值的关系也各不相同，从而使实际允许的平均电流与额定电流是有差别的。为了求出发热的结果，应将实际电流波形的有效值等于晶闸管额定电流（$I_{T(AV)}$）所对应有效值，这样管芯的发热才是等效的和允许的。还应指出，因晶闸管的过载能力比一般电磁元件小，为使晶闸管有一定的安全余量，应使选用晶闸管的通态平均电流为其实际正常工作时平均电流的 1.5～2 倍。

（2）维持电流 I_H。I_H 是指晶闸管导通后，由较大的通态电流降至刚能保持元件通态所必须的最小通态电流。当电流小于 I_H 时，晶闸管即从通态转化为关断状态。

（3）掣住电流 I_L。I_L 是指晶闸管刚从断态转入通态并移去触发信号后，能维持通态所需的最小主电流。掣住电流 I_L 的数值与工作条件有关，通常 I_L 约为 I_H 的 2～4 倍。

（4）断态重复峰值电流 I_{DRM} 和反向重复峰值电流 I_{RRM}。I_{DRM} 和 I_{RRM} 分别为该管承受断态重复峰值电压 U_{DRM} 和反向重复峰值电压 U_{RRM} 时的峰值电流。

（5）浪涌电流 I_{TSM}。I_{TSM} 是指在规定条件下，晶闸管通以额定通态平均电流稳定后，在工频正弦半周期间元件能承受的最大过载电流。同时，紧接浪涌后的半周期间应能承受规定的反向电压。浪涌电流用峰值表示，是不重复的额定值，在元件寿命期限内，浪涌次数有一定限制。为了防止元件损坏，电路中各种过电流都应限制在此值以内。

3. 晶闸管的门极参数

（1）门极触发电流 I_{GT}。I_{GT}是指在室温时，主电压（阳极 A 与阴极 K 间电压）为直流 6V 时，使晶闸管由断态转入通态所必须的最小门极直流电流。

（2）门极触发电压 U_{GT}。U_{GT}是指产生门极触发电流所必需的最小门极电压。由于晶闸管门极伏安特性的离散性很大，因而在标准中只规定了 I_{GT}和 U_{GT}的上限。在选用晶闸管时，应注意产品合格证上所标明的实测数值。应使触发器输送给门极的电流和电压适当大于产品合格证上所列的数值，但不应超过其峰值 I_{GFM}和 U_{GFM}。且门极平均功率 $P_{G(AV)}$和门极峰值功率 P_{GM}也不应超过规定值。

4.4.2 晶闸管整流电路

利用电力半导体器件可以进行电能的变换，其中整流电路可将交流电转变成直流电供给直流负载，逆变电路又可将直流电转换成交流电供给交流负载。某些晶闸管装置既可工作于整流状态，也可工作于逆变状态，可称作变流或换流装置。同步发电机的半导体励磁是半导体变流技术在电力工业方面的一项重要应用。

将从发电机端或交流励磁机端获得的交流电压变换为直流电压，供给发电机转子励磁绕组或励磁机磁场绕组的励磁需要，这是同步发电机半导体励磁系统中整流电路的主要任务。对于接在发电机转子励磁回路中的三相全控桥式整流电路，除了将交流变换成直流的正常任务之外，在需要迅速减磁时还可以将储存在转子磁场中的能量，经全控桥迅速反馈给交流电源，进行逆变灭磁。此外，在励磁调节器的测量单元中使用的多相（三相、六相或十二相）整流电路，则主要是将测量到的交流信号转换为直流信号。

1. 功率整流电路

用晶闸管整流，因功率大、电压较高，所以功率整流电路一般都采用三相桥式整流电路。中、小型机组大多采用三相半控桥；大、中型采用三相全控桥，并且单个可控元件的电流或电压耐量不能满足要求时，还采用多个元件串并联使用。

（1）三相半控桥式整流电路。带续流二极管的典型三相半控桥式整流电路如图 4.20（a）所示，3 个晶闸管元件的阴极连在一起，构成共阴极组；3 个二极管的阳极连在一起，构成共阳极组。采用 3 个共阴极组的原因是：晶闸管阴极均接散热器，这样共阴极可简化接线，并使控制极使用的脉冲变压器绝缘降低。整流桥由励磁变压器供给三相交流电压，其输出接发电机转子线圈［图 4.20（a）中的 *RL* 负载］。

1）对触发脉冲的要求。三相交流电压波形 u_a、u_b、u_c 如图 4.20（a）所示，为便于分析，暂假定负载为纯电阻。如果在图中所示 *a*、*b*、*c* 三个自然换相点时刻，分别给晶闸管 VD_1、VD_3、VD_5 送触发脉冲 u_{g1}、u_{g2}、u_{g3}［图 4.21（b）］，即控制角 $\alpha=0$（自然换相点是 α 的起点）的情况，此时晶闸管元件以二极管方式工作，6 个桥臂硅元件分别在 *a*、*b*、*c* 与 a'、b'、c'点换相，电路即为三相桥式全波整流电路，输出电压波形如图 4.20（c）所示。每周期有 6 个完整的波头。图 4.20（a）中示出了晶闸管和二极管导通的区间，在一个工频周期内，依次导通 120°。若在 *a* 点以后，VD_3 不加触发脉冲，则 VD_3 一直处于截止状态，而 VD_1 导通时间可延迟到在 a'，以后在反向电压（$u_{ca}>0$）作用下关断，因此 VD_1 的导通区间为 *ab*，区间长为 120°。同理 VD_3 的导通区间为 *bc*。为了使三相半控桥输出电压可以从最高值（$\alpha=0$ 全开放时的值）调到零，触发脉冲移相范围应为 0°～180°。

因此，在三相半桥控桥式整流电路中，对晶闸管的触发脉冲的幅度、前沿、功率应满足

要求外，还有如下要求。

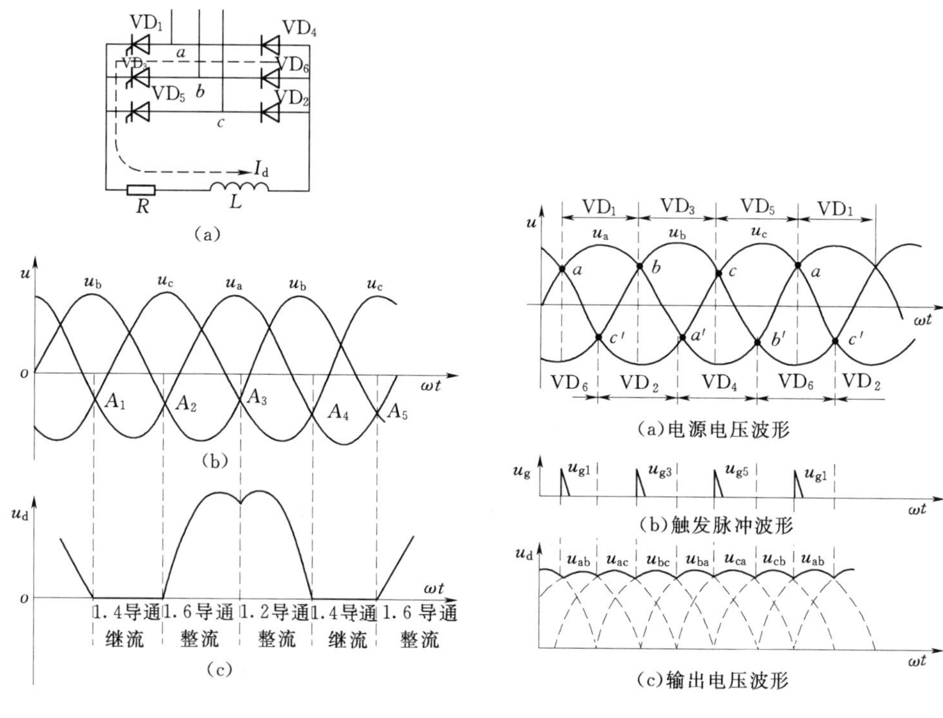

图 4.20　三相半空桥式整流电路带感性负荷失控波形

图 4.21　控制角 $\alpha=0$ 时的波形

a. 任一相晶闸管的触发脉冲应在滞后本相相电压 30°（即控制角 $\alpha=0$）～210°（即控制角 $\alpha=180°$）的区间内发生，并且触发脉冲与晶闸管的交流电压必须保持同步。

b. 各相晶闸管的触发脉冲依次相差 120°。

2）输出电压波形。图 4.22 所示分别为 $\alpha=30°$、$\alpha=60°$和 $\alpha=120°$的输出电压波形。

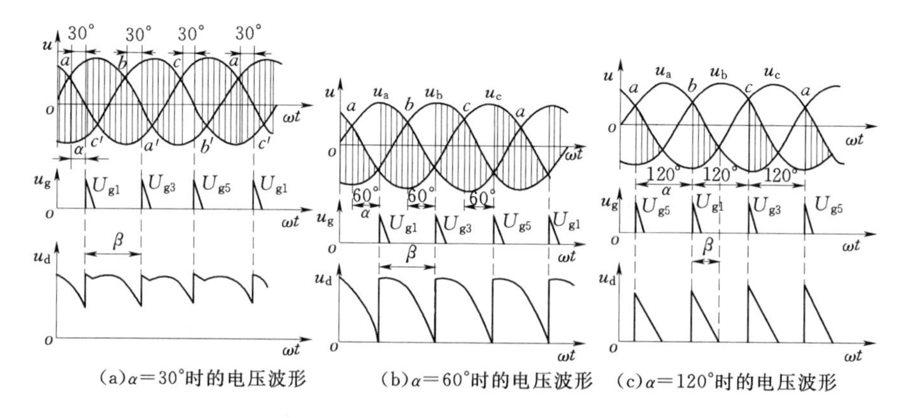

图 4.22　输出电压波形

当 0°＜α＜30°时，晶闸管不在自然换相点换流，而是延迟了 α 角才导通，输出电压波形每周期仍由 6 个波头，但其中 3 个带有缺口，缺口的大小与 α 角有关。α 角越大，缺口越大，输出整流电压的平均值就越小。

当 $30°<\alpha<60°$时，原导通的晶闸管在关断之前对应相电压已为负值，但仍比另一相高，故晶闸管仍处于正向电压之下，在下一个晶闸管触发导通前继续导通。注意，晶闸管元件是在所加线电压未过零之前换相的，故整流输出波形是连续的，但有3个波头达不到最大值。

在 $60°<\alpha<180°$区间，原处于导通状态的晶闸管元件在电流过零时自动关断（也即在电压过零时关断），相邻元件尚未触发导通，故出现整流输出波形间断。α 角越大，波形的间断性越大，并且在一个周期内，输出只有3个波头。

当控制角 $\alpha\leqslant60°$时，每个晶闸管元件的导通角 $\beta=120°$；当 $\alpha>60°$时，导通角减小为 $\beta=180°-\alpha$。

3）续流管 VD_7 的作用。实际上功率整流电路的负载并非纯电阻，而是有较大电感的励磁绕组。当 $\alpha>60°$时，输出电压波形不连续，但由于大电感的存在，即使晶闸管上的电压已经反向，电感电流仍然通过二极管和原导通的晶闸管续流，晶闸管不会自行关断。特别在迅速停机时，α 角突然增大到180°的情况下，原处于导通的某一晶闸管，在整个反向周期将处于续流状态。当电压由负变为正时，续流的晶闸管变成全开放，电源电压全部加在负载上。如此循环，励磁电流越来越大，这种现象称为失控。如图4.20（c）所示。这种现象将在起励时、甩负荷时造成发电机励磁电流不受控制地大大增加，引起电机过压。

为了消除这种失控现象，在半控桥直流侧必须反极性并联一个续流二极管 VD_7 使负载电感中的自感电势经 VD_7 续流。由于续流管正向电压很低，保证了原来导通的晶闸管能在其上电压过零时自行关断。续流管只在电压波形出现间断的区间（$60°<\alpha<180°$）起作用，在 $0°<\alpha<60°$区间，电压波形是连续的，不起作用。有了续流管以后，三相半控桥式整流电路输出直流电压由下式计算

$$U_{\mathrm{d}}=1.35U_2\frac{1+\cos\alpha}{2} \tag{4.7}$$

式中　U_2——励磁电源变压器二次线电压有效值。

（2）三相全控桥式整流电路。三相全控桥式整流电路如图4.23所示。6个桥臂全由晶闸管元件组成，相应地要有6套触发电路产生6路触发脉冲。

三相全控桥可以工作在整流状态，也可以工作在逆变状态。整流状态是在交流电源电压正半周时，控制晶闸管元件使之导通，这是一种正向变换；逆变状态是在电源电压负半周时，控制晶闸管元件导通，进行反向变换，此时将直流侧负载电感 L 中的能量向交流电源侧反馈，实行逆变灭磁，这是三相半控桥所不具备的。

1）控制触发脉冲的要求。在图4.23所示电路中，如果分别在图4.22所示波形上的换相点 a、c'、b、a'、c、b'时刻送触发脉冲 u_{g1}、u_{g2}、u_{g3}、u_{g4}、u_{g5}、u_{g6}给图4.23对应的晶闸管，则晶闸管依次导通的区间如图4.24所示，此为全开放（$\alpha=0$），输出电压波形和三相桥式全波整流电路相同。

不难看出，对三相全控桥式整流电路触发脉冲的要求有：①6路触发脉冲蹦，u_{s1}、u_{s2}、u_{g3}、u_{g4}、u_{g5}、u_{g6}依次发出，间隔互差60°；②触发脉冲应与交流电源同步；③触发脉冲最大移相范围还是180°，0°～90°为整流工作方式；90°～180°为逆变工作方式（实际上最大移相范围150°已足够）；④因为三相全控桥式电路每一瞬间皆有两个桥臂同时导通，组成电流回路，即后一晶闸管触发导通时前一晶闸管应处于导通状态。常采用时间间隔为60°的双脉冲触发电路，在给后一晶闸管触发脉冲的同时，也给前一晶闸管再一次触发脉冲。如采用宽

脉冲触发电路，触发脉冲宽度必须大于60°而小于120°。

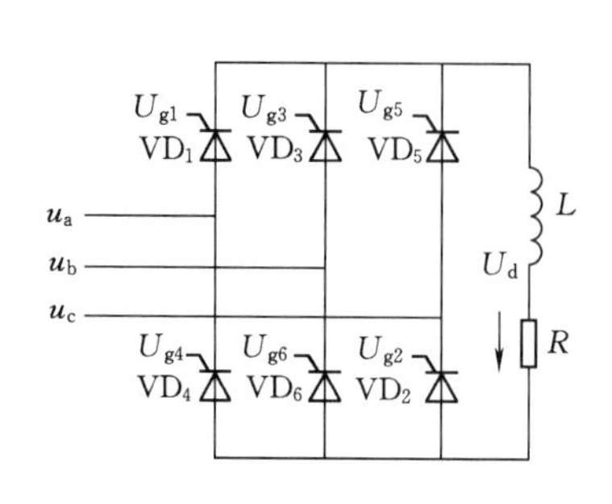

图4.23　三相全控桥式整流电路

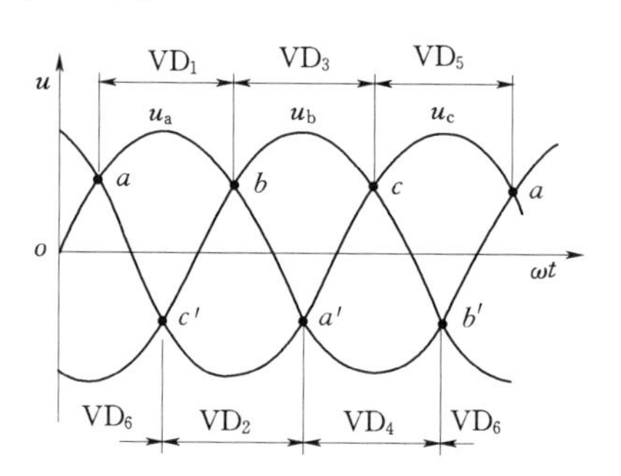

图4.24　三相全控桥所加电压波形图

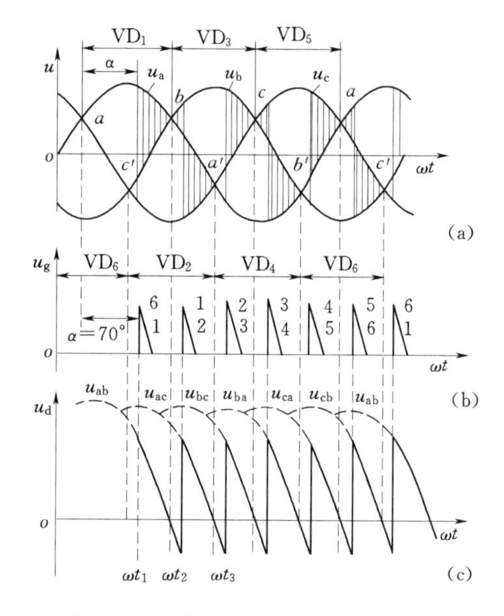

图4.25　控制角$\alpha=70°$全控桥U_d波形

2）输出电压波形。三相全控桥式整流电路与三相半控桥式电路主要不同之处在于共阳极三个晶闸管代替了三个二极管。二极管能够自然换相，而晶闸管则必须在正向电压下加触发脉冲才能导通，在导通之后给原处于导通状态的相邻晶闸管加反向电压才使其变为截止。现在先就移相控制角$\alpha=70°$的整流工作方式为例来说明三相全控桥的工作情况。在触发VD_1时，必须同时给VD_6加触发脉冲，因此VD_1和VD_6导通。本来这时c相电压已比b相低，但因VD_2未加触发脉冲，故VD_6和VD_2不能自然换相，整流电路按u_{ab}通电，参见图4.25（c）的$\omega t_1 \sim \omega t_2$区间。当$u_{ab}$下降至零时，因$VD_2$和$VD_3$仍都未触发导通，故$VD_1$和$VD_6$没有加上反向电压，电感$L$上的感应电势继续维持其导通。观察图4.23（c）中$\omega t_2 \sim \omega t_3$区间，电路中电流的流向如图4.23所示，一直到$VD_2$触发导通后，$VD_6$才变为截止。在$\omega t_2 \sim \omega t_3$区间，$u_a < u_b$，输出电压出现了一个$-U_{ab}$，这时励磁绕组向电源反送功率，从而消耗存储于磁场中的能量。

通过以上情况的分析可知：当$0° < \alpha < 60°$时，整流电路输出电压波形只有正的部分。$60° < \alpha < 90°$时，输出波形中正的部分仍比负的部分大，相抵消之后，输出电压平均值仍为正。故$0° < \alpha < 90°$为整流工作状态；$\alpha = 90°$时，正负两部分相等，为整流与逆变的临界点。当$90° < \alpha < 180°$时，波形中负的部分比正的部分大，平均值为负值，进入逆变工作状态，也即感性负载向电源反送功率。在$120° < \alpha < 180°$区间，输出电压波形中已没有正值部分，逆变过程将缩短。

图4.26中（a）～（e）图分别示出全控桥$\alpha=0°$、30°、60°、90°、120°时的波形。图4.26（a）～（d）同时画出晶闸管元件承受电压的波形，其余波形读者可自行分析画出。

3）与三相半控桥式整流电路的差别。通过前面的讨论及三相全控桥式整流电路输出电压波形与三相半控桥式整流电路输出电压波形，可看出二者有以下差别。

a. 三相半控桥式整流电路控制角α调节范围为0°～180°；而三相全控桥式整流电路在整

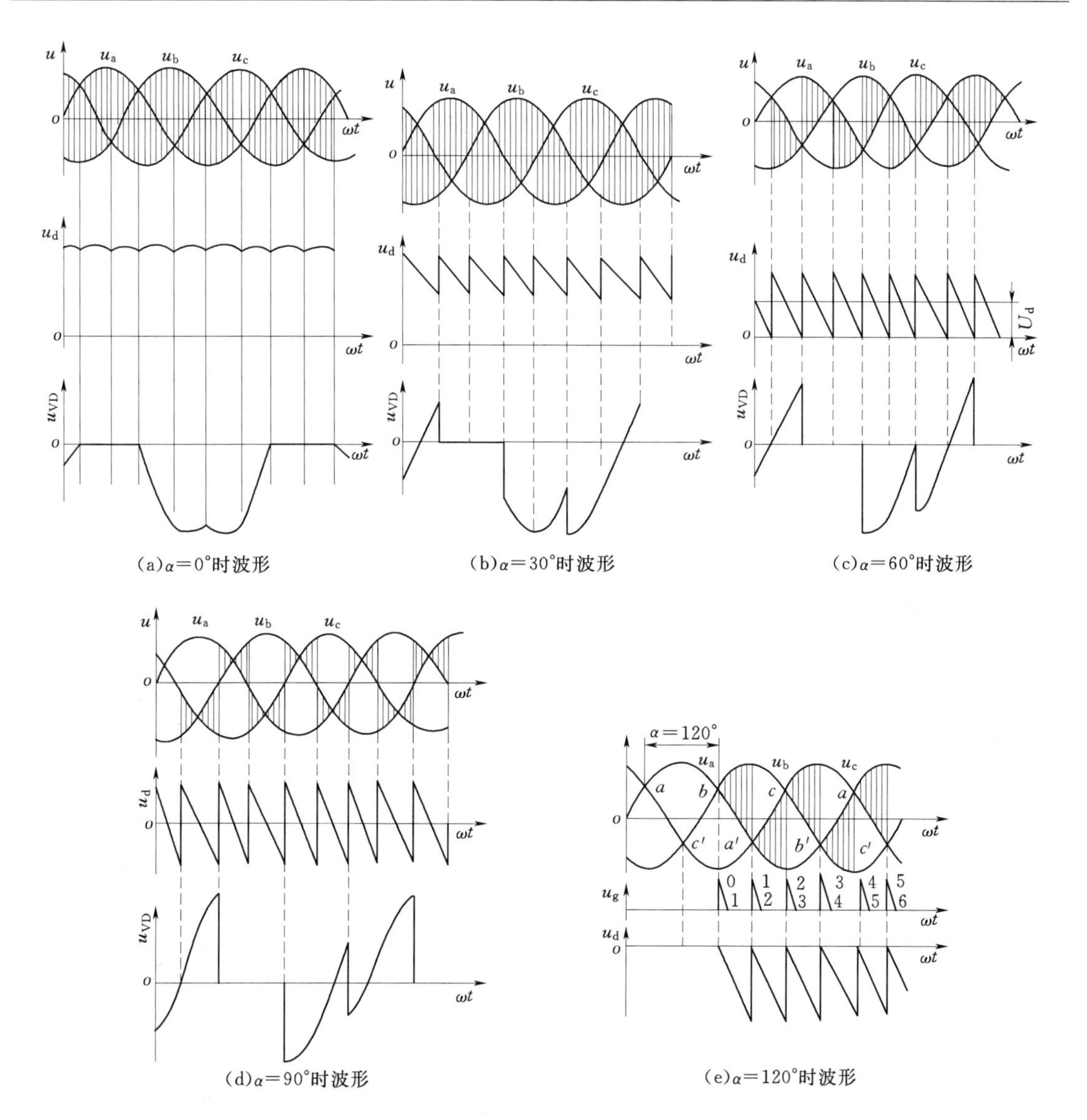

图 4.26　全控桥 U_d 波形

流工作状态时，α 的调节范围为 0°～90°，在 90°～180°区间处于“逆变”工作状态。

b. 三相半控桥式整流电路触发脉冲相差 120°电角度，单脉冲触发；三相全控桥式整流电路触发脉冲相差 60°电角度，双窄脉冲触发或单宽脉冲触发。

c. 在 0°～90°时，三相全控桥式整流电路的输出电压平均值较低。

2. 异常情况下的波形分析

三相桥式整流电路在运行中由于各种原因，可以出现桥臂断开、脉冲丢失、换相失败及续流不良等故障。下面分析这些异常情况下的整流电压波形，以便判别故障，采取适当的保护措施。

常见异常情况为桥臂断开或其脉冲丢失。运行中某一个或两个桥臂的元件损坏，或者作为过流保护的快速熔断器熔断，可使其桥臂呈现断开状态；或者由于触发控制回路的故障，出现触发脉冲的丢失，致使应当开通的某一个或两个桥臂元件不能开通，可控整流电路处于

异常工作状态。下面可分为五种类型来分析输出电压波形。

（1）一臂断开或其脉冲丢失。现以图4.27（a）为例，假定控制角$\alpha=60^\circ$时，快速熔断器FU_1熔断，或因桥臂元件VD_1损坏而断路，或其正a相的触发脉冲消失，使桥臂1处于开断状态，则此时输出的整流电压u_d如图4.27（b）所示。

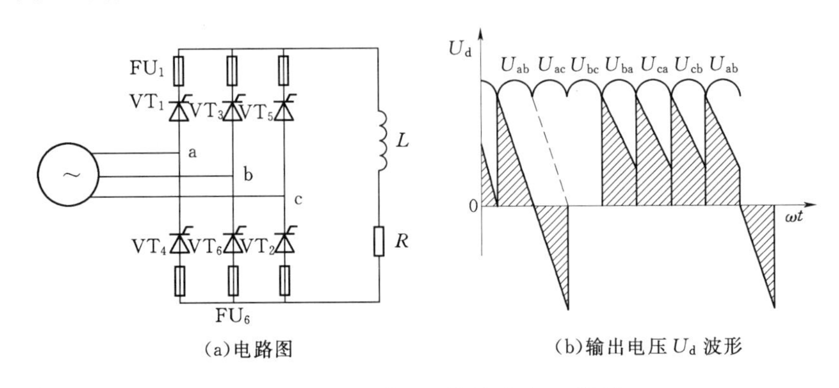

（a）电路图　　（b）输出电压U_d波形

图4.27　$\alpha=60^\circ$，一臂断开时U_d波形

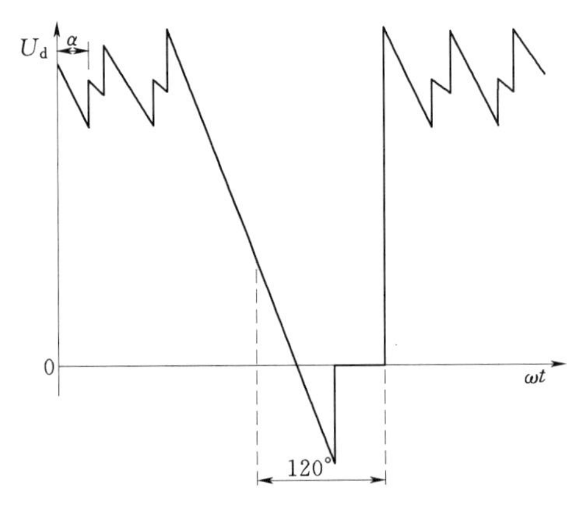

图4.28　$\alpha=30^\circ$，一臂断开时U_d波形

在正常工作情况下，在ωt_1时刻VD_1本应触发使输出电压转换为a、b相间的线电压，现桥臂1不通，仍继续由桥臂5与6构成通路，电感性负载释放能量，u_d按u_{cb}负半周的波形变化。ωt_2时桥臂元件2接受触发脉冲而导通，并关断桥臂元件6。在ωt_2至ωt_3期间，由桥臂2与5构成直通短路，$u_d\approx0$。到ωt_3时，触发桥臂3，关断桥臂5，输出电压按u_{bc}变化。为简明起见，图4.27（b）中忽略了换流过程中引起电压降落的缺口。在这路异常情况下，整流桥输出电压的平均u_d将只为正常情况下平均值的一半（若保持$\alpha=60^\circ$时）。

若共阳极组的某一桥臂发生上述故障，其结果也是相似的。图4.28所示为$\alpha=30^\circ$时，某一桥臂发生断开或脉冲丢失的u_d波形，可以看到一周内有120°的区间使输出电压u_d下降，这种情况下输出电压的平均值u_d大约为正常情况$\alpha=30^\circ$时的2/3。该图将换流时引起的电压下降缺口也特意表示出来。

（2）不同相的上下两臂断开或其脉冲丢失。如图4.29（a）所示，共阴极组的a相与共阳极组的b相桥臂断开，或者正a相与负b相的触发脉冲丢（图中用涂黑的VD_1与VD_6示意该两臂不能导通），则分别由它们构成通路的有关线电压u_{cb}、u_{ab}、u_{ac}均无输出。表示$\alpha=60^\circ$下发生这种故障时的u_d波形，如图4.29（b）所示的阴影线部分，由线电压u_{bc}、u_{ba}、u_{ca}（包括u_{ca}负半周的60°区间）所组成，这时输出电压的平均值u_d将下降到无故障时的1/3。

（3）同一相的两臂断开或其脉冲丢失。如图4.30（a）所示，若a相上下两臂元件的触发脉冲丢失而不能开通，或者熔断器FU_1及FU_4熔断，或者交流侧a相的熔断器FU_a熔断，则原来正常情况下应输出的u_{ab}、u_{ac}及u_{ba}、u_{ca}部分波形均无输出。图4.30（b）是表示

控制角 α 接近 60°发生这种故障时 u_d 波形，输出电压的平均值 u_d 接近于零。图 4.30（c）则表示 $\alpha=0°$时 u_d 的波形，瞬时值不会呈现负值，平均值 u_d 也较大。

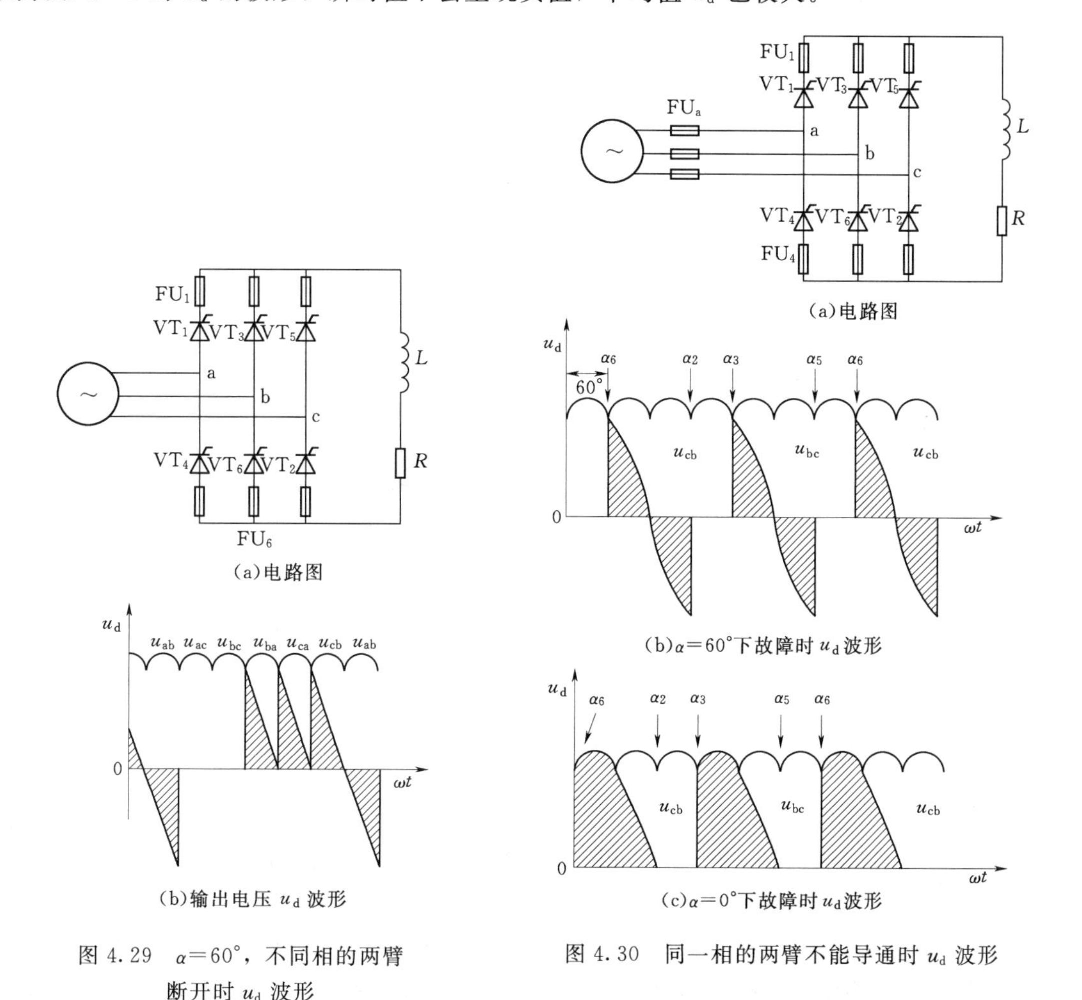

图 4.29　$\alpha=60°$，不同相的两臂断开时 u_d 波形

图 4.30　同一相的两臂不能导通时 u_d 波形

（4）同一组的两臂断开或其脉冲丢失。如果共阴组或者共阳极组的两臂不能导通，像图 4.31 中桥臂 1 与 3 不能开通那样，这时只有 u_{cb} 及 u_{ca} 的部分波形输出，图 4.31（b）是 $\alpha=60°$下发生这种故障时的 u_d 波形。正常时在 ωt_1 时刻触发 VT_1 应该开通桥臂 1，现因故不能导通，在负载感应电势的作用下，继续使桥臂元件 5 与 6 开通，送出 u_{cb} 负半周波形，ωt_2 时触发 VT_2 由桥臂 2 与 5 续流，直至 ωt_4 时刻进还不能使 VT_5 关断，则在 ωt_4 处触通 VT_4 时，立即由桥臂 5 与 4 输出 u_{ca} 电压；否则，ωt_4 时 VT_5 关断，则需等至 ωt_5 时触通 VT_5，才由桥臂 4 与 5 构成通路，输出当时的 u_{ca} 电压。图 4.32 所示为 $\alpha=30°$，b 相脉冲丢失时半控桥 u_d 输出波形。

4.4.3　半导体励磁系统的保护

半导体励磁系统有可能发生各种故障，事实上，由于保护措施的配置不善，使得故障扩大化，曾发生多次严重损坏电气设备的大事故，据统计发电机故障中励磁系统的事故约占一半。因此对于半导体励磁系统的保护设计和配置问题应予重视。

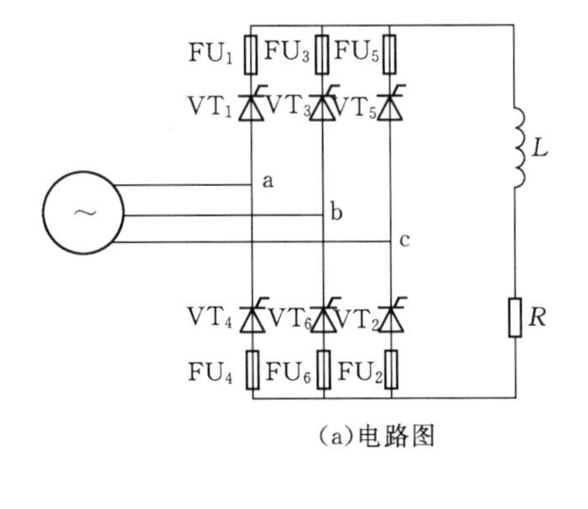

(a)电路图

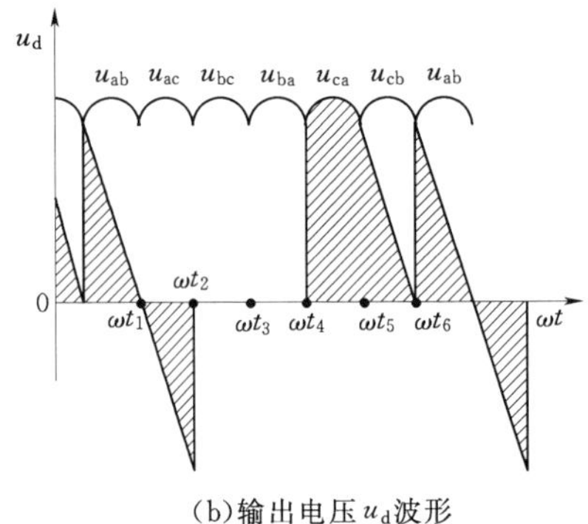

(b)输出电压u_d波形

图 4.31　$\alpha=60°$，同一组的两臂不能导通时 u_d 波形

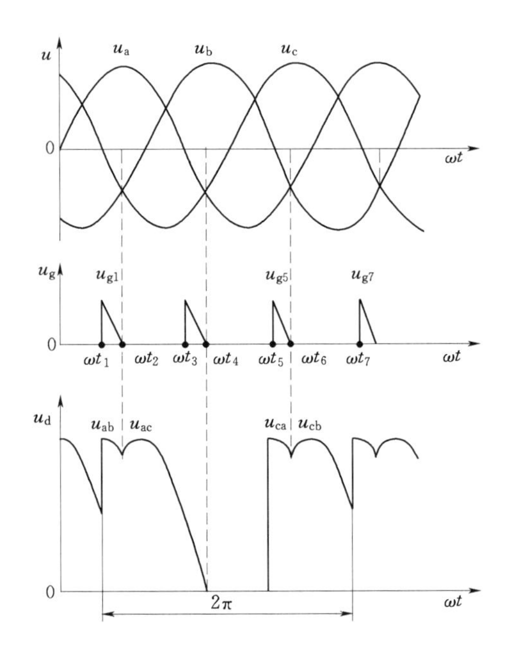

图 4.32　$\alpha=30°$，b相脉冲丢失时半控桥 u_d 波形

整流装置中的硅元件（硅整流元件及晶闸管元件）是半导体励磁装置中的重要器件。为了保证它们安全可靠地长期运行，除了提高硅元件的产品质量，正确选择硅元件的参数，留有一定的裕度外，还必须在装置中适当地采用保护措施。因为硅元件承受过电压和过电流的能力较差，晶闸管元件承受正向电压上升率和电流上升率有一定的限度，转子励磁绕组的绝缘只有一定的耐压水平。如不采取适当的保护和抑制措施，运行中就有可能超过容许范围，损坏半导体励磁系统中的有关部件。

为此必须熟悉硅元件本身的标准定额，了解装置所在的电路中引起过电压、过电流以及电压上升率、电流上升率过高的原因和危害，对晶闸管元件本身在开通和关断过程中，在电路中引起的暂态过程，需要进行分析和试验。而对于担任抑制和保护功能的器件，必须熟悉其性能参数，并力求选用最简单有效的保护方式，协调工作。由于这方面的影响因素比较复杂，必须将理论分析与试验数据结合，正确地设计保护方式和抑制电路，合理地配备和选用保护器件。

4.4.3.1　过电压保护

1. 产生过电压的原因

加于晶闸管元件上的瞬时反向电压，如果超过其非重复反向峰值电压，达到反向击穿电压，将造成晶闸管元件的反向击穿；如果所加瞬时正向电压超过其非重复峰值断态电压，而达到其正向转折电压，或者电压值虽不高但正向电压上升率超过允许值（即超过断态电压临界上升率），都将造成晶闸管元件的误导通，破坏整流电路的正常工作，也可能导致晶闸管

元件的损坏。

产生过电压的原因如下：

(1) 雷击引起的大气过电压。(励磁系统采用励磁变压器，则交流线路遭受雷击或静电感应时，必然在变压器的副边绕组感生过电压。)

(2) 整流系统所在电路中的跳闸、合闸和晶闸管关断等引起的操作过电压和换相过电压。操作过电压和换相过电压产生的主要原因可归纳如下：

1) 电源变压器空载情况下，在电源电压过零时突然断开电源，此时电流最大，突变为0，产生很高的感应电动势，最高可达到反向峰值电压的8～10倍。

2) 高压电源供电的整流变压器原、副边存在分布电容 C_{12}，副边对铁芯间分布电容 C_{20}，则合闸瞬间副边绕组感受到的电压 U_2 近似为

$$U_2=\frac{C_{12}}{C_{12}+C_{20}}U_1 \tag{4.8}$$

3) 变压器原边绕组的漏抗与副边绕组分布电容形成振荡电路，在变压器合闸时，将引起瞬变过程而产生过电压。

4) 直流侧开关断开时，电流突变，将在交流回路电感上产生过电压。

5) 晶闸管元件关断时的关断过电压。

6) 发电机运行中发生突然短路、失步或非同期合闸等故障，则会在转子绕组中产生很高的感应过电压。

2. 过电压保护方法

过电压保护根据保护的位置可分为交流侧保护、直流侧保护和元件保护，如图4.33所示。

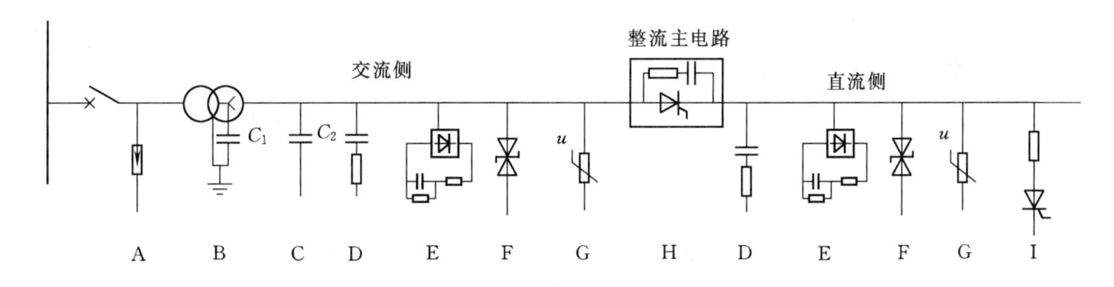

图4.33　可能采用的集中过电压保护措施

A—避雷器；B—接地电容；C—抑制电容；D—阻容保护；E—整流式阻容保护；
F—硒堆保护；G—压敏电阻；H—元件阻容保护；I—晶闸管投入开关

过电压最常用的保护是阻容保护。因为电容器能储藏能量，在电磁暂态过程中其两端的电压不能突变。利用电容器这一特性，阻容元件可以构成晶闸管励磁系统中交、直流侧和功率元件本身的过电压保护。

Y形阻容保护原理如图4.34所示，△形阻容保护原理如图4.35所示，△形接法能减少电容量，采用较多。缺点是：电阻消耗功率，发热严重；有可能改变 $\mathrm{d}i/\mathrm{d}t$ 值，容易造成波形畸变；对大容量装置体积大；当有过高浪涌侵入时，过电压数值可能突破允许值。

阻容保护应用相当广泛，性能也可靠。但是正常运行时阻容保护的电阻消耗功率，发热

厉害。特别是由交流励磁机供电的励磁方式，由于交流励磁机电压波形的畸变，使得阻容保护的电阻发热很厉害。一般阻容保护还会增大晶闸管导通时的电流上升率，只有采用反向阻断式的阻容保护，才可避免这一不利影响。此外，阻容保护还有容易使波形畸变，以及作为大容量装置的保护时体积过大等缺点。故在许多情况下，可采用压敏电阻浪涌吸收器，来代替交流侧或直流侧的阻容保护。

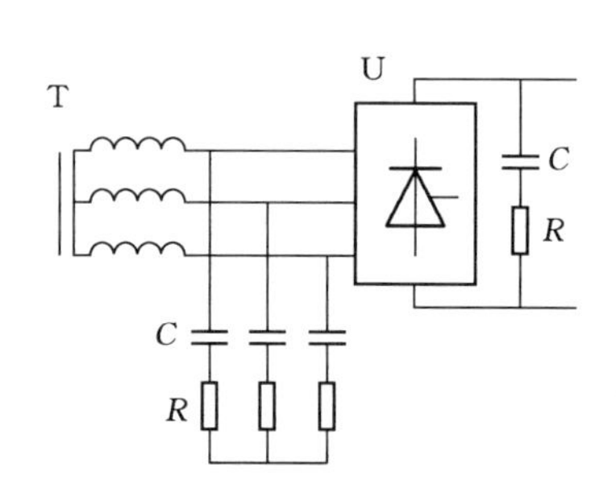

图 4.34　三相交流侧Y形阻容保护原理图

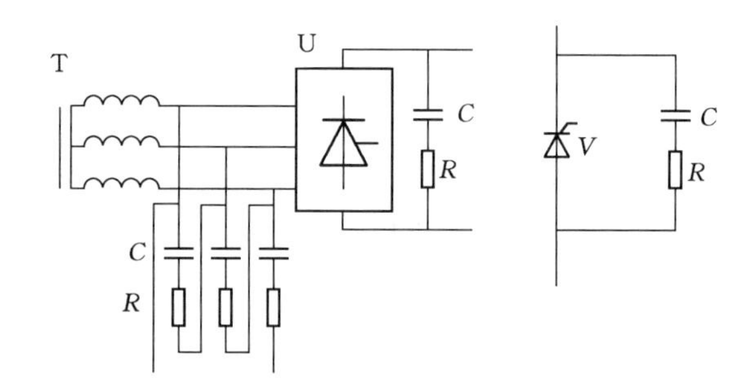

图 4.35　三相交流侧△形阻容保护原理图

4.4.3.2　过电流的保护

1. 产生过电流的原因

硅元件一般可在短时间内承受一定的过电流而不致损坏。但是，若短路电流或过载电流较大，或切断时间较长，将会造成元件损坏。

对于半导体励磁装置，可能有下列几方面的原因，使流过整流桥臂元件及励磁变压器绕组的电流超过其正常定额：

(1) 整流桥内部某一桥臂元件击穿短路，丧失阻断能力，则交流电源可通过已损坏短路的桥臂和其他完好的桥臂元件，交替形成二相短路及三相短路。这些电流将流过某些完好的桥臂元件及变压器绕组，其数值可超过交流侧三相短路时周期分量的幅值。

(2) 整流桥所连接的转子励磁绕组回路可能发生飞弧短路、转子绕组两点接地、直流母线间短路等故障，此种直流侧短路的故障电流同样流过某些桥臂元件及变压器绕组，数值也同样可能很大。

(3) 全控整流桥在逆变工作状态下，由于逆变角 β 过小，或者交流电源电压消失，或者触发脉冲消失等原因引起逆变换流失败，转子绕组通过某对桥臂元件直通短路续流，使这些桥臂元件流过较正常工作电流大和持续时间长的电流。

(4) 晶闸管控制极受外部干扰信号而误触发，或丢失脉冲而单相导通，或限制环节失灵使晶闸管控制角过小等原因，均有可能使流过硅元件的电流大于正常工作值。

2. 过电流保护方法

过电流保护最常用的保护措施就是快速熔断器，其接线如图 4.36 所示。快速熔断器的熔断时间一般在 10ms 内，可安装在整流单元的直流侧和交流侧，还可与整流元件串联。

安装在交流侧的快速熔断器保护范围大，但正常时流过的电流有效值大于被保护元件的电流有效值，故应用的熔断器额定电流较大，降低了保护装置的灵敏值。安装在直流侧的快速熔断器保护范围小，对元件的短路不起保护作用。串联在元件支路的快速熔断器，流过的电流有效值与被保护元件相等，保护作用好，应用较多。

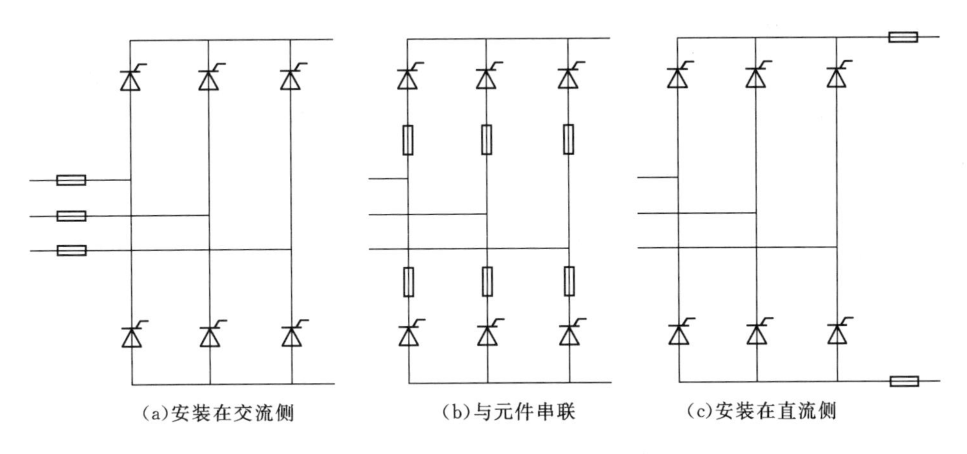

图 4.36　快速熔断器的安装接线

4.4.3.3　串并联支路的均压与均流

在晶闸管元件的串、并联支路中，如果电流分配不均的问题严重，则负担重的元件最先损坏，接着加重其他元件的负担，从而引起其他元件也相继损坏，即所谓连锁击穿损坏。因此对于串联元件的均压和并联支路的均流问题应予以重视。

1. 串联元件的均压

串联元件均压可分为瞬态和稳态两种。

所谓的稳态即是由于各元件伏安特性不一致，串联元件间流过相同的漏电流，造成各元件间正反向阻断电压不均匀，对于这种可在串联元件两端并联电阻 R，以减轻电压分配不均。

所谓的瞬态即是导通时间差异引起的电压不平衡。迟导通的元件将承受正向过电压，最早关断的元件将承受全部的换相过电压。

均压的措施有：①所选元件关断特性尽量一致；②增大触发脉冲的幅度和陡度，以减少元件的导通时间；③元件两端并联 RC 保护；其中 C 可抑制最迟导通元件或最早关断元件上的电压变化速率，以免承担整个桥臂上的电压。

2. 并联元件的均流

引起并联支路间的电流分配不均的原因是：①在瞬态时，由于并联元件开通时间的先后有差异，而引起瞬态电流不均；②在导通进入稳态后，由于并联元件在导通状态下的伏安特性（正向压降）有差异，则引起稳态电流不均。

解决电流分配不均的问题通常有四种途径：①注意选配并联支路的元件，使其具有相近的开通特性和正向压降，各元件开通时间的偏差尽可能小（如小于 $20\mu s$），正向压降的偏差也尽可能小（如不超过 0.05V），元件的额定电流降低到 0.8～0.9 倍使用。②对于选配并联元件有困难，或并联支路数较多，$\frac{di}{dt}$较大的场合，则采取专门的均流措施，即在各并联支路内串入均流电抗器、均流互感器（小功率场合或者串入均流电阻）。通常是采用均流电抗器，它使先开通支路的电流上升率减小，迟开通支路的电压增大。它对晶闸管元件同时兼起抑制$\frac{di}{dt}$与$\frac{du}{dt}$的作用。③应注意元件安装时的排列与引出母线的位置。因为硅元件的通态电阻很小，各并联支路阻抗的差异对电流均衡度的影响很大，应使各支路的电阻相等和自感相等，互感也大致相等，并避免其他相在换流过程中对本并联支路产生的互感影响。即在可能的情况下，可采用长线均流的方法。④ 近来又有智能均流的方法，其实质是通过微调触发脉冲位置的方法使难以开通的或通态压降大或回路阻抗高的晶闸管提前触发。

事实上最好的均流方法应使得晶闸管的参数和回路阻抗尽量一致，其他的均流方法虽然可以达到均流的目的，但如果晶闸管本身的参数差异较大，则均流对晶闸管反而是有害无益的。最合理的推算应是均热负荷，这样才可以确保每只晶闸管都充分发挥它的能力。但均热负荷也有它的弱点，即实现起来比较困难。

4.5　灭　磁　系　统

4.5.1　灭磁概述

灭磁系统的作用是当发电机内部及外部发生诸如短路及接地等事故时，迅速切断发电机的励磁，并将储藏在励磁绕组中的磁场能量快速消耗在灭磁回路中。灭磁系统的灭磁开关和灭磁回路如图4.37所示。

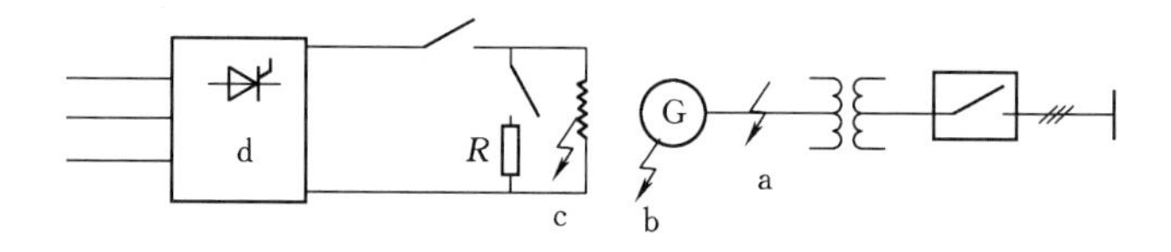

图4.37　灭磁系统的灭磁开关和灭磁回路
a—发电机机端短路；b—定子绕组接地；c—转子滑环直接短路；d—整流装置故障

当采用发电机—变压器组接线时，在发电机外部至变压器，以及与主断路器连接的导线上出现故障时，发电机也需要快速灭磁。当发电机定子绕组发生接地时，将产生接地故障电流。如果发电机中性点经高阻抗接地，一个定子线棒的绝缘被击穿，故障电流较小，则铁芯损伤不会太严重。如果故障电流较大，除击穿线棒绝缘外，还将有严重的铜和铁芯的烧损，这种故障至少需要更换损坏的绝缘，甚至拆修发电机的部分定子铁芯。所以有的制造厂认为，发电机可以不采用灭磁开关，对于生产具有无刷励磁系统机组的厂家，更倾向于这一观点。因为在小电流故障时，并不需要快速灭磁，而当大故障电流时，快速灭磁能否限制铜线绕组以及铁芯的损坏程度仍有争议。

4.5.2　灭磁系统性能要求

灭磁系统需要具备以下三点性能要求：

(1) 灭磁装置动作后，应使发电机最终剩磁低于能维持短路点电弧的数值。

(2) 灭磁过程中，发电机转子励磁绕组所承受的灭磁反电压不超过规定的倍数。

(3) 灭磁时间尽可能短。

最优的灭磁系统是灭磁电压较高且在灭磁过程中保持恒定，只有这样，灭磁电流才能按线性方式衰减，其灭磁时间才最短。最优的灭磁系统称为理想灭磁系统。

4.5.3　灭磁方式

正常停机时常采用逆变灭磁，而事故停机则有开关灭磁或者放电灭磁。

- 灭磁
  - 正常停机：逆变灭磁，电压反向，能量反送交流电源
  - 事故停机
    - 开关灭磁：DM2 型耗能开关，串联灭磁电路
    - 放电灭磁
      - 线性电阻：大功率电阻，火电机组采用
      - 非线性电阻
        - ZnO 电阻：国内灭磁电阻
        - SiC 电阻：国外灭磁电阻
    - （移能型灭磁开关）

最初的串联耗能灭磁（图 4.38）就是直接利用耗能开关吸收发电机转子的能量。利用弧间隔燃烧来耗能，比如俄罗斯的耗能开关。但是这种方式存在的缺点为：①体积大；②不易维护；③灭磁成功与否取决弧的形成；④容易引起事故；⑤产品随发电机机组容量需要特殊的订制，不易产品规模化、系列化。因此，串联耗能灭磁逐渐被并联移能方式（图 4.39）的灭磁代替了。

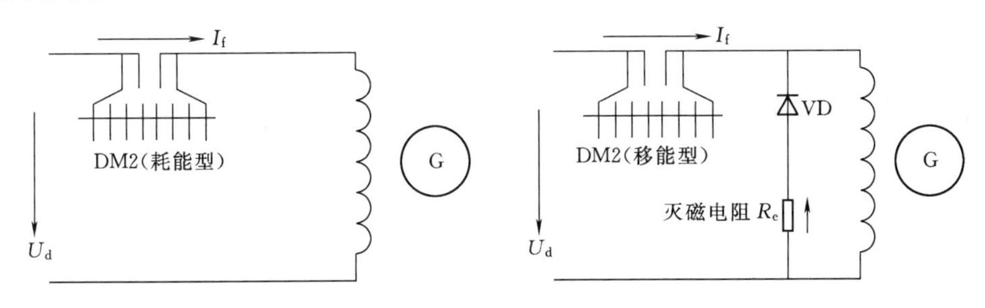

图 4.38　串联灭磁原理接线　　　　图 4.39　并联灭磁原理接线

1. 单独对励磁机灭磁

主要针对带励磁机的励磁系统，其发电机励磁回路不设灭磁开关，只在励磁机及励磁回路设灭磁开关和灭磁电阻，如图 4.40 所示。

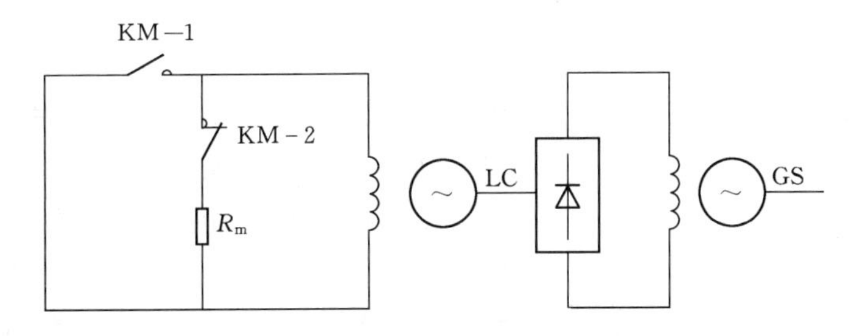

图 4.40　单独对励磁机灭磁

2. 转子对常值电阻放电灭磁

灭磁开关 KM 有常开主触头和长闭辅助触头，灭磁时先合 KM—2，再跳开 KM—1，使转子能量消耗在 R_m 中，如图 4.41 所示。

3. 采用灭弧栅灭磁

灭磁时，主触头 1 先断开，在极短时间之后灭弧栅触头 2 断开，在触头 2 之间产生电弧，在横向磁场 H 的作用下，将电弧吹入灭弧栅 3 中，将其分割为许多串联的短弧进行灭磁。分为串联和并联两种。串联形式如图 4.42 所示，并联形式如图 4.43 所示。

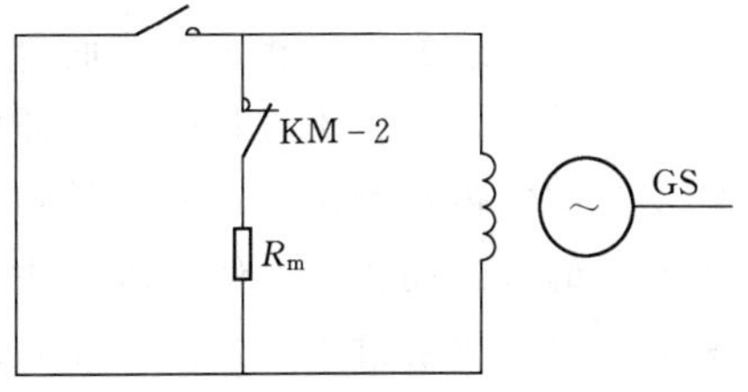

图 4.41　转子对常值电阻放电灭磁

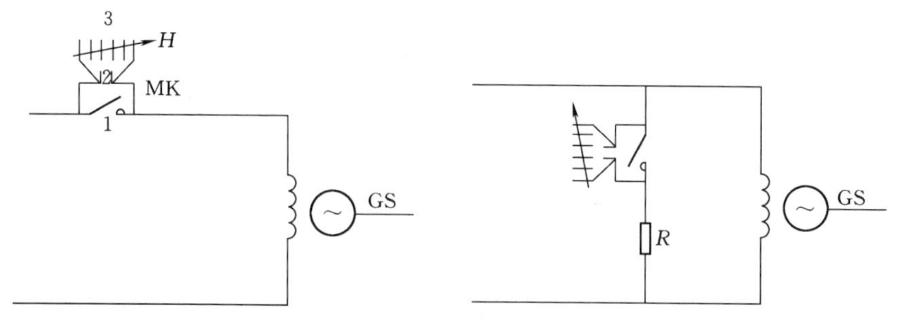

图 4.42　串联灭弧栅灭磁　　　图 4.43　并联灭弧栅灭磁

4. 利用全控桥逆变灭磁

在逆变过程中由晶闸管把励磁绕组的能量从直流侧反送到交流侧，不需要电阻或电弧来消耗磁能，如图 4.44 所示。

5. 利用非线性电阻灭磁

这种灭磁方式利用非线性电阻的压敏特性，使灭磁过程中电压几乎恒定，灭磁速度快，接近于理想灭磁，如图 4.45 所示。

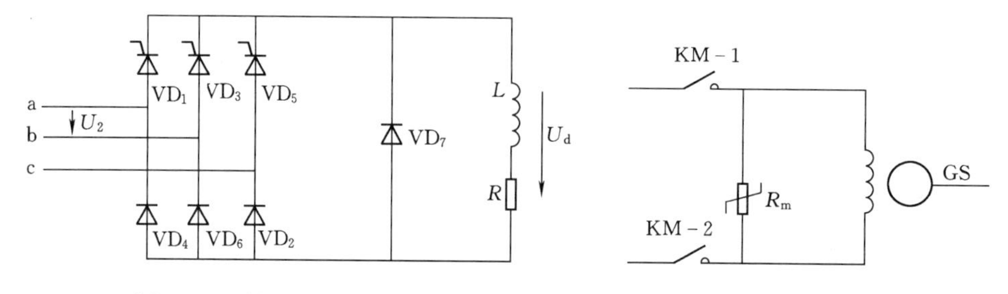

图 4.44　利用全控桥逆变灭磁　　　图 4.45　利用非线性电阻灭磁

6. 交流灭磁

借助于断开接在功率整流器交流侧的供电交流断路器以实现灭磁作用，如图 4.46 所示。

在交流灭磁过程中，如果能够切除脉冲，励磁变二次侧交流电压的负半波就会引导励磁电流进入灭磁电阻，使得交流灭磁开关安全分断，快速灭磁任务完成。在脉冲正常的条件下进行交流灭磁，会造成励磁电流经同相晶闸管短路，尽管交流灭磁开关也可以安全分断，但灭磁电阻无法投入工作，放电灭磁变为续流灭磁，达不到快速灭磁的目的。

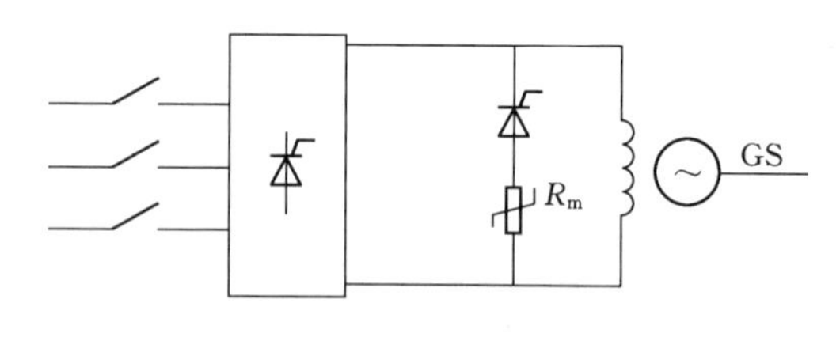

图 4.46　交流灭磁

当灭磁开关装在交流侧时，可以利用在灭磁开关打开的过程中一相无电流而自动分断的特点，并借助晶闸管的自然续流将晶闸管阳极的交流电压引入到灭磁过程中去。即使在发电机转子电流换流到灭磁电阻支路前，有晶闸管的触发脉冲使得某个桥臂的两个晶闸管直通，形成转子回路短接灭磁，仍然可以保证交流侧灭磁开关的分断而实现自然续流灭磁。当然这样灭磁时间会比较长，按转子时间常数 T_{d0} 进行衰减，而且灭磁过程中最多只能利用灭磁开关两个断口的弧压。

当灭磁开关安装在直流侧时，必须配合封脉冲措施，否则不能实现交流灭磁。灭磁开关

安装在直流侧的好处是灭磁过程中可以充分利用灭磁开关串联断口的弧压。事实上，封脉冲是一种简便易行的方法，且其作用非常显著，因此在采用交流灭磁的场合，封脉冲措施是必须的。

交流灭磁需要考虑以下两种情况：

第一，需要考虑机端三相短路。当发电机机端三相短路时，只能够靠灭磁开关的断口弧压灭磁，如果灭磁电阻换流需要的电压大于交流灭磁开关的断口电压，则不能成功灭磁，就会损坏交流开关。考虑到这种情况，一般在转子两端设置电子跨接器或机械跨接器，甚至两者都设置。

第二，需要考虑到晶闸管整流桥臂是否存在晶闸管损坏，是否有桥臂短路的情况，以及在交流侧短路的异常情况下可否可靠灭磁。

4.5.4　灭磁方式比较

(1) 线性电阻灭磁系统。灭磁电阻两端的电压是电流的线性函数，灭磁速度随电流的衰减而减小，灭磁时间较长。但接线简单，动作靠，造价低。

(2) 灭磁栅灭磁系统。对自并励系统，在部分情况下可快速灭磁，它完全靠耗能型灭磁开关灭磁，开关负担重，大容量的灭弧栅制造困难，难以用于大型机组。

(3) 非线性电阻灭磁系统。非线性电阻的电压受电流变化影响很小，具有较快的灭磁速度，灭磁曲线接近理想曲线，目前应用最为广泛。

(4) 逆变灭磁系统。对自并励系统，随着机端电压下降，灭磁作用显著下降，多用于正常停机，事故时须采用其他灭磁装置。

(5) 交流灭磁系统。采用通用交流断路器，标准化且造价低，但仍采用电阻消耗励磁绕组中的能量，灭磁过程类似于线性电阻或非线性电阻灭磁。

4.5.5　灭磁系统散热

根据灭磁系统的散热原理不同可分为强迫风冷、纯水冷却、热管散热。

热管散热的具体工作原理为：热管两端产生温差的时候，蒸发端的液体就会迅速气化，将热量带向冷凝端，速度非常快；两端温差越大，蒸发速度越大；在极端的情况下，蒸发速度可能可以接近音速；液体在冷凝端凝结液化以后，通过毛细作用，流回蒸发端；如此循环往复，不断地将热量带向温度低的一端；水气之间的相变反应，使热管的热传导效率比普通的纯铜高数十倍，甚至上百倍。

4.6　继电强行励磁、强行减磁

4.6.1　继电强行励磁

当发生短路时，电力系统和水电站的电压可能大幅度下降。此时，为了保证系统稳定运行和加快故障后的电压恢复，应使发电机的励磁电流迅速增大到顶值，即实现强行励磁。一般而言，具有直流励磁机的发电机，若调节装置本身的强励作用不够，需要加装专门的继电强行励磁装置。采用晶闸管整流的他励和自励发电机，通常可不再装设专门的继电强行励磁装置。

图4.47所示为继电强行励磁的原理接线图，同时示出了继电强行减磁的接线。图中用分别接在两组电压互感器上的低压继电器1～2K反应发电机电压的降低。当发电机端电压

降低到某一数值时，继电器动作，使强励装置5K的线圈接通。节点$5K_1$闭合后，使磁场变阻器R_C短接，励磁电压上升到顶值，就实现了强行励磁。为了防止电压互感器熔断器熔断时强励装置误动作，故采用两只低电压继电器，它们的节点串联，线圈接入不同的互感器。同样为了避免在发电机投入系统以前或事故跳闸以后强励装置误动作，所以在强励装置接触器的线圈回路中串联有断路器的辅助常开接点。

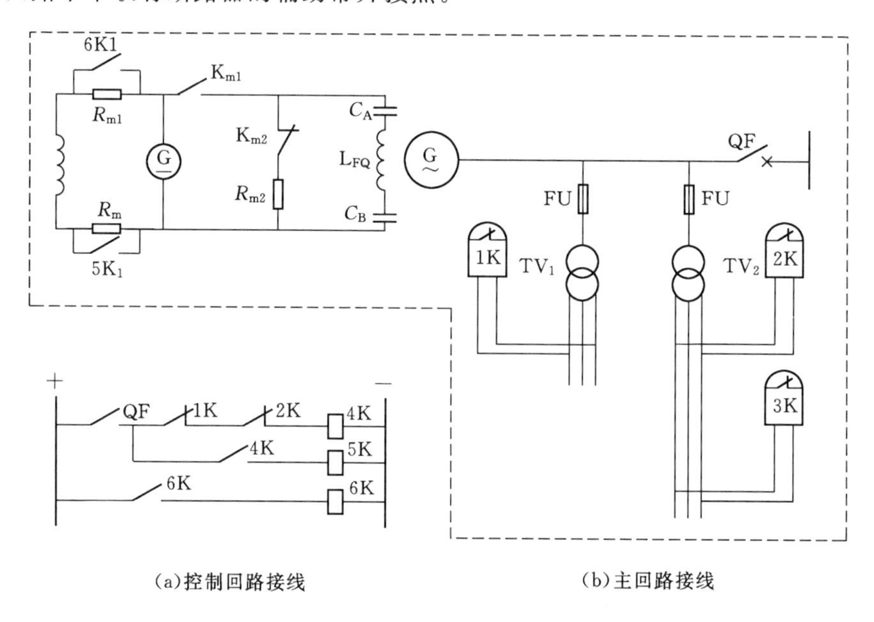

(a)控制回路接线　　(b)主回路接线

图4.47　继电强行励磁、强行减磁和自动灭磁原理接线图

为了使低电压继电器在发电机电压恢复到正常时能可靠返回，强励继电器的动作电压U_{pu}应按下式整定

$$U_{pu}=\frac{U_g}{K_{re}K_{rel}} \tag{4.9}$$

式中　U_g——发电机额定电压；

K_{re}——继电器返回系数，一般取1.1～1.2；

K_{rel}——可靠系数，取1.05。

因此

$$U_{pu}=(0.8-0.85)U_g \tag{4.10}$$

确定低电压继电器的接线方式时，一般应考虑下列因素：

(1) 并联运行各机组的强励装置应分别装入不同的相别，以便在发生任何类型的相间短路时均有一定数量的机组进行强励。

(2) 由于发电机建立转子磁场的快慢主要取决于励磁机端电压的上升速度，所以强励时，要求发电机的电压上升速度快，而且强励倍数要大，这是衡量强励作用的重要指标。

(3) 励磁电压上升速度是指强励开始后的0.5s内，强励电压上升的平均速度通常以励磁机额定电压$U_{ex.n}$的倍数表示。倍数越大越好，对于现代励磁机而言，一般为(0.1～0.2)$U_{ex.n}$ (V/s)。

强励倍数是指强励时实际可达到的最高励磁电压$U_{ex.max}$与额定励磁电压$U_{ex.n}$的比值，即

$$K_q=\frac{U_{ex.max}}{U_{ex.n}} \tag{4.11}$$

很明显，此值越大越好。由于励磁机磁路饱和等原因，所以要得到很高的强励倍数有一定的困难。采用直流励磁机的强励倍数为1.8～2.0。

励磁电压上升速度与励磁机励磁回路及发电机转子回路的时间常数等因素有关，即就是与励磁方式有关。强励倍数与励磁机饱和程度和励磁机励磁回路电阻有关。采用晶闸管整流器和相应调节装置的发电机，强励倍数可达到4倍，励磁电压上升速度也大大提高，因而对提高运行的稳定性有良好的作用。

长期的运行经验表明，继电强行励磁装置的工作是十分有效的。为防止发电机过热，强励时间一般为1min左右。若超过这段时间装置仍不返回，则可由值班人员加以解除。

4.6.2　继电强行减磁

原理如图4.47所示。图中6K为强减接触器，它具有一对动断接触点。3K为过电压继电器，其动作值一般整定为（1.15～1.2）$U_{g.n}$。当发电机电压上升到该数值时，3K动作，接通6K，其动断节点断开，使R_{m1}接入励磁回路，使发电机减磁，从而使定子回路不会产生危险的过电压。

4.7　低励、过励限制

4.7.1　低励限制

发电机励磁不足反映在各个电气参量中，主要表现为：励磁电流低、进相深度大（负无功功率大）和定子电流增大。为保证发电机安全运行，针对反映低励磁的主要电气量，用P/Q限制来实现。

P/Q限制器本质上是一个欠励限制器，用于防止发电机进入不稳定运行区域。发电机实际运行范围比发电机运行安全范围小得多，总留有足够的安全裕度，即实际的无功欠励限制曲线比进相允许曲线低得多。一般地，无功欠励曲线为直线或折线方式，在线条围成区域以内的是进相允许的范围，在线条围成区域以外的是深度进相，发电机正常运行应避免进入该范围。

无功功率欠励限制原理为：装置实时检测发电机有功功率和无功功率，根据点与直线位置计算公式，判断实际允许点离欠励限制曲线的远近（模值）和内外（符号），当运行点越过欠励限制曲线，装置即以无功功率作为被调节量，调节偏差即为运行点至欠励曲线的距离，从而保证发电机允许点回到安全允许区域。

另外，根据发电机进相运行控制原理，发电机允许进相范围与发电机端电压成一定比例关系，为了保证发电机任何时候都具有足够的安全裕度，欠励限制曲线也按照相似的关系，根据发电机电压进行调整。

4.7.2　过励限制

发电机过励磁也反映为各个电气参量变化，主要表现为励磁电流高、无功功率过负荷和定子过电流。为保证发电机安全运行，针对反映过励磁的主要电气量有相应的限制手段，主要包括励磁过流过热限制、无功功率过励延时限制、瞬时强励限制和伏赫兹（V/Hz）限制。

1. 励磁过流过热限制

励磁过流过热限制也称为励磁过电流反时限限制，主要用来防止转子回路过热。发电机磁场过流过热是发电机运行过程中常见工况，当系统电压较低时，发电机输出无功过大，发电机励磁电流超过其最大允许长期连续运行电流，必须对励磁电流进行限制，防止长时过流导致过热损坏发电机励磁绕组。励磁绕组发热与励磁电流平方和维持时间的乘积成正比关系，即磁场电流及其允许运行时间成反时曲线，电流越小，允许时间越长。

发电机绕组热量的累积需要一定的时间，同样，绕组热量的散发（冷却）也需要一定的时间。发电机绕组发生过电流过热，励磁调节装置磁场电流反时限制动作，将磁场电流迅速调节到长期允许运行值，磁场电流降低，磁场电流反时限制返回。磁场电流虽然下降至安全值，但由于过流造成的热聚集短时内还没有回到长期允许安全值，即绕组未冷到过流发生前的水平，如果此时由于某种原因，发电机磁场又发生过电流，励磁调节装置仍按照以前限制曲线所确定的时间控制，则发电机组磁场所累积的热量将超出磁场允许的热量，绕组将由于过热损坏。因此，当两次过电流间隔小于绕组冷却时间时，磁场过电流允许时间必须相应减小，以有效防止绕组过热。

励磁过电流反时限动作原理如下：励磁装置检测发电机励磁电流，当励磁电流超过励磁电流过流反时限启动值时，励磁装置根据励磁电流进行计时，当励磁热容量超过磁场绕组允许热容量时，限制动作，将发电机励磁电流调节至长期运行允许值。当励磁电流低于启动值后，励磁装置根据励磁电流计算其冷却速度，并计算剩余能容，如果剩余能容不为零时，励磁电流再次超过启动电流时，则动作时间要相应缩短，以保证发电机磁场绕组不因过热而损坏。

2. 无功功率过励延时限制

无功功率过励延时限制亦通过 P/Q 限制来实现。发电机无功功率过励区域与无功功率欠励区域一样，均比发电机允许安全范围小得多，总留有足够的安全裕度，即实际的无功功率过励限制曲线比过励允许曲线低。一般地，无功功率过励曲线为直线或折线方式，在线条围成区域以内的是实际运行允许范围，在线条围成区域的外部为过励范围，发电机应避免长时间停留在该范围。

无功功率过励限制为延时限制，一般动作延时时间为 5s。无功功率过励限制原理为：装置实时检测发电机有功功率和无功功率，根据点与直线位置计算公式，判断实际运行点离过励限制曲线的远近（模值）和内外（符号），当运行点越过过励限制曲线进入图中过励区域，过励限制即启动计时，延时时间到后，装置即以无功功率作为被调节量，调节偏差即为运行点至过励曲线的距离，从而保证发电机运行点回到安全运行区域内。

3. 瞬时强励限制

瞬时强励限制也称为强励顶值限制。其作用是防止在调节过程中发电机转子电流瞬时超过容许的强励顶值。其与前述过励限制有两点不同：①其定值是强励容许值，不是长期允许值；②动作是瞬时的，不是按发热积累考虑的延时。

4. 伏赫兹（V/Hz）限制

发电机运行时，发电机端电压与发电机频率的比值有一个安全工作范围，当伏赫兹比值超过安全范围时，容易导致发电机及主变过激磁和过热时，必须限制发电机端电压幅值，控制发电机端电压随发电机频率变化而变化，维持伏赫兹比值在安全范围内，此项功能称为伏赫兹（V/Hz）限制。伏赫兹（V/Hz）限制如图4.48所示。

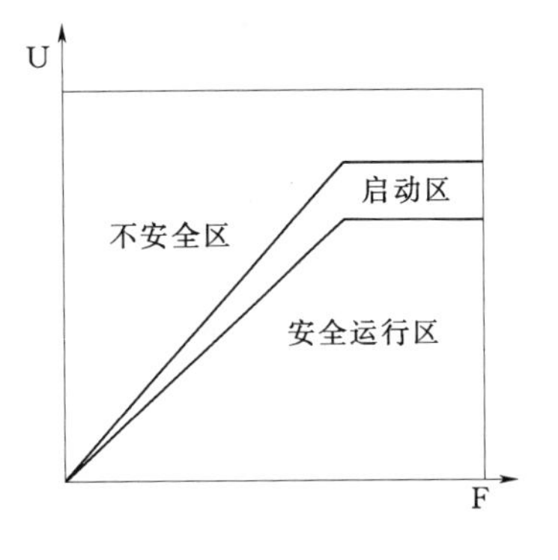

图4.48　伏赫兹（V/Hz）限制示意图

实际应用中一般取1.06为伏赫兹比值安全范围，当伏赫兹比值超出1.06时，伏赫兹限制启动，调低发电机端电压并预留一定的安全裕度。另外，发电机空载时，当发电机频率低于整定值时（45Hz），实际发电机组不允许继续维持机端电压，此时，需发出逆变脉冲，励磁系统逆变灭磁。

伏赫兹（V/Hz）限制动作条件为过电压或低频率。发电机负载时，由于发电机频率即为系统频率，实际负载伏赫兹（V/Hz）限制主要为过电压限制。发电机空载时，由于发电机电压和频率的比值与发电机励磁电流成比例关系，实际空载伏赫兹（V/Hz）限制主要为过电流限制。

4.8　励磁系统维护

4.8.1　综述

励磁系统是一种实时控制系统，任何时候发生任何故障都有可能影响到发电机的安全稳定运行，因而受到无论电厂还是电网的高度重视。而励磁系统的维护则是减小励磁系统故障最有力最有效的措施。做好励磁系统的维护工作可以及时发现励磁系统存在的故障或安全隐患，把故障消除在萌芽状态，从而大大降低励磁系统因故障退出的概率。提高励磁系统的稳定性，对电厂具有非常高的经济效益，对电网具有很高的社会效益。

励磁系统的维护是一项技术含量较高的工作，需要维护人员具有扎实的电机学、自动控制理论、电工原理、模拟电路和数字电路、电力电子学以及微机控制等多门专业知识。同时还要求维护人员具有丰富的现场运行经验。

总的来讲，励磁调节器的维护比较简单，具有维护量小的特点。运行时需保持环境整洁，注意通风散热。空气中应无爆炸危险的介质，无足以腐蚀金属和破坏绝缘的气体，装置应安装在无剧烈振动或颠簸的地方。

装置经运输后首次投运前，或长时间停运后再次投运，如机组大修等，一般需对整个励磁装置进行检查，除根据图纸检查接线正确外，还需检查各构件是否有由于运输等原因引起的松动现象；导线、铜排等连接处是否紧固、接触良好；检查完后，再进行通电试验，根据需要模拟各信号的动作情况；经静态试验正常后，方可投运。

应根据环境空气的清洁程度定期对励磁装置进行除尘、清洁，清洁时应切断所有电源，用压缩空气机（压力不能太高）、真空吸尘器或小毛刷等器具对装置外表及内部器件、导线连接处等易积灰垢的地方，小心仔细进行清扫。对装置内部器件包括印制线路的清扫，请勿使用任何清洁剂，也不宜使用潮湿的抹布等。

一般励磁系统的维护包括励磁系统的日常维护和励磁系统的故障维护。

4.8.2　励磁系统的日常维护

励磁系统的日常维护是通过日常对励磁系统的检查发现励磁系统可能存在的隐患并加以排除的一种维护。

1. *励磁系统运行环境的温度限制*

(1) 励磁系统为电子类产品，对工作环境有一定的要求，因为励磁系统的设计是按照这一原则进行的，所以励磁系统通常要求环境温度不大于40℃。

(2) 当然这并不是说在环境温度达到或者超过40℃就不能工作，南瑞的励磁系统最高运行温度一般在55℃以上，但此时励磁系统的出力要求根据实际的设计裕量进行调整。

(3) 应该尽量避免励磁系统运行过程中的环境温度超过允许的最高温度。

(4) 主要要求检查布置在开放地带励磁系统的通风情况，或布置在励磁小间内空调的制冷情况。这里需要特别注意，并非空调的控制温度越低越好，一般保持内外温差在10℃以内为佳，温差太大容易引起结露!

2. *励磁系统冷却子系统检查*

冷却子系统直接关系到励磁系统内各器件的实际工作环境温度，如果冷却系统异常，尽管环境温度满足要求，但仍然可能使得器件的温度过高，特别是当器件工作负荷较大时可能引起器件的损坏。

(1) 对于采用风机进行强迫风冷的励磁系统，运行中要做好风道回路的检查，防止滤网堵塞，影响功率柜散热。

(2) 对于多柜并列运行的励磁系统，如果有一台功率柜停风，建议退出停风功率柜，具备带电维护能力的，可以带电更换风机，如果不具备带电检修能力，建议利用机组调停时进行检修。

(3) 对于环境灰尘较大的场合，建议在机组运行中进行滤网除灰处理。

(4) 带电检修时首先切除要退出的功率柜的脉冲（切脉冲开关），拉开交直流刀闸，切断本柜风机电源，做好其他安全措施。

为了减小维护工作量，南瑞仅在晶闸管整流柜中采用冷却风机或者热管。风机更换完成，投入风机电源，风机运行正常后，再合上交直流刀闸，最后合上脉冲开关。

3. *励磁系统的定检*

鉴于大小修时间间隔的延长，目前不少电厂开始增加励磁系统定检，即定期地对励磁系统进行检查，该检查既希望能够排除励磁系统可能存在的隐患，又不能像大小修一样进行较为全面的检查。定检的理论依据是故障的金字塔模型，也就是故障不会突然发生，在故障发生前总是伴随着一些异常现象的出现。

项目5　励磁系统设计选型计算

励磁系统的设计因励磁方式、发电机技术参数、生产厂家、安全系数等的不同而不同，但其基本的思想和方法却是一致的。本项目分为两个内容：一是自并励励磁系统的设计选型计算，二是某火电厂300MW励磁系统技术参数设计计算书实例。

5.1　自并励励磁系统设计选型计算

5.1.1　发电机技术参数

发电机的技术参数主要包括额定容量、额定电压、额定频率、励磁方式（自并励）、额定励磁电压、额定励磁电流、空载励磁电压、空载励磁电流、强励倍数、转子电阻、短路比、瞬变电抗 X_d'、超瞬变电抗 X_d''、发电机定子开路时转子绕组时间常数。

5.1.2　系统主要元件的设计计算

1. *励磁变压器选择*

(1) 变压器二次侧电压的选择。

1) 变压器二次侧电压的选择原则应考虑在一次电压为80%额定电压时仍能满足强励要求，即

$$U_2=\frac{KU_{fn}}{0.8\times1.35\cos\alpha_{min}} \tag{5.1}$$

2) 按新算法不考虑机端电压下降80%，即

$$U_2=\frac{KU_{fn}}{1.35\cos\alpha_{min}} \tag{5.2}$$

式中　U_2——变压器二次电压；

K——强励倍数；

U_{fn}——额定励磁电压；

1.35——三相全控整流电路的整流系数；

α_{min}——强励时的晶闸管触发角。

考虑换弧压降，实际选择变压器二次侧电压按 U_2 向上近似取整。

注意：在没有明确要求的情况下，在计算小机组的励磁变压器容量时强励倍数按1.6倍考虑。

(2) 变压器额定容量的选择。变压器额定容量可由下式确定

$$S=\sqrt{3}U_2I_e=\sqrt{3}U_2I_{fn}\times1.1\times0.816 \tag{5.3}$$

式中　S——变压器计算容量；

U_2——变压器二次电压；

I_e——变压器二次电流；

I_{fn}——额定励磁电流；

1.1——保证长期运行的电流系数；

0.816——三相全控桥交直流侧电流的换算系数。

实际上，在确定实际使用的变压器容量时，要考虑实际选择的容量是否与计算的变压器容量相比有5%～10%的裕度，在满足技术要求的前提下尽量选择低容量的变压器，有时要通过调整换弧压降来确定最终的变压器容量。

无论变压器的接线组别属于Y/Δ—11还是Δ/Y—11，均应确定出四个参数：①额定容量（kVA)；②原边电压（kV)；③副边电压（kV)；④短路阻抗（%)。

2. 晶闸管元件选型

(1) 晶闸管反向峰值电压计算。每臂元件承受的最大反向电压应小于元件重复反向峰值电压，即

$$U_{RRM} > K_u K_{cg} K_e U_{ARM} \tag{5.4}$$

式中　K_u——过电压余度系数，一般取2.0～2.5；

K_{cg}——过电压冲击系数，一般取1.50，现取1.5；

K_e——电源电压升高系数，一般取1.05～1.10，现取1.1；

U_{ARM}——桥臂反向工作电压最大值，$U_{ARM}=1.414\times$整流变副边电压。

由此，可算出：

$$U_{RRM}=(2.0\times1.5\times1.1\times1.414\sim2.5\times1.5\times1.1\times1.414)\times\text{整流变副边电压}$$
$$=4.67\sim5.83\times\text{整流变副边电压}$$

南瑞集团电气控制公司计算方法：

$$3\times\sqrt{2}\times\text{整流变副边电压} \tag{5.5}$$

科大创新股份有限公司计算方法：

$$3\times1.3\times\sqrt{2}\times\text{整流变副边电压} \tag{5.6}$$

武汉洪山电工科技有限公司计算方法：

$$2.75\times\sqrt{2}\times\text{整流变副边电压} \tag{5.7}$$

(2) 晶闸管额定通态平均电流计算。

$$I_{Ta}=(1.5\sim2)K_{fb}I_d=(1.5\sim2)\times2.0K_{fb}I_{FN} \tag{5.8}$$

式中　1.5～2——安全系数，本计算取2；

K_{fb}——控制角为0°时的整流电路电阻负载下的计算系数，三相桥式整流电路取$K_{fb}=0.368$；

I_d——2.0倍强励工况下的励磁绕组电流；

I_{FN}——发电机额定励磁绕组电流。

应根据计算可选择晶闸管。

但应注意：在实际选型时，选择晶闸管要在计算值的基础上考虑生产管理的实际情况(便于统一选型和采购)，实际选择的晶闸管参数往往大于计算值，这一点在实际设计时务必要注意。

对于晶闸管额定通态平均电流，科大创新股份有限公司的计算方法为：单柜额定输出电流/1.3；武汉洪山电工科技有限公司的计算方法为：3×1.1×0.368×额定励磁电流；南瑞集团电气控制公司的计算方法为：单柜额定输出电流/1.25。

3. 整流桥并联支路计算

（1）整流桥额定电流的确定。

设计原则：整流桥的额定电流是根据晶闸管及其散热组件在一定的条件下，影响晶闸管发热安全的电流极限，在选择整流桥时，整流桥的额定电流必须要满足1.1倍励磁电流下长期运行及强励20s的运行要求，在整流桥的发热计算设计时已充分考虑强励20s的运行要求，因此单整流桥额定电流应不小于额定励磁电流1.1倍。

（2）整流桥的并联元件数的确定。整流桥的并联元件数可根据下式计算

$$n_{p1}=0.43K_a\frac{I_{fmax}}{I_T} \tag{5.9}$$

式中　K_a——电流裕量系数；

I_{fmax}——单柜最大连续电流值，此处取1.1倍额定励磁电流；

I_T——晶闸管元件通态平均电流值。

每臂选用单只晶闸管元件应满足要求（在我们现有的设计中都是单柜单臂单元件结构），否则就要考虑重新选择晶闸管。

（3）整流桥的并联数的确定。并联整流柜的数量由下式计算

$$n_{p2}=\frac{I_{fK}}{1.2K_bI_T} \tag{5.10}$$

式中　K_b——晶闸管允许过载倍数，取2.0；

I_{fK}——发电机三相短路时流过转子回路的暂态自由分量电流值，一般$I_{fK}=(3\sim4)I_{fn}$（额定励磁电流）（可根据设计计算需要做调整）。

单整流桥应可以满足包括发电机强励在内的所有运行工况。

实际按$N-1$原则考虑，选并联整流桥数为2。

注意：实际的系统设计中，出于可靠性、机构设计（主要是母排、电缆安装问题）的考虑，有时即使单整流桥能够满足励磁系统的设计要求，往往也要根据实际情况选择双桥或双柜的结构；一般来说，当额定励磁电流小于600A时选择一柜双桥结构，小励磁产品特殊考虑。

4. 快速熔断器选用计算

（1）电路形式的确定。在以往的设计中，我们主要选择每臂一个快熔的三相全控整流电路，但在小励磁系统中选用每相一个快熔的三相全控整流电路。

（2）额定电压的选择。快速熔断器的额定电压（U_{RN}）应大于励磁变压器低压侧电压。

快熔标称电压为

$$U_{RN}=(1.2\sim1.3)U_2$$

（3）额定电流的选择。快速熔断器的额定电流（有效值）应按下式进行计算

对于单臂单快熔

$$I_R\leqslant(I_{RN}=I_R\times K=I_{fn}\times0.577\times K)\leqslant I_T \tag{5.11}$$

对于单相单快熔

$$I_R\leqslant(I_{RN}=I_R\times K=I_{fn}\times0.816\times K)\leqslant I_T \tag{5.12}$$

式中　I_R——额定励磁时流经每个桥臂的电流有效值，$I_R=I_{fn}\times0.577$（或0.816）；

I_{fn}——系统额定励磁电流；

K——综合系数，是裕度系数、散热经验系数，风速修正系数，环境温度系数的综合，常取1.3～1.5。设计中选择1.5；

I_T——晶闸管元件通态平均电流值。

注意：①快速熔断器在1.1I_{RN}下，4h内不会熔断，在6I_{RN}下，20ms就能熔断；②在实际选型时，选择快速熔断器要在计算值的基础上考虑生产管理的实际情况，实际选择的快熔参数往往大于计算值，这一点在实际设计时务必要注意；③选取时，保证快速熔断器的I_2t数值小于晶闸管元件的I_2t数值。

选择快速熔断器时，其额定电流南瑞集团电气控制公司的计算方法为：（0.72～0.89）×单柜额定输出电流；科大创新股份有限公司的计算方法为：1.35×单柜额定输出电流/1.732。

5. 灭磁开关的选择

（1）额定电压的选择原则：灭磁开关的工作电压大于额定励磁电压。

（2）额定电流的选择原则：灭磁开关的工作电流大于并接近于额定励磁电流的1.1倍。

注意：实际选择时除了要满足上述规定外，还要考虑灭磁开关产品的电压、电流系列。

6. 灭磁保护的选择计算

（1）保护配置。通常励磁系统配置的过压保护有整流桥交流侧过电压保护（浪涌吸收）；整流桥直流侧过电压保护（晶闸管换相过电压吸收）；转子反相过电压吸收；非全相及大滑差过电压保护。具体选择什么样的保护视技术协议而定。一般地，小容量机组（小于10MW的水电机组）都不配非全相及大滑差过电压保护和浪涌吸收保护。

（2）灭磁方式。灭磁方式有线性灭磁和非线性灭磁两种方式，目前的设计中小容量机组一般选择线性灭磁，大容量机组选择非线性灭磁。

（3）线性灭磁电阻计算。在线性灭磁系统中，灭磁电阻值选择越大，灭磁速度越快，同时转子承受的过压倍数越高，灭磁电阻为励磁绕组热态电阻值的3～5倍。

$$R_{rmc}=(3\sim5)R_f \tag{5.13}$$

（4）非线电阻的灭磁保护计算。对于FR_1残压的选择，按照IEC规定，其荷电率不得大于0.75。FR_1的能量按机组空载最大灭磁能量选择。

灭磁容量按发电机空载误强励计算转子绕组的最大储能灭磁容量W可由下式计算

$$W=5\times0.5I_{f0}^2T'_{d0}R_fk=0.16(\text{MJ}) \tag{5.14}$$

$$R_f=U_{fn}/I_{fn}$$

式中 I_{f0}——发电机空载励磁电流，A；

T'_{d0}——直轴瞬变开路时间常数；

R_f——转子绕组电阻（在15℃时），Ω；

k——机组特性系数，一般水电取0.5。

最后，按67%的裕度考虑。

例如，W=0.16MJ按67%的裕度考虑取0.24MJ。

每个阀片的使用容量为10kJ，实际选择24片阀片。

标称能量为0.48MJ，使用能量为0.24MJ。

尖峰吸收器SPA（直流侧尖峰过电压吸收器）：$\Delta U=\sqrt{2}U_{ac}$。

不加SPA出现的尖峰值：$U_i=2.5\Delta U$。

尖峰吸收器 SPA 残压：$U_{残}=\sqrt{2}U_{ac}\times1.12\times1.5$。

注意：以上计算为估算，详细计算可参照灭磁电阻参数。

7. 励磁变压器 TA 变比计算

一般情况下，大容量励磁变压器高压侧装设两组 TA 甚至三组 TA（具体要求见技术协议），高压侧 TA 供变压器保护和测量用。小容量变压器（小于 800kVA）高压侧一般装一组保护 TA（详细配置查询技术协议）

（1）TA 电流计算。

原边电流

$$I_1=\frac{S}{\sqrt{3}\times U_1\times10^3} \tag{5.15}$$

副边电流

$$I_2=\frac{S}{\sqrt{3}\times U_2} \tag{5.16}$$

式中　I_1——变压器原边电流；

I_2——变压器副边电流；

U_1——变压器原边电压；

U_2——变压器副边电压；

S——变压器额定容量。

（2）TA 变比计算。一般原则：选择变比时要考虑设备在额定运行时 TA 的二次侧电流在 3～4A 之间。

注意：励磁变原边 TA 主要用做励磁变保护的采样器件，关于变比的选择除了按上述规定外一般以保护的要求为准。

8. 起励装置设计

（1）起励方式的确定。起励方式有两种：直流起励和交流起励。直流起励一般用于起励电流较小的场合，否则在起励瞬间对厂用直流系统冲击较大；交流起励一般用于起励电流较大的场合。

实际上，除非用户有特别的要求，对于空载电流小于 500A 的情况选择直流起励；对于空载电流大于 500A 的情况选择交流起励。

（2）起励电流数值的确定。无论是直流起励还是交流起励，根据现场投运经验选取发电机空载励磁电流的 10%进行起励装置设计是可行的。所以，在计算起励电流时按照发电机空载励磁电流的 10%进行计算。

（3）发电机转子电阻的估算。发电机转子电阻为发电机额定励磁电压与额定励磁电流的比值。即

$$R_Z=U_{FN}/I_{FN} \tag{5.17}$$

式中　R_Z——发电机转子电阻；

U_{FN}——发电机额定励磁电压；

I_{FN}——发电机额定励磁电流。

（4）直流起励。一般情况下，起励电源取自厂用直流 220V 电源。

起励电阻按下式计算

$$R_{QL}=U_{QL}/I_{QL}-R_Z \tag{5.18}$$

式中　R_{QL}——起励电阻；

U_{QL}——起励电源电压额定值，220V；

I_{QL}——确定的起励电流；

R_Z——转子电阻。

起励电阻功率按下式计算

$$W'_{RQL}=\frac{U_{QL}^2}{R_{QL}} \tag{5.19}$$

式中 W'_{RQL}——起励电阻的计算功率；

U_{QL}——起励电源电压额定值，220V；

R_{QL}——起励电阻。

实际上，考虑起励时间很短（5s），起励电阻的实际功率（W_{RQL}）按计算功率的10%进行计算。

9. 电缆选用计算

额定励磁电压为 U_{fn}，额定励磁电流为 I_{fn}。

电缆选用应满足1.1倍励磁电流下长期运行的要求，同时要满足现场安装方便和经济性的要求。电缆的电流密度为2.5A/mm^2。

（1）转子侧电缆导线截面积为

$$S_Z=\frac{I_{fn}\times 1.1}{2.5} \tag{5.20}$$

（2）励磁变压器低压侧电缆截面积为

$$S_J=\frac{I_{fn}\times 1.1\times 0.816}{2.5} \tag{5.21}$$

设计选用YJV单芯铜芯电力电缆（交联聚乙烯绝缘聚氯乙烯护套电力电缆），电缆额定电压为0.6～1kV。（YJV电缆工作温度达90℃，而VV只有70℃，同截面积YJV电缆载流量大）电缆载流量见表5.1。

表 5.1　　电缆载流量

序号	铜电线型号	单心载流量（25℃）（A）		电压降（mV/m）	品字型电压降（mV/m）	紧挨一字型电压降（mV/m）	间距一字型电压降（mV/m）	两心载流量（25℃）（A）		电压降（mV/m）	三心载流量（25℃）（A）		电压降（mV/m）	四心载流量（25℃）（A）		电压降（mV/m）
		VV22	YJV22		0.95	0.85	0.7	VV22	YJV22		VV22	YJV22		VV22	YJV22	
1	1.5mm^2/c	20	25	30.86	26.73	26.73	26.73	16	16		13	18	30.86	13	13	30.86
2	2.5mm^2/c	28	35	18.9	18.9	18.9	18.9	23	35	18.9	18	22	18.9	18	30	18.9
3	4mm^2/c	38	50	11.76	11.76	11.76	11.76	29	45	11.76	24	32	11.76	25	32	11.76
4	6mm^2/c	48	60	7.86	7.86	7.86	7.86	38	58	7.86	32	41	7.86	33	42	7.86
5	10mm^2/c	65	85	4.67	4.04	4.04	4.05	53	82	4.67	45	55	4.67	47	56	4.67
6	16mm^2/c	88	110	2.95	2.55	2.56	2.55	72	111	2.9	61	75	2.6	65	80	2.6
7	25mm^2/c	113	157	1.87	1.62	1.62	1.63	97	145	1.9	85	105	1.6	86	108	1.6
8	35mm^2/c	142	192	1.35	1.17	1.17	1.19	120	180	1.3	105	130	1.2	108	130	1.2
9	50mm^2/c	171	232	1.01	0.87	0.88	0.9	140	220	1	124	155	0.87	137	165	0.87

续表

序号	铜电线型号	单心载流量(25℃)(A)		电压降(mV/m)	品字型电压降(mV/m)	紧挨一字型电压降(mV/m)	间距一字型电压降(mV/m)	两心载流量(25℃)(A)		电压降(mV/m)	三心载流量(25℃)(A)		电压降(mV/m)	四心载流量(25℃)(A)		电压降(mV/m)
		VV22	YJV22		0.95	0.85	0.7	VV22	YJV22		VV22	YJV22		VV22	YJV22	
10	70mm²/c	218	294	0.71	0.61	0.62	0.65	180	285	0.7	160	205	0.61	176	220	0.61
11	95mm²/c	265	355	0.52	0.45	0.45	0.5	250	350	0.52	201	248	0.45	217	265	0.45
12	120mm²/c	305	410	0.43	0.37	0.38	0.42	270	425	0.42	235	292	0.36	253	310	0.36
13	150mm²/c	355	478	0.36	0.32	0.33	0.37	310	485	0.35	275	243	0.3	290	360	0.3
14	185mm²/c	410	550	0.3	0.26	0.28	0.33	360	580	0.29	323	400	0.25	333	415	0.25
15	240mm²/c	490	660	0.25	0.22	0.24	0.29	430	650	0.24	381	480	0.21	400	495	0.21
16	300mm²/c	560	750	0.22	0.2	0.21	0.28	500	700	0.21	440	540	0.19	467	580	0.19
17	400mm²/c	650	880	0.2	0.17	0.2	0.26	600	820	0.19						
18	500mm²/c	750	1000	0.19	0.16	0.18	0.25									
19	630mm²/c	880	1100	0.18	0.15	0.17	0.25									
20	800mm²/c	1100	1300	0.17	0.15	0.17	0.24									
21	1000mm²/c	1300	1400	0.16	0.14	0.16	0.24									

5.2　300MW 汽轮发电机组自并励励磁系统设计

5.2.1　励磁变压器选择计算

励磁变压器为励磁系统提供电源，专门应用励磁整流系统的变压器，其输入容量包括输出容量、附加损耗容量和谐波损耗容量，励磁变压器设计时根据输出容量考虑到整流系统的谐波损耗及变压器附加损耗（详见励磁变压器资料）。本计算书仅对励磁变压器的输出特征参数进行设计，包括二次侧额定输出电压、二次侧额定输出电流、额定输出容量和短路阻抗核算，关于变压器谐波发热、温升及散热等参数参考变压器厂家具体技术资料。

1. 二次侧线电流计算

具体计算式如下

$$I_2=1.1\times\sqrt{\frac{2}{3}}\times I_{fn}\approx 0.9I_{fn} \tag{5.22}$$

式中　I_2——励磁变压器二次侧线电流；

I_{fn}——发电机在最大容量、额定电压和额定功率因数时的励磁电流。

2. 二次侧额定线电压计算

考虑换相压降、晶闸管导通压降及电缆或母排压降，晶闸管整流桥输出电压计算式为

$$U_d=1.35U_{20}\cos\alpha-\frac{3}{\pi}I_dX_\gamma-\Delta U \tag{5.23}$$

当发电机端电压降至 80%时或额定电压时，励磁系统保证输出强励电压，则具体校核计算式为

$$k_1 \times 1.35U_{20}\cos\alpha_{\min} \geqslant U_{\mathrm{fmax}} + \frac{3}{\pi} \times 2I_{\mathrm{fmax}}X_{\mathrm{r}} + \sum \Delta U \tag{5.24}$$

式中　U_{20}——励磁变压器二次侧空载额定线电压；

$\alpha_{\min}$——励磁系统强励时晶闸管控制角，计算中取为10°；

U_{fmax}——励磁系统顶值电压；

I_{fmax}——励磁系统顶值电流；

k_1——修正系数取0.8或1；

$\sum \Delta U$——电压降之和，包括导通两臂的硅元件正向压降，汇流导线电阻压降及转子滑环与炭刷间的压降，计算中取8V。

$$U_{\mathrm{fmax}} = k_2 U_{\mathrm{fN}}, I_{\mathrm{fmax}} = k_3 I_{\mathrm{fN}}, X_{\mathrm{r}} = U_{\mathrm{k}} \frac{U_2^2}{S} \tag{5.25}$$

式中　k_2——电压强励磁倍数；

k_3——电流强励倍数。

由换相阻抗与电压和容量相关，一般是经初步估算得出U_{20}及容量$S=\sqrt{3}U_{20}I_2$，按式(5.21)进行校验：当式(5.21)右边小于左边，说明满足励磁系统强励技术要求。

初步估算U_{20}的计算式为

$$U_{20} = \frac{k_2 U_{\mathrm{fN}}}{k_1 \times 1.35\cos(10) \times (0.9 \sim 0.93)} = (0.81 \sim 0.84)\frac{k_2}{k_1}U_{\mathrm{fN}} \tag{5.26}$$

3. 额定输出容量计算

具体计算式如下

$$S_{\mathrm{N}} = \sqrt{3}U_2 I_2 \tag{5.27}$$

式中　S_{N}——励磁变压器额定输出容量，设计取整数即可。

4. 各工况触发角计算

发电机额定空载励磁电流为I_{f0}，励磁电压为U_{f0}，则触发角度计算式为

$$1.35U_{20}\cos\alpha_{\mathrm{L0}} = U_{\mathrm{f0}} + \frac{3}{\pi}X_{\mathrm{r}}I_{\mathrm{f0}} + 4.0 \tag{5.28}$$

发电机额定负载励磁电流为I_{fN}，励磁电压为U_{fN}，则触发角度计算式为

$$1.35U_{20}\cos\alpha_{\mathrm{L0}} = U_{\mathrm{fN}} + \frac{3}{\pi}X_{\mathrm{r}}I_{\mathrm{fN}} + 6.0 \tag{5.29}$$

发电机强励磁时励磁电流为U_{fmax}，励磁电压为I_{fmax}，则触发角度计算式为

$$1.35U_{20}\cos\alpha_{\mathrm{L0}} = U_{\mathrm{fmax}} + \frac{3}{\pi}X_{\mathrm{r}}I_{\mathrm{fmax}} + 8.0 \tag{5.30}$$

如果强励时机端电压降至80%额定电压时，则触发角度为10°。

5. 短路电流试验的核算

发电机空载额定励磁电流为I_{f0}，短路比为η，则发电机额定短路电流时励磁电流为$I_{\mathrm{fD}}=I_{\mathrm{f0}}/\eta$，短路电流试验一般要求做至110%额定电流，则短路电流试验最大励磁电流为$1.1I_{\mathrm{fD}}$，可以计算出对应于该励磁电流最大励磁电压U_{fD}，当励磁变压器网侧电压采用厂用6.3kV电压时，副边最大电压为

$$U'_{20} = \frac{6.3U_2}{U_{1\mathrm{N}}} \tag{5.31}$$

按最小触发角为10°计算，其输出电压为

$$U_d = 1.35U'_{20}\cos 10° - \frac{3}{\pi}X_r \times 1.1I_{fD} - 5 = U'_d \tag{5.32}$$

如果上式大于短路电流试验的最大励磁电流对应的最大励磁电压 U_{fD}，说明网侧电压接至6.3kV厂用电后，励磁输出满足发电机短路升流试验；如果上式小于 U_{fD}，则励磁变压器高压侧需要预设计分接头，发电机短路试验时，必须改变分接头，以保证励磁变压器输出电压即可满足短路试验要求。

6. 空载升压130%试验核算

根据发电机典型参数分析，发电机空载130%额定电压时，发电机励磁电流最大值可达空载额定励磁电流的两倍，即 $I_{f130}=2I_{f0}$，可计算出对于应于该励磁电流最大励磁电压为 U_{f130}，当励磁变压器网侧电压采用厂用6.3kV电压时，副边最大电压为

$$U'_{20} = \frac{6.3U_2}{U_{1N}} \tag{5.33}$$

按最小触发角为10°计算，其输出电压为

$$U_d = 1.35U'_{20}\cos 10° - \frac{3}{\pi}X_r I_{f130} - 5 = U'_d \tag{5.34}$$

如果上式大于 U_{f130}，说明网侧电压接至6.3kV厂用电后，励磁输出满足发电机空载升压至130%额定电压的试验要求；如果上式小于 U_{f130}，则励磁变压器高压侧需要预设计分接头，发电机空载升压至130%额定电压的试验时，必须改变分接头，以保证励磁变压器输出电压即可满足短路试验要求。

7. 网侧电压分接头确定

根据以上计算，为可靠起见，励磁变压器网侧分接头，同时满足发电机短路试验和空载升压至130%试验的要求。

5.2.2　励磁系统短路电流计算

在计算下列短路电流时，假定励磁电缆、晶闸管内阻及铜排长度电阻均为零，励磁变压器网侧电源容量为无穷大。

励磁变压器初选参数为：容量为 S，变比为 U_1/U_2，阻抗为 U_K。

1. 励磁变低压侧短路

考虑短路发生低压侧出口，短路电流最大，为

$$I_D = \frac{1}{U_k}\frac{S}{\sqrt{3}\times U_2} \tag{5.35}$$

该短路电流折算至励磁变压器高压侧电流为

$$I_{1D} = I_D\frac{1}{k} \tag{5.36}$$

2. 整流柜出口短路

考虑整流柜直流出口处短路，假定晶闸管内阻及铜排长度电流均为零，其输出电流与晶闸管触发角相关，当触发角为最低时（假定为0°），短路电流最大，其波形为六相脉动电流，平均值为

$$I_{Dd} = 1.35I_D \tag{5.37}$$

该直流侧短路电流折算至每臂晶闸管电流为

$$I_{D(SCR)}=I_{Dd}\frac{1}{\sqrt{3}} \tag{5.38}$$

虽然每整流臂由四个晶闸管并联，但考虑最严重工况，假定该电流由一个快速熔断器分断，则快速熔断器的最大分断电流不小于该电流。

该直流侧短路电流折算至交流侧每相电流为

$$I_{D(ABC)}=I_{Dd}\frac{\sqrt{2}}{\sqrt{3}} \tag{5.39}$$

折算至励磁变压器高压侧每相电流为

$$I_{Dd1}=I_{D(ABC)}\times\frac{1}{k} \tag{5.40}$$

3. 灭磁开关出口短路

灭磁开关出口处短路，在假定铜母排长度电阻为零的条件下，最大短路电流与整流柜直流出口处最大短路电流相同。该电流为灭磁开关选择提供依据，即灭磁开关短时分断电流不小于该电流。

4. 滑环处短路

发电机转子滑环处短路时，在假定电缆（铜母排）长度电阻和滑环接触电阻为零的条件下，最大短路电流与整流柜出口最大短路电流相同。

5.2.3 硅元件及整流桥技术参数计算

1. 硅元件额定电压的选择

具体计算式如下

$$U_{RRM}\geqslant 2.75\times\sqrt{2}U_2 \tag{5.41}$$

$$U_{DRM}\geqslant 2.75\times\sqrt{2}U_2 \tag{5.42}$$

式中 U_{DRM}——可重复加于晶闸管元件的最大正向峰值电压值；

U_{RRM}——可重复加于晶闸管元件的最大反向峰值电压值；

U_2——整流桥交流侧额定线电压。

拟选定晶闸管，其U_{DRM}及U_{RRM}，满足硅元件正向及反向过电压要求。

2. 硅元件及整流桥额定电流的选择

硅元件额定电流按照退一柜时满足发电机所有运行要求，包括强励及发电机短路工况。

硅元件电流按下式计算

$$I_T(n-1)\eta\geqslant 1.3I_{fN} \tag{5.43}$$

整流桥额定电流按下式计算

$$I_{SCR}(n-1)\eta\geqslant 1.1I_{fN} \tag{5.44}$$

$$I_{SCR(max)}(n-1)\eta\geqslant 2.0I_{fN} \tag{5.45}$$

3. 硅元件及整流桥温升核算

硅元件平均损耗为

$$P_{AV}=U_O I_{TAV}+f^2 I_{TAV}^2 R_i \tag{5.46}$$

式中 P_{AV}——硅元件平均损耗；

U_O——硅元件门槛电压；

R_i——硅元件斜率电阻；

I_{TAV}——流过硅元件的电流平均值；

f——波形系数，三相全控桥整流计算中 f^2 取为 3。

硅元件的结温为

$$T_j = P_{AV} R_{jcsA} + T_A + \Delta \tag{5.47}$$

式中　T_j——硅元件结温；

R_{jcsA}——硅元件与散热器热阻；

T_A——环境温度，计算时定为 40℃；

Δ——安全裕度。

根据技术条件要求，三桥并列时，单桥输出必须满足 1.1 倍额定励磁电流长期连续运行（K_2 为均流系数），即

$$\frac{1.1 I_{fn}}{(n-1)K_2} = I_{N(n-1)} \tag{5.48}$$

三桥并列时，单桥输出短时（20s）输出电流必须满足

$$\frac{2 I_{fn}}{(n-1)K_2} = I_{max(n-1)} \tag{5.49}$$

二桥并列时，单桥输出满足额定励磁电流长期运行，即

$$\frac{I_{fn}}{(n-2)K_2} = I_{N(n-2)} \tag{5.50}$$

查选定晶闸管的参数，其额定正向平均电流为 I_T，$T_j=125$℃，R_i，U_0。在环境温度为 40℃，风速为 3.5m/s 时，选用相配套的散热器和硅元件的总热阻为 R_i(℃/W)，短时动态热阻为 $R_i d$(℃/W)。

计算退出一桥时单桥输出为 $I_{N(3)}$ 时，有

$$P_{AV(n-1)} = U_0 \frac{I_{N(n-1)}}{2.85} + 3\times\left(\frac{I_{N(n-1)}}{2.85}\right)^2 R_i \tag{5.51}$$

$$\Delta T = 125 - P_{AV(n-1)} Rj - 40 \tag{5.52}$$

计算退出一桥时单桥输出为 $I_{max(n-1)}$ 时，有

$$P_{AVm(n-1)} = U_0 \frac{I_{max(n-1)}}{2.85} + 3\times\left(\frac{I_{max(n-1)}}{2.85}\right)^2 R_i \tag{5.53}$$

强励时温升裕量为

$$\Delta T = 125 - P_{AV(n-1)} R_j - (P_{AVm(n-1)} - P_{AV(n-1)}) R_{jd} - 40 \tag{5.54}$$

如果温升裕量大于 10℃，表明整流系统满足 $n-1$ 原则的技术要求，即当一个整流分支故障退出运行后，$n-1$ 个桥（柜）并列运行，完全满足发电机包括强励在内的一切工况的需求，并保留一定的安全裕度。

计算退出二桥时单桥输出为 $I_{N(n-2)}$，则

$$P_{AV} = U_0 \frac{I_{N(n-2)}}{2.85} + 3\times\left(\frac{I_{N(n-2)}}{2.85}\right)^2 R_i \tag{5.55}$$

$$\Delta T = 125 - P_{AV(n-2)} R_j - 40 \tag{5.56}$$

如果温升裕量大于 10，表明整流系统满足 $n-2$ 原则的技术要求，即当两个整流分支故障退出运行后，$n-2$ 个桥（柜）并列运行，满足发电机额定工况运行的需求。

5.2.4　硅元件快熔计算

1. 快熔额定电压的选择

具体计算式如下

$$U_N \geqslant (1.2 \sim 1.3)U_2 \tag{5.57}$$

式中　U_N——快熔额定工作电压值；

U_2——整流桥交流侧额定线电压。

拟选定的快速熔断器，其 U_N 满足额定电压要求。

2. 快熔额定电流的选择

具体计算式如下

$$I_N \geqslant (1.1 \sim 1.3)I_{smax} \tag{5.58}$$

式中　I_N——快熔额定工作电流值；

I_{smax}——硅元件最大工作电流。

根据整流系统的设计，流过硅元件最大工作电流为

$$I_{smax} = I_{N(n-2)} \frac{1}{\sqrt{3} \times 0.95} \tag{5.59}$$

$$(1.1 \sim 1.3)I_{smax} = (1.1 \sim 1.3)I_{N(n-2)} \frac{1}{\sqrt{3} \times 0.95}$$

拟选定的快速熔断器，其 I_N 满足额定电流要求。

3. 快熔熔断特性的校核

快速熔断器要求在运行中出现大电流时，要于晶闸管元件损坏之前熔断，以保护硅元件，即要求其 I^2t 特性要小于硅元件 I^2t 特性，根据硅元件的选择，可以知道硅元件的 I^2t 特性为 27000000A^2s。

拟选定的快速熔断器，其燃弧 I^2t 特性为 1250000A^2s，其断弧 I^2t 特性为 6000000A^2s，其和比硅元件的 I^2t 特性小得多，满足保护硅元件的要求。

快速熔断器的熔断特性要求最大熔断电流大于回路中最大电流，根据整流系统设计，最大电流即为整流桥直流侧金属性短路电流，计算式如下

$$I_{Dmax} = \frac{S}{\sqrt{3}U_2} \frac{1}{U_K} \tag{5.60}$$

式中　I_{Dmax}——最大短路电流；

U_2——励磁变压器副边额定线电压；

S——励磁变压器额定容量；

U_K——励磁变压器短路比。

拟选定的快速熔断器，最大熔断电流大于最大电流，满足安全熔断最大电流的要求。

对于最大电流 I_{Dmax}，根据快熔及硅元件 I^2t 特性值计算可知，快熔燃弧时间约为 0.43ms，断弧时间约为 2.066ms，硅元件损坏时间约为 9.298ms，由此，当出现最大电流时，快速熔断器在 2.066ms 即熔断，从而保护硅元件不损坏。

5.2.5　冷却系统技术参数计算

1. 硅元件发热量

计算硅元件发热量以发热量最大的硅元件发热量为依据，乘以硅元件个数，借以估算整

流系统硅元件发热总量，作为冷却系统设计容量的基础，才可以保证冷却系统的安全裕度，可以知道，当两桥退出运行时，最大电流的元件在较大电流整流分支中，以均流系数为0.9计算，硅元件发热量最大为P_{AVmax}，则该柜硅元件最大发热量总和为

$$P_{AVp}=6P_{AVmax} \tag{5.61}$$

即每柜（桥）冷却系统设计时（风机的流量），硅元件发热按P_{AVp}进行估算。励磁系统冷却系统（空调功率）设计时，整流系统全部硅元件发热总量按$2P_{AVp}$估算。

2. 铜母排发热

四个整流柜内三相交流进线均采用铜母排，用螺栓与横跨整流柜的总三相交流母排相连，两相直流出线采用铜母排，用螺杆与横跨电气制动柜、整流柜及灭磁柜的总两相直流母排相连。考虑到柜体设计，n个整流柜内交流铜母排总长约为$1.5n$(m)，直流铜母排总长估计为n(m)，总三相交流母排总长估计为$4n$(m)，总两相直流母排总长度估计为$3n$(m)。发热量以n柜总输出为额定励磁电流计算，铜的电阻率为$1.67\times10^{-2}\Omega\cdot mm^2/m$，具体计算式如下

$$P_{TB}=4\left[\left(\rho\frac{L_1}{S_1}\right)I_1^2+\left(\rho\frac{L_2}{S_2}\right)I_2^2\right]+\left(\rho\frac{L_3}{S_3}\right)I_3^2+\left(\rho\frac{L_4}{S_3}\right)I_4^2 \tag{5.62}$$

3. 整流柜快速熔断器发热

n个整流柜内均装有快速熔断器，快速熔断器内阻以0.0765mΩ计算，当两桥运行，且均流系数为0.9时，最大电流的熔断器发热器最大，此时发热为

$$\begin{aligned}&P=0.0765\times10^{-3}\times I_{N(n-2)}{}^2/3\\&P_{\Sigma p}=6P\times2\end{aligned} \tag{5.63}$$

综上所述，每个整流桥（柜）发热量最大计算值为

$$P_{AVp}+\frac{P_{TB}}{n}+\frac{P_{\Sigma p}}{n} \tag{5.64}$$

而整个励磁系统总发热量最大值为$2P_{AVp}+P_{TB}+P_{\Sigma p}$。

5.2.6　灭磁开关的计算及选择

1. 磁场断路器电压的选择

具体计算式如下

$$U_N\geqslant U_{fmax} \tag{5.65}$$

式中　U_N——磁场断路器额定工作电压值；

U_{fmax}——最大磁场绕组电压。

根据励磁变压器及整流系统设计结果，最大磁场绕组电压对应于发电机1.3倍额定电压时，整流桥全开放的电压，计算式如下

$$U_{fmax}=1.3U_{20}\times1.35\cos(0) \tag{5.66}$$

拟选定瑞士赛雪龙（Secheron）公司UR—36型磁场断路器，额定工作电压为2000V，满足额定电压要求。

2. 磁场断路器电流的选择

按照招标文件的技术要求：磁场断路器的额定电流不小于发电机负荷时励磁电流的1.1倍，因此，按招标文件技术要求计算，即

$$I_N\geqslant1.1I_{fN} \tag{5.67}$$

式中　I_N——磁场断路器额定工作电流值；

I_{fN}——发电机最大磁绕组电流。

拟选定瑞士赛雪龙（Secheron）公司UR—36型磁场断路器，额定工作电流为3600A，满足额定工作电流要求。

3. *磁场断路器分断电流及弧电压的选择*

按照招标文件的技术要求：磁场断路器在最大磁场电压、发电机端三相短路或空载误强励情况下能成功地断开发电机磁场电流及可靠地投入灭磁电阻对发电机进行灭磁，并能分断转子正、负极回路短路电流，即

$$U_{Arc} \geqslant U_{fmax} + U_{Rmax}$$
$$I_{Kmax} \geqslant I_{Dmax} \qquad (5.68)$$

式中　U_{Acr}——磁场断路器分断灭磁时弧电压值；

U_{fmax}——发电机最大磁场绕组电压；

U_{Rmax}——最大灭磁电流对应的灭磁电组两端电压；

I_{Dmax}——转子正、负极短路电流（最大电流）。

由前面计算可知，I_{Dmax}转子正、负极短路电流，发电机最大磁场绕组电压U_{fmax}，按标准要求灭磁电压介于额定励磁电压的3～5倍，即

$$U_R = (3\sim5)U_{fN}$$
$$U_{Rmax} = 5U_{fN} \qquad (5.69)$$

拟选定瑞士赛雪龙（Secheron）公司UR—36型磁场断路器，其最大断开电流为75000A，其灭磁弧压为4000V，满足发电机任何工况下安全断开发电机磁场电流及可靠地投入灭磁电阻对发电机进行灭磁的要求。

4. *磁场断路器短时耐受电流的计算及选择*

励磁系统保证输出2倍额定励磁电流，持续时间大于20s，即磁场断路器流过强励电流时间不能小于20s。

拟选定瑞士赛雪龙（Secheron）公司UR—36型磁场断路器，其过载电流及时间表为：4500A，1h；6000A，5min；9000A，1min；10000A，10s。满足强励电流20s的要求。

5. *正常灭磁原理及动作顺序*

发电机正常停机时，先将发电机解列，电厂控制系统向励磁调节器发出停机逆变灭磁命令，励磁调节器发出逆变脉冲，晶闸管整流柜输出负电压，对发电机磁场进行逆变灭磁，发电机端电压逐渐下降至零。然后，发出灭磁开关分闸命令，灭磁开关分开，灭磁过程结束。在正常灭磁过程中，线性灭磁电阻不参与灭磁，不消耗发电机磁场能量。发电机逆变灭磁为无触点灭磁，灭磁过程平稳，无机械触点，无电弧产生，电阻无负荷，是发电机正常停机灭磁的首选方式。

6. *滑环处短路故障时灭磁原理及动作顺序*

滑环处短路后，励磁系统输出电流无法进入发电机磁场绕组，磁场能量很快衰减，励磁系统检测到励磁变副边电流急剧上升，进入最大励磁电流限制，降低励磁电流，同时发电机保护装置检测到发电机失磁保护和励磁变副边短路故障，作用于发电机跳闸，向发电机发出跳闸令和灭磁开关跳闸命令，发电机解列，灭磁跨接器动作，灭磁线性电阻并接至磁场绕组，灭磁开关分开，隔断电源，短路电流同时断开，发电机磁场电流经由线性灭磁电阻或短路点形成闭合回路，磁场能量在回路内转变成热量消耗完，发电机端电压降到零，故障灭磁过程结束。

5.2.7　灭磁电阻的计算及选择

1. 灭磁电阻的计算

按标准要求强励时灭磁电压介于额定励磁电压的4～6倍，但实际工程中常考虑发电机定子侧短路时灭磁电压水平，按IEC标准规定发电机定子短路时励磁侧最高流过3倍额定励磁电流，具体计算式为$U_M=(4\sim6)U_{fN}$，对于非线性电阻，按照其伏安特性确定非线性电阻的组成结构（并、串联），对于线性灭磁电阻，主要确定其阻值。

$$U_M=I_fR_M$$

$$I_{fmax}=3I_{fN}$$

$$(4\sim6)U_{fN}=3I_{fN}R_M$$

$$R_M=(1.3\sim2.0)\frac{U_{fN}}{I_{fN}}=(1.3\sim2.0)R_f \tag{5.70}$$

灭磁原则要求在满足灭磁电压的要求下，尽可能减少灭磁时间，对于线性灭磁电阻，电阻值越大，灭磁时间越短，因此综合考虑，应选择线性灭磁电阻总阻值。

2. 灭磁能量的计算

灭磁时间、灭磁能量的计算是采用数字仿真计算的方法实现。并假定励磁绕组能量在励磁绕组与阻尼绕组中完全消耗，具体过渡过程表达如下

励磁绕组电压方程

$$0=U_{RM}+L_{fD}\frac{di_D}{dt}+L_f\frac{di_f}{dt}+\gamma_f i_f \tag{5.71}$$

阻尼绕组电压方程

$$0=L_{fD}\frac{di_f}{dt}+L_D\frac{di_D}{dt}+\gamma_D i_D \tag{5.72}$$

发电机空载特性曲线

$$\psi=f(i) \tag{5.73}$$

3. 仿真参数计算

利用式$X_{ad*}=\frac{2\pi f_N L_f}{S_N}I_{f0}^2(X_d-X_d)$计算出$X_{ad*}$，其中可由发电机空载特性曲线曲线查出不饱和情况下，达到机端额定电压所需空载励磁电流值I_{f0}。励磁绕组电流基准值可以取$I_{fB*}=X_{ad*}=X_{fd*}=X_{aD*}$，依此基准可以近似认为

$$X_{ad*}=X_{af*}=X_{fd*}=X_{aD*}$$

利用$X_{D\sigma}=\cfrac{1}{\cfrac{1}{X_d-X_\sigma}-\cfrac{1}{X_d-X_\sigma}-\cfrac{1}{X_{ad}}}$和$X_D=X_{D\sigma}+X_{ad}$，$X_{f\sigma}=X_f-X_{ad}$可以得到$X_D$、$X_{D\sigma}$和$X_{f\sigma}$。

4. 饱和的考虑

前面所有量都在认为发电机不饱和，下面分析ψ关于i饱和特性。

$\psi_{fD}=X_{ad(s)}i_f$是f绕组i_f电流在D绕组上产生的互感磁通；$\psi_{Df}=X_{ad(s)}i_D$是D绕组i_D电流在f绕组产生的互感磁通。

这一对磁势构成总的互感磁通为

$$\psi=\psi_{fD}+\psi_{Df} \tag{5.74}$$

$$\psi_f=\psi+\psi_{f\sigma}=X_{f\sigma}i_f+\psi,\psi_D=\psi+\psi_{D\sigma}=X_{D\sigma}i_D+\psi \tag{5.75}$$

故
$$\frac{\partial\psi_f}{\partial i_f}=X_{f(s)}=X_{f\sigma}+X_{ad(s)},\frac{\partial\psi_f}{\partial i_D}=X_{fD(s)}=X_{ad(s)}$$

$$\frac{\partial\psi_D}{\partial i_D}=X_{D(s)}=X_{D\sigma}+X_{ad(s)} \tag{5.76}$$

考虑饱和，则
$$X_{ad(s)}=\frac{d\psi(i)}{di}\Big|_{i=i_f+i_D}=\frac{df(i)}{di}\Big|_{i=i_f+i_D} \tag{5.77}$$

5. 灭磁过程仿真及能容计算

对于线性电阻灭磁，其U—I特性为

$$U_{RM}=R_MI_f \tag{5.78}$$

对于非线性电阻灭磁，其U—I特性为

$$U_{RM}=kI^\beta \tag{5.79}$$

式中　β——非线性系数，碳化硅取为0.3，氧化锌取为0.05。

从上述仿真结果可知，汽轮发电机组灭磁电阻消耗最大灭磁容量发生机端短路故障后灭磁，灭磁波形如图5.1所示。

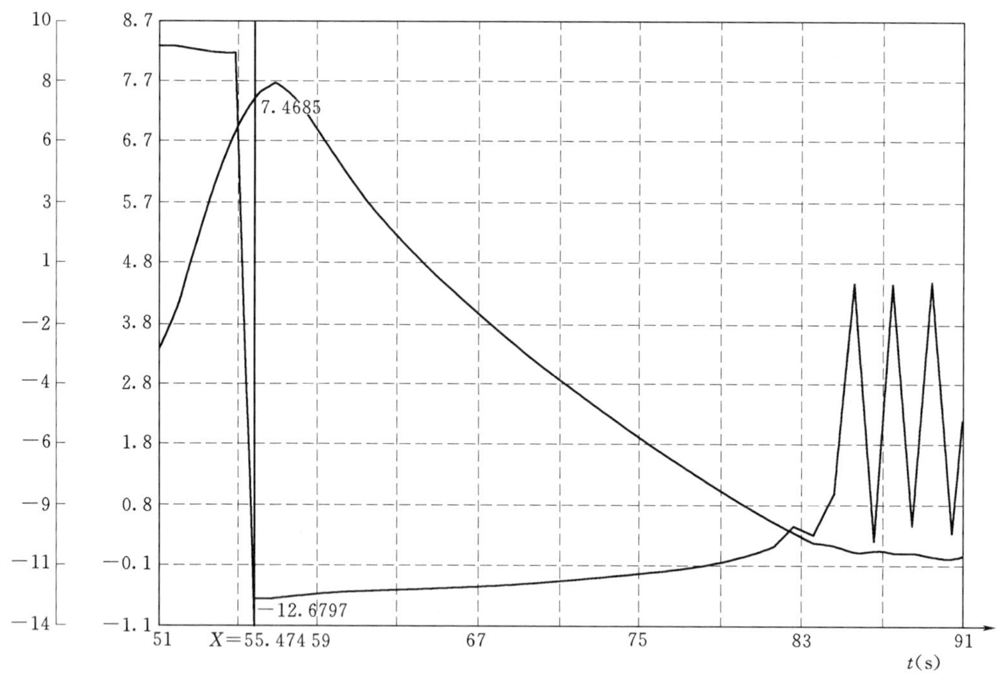

图5.1　发电机励磁电流和励磁电压曲线

从仿真图形及发电机参数可以计算出灭磁电阻吸收的能量，根据能容量并留有一定的裕量选择灭磁电阻的能容值。

从图5.1中可以计算灭磁过程中最大灭磁电压值，以此核算灭磁开关能否可靠地分断励磁电流，并将转子能量可靠地转移至灭磁电阻进行快速消耗。

5.2.8　过电压保护装置的计算及选择

1. 过电压保护装置原理接线图

过电压保护装置原理接线如图5.2所示。灭磁系统由灭磁开关和灭磁线性电阻及电子跨

接器组成，过电压保护装置设置两套非线性电阻过电压保护，开关前设置一套过电压保护，开关后设置一套过电压保护，同时灭磁电子跨接器中也设置过电压触发，以保护发电机大滑差或异步运行。

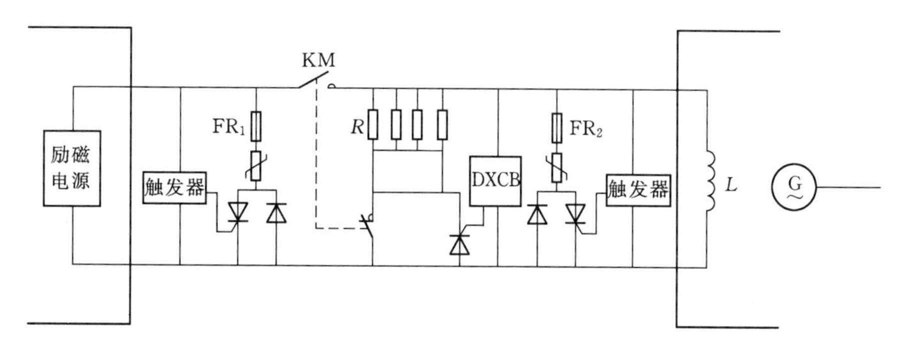

图5.2　过电压保护装置原理接线

2. 氧化锌非线性的性能及过电压保护原理

氧化锌非线性电阻的伏/安特性如图5.3所示。对于氧化锌非线性电阻，当电压较低时，流过的电流很小，电阻很大，当电压超过一定数值后，流过电流急剧上升，等效电阻急剧下降，通常用非线性数 β 表示其特性，其定义如下

$$\beta=\frac{G_o}{G_e} \tag{5.80}$$

$$G_o=I_o/U_o$$

$$G_e=dI_o/dU_o$$

式中　G_o——工作点的静态电导；

G_e——工作点的动态电导。

由定义可导出

$$U=CI\beta$$

式中　U——电阻的电压降，V；

I——电阻通过电流，A；

C——常数，即流通1A时的电压降，V。

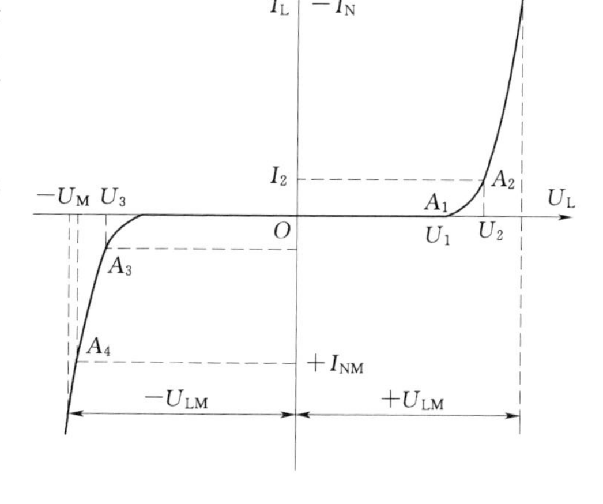

图5.3　氧化锌非线性电阻的伏/安特性

显然，$\beta(0<\beta<1)$ 值越小其压敏特性越好。若 $\beta=1$ 则为线性电阻，若 $\beta=0$ 则为压降恒定的理想压敏元件。

发电机运行中，过电压保护非线性电阻 R_{F1}、R_{F2} 原工作点在 A_1 处。如果产生过电压能量，如正向过电压，则当该能量积累使得正向过电压超过过电压动作整定值后，则 R_{F1}、R_{F2} 的控制触发回路启动，晶闸管导通非线性电阻两端所加的电压，因超过非线性电阻的压敏电压值而快速导通，消耗转子过电压能量。这时非线性电阻的工作点由原 A_1 点移至 A_2 点，当过电压能量被释放后，过电压值下降，则工作点又回复到正常工作点 A_1，这时发电机转子电压回复正常。如发生反向过电压，由非线性电阻 R_{F1}、R_{F2} 的工作点沿着伏/安特性曲线向负横轴方向移动，当反向过电压值超过 R_{F1}、R_{F2} 动作压敏电压拐点后 R_{F1}、R_{F2} 反向开通，运行工作点在 A_3，当过电压能释放完毕后，过电压降低直至消失，非线性电阻 R_{F1}、

R_{F2}的工作点又由 A_3 移回至 A_1 点，由上面的分析可知，因发电机转子过电压能量有限，只要 R_{F1}、R_{F2}能量足够大，则发电机转子的电压被有效地限制在$-U_{LM}\sim+U_{LM}$之间，这就保护了转子的绝缘。

3. 发电机转子绝缘对过压保护装置的要求

按照国标要求，当额定励磁电压小于 500V 时，发电机转子绝缘电压为 10 倍额定励磁电压，即

$$U_{fN}<500V$$

$$U_{JY}=10U_{fN} \tag{5.81}$$

即发电机磁场主回路耐压为 10 倍额定励磁电压。

按照标准要求，励磁系统运行中，磁场绕组两端过电压不得超过发电机磁场绕组绝缘电压幅值的 70%，一般设置为 50%～70%，即要求过电压保护装置动作电压设定为

$$U_{set}=(0.5\sim0.7)U_{JY}\times\sqrt{2} \tag{5.82}$$

过电压保护装置动作电压设定值要与灭磁电压及运行中峰值电压配合，发电机灭磁过电压大于运行中峰值电压，为 $1.3\times\sqrt{2}\times1.2U_2$。

综合以上考虑，设定过电压保护定值。

项目6 励磁系统典型案例分析

6.1 励磁系统故障分析及建议

宁夏××电厂采用瑞士 ABB 公司生产的 UN5000 型励磁调节器，于 2008 年 11 月 20 日发生励磁系统故障，造成发电机解列。本文就故障的过程、现场调查结果、故障原因进行分析。

6.1.1 故障经过

××电厂 2 号机组励磁调节器通道 2（备用通道）于 8 时 39 分 280 毫秒报“A137 Standby Trip（备用通道跳闸）”故障；通道 1（运行通道）于 2008 年 11 月 20 日 8 时 39 分 300 毫秒报“F35 Field Overvoltage（转子过电压）”故障，发跳闸指令跳灭磁开关。2 号机组发变组保护 C 柜励磁系统故障保护动作，发电机解列。跳闸前，励磁调节器和发变组保护装置没有任何故障或报警信息，励磁系统及机组运行正常。

6.1.2 故障原因分析

1. 故障初步判断

跳闸后，电厂技术人员对励磁系统元器件、二次回路以及电源进行了检查，未发现异常。根据通道 2“Standby Trip”故障报文比通道 1 的“Field Overvoltage”故障报文早 20 ms，初步判断通道 2 误发跳闸指令，使灭磁开关在开断较大励磁电流时引起转子过电压，造成通道 1 报转子过电压故障。由此，判定通道 2 的快速输入输出 FIO 板 U71 的开入/开出模块损坏引起通道 2 误动。最后，更换了该板件，并进行了手自动切换、通道切换、增减磁等试验后，机组并网。

2. 故障深入分析

在专业人员深入分析后，发现初步判断的结论是经不住推敲的。由于灭磁开关分闸时间大于 30 ms，从灭弧栅弧压建立到转子电流由灭磁开关转移到 SiC 灭磁电阻也需要一定的时间。在这个过程中，如果出现转子过电压，从硬件检测到装置报出转子过压故障的延时至少需要 20ms。因此，如果上述初步分析结论正确的话，两个故障报文的时间差应大于 50ms。可见初步故障判断有误。

3. 故障报文分析

(1) 通道 1 的报文“Field Overvoltage”是跳闸的故障，而通道 2 的报文“Standby Trip”只是报警的信号。所谓 Standby（备用通道）是指相对于该通道的另外一个通道。该报警信号的确切含义是指该通道检测到了另外一个通道发出的跳闸指令而发出报警信号，即通道 2 检测到了通道 1 发出的跳闸指令后发出报警信号，而通道 1 的跳闸是由于检测到转子过电压。

(2) 之所以励磁调节器显示通道 2 的报警信号先于通道 1 的跳闸出口，是因为该励磁调节器没有安装 GPS 对时系统，两个通道的系统时钟不同步。经核查知：通道 1 的“Field Overvolt age”跳闸出口比通道 2 的“Standby Trip”报警信号早 40ms。

4. 转子过压误跳分析

检查中，目视跨接器CROWBAR一次回路和霍尔传感器CUS及二次电缆，未发现异常。机组运行中，对CROWBAR主回路进行红外测温，CROWBAR主回路中的晶闸管和SiC灭磁电阻与环境温度一致，基本可以排除CROWBAR主回路有问题导致转子过压保护动作的可能性。

然后，对CROWBAR回路的泄漏电流进行了1h的连续录波，发现检测到的电流值时大时小，不稳定，在－48～－92A之间变化，并且两个通道的情况相同。查阅以前的录波图记录进行比较，发现基建调试期间，在66%励磁电流下，CROWBAR电流为－24A，且较稳定。

综合以上分析，可以初步判断是因为CROWBAR回路泄露电流值测量有误导致励磁调节器通道1误报转子过电压而跳闸。检查该测量回路时，发现通道1快速输入输出FIO U70板件的X5插座附近有一小片灼烧痕迹。U70板件的X5/X6/X7插座是励磁变压器三相绕组测温回路的接线，与埋入励磁变压器三相绕组的PT100测温元件相连。通过励磁就地控制面板发现所测的励磁变压器ABC三相绕组温度分别为－265℃，－269℃，－259℃，显然三路测温回路都已损坏，无法正常工作。

查阅相关记录显示，2号机组励磁变压器曾于2008年10月13日发生过一次故障，从高压侧B相接地故障发展为三相短路接地故障，B相故障电流峰值200kA，A相和C相故障电流峰值达到150kA，导致励磁变发生爆炸起火，温控箱脱落，PT100测温元件及连接线散落。故障发生后未及时发现励磁调节器板件有灼烧痕迹。故障处理后机组第一次开机时，技术人员发现远方起励功能不起作用，U70板件上有一处发黑。但由于并网时间要求紧迫，技术人员认为仅仅是U70板件一个开入节点损坏，决定下次停机时更换该板件，因此通过就地控制面板起励。

6.1.3　故障原因及处理

根据以上的故障情况回顾、现场检查和分析，得出故障原因为：励磁变曾因发生的短路故障导致此故障中的电气一次暂态量通过励磁变绕组测温回路窜入励磁调节器通道1的FIO板U70，使其CROWBAR回路泄露电流测量功能、励磁变测温功能以及远方起励开入结点不能正常工作。CROWBAR电流测量有误，导致超过转子过电压整定值，该保护误动，灭次开关跳闸，机组解列。由于2号机组还处于并网运行状态，采取了如下临时措施：

（1）将CROWBAR电流定值抬高到最大可整定值，尽可能防止误动。

（2）屏蔽励磁变温度监测功能，防止因励磁变温度采样有误导致励磁变温度高发生跳闸。

（3）在下一次停机时更换该U70板件。

6.1.4　建议与防范措施

针对这次故障，提出建议及防范措施，以避免同类问题出现。

（1）建议电厂安装GPS对时系统接入励磁调节器，便于技术人员进行日常维护及事故分析。

（2）励磁变测温回路的PT100测温元件是直接埋于励磁变绕组中，也就是说励磁调节器快速输入输出FIO U70板件的X5/X6/X7插座直接与一次设备连接，这对二次设备和技术人员来说都是一个重大的危险点。建议取消该回路，闭锁调节器励磁变温度监测功能。在

励磁变就地加装温控器，励磁变温度高逻辑判断由温控箱完成，将温度高报警信号和跳闸出口信号直接送至发变组非电量保护柜，作为开关输入信号，从而实现将一次设备与二次设备完全隔离，保障设备以及技术人员人身安全。

（3）在发现缺陷，还没有明确清楚该缺陷所带来的影响前，切勿盲目开机，以免机组带隐患运行而造成不必要的损失。

（4）励磁调节器内应该设有能够监测到 CROWBAR 电流变化率或励磁变温度等数据（超过正常范围）的报警信号，便于技术人员及时发现励磁系统缺陷，避免隐患扩大。

6.2　两起同步电动机无刷励磁系统故障分析与处理

无刷励磁是将交流励磁机的电枢做在转子上与发电机的转子绕圈同轴旋转，两者之间安上旋转二极管起整流作用，这样连集电环也取消了，称为无刷励磁。无刷励磁的优点是彻底取消了炭刷，减少了维护工作量，消除了炭粉污染。但是在应用的过程中，不可避免地会遇到各种各样的问题，我们以同步电动机励磁系统在运行中出现的两起故障为例，分析相应的原因、对策，希望对无刷励磁系统故障处理提供借鉴。

6.2.1　同步电动机无刷励磁系统工作原理

同步电动机无刷励磁系统基本结构如图 6.1 所示，它是由交流励磁机（旋转电枢式）、三相桥式整流电路、晶闸管及触发电路、阻容电路、稳压电路、同步电动机励磁电路等组成。其中交流励磁机（旋转电枢式）转子、三相桥式整流电路、晶闸管及触发电路、阻容电压吸收器与同步电动机的转子构成旋转整流装置，与同步电动机的转子装在同一轴上作同步旋转。

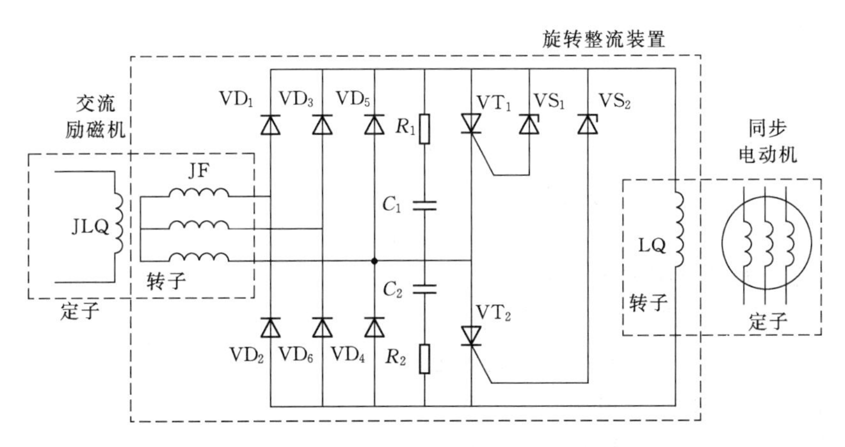

图 6.1　同步发电机无刷励磁系统电路图

工作原理如下：

（1）由直流励磁装置向交流励磁机的定子绕组 JLQ 提供直流电压，与主轴一起旋转的转子绕组 JF 发出三相交流电，该三相交流电经硅整流管 $VD_1 \sim VD_6$ 整流后转换成直流电压，最终向同步电动机的转子绕组 LQ 提供励磁电流，从而实现同步电动机的励磁。

（2）调节交流发电机定子励磁绕组 JLQ 的励磁电流，就可使励磁发电机的转子所发出的三相交流电压得到调整，从而改变同步电动机转子励磁绕组 LQ 的励磁电流。同步电动机启动或停车时的灭磁环节和同步电动机的投励环节都安装在转子上，均在旋转状态下工作。这种由励磁发电机从转子发电，整流器在旋转状态下进行整流供给同步电动机转子励磁的方式，就不再需要有静止部分和转动部分之间的相互接触导电，完全省去了电刷和滑环的接触，实现了无刷。

6.2.2　同步电动机无刷励磁系统故障分析

1. 某氢压机加载后保护停机

（1）故障现象。在一次正常停机后，再启动时发现该机空载电流由原来的 20A 增大到 50A（额定电流是 78A），稍加负载后，电流即缓慢上升，几秒钟后，因过电流而保护停机，检查负荷无问题，高压柜控制正常，增大 JLQ 励磁绕组励磁电流时，电机定子电流减小。

（2）故障分析。电机能正常启动，说明电机控制回路正常，问题可能出在励磁回路。根据同步电动机的特性，如果在欠励区，励磁电流增加，电机定子电流减小，由上述现象，得到电机工作在欠励状态，但测量 JLQ 励磁线圈电流，却为正常值 5A，所以问题有可能出在旋转整流器上。

（3）故障处理。为了确定励磁是否有故障，启动后同步机 JLQ 绕组励磁电流增大至额定值时，励磁发电机工作基本正常。打开电机盖，检查电机各绕组无变色、霉断等现象，检查无刷励磁部分，发现其稳压管 VS_1 损坏，另一个引线松动，更换后再启动，故障仍未消除。停车后，马上检查各部分发热情况，发现晶闸管 VT_2 发热稍大，拆开励磁发电机出线和主励磁引线，测量各元件，发现晶闸管 VT_2 损坏，这将会引起励磁发电机 JF 一相短路，造成主励磁电流不足，产生欠励，导致电磁转矩太小不能牵入同步，更换相同型号的晶闸管后，运行正常。

2. 某空压机启动失败

（1）故障现象。空压机同步电动机正常启动时，采取自耦变压器两级降压启动方式，在发出启动指令后，自耦变压器的接地侧断路器、母线侧断路器、70％抽头断路器先后合闸，电动机进入一级运转并加速，在 6s 时间内如果能达到 150r/min，则继续加速；当加速至 1200r/min，则按顺序 70％抽头断路器分闸，85％抽头断路器合闸，电机进入二级运转并加速；如在 50s 时间内电动机主电流下降到规定数值以下并持续时间 1s 以上，则自耦变压器的接地侧断路器、母线侧断路器、85％抽头断路器先后分闸，空压机 10kV 断路器合闸，电动机进入全电压运行并继续加速至亚同步时投入直流励磁，强制同步电动机进入同步运行，整个启动过程约 46s。在操作站发出启动指令后，电动机进入一级运转并加速正常，在进入二级运转并加速过程中，因启动时间到达规定的 50s 时限而跳机。

（2）故障分析。在排除主电源异常、机械卡阻、控制系统异常等因素后，故障原因集中在同步电动机的励磁系统上。检查发现直流励磁装置上有 2 个整流管被击穿损坏、1 个电阻器被烧毁。对此推测旋转整流装置中整流二极管发生击穿断路故障，造成电动机启动过程中转子绕组 LQ 电流通过交流励磁机的转子绕组 JF，使其定子绕组感应高电压而使励磁装置损坏。

（3）故障处理。根据上述分析，对旋转整流装置内部元件进行全面检查、测试，发现晶闸管 VT_1 击穿短路，整流二极管 VD_5 击穿断路。整流二极管 VD_5 的击穿断路，造成电动机启动过程中转子绕组 LQ 电流回路发生异常，更换相同型号的晶闸管和二极管后，运行正常。

6.2.3　结论

经过同步电动机无刷励磁系统故障的查找及分析处理，使我们认识到同步电动机无刷励磁装置，因工作时不能检查其电压、波形等参数，检查故障较为麻烦，只能从外部参数确定大概范围，再用静态测量的方法，检查其故障点，所以在日常运行过程中应注意：一是注意励磁系统的监控和检查；二是在大检修后一定要开盖详细检查，并做好紧固工作，以免元件松动造成不必要的事故；三是为防止电机工件因环境不太好造成锈蚀而引起其他故障，在检修后，应在整流器表面刷上一层绝缘漆，以保护这些元件免受环境影响而损坏。

模块2小结

同步发电机自动调节励磁器是保证发电机和电力系统安全稳定运行的自动化装置。发电机单机运行时，通过调整励磁电流可以维持机端电压稳定，并列于无穷大系统运行时，调整励磁电流可以改变发电机无功输出，并列于有限大容量系统时，调整励磁电流可以改变发电机无功输出和机端电压，这是自动励磁调节装置的基本功能。

不论何种励磁方式，通过采取技术措施，可以根据发电机电压，电流，功率因素，无功功率等参数来调节转子回路的励磁电流大小，从而控制发电机电压和无功功率。

根据励磁电源的不同类型，励磁系统可以分为三种方式：静止励磁方式、交流励磁机方式、直流励磁机方式。直流励磁方式又可分为自励和他励两种；交流励磁机方式又可分为他励交流励磁机励磁系统和自励交流励磁机系统，他励交流励磁机励磁系统又可分为交流励磁机旋转整流器励磁系统和交流励磁机静止整流器励磁系统，自励交流励磁机系统又可分为自励交流励磁机静止整流器励磁和自励交流励磁机旋转整流器励磁方式；静止励磁方式又可分为自并励方式和自复励方式。目前广泛采用静止的晶闸管励磁，无刷励磁是今后发展的一个方向。

晶闸管整流电路可分为三相半空桥式整流电路和三相全控桥式整流电路，它们输出的电压既有区别又有联系，三相全控桥式整流电路在实际应用中较多。在异常情况下，因为电路的故障的不同，输出的电压波形会有很大的差别。

发电机具有继电强行励磁、减磁功能，同时也具有低励和过励限制功能。

励磁系统的两个典型案例，充分说明理论知识和实际生产运行的密切联系，要学会用理论知识分析实际问题，通过实际问题的分析，进一步升华理论知识。

思考题

1. 同步发电机励磁系统有什么作用？

2. 并列机组如何分配无功功率？

3. 什么是逆变？与整流在原理上有什么区别？

4. 三相全控桥式整流电路输出电压波形与三相半控桥式整流电路输出电压波形有什么区别？

5. 励磁调节器具有哪几种调节方式，每种方式的特点？

6. 励磁的限制保护有哪些？各自的作用与原理是什么？

7. 半导体装置的电路中引起过电压和过电流的原因以及各自的保护方法是什么?

8. 灭磁系统的作用及灭磁原理是什么? 灭磁方式有哪些?

9. 为什么要进行强行励磁和强行减磁? 其工作原理是什么?

10. 总结项目 6 中两起励磁系统故障的原因，说明励磁系统在日常运行中应该注意的事项。

模块 3　水电站辅助设备的自动控制

【学习目标】 了解控制系统的各种信号元件和执行元件；能识读油压装置自动控制系统接线图，掌握油泵连续、断续、备用投入的工作原理；掌握技术供水和集水井排水装置自动控制电气接线图；了解油压启闭闸门自动控制原理；掌握蝴蝶阀电动操作电气接线图。

【学习重点】 技术供水和集水井排水装置自动控制电气接线图；蝴蝶阀电动操作电气接线图。

【学习难点】 蝴蝶阀电动操作电气接线图。

项目 7　辅助设备自动控制的基本理论

水电站的辅助设备主要是指提供主设备正常运行条件的油、气、水系统。其中包括水轮机进水阀及其操作系统、油系统、压缩空气系统、技术供水系统和排水系统等辅助设备。辅助设备是水电站整体的组成部分，是为了水电站和主机的运行服务而设置的。

7.1　控制系统中的自动化元件

7.1.1　自动控制的信号元件

信号元件是水电站自动化系统的基本部件，是水电生产过程实现自动化的基础。

信号元件包括转速信号器、温度信号器、压力信号器、液位信号器和液压信号器等，用于水电站运行中各种运行参数（物理量）的测量与指示。信号器是对物理量进行的测量与指示的元件，仪表是信号检测、变速、控制及指示为一体的装置。

1. 转速测量与转速信号

水电机组的转速测量对于水电机组状态检测和控制十分重要，其测量精度及其可靠性直接关系到水轮机调节的性能和水电机组运行的安全性。

转速信号器是用于测量反映机组运行状态的一个重要参数即转速 n，并能够在机组转速到达所设置的转速值发出相应的信号，用于对机组进行自动操作和保护。

齿盘测速是一种常用的水电机组测速方法，其原理是在水电机组的转轴上安装环形齿状设备（齿盘），当机组旋转时通过接近式或光电式传感器感应产生反映机组转速的脉冲信号，由计算机测量脉冲个数（或宽度）并计算获取机组转速。由于齿盘测速是一种转速的直接测量方式，其可靠性和安全性明显高于残压测速。一般采用的齿盘测速原理为频率法和周期法两种。

（1）基于频率法的转速测量。基本原理是：当机组转速变化时，在单位时间内通过传感器测量的脉冲个数也会随之而变化，如图 7.1 所示。

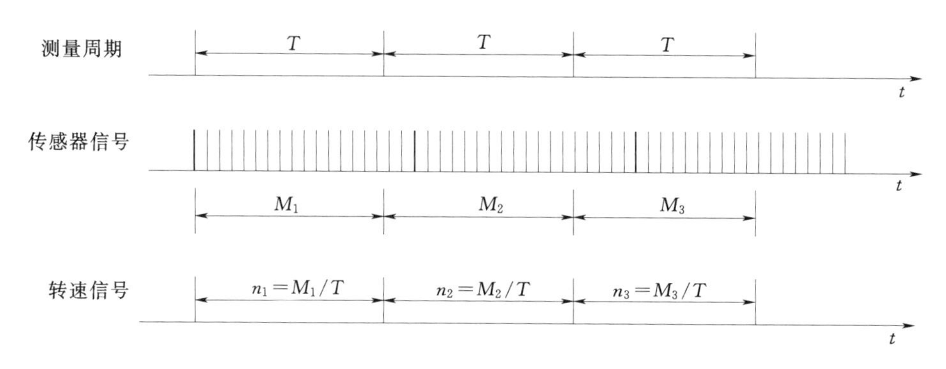

图7.1　基于频率法的转速测量原理图

设齿盘的齿数为 N；在单位时间 T 内测量通过传感器的脉冲个数为 M，则机组转速为

$$n=\frac{KM}{T}$$

式中　K——折算系数。

齿数 N 取决于对转速测量精度要求和加工工艺的限制；测量周期 T 则取决于对测量精度要求和测量速度要求的协调，T 越大，精度越高，但速度则越慢。这种方法简单、可靠，对齿盘加工的精度要求不高，并且能方便地测量机组的蠕动。但存在测量精度不高和反应速度慢的缺点。

(2) 基于周期法的转速测量。基本原理是：当水电机组的极对数为 p 时，将外径为 d 的齿盘加工成 N 个齿，其标准齿加工间距为 $D=\pi d/p$。当机组旋转时，各齿边沿通过传感器感应产生其周期依据转速变化的脉冲信号，信号周期将受机组转速和齿距 D 的影响。当通过计算机记录到第 i 个齿在第 j 圈通过传感器测量点的周期 $T[k]$，则此时机组转速为 $n[k]=D/T[k]$，如图7.2所示。

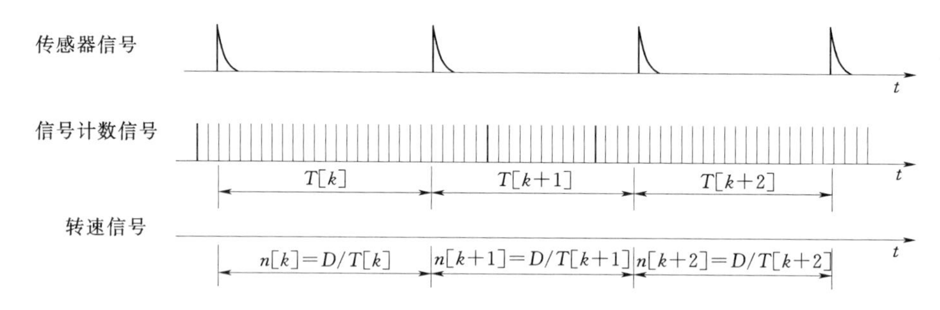

图7.2　基于周期法的转速测量原理图

由于存在着齿盘的加工精度很难保证水电机组转速测量的精度要求的困难。为了解决这一困难，通常采用齿盘测速的双传感器策略（图7.3），即沿齿盘圆周不同位置设置两个传感器，在已知两个传感器之间距离 Y 的前提下，测量齿盘中各齿通过两个传感器的时间 T_n，并由此计算机组转速 $n=kY/T_n$。这种方法是通过两个传感器来消除齿盘加工精度等引起的测量误差，以满足水电机组控制对测速精度和实时性方面的要求。

2. 温度信号器与温度传感器

在水电机组及其辅助设备中，各发热部件和摩擦表面的工作温度均有一定的限制。若温度超过这个限度，则可能引起这些部件和摩擦表面烧毁。因此，必须对发热部件和摩擦表面

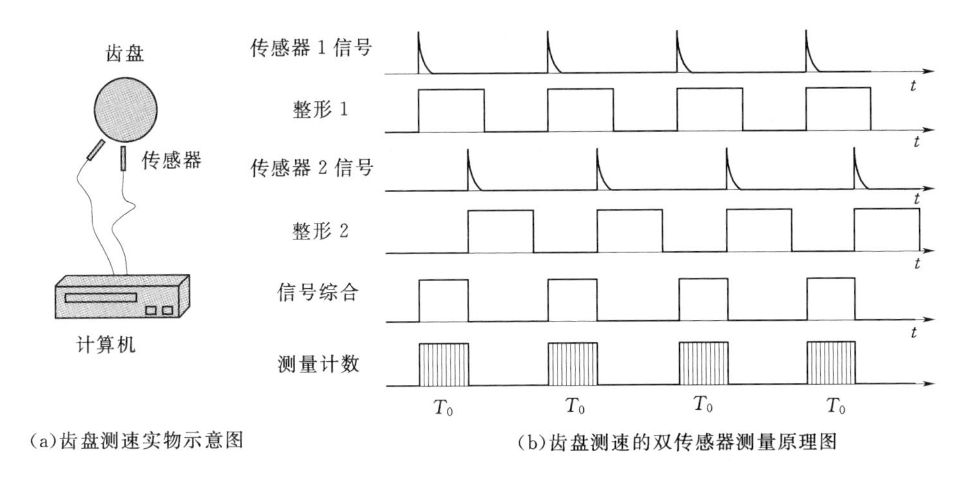

图7.3　齿盘测速的双传感器测量原理图

的工作温度进行检测。被检测的部件和摩擦表面包括水轮机导轴承、发电机推力轴承和上下导轴承的轴瓦温度；发电机线圈和铁芯的温度；集油槽内的油温和空气冷却器前后的空气温度等。当工作温度达到越限值时，温度信号器应自动发出信号。

电接点水银温度信号器。工作原理为：一定质量的水银的体积随温度的变化而变化，且水银具有导电性。以下为采用两只水银温度信号器的温度报警和保护原理图。当机组运行时，其断路器辅助接点QK闭合。如图7.4所示。

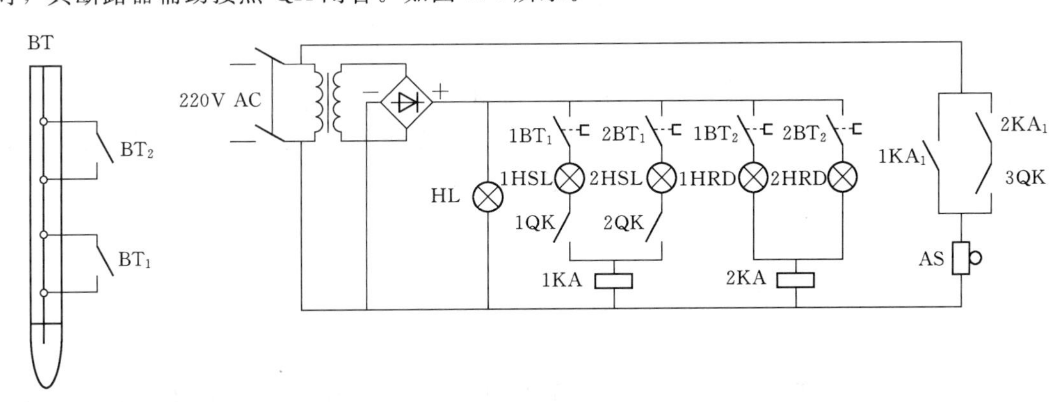

图7.4　电接点水银温度信号器原理图

BT—温度信号器；KA—电流继电器；QK—开机信号继电器；

AS—警报铃；HL—电源指示灯；HSL、HRD—信号灯

(1) 温度报警。当两只信号器中任一只的温度超过报警值（60℃）时，其接点BT_1被水银柱接通，相应的信号灯HSL亮，同时继电器1KA动作，其常开接点$1KA_1$闭合，AS发出音响信号。

(2) 温度保护。当温度达到事故值时，温度信号器的接点BT_2被水银柱接通，相应的信号灯HRD亮，同时继电器2KA动作，其常开接点$2KA_1$闭合，AS发出音响信号，另一对接点$2KA_2$则动作于事故停机，以保护机组安全。

3. 线性位移传感器

在水电机组的自动检测与控制中，经常需要测量机械位移（如主接力器行程等）。线性

位移量是指被测部件的相对位置与参考点之间距离所产生的相对变化量。

差压变压器式位移传感器是一种利用互感原理制成的位移传感器，即是一种利用线圈的互感作用将位移转换成感应电势的装置，主要由线圈和铁芯构成（图7.5）。差压变压器有三个绕组（原边 N_0，副边 N_1，N_2）。当铁芯P在线圈内左右移动时，由于磁通的变化，从而改变了原边、副边线圈之间的互感量，原边线圈受到激磁后，副边线圈所产生的感应电动势也随铁芯的位置的不同而相应改变。

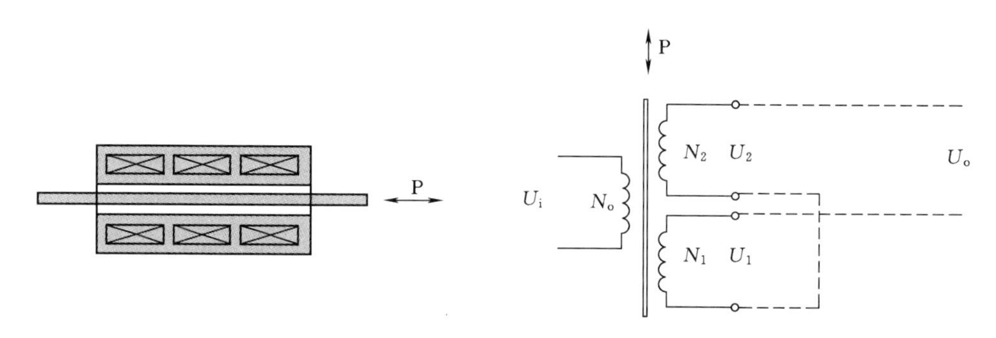

图7.5　线性位移传感器原理图

设原边受到激磁电压 Ui（交流1～3kHz等幅）的作用；两个完全相同的副边线圈 N_1 和 N_2（$N_1=N_2$）感应出电压 U_1，U_2，则差动接线的传感器输出电压 $U_O=U_2-U_1$。

（1）当铁芯处于中间位置时，副边线圈 N_1 和 N_2 通过的磁力线相等，故 $U_{10}=U_{20}$，有 $U_0=U_{20}-U_{10}$。

（2）当铁芯P向上运动时，N_1 和 N_2 的磁通均发生变化。此时，两个副边绕组所产生的感应电势不再相等：偏离铁芯 ΔX 位移的 N_1 线圈降低 ΔU，即 $U_1=U_{10}-\Delta U$；靠近铁芯 ΔX 位移的 N_1 线圈增加 ΔU，即 $U_2=U_{20}-\Delta U$。则输出电压为

$$U_0=U_2-U_1=(U_{20}+\Delta U)-(U_{10}-\Delta U)=2\Delta U$$

铁芯P反向运动时有

$$U_0=-2\Delta U$$

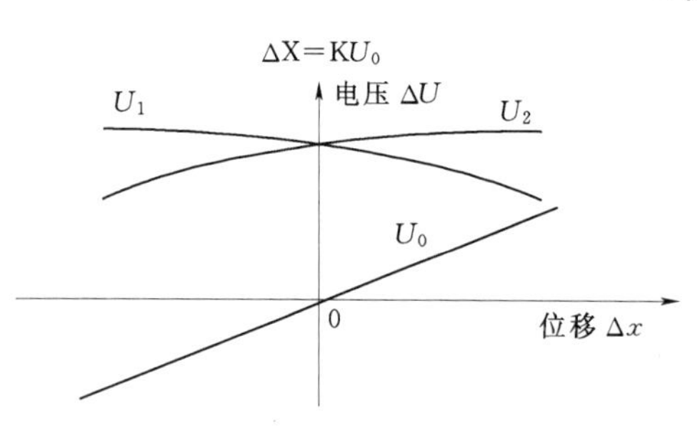

图7.6　差动变压器输出电压 U_0 波形

通过上述分析可知（图7.6）：差动变压器输出电压 U_0 的大小和方向反映了铁芯P位移的大小和方向。虽然单个线圈的感应电势（U_1，U_2）与铁芯P的不具有线性关系，但将两个线圈差动连接后，其感应电势的差值与铁芯位移就成为线性关系，即 $\Delta U=KU_0$。

4．压力传感器与压力信号器

压力信号器用于监视油、气、水系统的压力。在机组制动系统压力油槽、技术供水及气系统上均装有压力信号器，以实现对压力值的监视和自动控制。

（1）筒式压力传感器。筒式压力传感器主要由一个薄壁金属圆筒（又称弹簧管）和两对水银开关接点组成。其中弹簧管是一根中空的椭圆截面，并弯成圆形的金属管，且管的一端开口，一端不通，如图7.7所示。动作原理：被监测的气体经管开口引入管内，在压力 P

的作用下，由于管内、外侧的面积不相等，管外表面的圆周方向和轴向均产生应力，使管子的自由端移动。

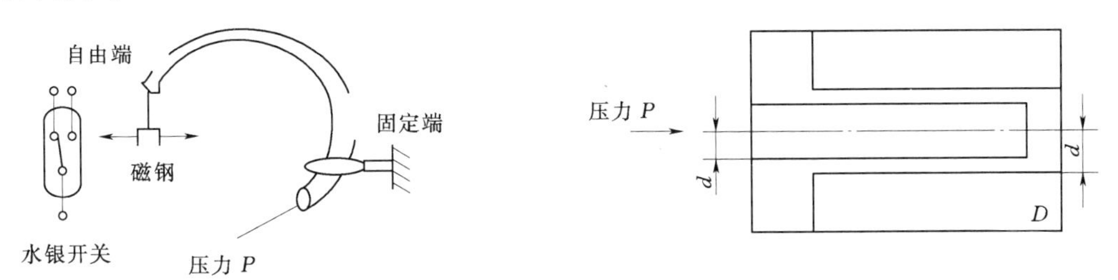

图 7.7　筒式压力传感器

在压力 P 的作用下，管子的自由端移动通过连杆传动机构带动水银开关，当被测压力 P 达到上、下限值时，水银开关断开或闭合。

（2）电接点压力信号器。这种信号器由弹簧管和相应电路组成，用于指示被测气体压力，并在压力达到上、下限值时，发出信号。双位置控制的接线原理图如图 7.8 所示。

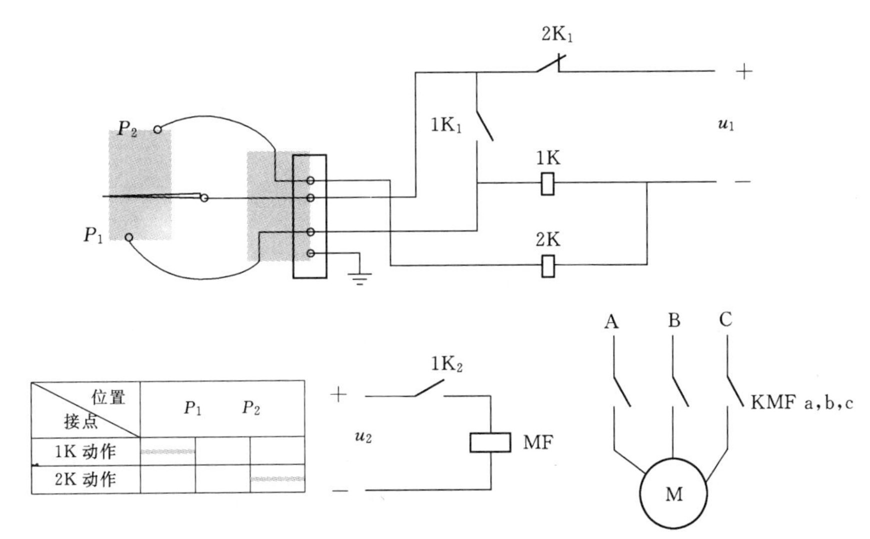

图 7.8　双位置控制的电接点压力信号器接线原理图

（3）电感式压力变速器。压力变速器是一种将被测介质的压力值转换成为电气信号的装置，用于进行压力的远距离测量、集中检测和自动记录。

电感式压力变速器主要由弹簧管和电感式位移变换器组成，其工作原理为：被测压力作用于弹性元件产生位移，然后由电感式位移变换器将位移线性地转换成为电气信号。

5. 液位信号器

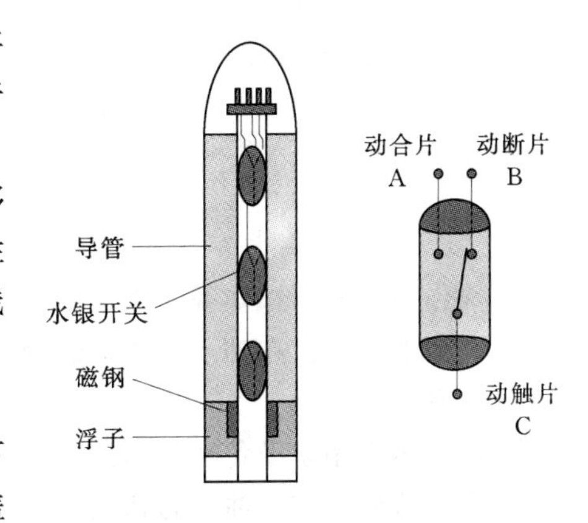

图 7.9　浮子式液位信号器

液位信号器用于监视机组推力轴承油槽、上下导轴承油槽以漏油槽的油位，并可用于对机组顶盖漏水、集水井排水及机组调相运行时转轮室等处的

液位进行监视和自动控制。

(1) 浮子式液位信号器。这种液位信号器主要由浮子、磁钢、导管和水银开关组成，如图7.9所示。当液位到达设定值时发出信号。当磁钢接近水银开关时，在磁场的作用下，动触片和静触片产生极性相反的N极和S极，结果动合片A被吸引与动触片C接通，与动断片B断开；当磁钢移开时，动触片复归。

(2) 电极式水位信号器。利用水的导电性原理工作，并靠电极监视水位的高低。图7.10所示为以电极式水位信号器构成的调相压水控制接线图。

控制压缩空气排水，以限制水位保持在 $h_1<h<h_2$。其中：2KA是调相运行接点；1KA是电流继电器，其接点闭合时，使调相供气管路上的电磁阀开启，并使 $1KA_1$ 保持。

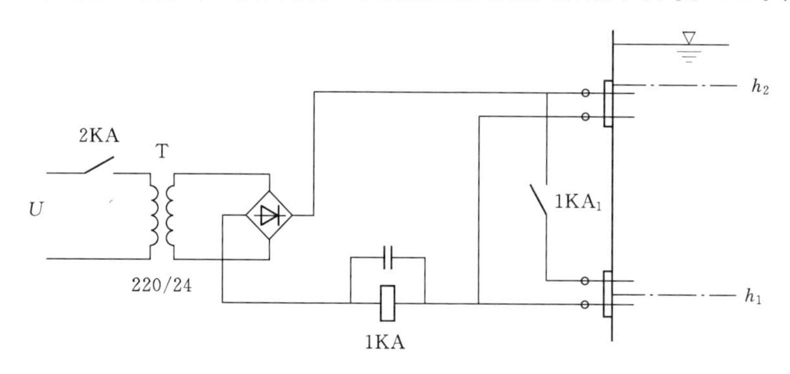

图7.10　电极式水位信号器工作原理

6. 液流信号器

用于对管道内的流体流通情况进行自动监视，当管道内流量很小或中断时，可自动发出信号，投入备用水源或作用于停机。主要用于发电机冷却水、水轮机导轴承润滑水及其冷却水的监视。冲击式示流信号器的结构如图7.11所示。

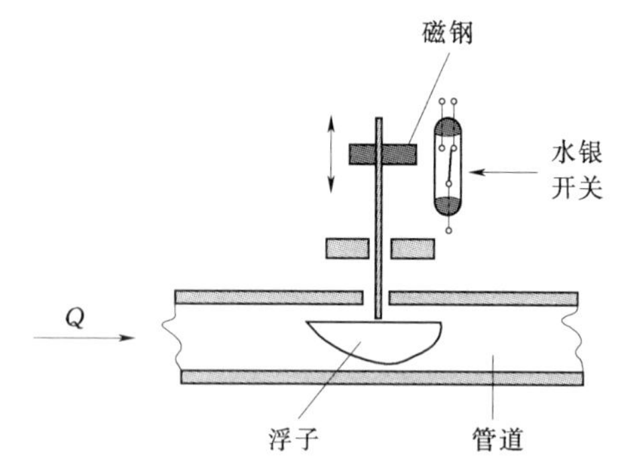

图7.11　冲击式示流信号器结构

动作原理为：有水流时，借助水流的冲击，将浮子及磁钢推动上升到一定位置，使水银开关的常闭接点断开；如果水流减少到一定程度或中断，则浮子及磁钢下降，使水银开关接点闭合，从而发出断流信号。

7. 油的作用与油混水信号器

油混水检测水轮发电机油系统中，混入回油箱或漏油箱内水的含量，当油箱内混入的水分超过一定限量时发出信号。油在水电设备运行中有润滑作用、散热作用、液压操作等作用。

(1) 润滑作用。在轴承或滑动部分间形成油膜，以润滑油内部摩擦代替干摩擦，从而减少部件的发热和磨损。

(2) 散热作用。设备转动部件因摩擦所消耗的能量转变为热量，使温度升高，对设备的功能和安全造成影响，油可起到散热作用。

(3) 液压操作。透平油可以作为传递能量的工作介质。在水电站有许多设备，如调速

器、进水阀、液压阀等都是通过高压油进行操作。

油混水信号器的工作原理：在回（漏油）箱的底部装有一对电极，利用油和水的导电率、比重不同，通过电极发出信号，如图7.12所示。

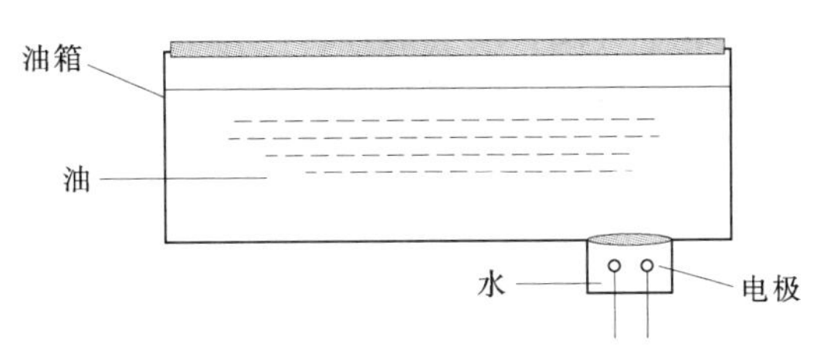

图7.12　油混水信号器

在油箱没有浸入水的情况下，电极间因为油的导电率小而不足以导通；混入水后，水因比重大而下沉，随着水量的增加，水将逐渐淹没电极，从而导致两个电极导通，形成电流回路。

8. 剪断销信号器

水轮机调速器通过主接力器及传动机构来操作导叶，当其中某（几）个导叶被卡时，用于该导叶传动的剪断销被剪断，从而不至影响处于联动情况的其他导叶的关闭。

剪断销信号器用于反映水轮机导叶连杆的剪断销事故：在正常停机过程中，如果有导叶被卡，剪断销被剪断则发出报警信号；在事故停机过程中，如果发生剪断销被剪断，则除发出报警信号外，还应作用紧急停机。

7.1.2　自动控制的执行元件

为了实现水电生产过程的自动控制，在水电站的油、气、水管路上必须装设电磁操作或液压操作的自动阀门。其中包括电磁阀、电磁空气阀、电磁配压阀和液压操作阀等，它们统称为执行元件。

1. 电磁阀

电磁阀将电气信号转换为机械动作，用以自动控制油、气、水管路阀门的开启和关闭，是自动化系统中的重要执行元件之一，常用于机组的制动、调相和冷却等操作系统的管路中。电磁阀的原理示意图如图7.13所示。

当电磁阀通电时，动铁芯受电磁力的作用向上运动，控制阀的上孔封闭，下孔打开，电磁阀的封口在压力 $P=P_1$ 的作用下开启，管路通流；当电磁阀断电时，动铁芯失去电磁力的作用向下运动，控制阀的下孔封闭，上孔打开，电磁阀的封口在压力 $P=P_2-P_1$ 的作用下关闭，管路断流。

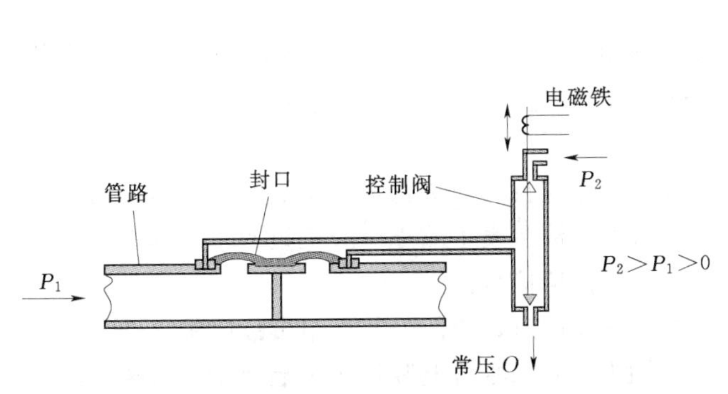

图7.13　电磁阀的原理示意图

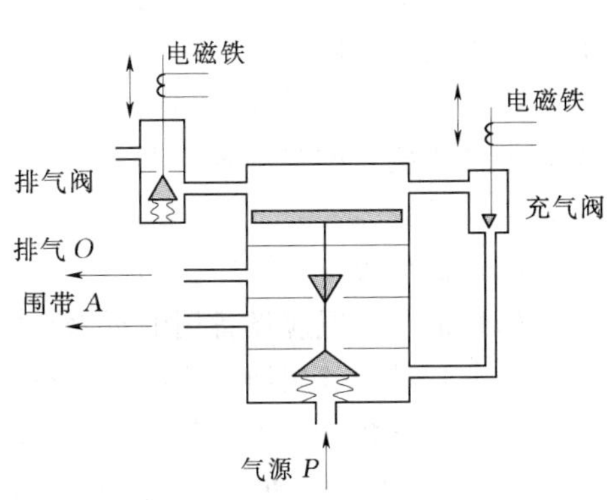

图7.14　电磁空气阀的原理示意图

2. 电磁空气阀

电磁空气阀将电气信号转换为机械动作，主要用于机组供气、制动系统和碟阀密封围带充气的低压系统，实现供气管道阀门的开启和关闭的自动控制。电磁空气阀的原理示意图如图7.14所示。

3. 电磁配压阀

电磁配压阀是一种液压中间放大的变换元件，一般与液压操作阀、油阀等组合使用，如图7.15所示。

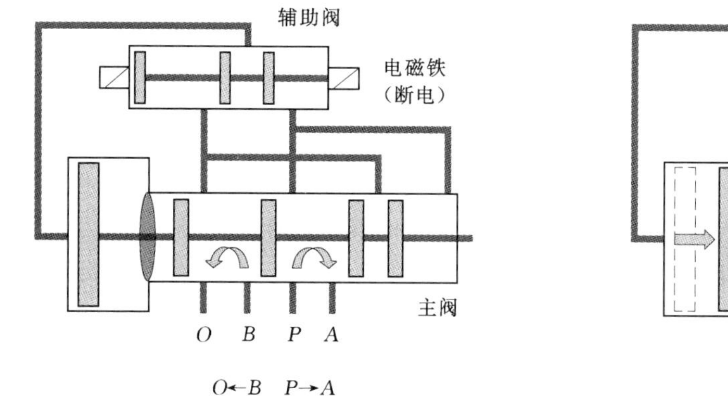

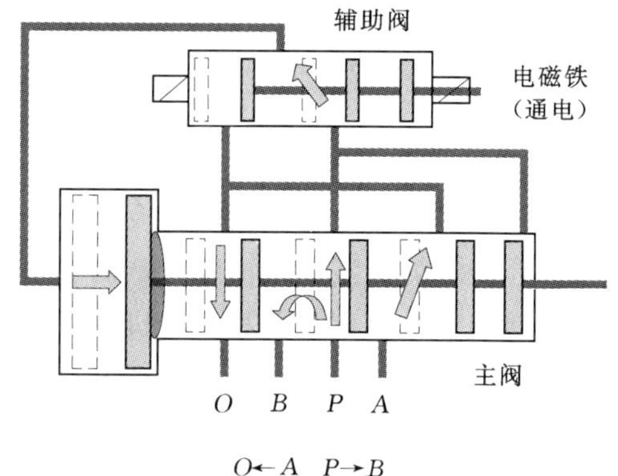

图7.15　电磁空气阀的原理示意图

7.2　辅助设备的压力控制系统

7.2.1　油压装置压油槽油压的自动控制

油压装置是水电站水力机组操作不可缺少的重要辅助设备，它产生并储存高压油，供机组操作之用，是机组启动、停机、调整负荷等操作的能源。主阀和进水口闸门液压操作系统的压力油，通常也是由油压装置供给的。

油压装置的自动控制，不论其接线如何不同，都应满足下列要求：

（1）机组在正常运行或事故情况下，均应保证有足够的压力油来操作机组及主阀，特别是在厂用电消失的情况下，应有一定的能源储备，此问题可借助选择适当的压油槽容量和适宜的操作接线来解决。

（2）不论机组是处于运行状态还是处于停机状态，油压装置都应经常处于准备工作状态，即油压装置的自动控制是独立的，是按本身预先规定的条件（油压装置中的油压和油位）自动进行的。

（3）机组操作过程中，油压装置的投入或切除应自动地进行，即不需运行人员参与。

（4）油压装置应设备用油泵电动机组，当工作油泵发生故障（或机组操作过程中大量消耗压力油）时，备用油泵应能自动投入，并发出报警信号。

（5）油压装置发生故障，油压下降至事故低油压时，应能迫使机组事故停机。

图7.16所示为油压装置的机械液压系统图。在集油槽上装设了两台油泵电动机组M_1和M_2，正常时一台工作，一台备用，采取定期交替互为备用的运行方式，这样有利于电机绕组干燥。在油泵的排油管上装有切换阀，它们是根据机械动作原理自动切换油路的，并起

安全保护作用。此外，还装有浮子信号器SL，用来监视集油槽油位。在压油槽上装有压力信号器SP_1～SP_4，用来监视压油槽的油压，并自动控制油泵电动机的起动和停止。

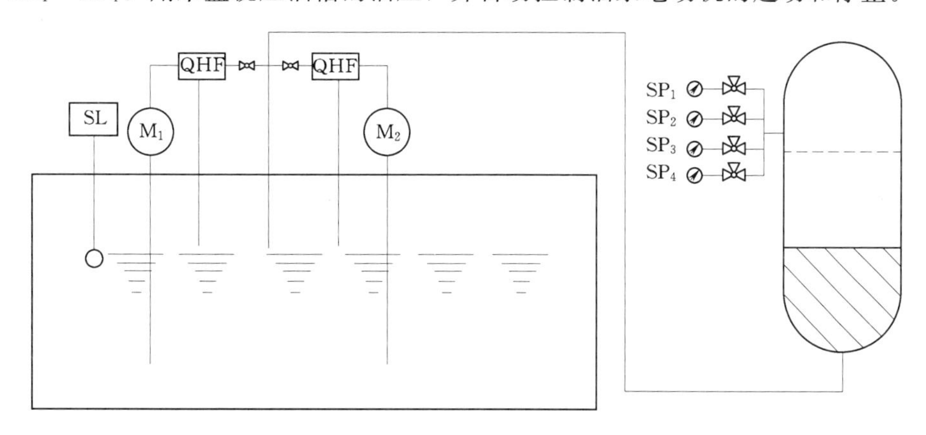

图7.16　油压装置机械液压系统图

图7.17所示为油压装置自动控制的电气接线图。从图中可见，油泵电动机可以自动操作，也可以手动操作。自动操作又可分为连续运行、断续运行和备用三种方式。所有操作都是借压力信号器1～4SL和切换开关SH_1、SH_2及磁力启动器QC_1、QC_2来实现的。这种接线方式能满足上述各方面的要求。

1. 油压装置的自动控制

若M_1为工作油泵电动机，M_2为备用油泵电动机，并据此来说明油压装置的自动控制过程。

（1）连续运行。将切换开关SH_1切换到自动位置，连接片XB_1接上，即具备了连续运行的条件。机组启动时，由T型或ST型调速器的电磁双滑动阀ESS动作，其接点ESS_1闭合，使磁力启动器的线圈QC_1励磁，其辅助常开接点QC_{1c}闭合，使油泵电动机M_1启动，向压力油槽打油。

当压力达到工作压力上限时，切换阀抬起，油泵吸起的油经抬起的切换阀排回集油槽，油泵电动机就转为空载运行。如果由于机组操作或漏油而使油压降低到切换阀的额定压力，则切换阀落下，以后的动作同前，就这样循环往复，以自动维持压油槽的油压在工作压力的上限值。

机组停机后，由于K_{ESS1}或者K_{ESS2}断开，油泵电动机便退出连续运行方式。这种运行方式消耗较多的厂用电，不经济，故我国较少采用。而日本、捷克等国采用得较多，主要是认为减少了电动机的启动次数，可延长电动机的使用寿命。

（2）断续运行。此时应将连接片XB_1断开，但切换开关SH_1仍切换到自动位置。当压油槽油压下降到工作油压下限时，压力信号器SP_4动作，其接点SP_{41}闭合使重复继电器KM_2励磁，常开触点KM_{21}闭合使QC_1励磁，并通过其辅助常开接点QC_{11}闭合而自保持，动合接点QC_{1c}闭合使油泵电动机M_1启动，油泵向压油槽打油。当油压恢复到工作压力上限时，SP_2闭合使KM_1励磁，KM_{11}断开，QC_1失磁，油泵电动机停止工作。若油压再次下降到工作油压下限值，SP_4再次闭合，以下动作同前。这样就实现了油泵电动机断续运行的自动控制。

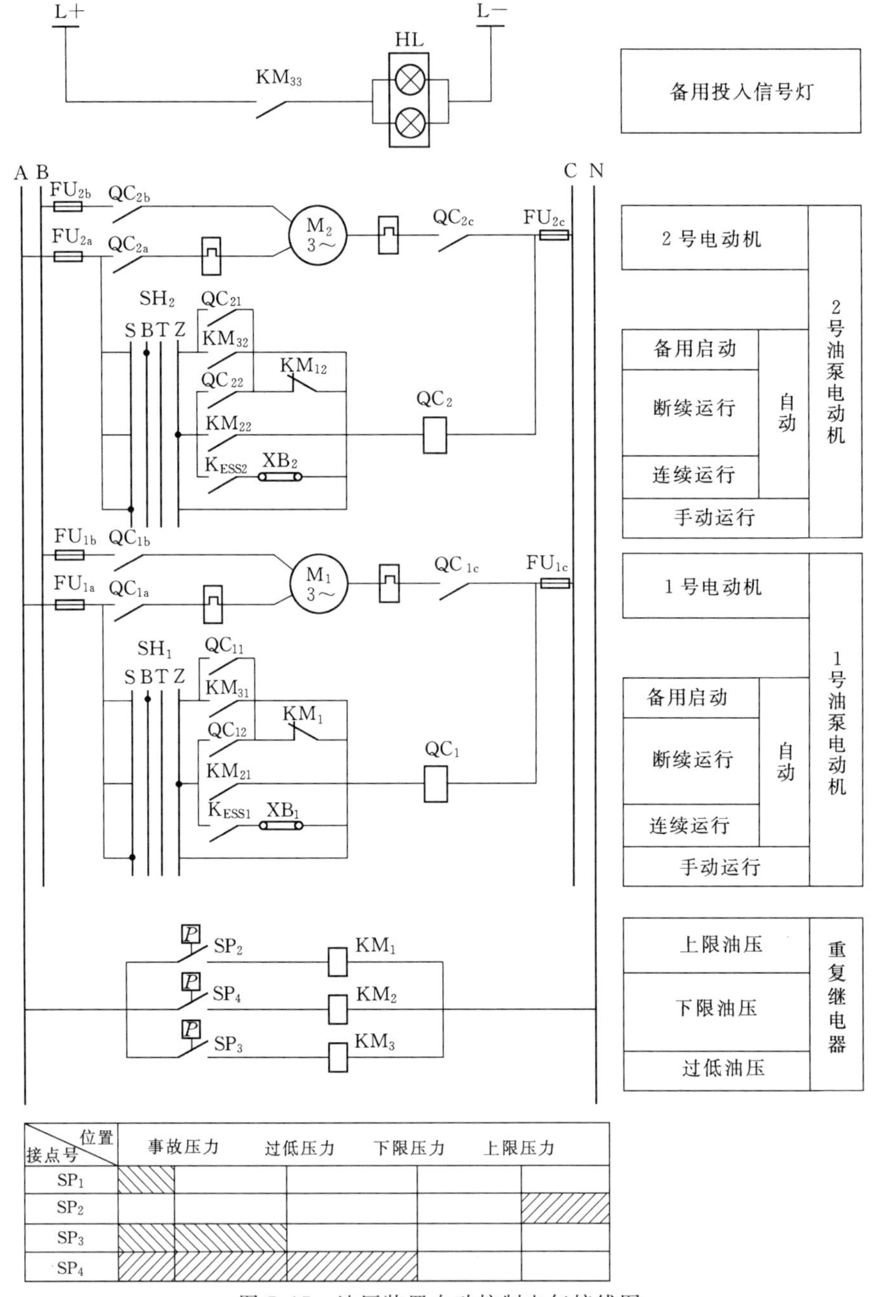

图 7.17　油压装置自动控制电气接线图

(3) 备用泵投入。备用油泵电动机在下列情况下自动投入运行。

1) 当工作油泵电动机操作回路或电动机本身发生故障时。

2) 当工作油泵或切换阀发生故障时。

3) 当机组甩负荷或管路严重漏油而使压油槽油压降低到备用油泵起动压力时。

在第 1)、2) 种情况下，应将故障部分从操作系统中切除并将其起动回路闭锁。在第 3) 种情况下，备用油泵自动投入后与工作油泵并列运行。备用油泵电动机 M_2 的启动是由 SP_3 的接点控制的，油压过低时 KM_{32} 接点闭合，使 QC_2 励磁，QC_{2c}闭合使 M_2 启动（因为 2QC

已处于备用位置)。以后的动作类似于断续运行的自动控制，不再重复。备用投入时，应同时发报警信号。

若压油槽油压事故性下降，且降低到事故停机油压时，则压力信号器 SP_{11} 接点闭合，发出事故停机命令，追使机组事故停机。

2. 手动操作

此时压油槽的油压由值班人员靠压力表监视。当发现油压降到工作压力下限值时，值班人员将切换开关 SH_1 或 SH_2 切换到手动位置，使 QC_1 或 QC_2 励磁，油泵电动机 M_1 或 M_2 启动，向压油槽打油。当油压达到工作油压上限值时，将 SH_1 或 SH_2 切换到停止位置，油泵电动机即停止工作。

3. 油压装置的自动补气

单机容量较大或机组台数较多时，为了提高水电站的自动化程度，可以采用油压装置的自动补气。自动补气由油位信号装置和压力信号器构成，如图7.18所示。当压力油槽油位上升到上限值时，油位信号器接点 PS_{11} 接通上限油位中间继电器 KM_1，使 KM_{12} 闭合；如果油压低于额定值，SP_1 亦闭合，使补气电磁阀开启线圈 YEV_0 励磁，从而打开补气阀向压油槽补气。当油压上升至额定值以上时，SP_2 将闭合（或因油位降至下限，$2BF_2$ 闭合），结果补气电磁阀关闭线圈 YEV_c 励磁，关闭补气阀。这样压油槽的油压将保持在额定压力水平上，直到油位恢复到30％～35％的压油槽容积时为止。

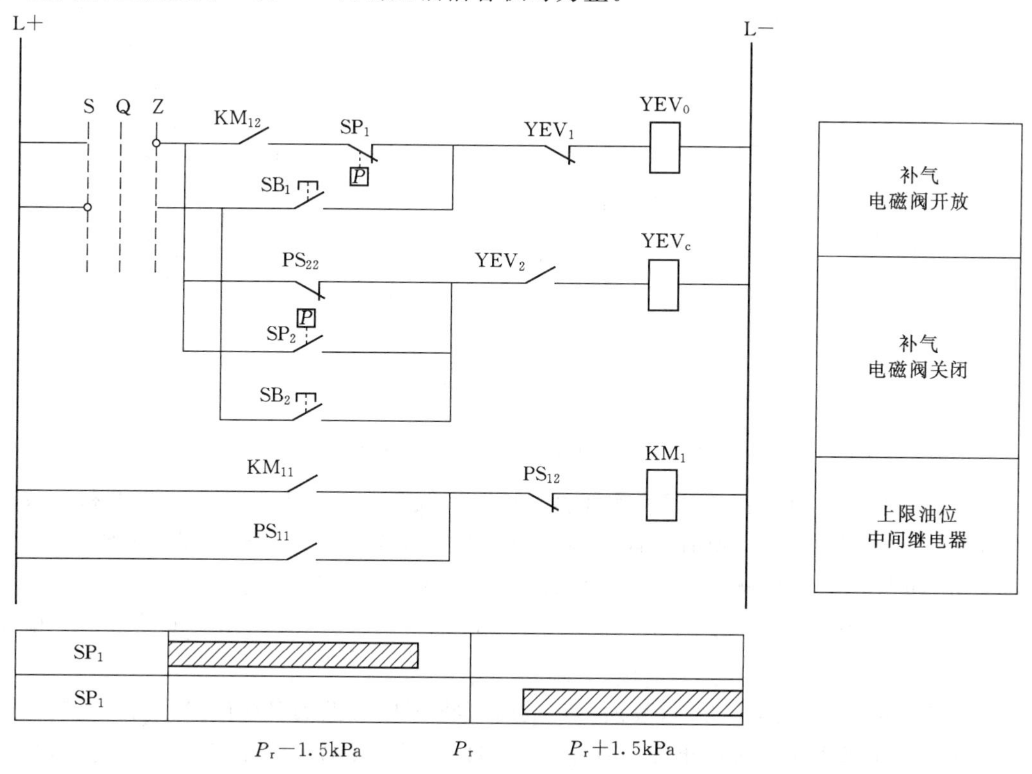

图7.18　油压装置自动补气控制回路图

P_r—额定工作压力；SP_1—上限油位压力信号器；SP_2—下限油位压力信号器

（注：S代表手动；Q代表切断；Z代表自动。）

7.2.2　空气压缩装置储气罐气压的自动控制

绝大多数水电站都实现了空气压缩装置的自动控制。一般说来，空气压缩装置的自动控制过程并不复杂，可以用较少的元件和较简单的接线来实现。

空气压缩装置的自动控制应实现如下操作：

(1) 自动向贮气罐充气，维持贮气罐的气压在规定的工作压力范围内。

(2) 在空压机启动或停止过程中，自动关闭或打开空压机的无负荷起动阀，对水冷式空压机，还需自动供给和停止冷却水。

(3) 当贮气罐的气压降低到工作压力下限时，备用压气机自动投入，并发出报警信号。

(4) 当压力过高或压气机出口温度过高时发出报警信号。

图7.19所示为水电站常用的低压气系统的机械系统图。系统中设置了两台水冷式空气压缩机，正常情况下，一台工作，一台备用。三只贮气筒中，有两只用于供调相压水和其他技术用气，另一只专门用于供机组制动用气，以保证制动气源的可靠性。为了实现自动控制，装设了四只压力信号器 SP_1、SP_2、SP_3、SP_4；两只无载启动电磁阀 YVV_1、YVV_2 以及冷却水开启、关闭电磁阀 YVD_1、YVD_2。此外，还有过热保护用的温度信号器 ST_1、ST_2。

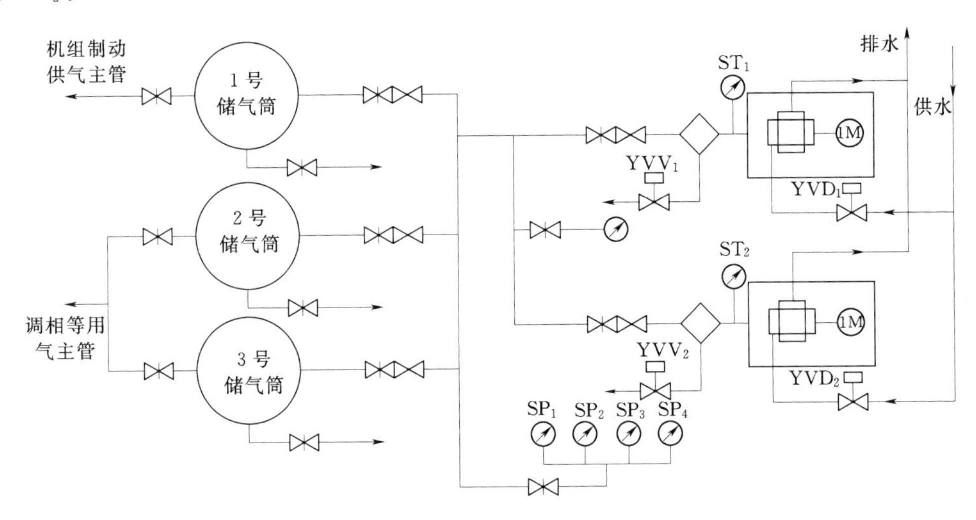

图7.19　低压空气压缩装置机械系统图

图7.20所示为低压空气压缩装置自动控制的接线图，是根据自动化的要求和机械系统图而编制的。从图中可知，所有的操作都是借助压力信号器 SP_1、SP_2、SP_3 和 SP_4，中间继电器 KM_1 和 KM_2，切换开关 SH_1、SH_2 以及磁力启动器 QC_1 和 QC_2 来实现的。有自动、备用和手动三种操作方式。现设 M_1 为工作压气电动机；M_2 为备用压气电动机，并据此说明其自动控制过程。

(1) 自动操作。如图7.20 (b) 所示，此时应将 SH_1 切换到自动位置。当贮气筒气压降低到工作压气机启动压力时，压力信号器 SP_1 动作，其接点 SP_{11} [图7.20 (b)] 闭合，重复继电器 KM_1 励磁，其接点 KM_{13} 闭合自保持；KM_{11} 闭合使磁力起动器 QC_1 励磁，其接点闭合，工作压气机的电动机 M_1 启动。QC_1 闭合使 YVD_{10} 励磁，打开冷却水电磁阀；同时 KT_1 励磁，其接点 KT_{11} 延时闭合，使无负荷启动阀关闭，线圈 YVV_{1c} 励磁，YVV_1 关闭，

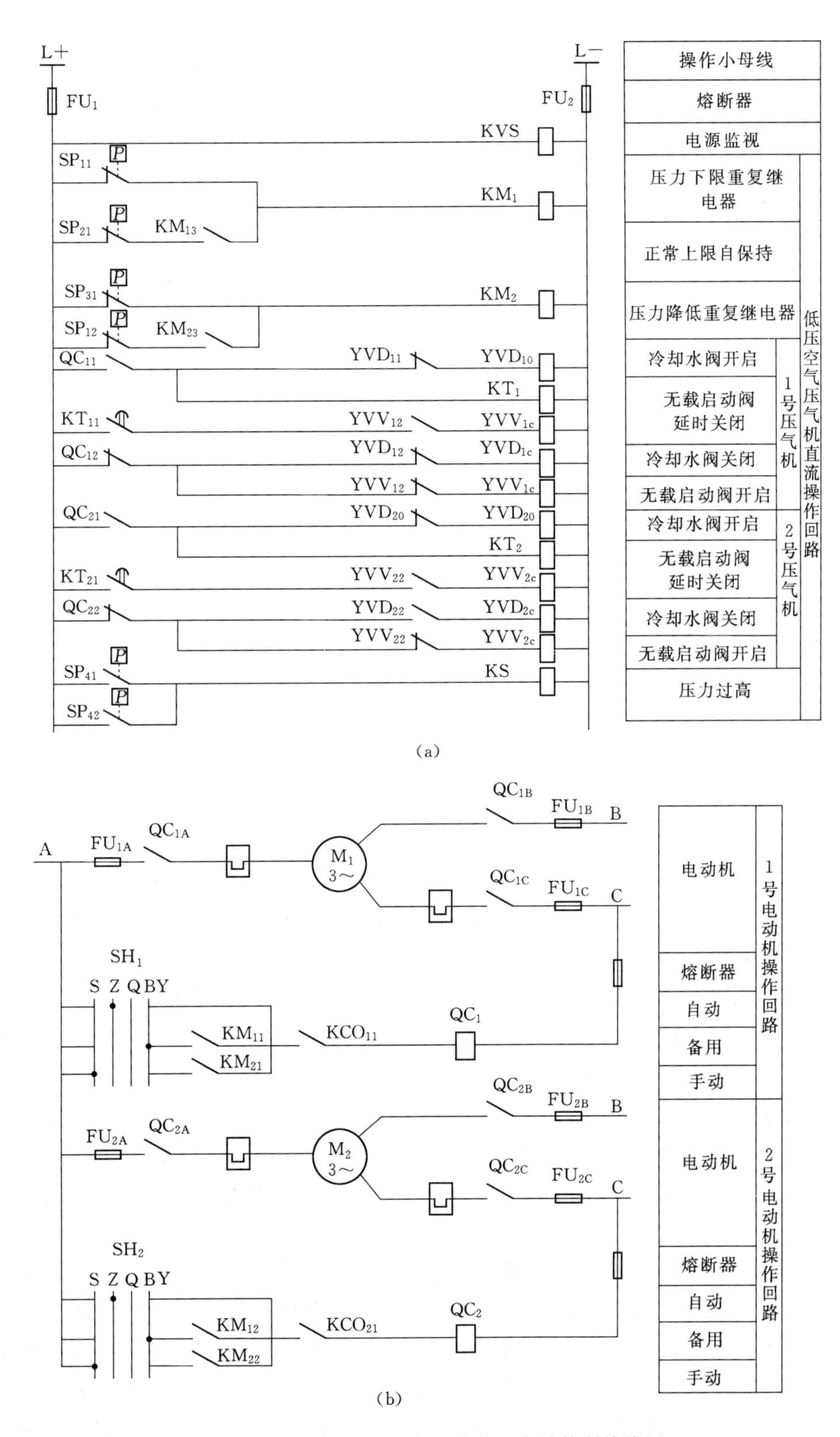

图7.20（一）　低压空气压缩装置自动控制接线图

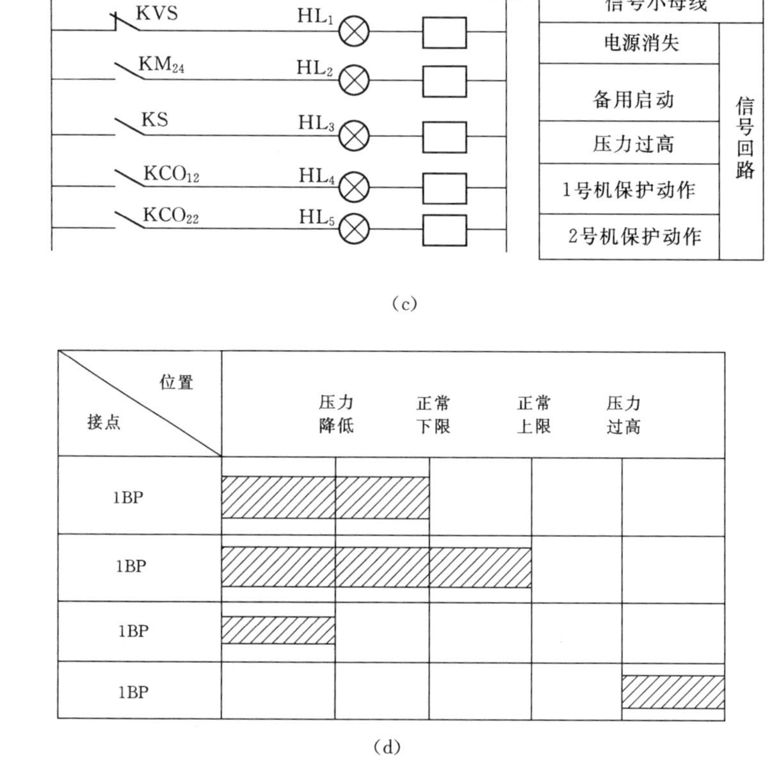

图 7.20（二）　低压空气压缩装置自动控制接线图

压气机即向贮气筒供气。当贮气筒内气压上升到额定压力时，SP_2 动作，SP_{21} 打开，使 KM_1 失磁，其接点 KM_{11} 断开使 QC_1 失磁，电动机 M_1 停止工作。同时，CQ_{12} 闭合使无负荷启动阀开启线圈 YVV_{10} 励磁，打开 YVV_1，为下次启动准备条件，并排除汽水分离器中的凝结水。此外，YVD_{1c} 励磁，以关闭冷却水电磁阀。

（2）备用投入。若贮气筒气压一直降到备用压气机启动压力值时，则由于 SP_{31} 闭合，使 KM_2 励磁，其接点 KM_{22} 闭合使备用压气机的电动机 M_2 启动。其启动和停止的控制过程与上述相同，同时发出报警信号。

（3）手动操作。此时压气机的启动和停止不是由压力信号器控制，而是由值班人员根据压力表的指示，人工进行操作。当贮气筒压力降到启动压力值时，值班人员手动将切换开关 SH_1 或 SH_2 切换到手动位置，使 QC_1 或 QC_2 励磁，以后的动作则与上述自动操作相同。

在压气机的自动控制系统中，还考虑了各种保护和信号监视，其中包括：① 备用压气机投入时，2K 闭合，2SL 信号灯亮；② 压气机排气管温度过高时，1BT 或 2BT 闭合，使 1KAS 或 2KAS 励磁，其接点 $1KAS_1$ 或 $2KAS_2$ 断开，使 1M 或 2M 停止工作，同时，由于 $1KAS_2$ 或 $2KAS_2$ 闭合，信号灯 4SL 与 5SL 亮；③ 贮气筒压力过高时，4BP 动作使信号继电器 KS 励磁，其接点 KS_1 闭合，信号灯 3SL 亮；④ 电源消失时，KMK 动作，其接点闭合 1SL 信号灯亮。

7.3　辅助设备的液位控制系统

水电站的技术供水，可以采用水泵供水或自流供水两种方式。这里所述的技术供水自动控制，是对水泵供水方式而言。采用水泵供水并设置蓄水池时，水泵电动机的控制是独立进行的，是通过反映蓄水池水位的液位信号器发出的信号进行控制的。

7.3.1　技术供水装置的自动控制

蓄水池供水装置的自动控制系统，必须实现下列操作：

（1）自动启动和停止工作水泵，维持蓄水池水位在规定的范围内。

（2）当蓄水池水位降低到启动水位时，自动启动工作水泵；当工作水泵过大或者供水量过大，蓄水池水位降低到备用启动水位时，应启动备用水泵，同时还应发出信号。

（3）当蓄水池水位上升到正常水位时，无论工作泵还是备用水泵都应自动停止运行。

不需注水且闸门不需要控制的水泵电动机组自动控制，是水电站水泵供水装置最常用的控制方式。图7.21所示为水泵供水装置自动控制的机械系统图，图中有两台卧式离心水泵，由鼠笼式电动机拖动。正常时一台工作，一台备用，可以互相切换，互为备用。水泵从压力钢管取水，并将水打到高出主厂房15～20m以上的蓄水池中，然后用供水总管引到主厂房，供给各台机组技术用水。在此情况下，水泵电动机组的控制仅仅取决于蓄水池的水位。由于水泵的工作与机组的运行不发生直接关系，故可简化水泵电动机的控制接线。此外，当厂用电消失时，蓄水池中的存水可以保证机组启动，这也是这种供水方式的一个优点。

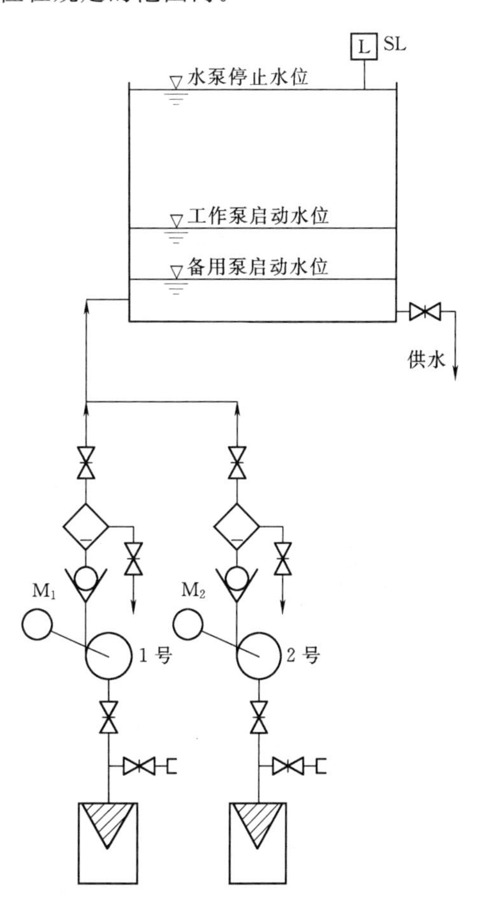

图7.21　蓄水池供水装置机械系统图

图7.22所示为水泵供水装置自动控制的电气接线。从图中可见，水泵供水装置的控制有自动、备用和手动操作三种方式。所有操作都是借助浮子信号器SL和切换开关SH_1和SH_2以及磁力启动器QC_1和QC_2来实现的。图中三个重复继电器KM_1～KM_3是用来增加接点的数量和容量的。

1. 自动操作

自动操作时应将SH_1切换到自动位置（设1M为工作，2M为备用）。当蓄水池水位下降到工作水泵启动水位时，浮子信号器接点SL闭合，使继电器KM_1励磁，其接点KM_{11}闭合，使磁力启动器QC_1励磁，从而使1号水泵电动机1M启动，向蓄水池供水，同时又通过QC_1常开触点QC_{11}实现自保持。蓄水池水位恢复到水泵停止水位时，SL的接点SL_3闭

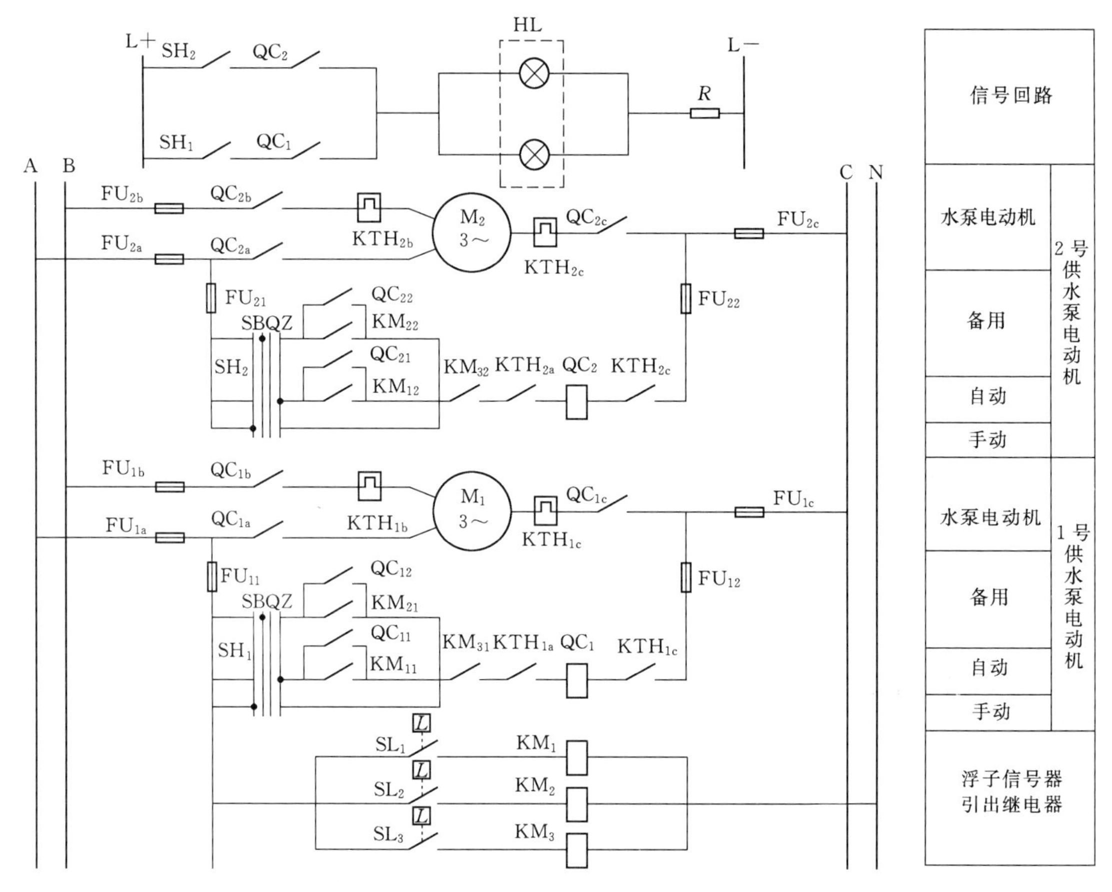

水泵供水装置浮子信号器动作图

触点 \ 水位	备用启动水位	启动水位	停泵水位	
SL_1	▨	▨		
SL_2	▨			
SL_3				▨

图 7.22　水泵供水装置自动控制电气接线图

合，使 KM_3 励磁，其动断接点 KM_{31} 打开，使 QC_1 失磁，M_1 即停止运转。如果水位再次下降，则重复上述操作过程，从而自动维持蓄水池水位在规定的范围内。

2. *备用启动*

将切换开关 SH_2 切换到备用位置。如果工作水泵发生故障，或由于其他原因使蓄水池水位下降至备用泵启动水位，则 SL 的接点 SL_2 闭合，重复继电器 KM_2 励磁，其动合接点 KM_{22} 闭合，使磁力启动器 QC_2 励磁，从而使 2 号水泵电动机 2M 启动，向蓄水池供水，并发出报警信号（SL 光字牌亮），同时通过 QC_2 常开触点 QC_{22} 自保持。蓄水池水位恢复到水泵停止水位时，SL_3 将闭合，使 KM_3 励磁，KM_{32} 打开，QC_2 失磁，水泵电动机 2M 停止运

转。隔一段时间后，可将1QC与2QC互换位置（即工作泵与备用泵互换），以利于电动机干燥。

3．手动操作

手动操作时蓄水位的变化不是靠浮子液位信号器SL来监视，而是由人工监视。当水位降低到规定值时，值班人员可将SH_1或SH_2切换到手动位置，直接使1号或2号电动机抽水；若将SH_1或SH_2切换到断开位置时，电动机停止运转。此时蓄水池水位不受液位信号器的影响。

7.3.2　集水井排水装置的自动控制

水电站的集水井排水装置，是用于排除厂房渗漏水和生产污水的。为了保证运行安全，使厂房不致潮湿和被淹，集水井排水装置应该实现自动控制。

对集水井排水装置的自动控制有如下要求：

（1）自动启动和停止工作水泵，维持集水井水位在规定的范围内。

（2）当工作泵发生故障或来水量大增，使集水井水位上升到备用泵启动水位时，应自动投入备用水泵。

（3）当备用水泵投入时，应同时发出报警信号。

集水井排水装置通常设置两台水泵（离心泵或深井泵），由异步电动机拖动。正常时一台工作，一台备用，可以互相切换，互为备用。图7.23所示为采用两台离心水泵的集水井排水装置机械系统图，水泵电动机的控制由设置在集水井的电极式水位信号器来实现。图7.24所示为集水井排水装置自动控制的电气接线，控制方式有自动、备用和手动三种。所有操作都是借助电极式水位信号器及其引出装置、切换开关SH_1、SH_2以及QC_1、QC_2来实现的。

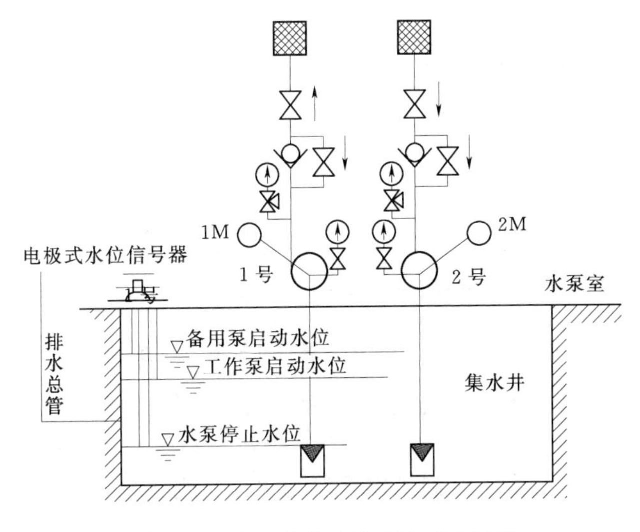

图7.23　集水井排水装置机械系统图

现以1号水泵为工作泵，2号水泵为备用泵来说明其自动控制过程。若要改变水泵的工作方式，则只要将切换开关切换到相应的位置就可实现。

1．自动操作

自动操作时切换开关SH_1切换到自动位置。当集水井水位上升到工作泵启动水位时，

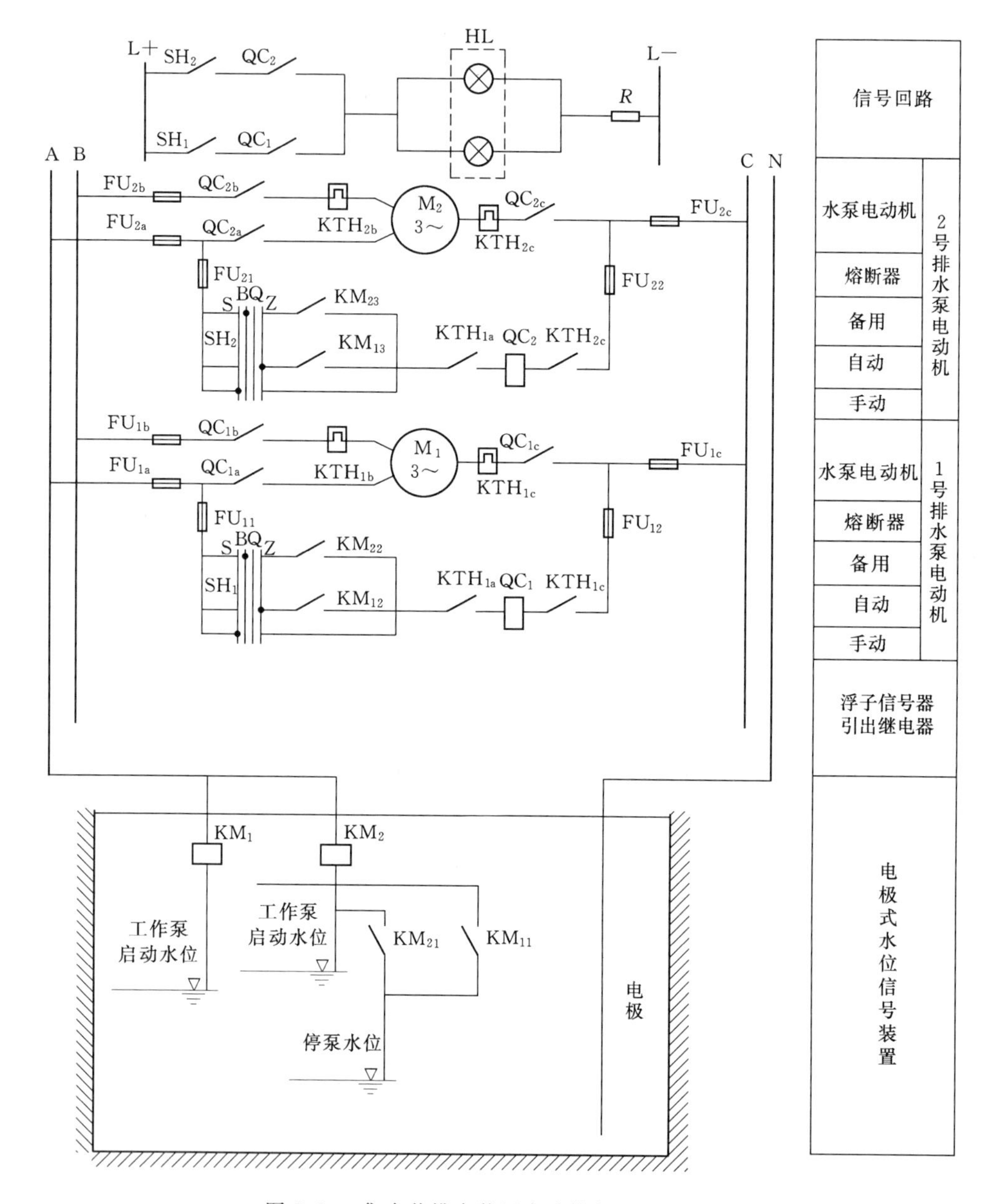

图7.24　集水井排水装置自动控制电气接线图

中间继电器 KM_1 励磁，其接点 KM_{11} 闭合自保持，KM_{12} 闭合则使 QC_1 励磁，结果使1号水泵电动机 M_1 启动排水至下游。当集水井水位下降到水泵停止水位时，KM_1 失磁，电动机 M_1 即停止运转。如果水位再次上升到工作泵启动水位，则重复上述操作过程，从而自动维持集水井水位在规定范围内。

2. 备用投入

切换开关 SH_2 切换到备用位置。当工作泵故障或来水量大增，使集水井水位上升到备用泵启动水位时，KM_2 励磁，其接点 KM_{21} 闭合自保持，KM_{23} 闭合使 QC_2 励磁，从而使2号水泵电动机启动排水，并发出报警信号。当水位下降到停泵水位时，KM_2 失磁，电动机 M_2 即停止运转。

3. 手动操作

手动操作时将切换开关 SH_1 或 SH_2 切换到手动位置，即可直接启动 QC_1 或 QC_2 励磁。水位下降到停泵水位时，再将切换开关切换到停止位置，M_1 或 M_2 即停止运转。此时，集水井水位变化不是靠水位信号器自动监视，而是由值班人员监视。

7.4　主阀和蝴蝶阀的自动控制系统

7.4.1　主阀

装设在压力水管的末端和水轮机前的蝴蝶阀、闸阀和球阀，统称为主阀。除了闸门外，主阀只有两种状态，即全开和全关。这两种阀门不能用作调节流量。当机组的转速达到额定转速的140%时的紧急事故情况下和事故停机时导水机构失灵，为了防止机组发生飞逸现象，主阀要在动水中关闭，迅速切断水流，以防事故的扩大。

下面以油压式启闭机的自动操作为例，说明进水口闸门自动控制的一般原理。它的操作必须满足下列要求：

（1）快速闸门（一般进口闸门兼作快速闸门）的正常提升和关闭，且提升时应满足充水开度的要求。

（2）机组事故时，应在两分钟内自动紧急关闭闸门。

（3）闸门全开后，若由于某种原因使闸门下降到一定位置，则应自动将闸门重新提升到全开位置。

图7.25所示为进水口闸门自动控制机械液压系统图，图7.26所示为其自动控制接线图。所有操作都是由启动阀1YV、2YV、电磁操作阀1YDV、切换开关1QC和2QC、按钮1SB和2SB、压力信号器1BP和2BP、油位信号器BF、磁力启动器1MF、2MF及油泵电动机 M_1 和 M_2 来实现的。现以1号油泵电动机 M_1 工作，2号油泵电动机 M_2 备用来说明油压式启闭机的自动控制过程。若需改变它们的工作状态，只需将1QC和2QC的“自动”和“备用”位置做调换即可。

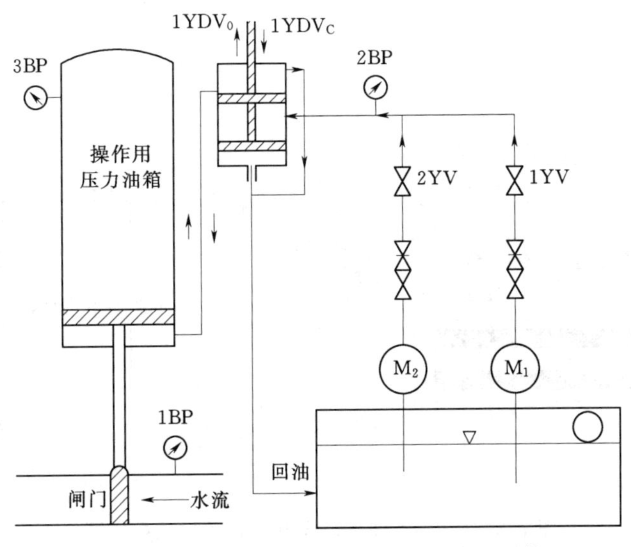

图7.25　进水口闸门自动控制机械液压系统

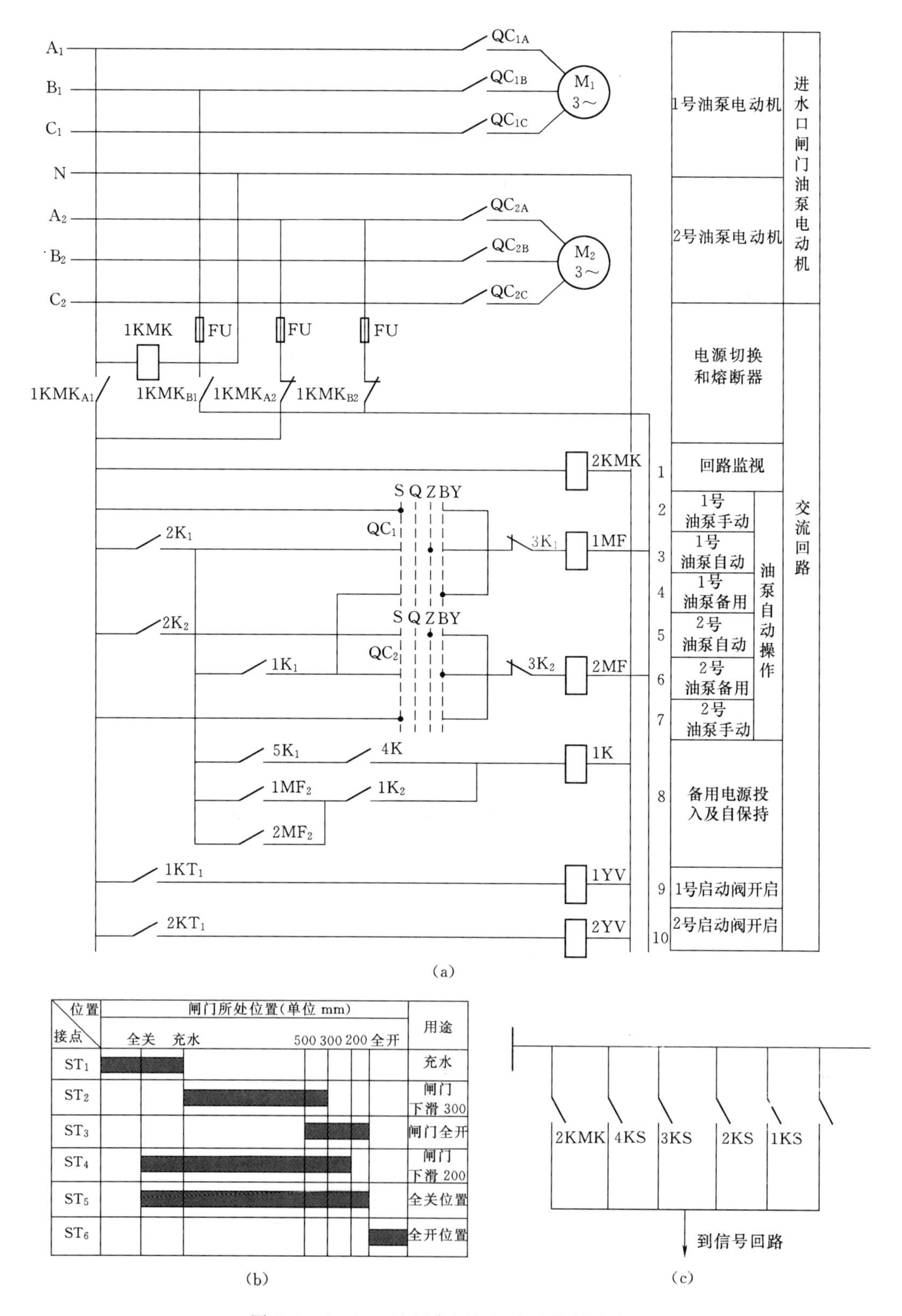

图 7.26（一） 油压启闭闸门自动控制接线图

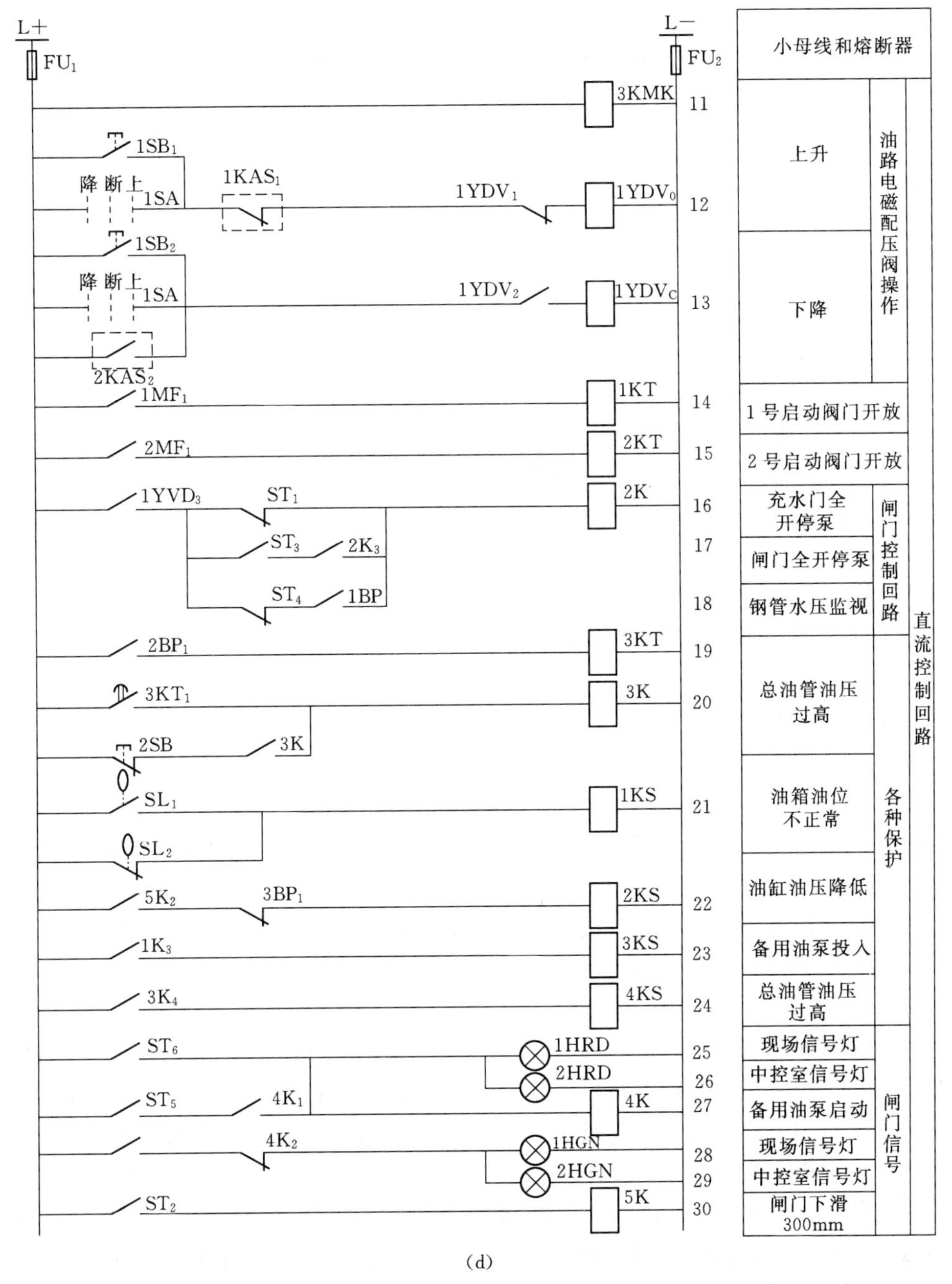

(d)

图7.26（二）　油压启闭闸门自动控制接线图

1. 闸门正常提升

提升闸门时，可以操作1SA至“上升”或按钮$1SB_1$（回路12），则电磁配压阀开启线圈$1YDV_0$（回路12）励磁，它的动合接点$1YDV_3$（回路16）闭合使2K（回路16）励磁，其动合接点$2K_1$（回路3）闭合。由于QC_1（回路3）预先已切换到自动位置，故磁力启动器1MF（回路3）励磁，1号油泵电动机1M启动，油泵开始抽油。$1MF_1$（回路14）闭合后使1KT（回路14）励磁，经过一定延时，其延时动合接点$1KT_1$（回路9）闭合，使启动阀1YV（回路9）励磁，启动阀开启，压力油进入油缸下腔使闸门开启。当闸门开到充水开度时，

行程开关接点 ST_1（回路16）打开，使2K（回路16）失磁，其接点 $2K_1$（回路3）打开使1MF（回路3）失磁，油泵即停止工作，闸门停止上升而保持在充水开度。当闸门后的引水管段充满水后，监视水压的压力信号器1BP的动合接点闭合（回路18），从而使2K（回路16）再次接通，继续提升闸门至全开位置。闸门全开后，其位置接点 ST_3（回路17）打开，使2K（回路16）失磁，其接点 $2K_1$（回路3）打开使1MF（回路3）失磁，1M停止工作。与此同时，由于闸门行程开关接点 ST_6（回路25、26）闭合，使红色信号灯1HRD、2HRD亮。

2. 闸门正常关闭

快速闸门的关闭是通过关闭油路操作电磁阀，使油缸下腔排油来实现的。为此，可操作1SA向“下降”方向或按 $1SB_2$（回路13），这样操作阀的关闭线圈 $1YDV_c$（回路13）励磁，油路操作电磁阀1YDV落下，油缸下腔排油，闸门失去油压后即靠自重下降至全关位置。闸门全关后，其行程开关接点 ST_5（回路27）断开，继电器4K（回路27）失磁，故点亮闸门全关位置绿色指示灯1GN、2GN（回路28、29）。快速闸门的开启、关闭，既可以在坝顶闸门室进行，也可以在机旁进行。以上两处均有其全开及全关信号灯。

3. 闸门紧急关闭

如果水轮机导叶或调速系统发生事故，则要求在2min内快速关闭闸门。由于电磁阀1YDV操作回路中并联有机组事故引出继电器2KAS的接点，所以当机组出现事故而2KAS励磁时，其动合接点 $2KAS_2$（回路13）闭合，使 $1YDV_c$（回路13）励磁。以后的动作与上述闸门正常关闭相同，故不再重复。

4. 闸门自降提升

闸门全开后，若由于某种原因下滑200mm时，则由于闸门行程开关接点 ST_4（回路18）闭合，使2K（回路16）励磁，其接点 $2K_1$（回路3）闭合又使1MF（回路3）励磁，1M启动，闸门将重新被提升到全开位置。如果闸门下滑超过300 mm，则其行程开关接点 ST_2（回路30）将闭合，使5K（回路30）励磁，其接点 $5K_1$（回路8）闭合使备用油泵投入继电器1K（回路8）励磁，其动合接点 $1K_1$（回路6）闭合，由于2QC（回路6）已处于备用位置，故使2MF（回路6）励磁，备用油泵电动机2M即投入工作。此时由于 $2MF_2$（回路8）和 $1K_2$（回路8）闭合，所以1K（回路8）继续励磁，起自保持作用。与此同时，2MF1（回路15）闭合后将使2KT（回路15）励磁，其接点 $2KT_1$（回路10）延时闭合即接通2YV（回路10），从而打开启动阀2YV，将闸门重新提升到全开位置。若这时油压继续下降，则油缸的油压监视压力信号器3BP将动作，其接点 $3BP_1$（回路22）闭合，使2KS励磁而发出报警信号。

如果总油管油压过高，那么压力信号器2BP将动作，其接点 $2BP_1$（回路19）闭合使3KT励磁，其延时闭合接点 $3KT_1$（回路20）闭合，又使3K（回路20）励磁，其接点 $3K_1$（回路3）或 $3K_2$（回路6）打开，使1MF（回路3）或2MF（回路6）失磁，1M或2M停转；而 $3K_4$（回路24）闭合使4KS（回路24）励磁而发出报警信号。同理，备用油泵投入时，由于 $1K_3$（回路23）闭合，使3KS（回路23）励磁，发出报警信号。油箱油位不正常时，同样发出信号，油位过高 BF_1（回路21）闭合，若油位过低则 BF_2（回路21）闭合，结果均使1KS（回路21）励磁而发出报警信号。

7.4.2　电动蝴蝶阀的自动控制系统

蝶阀只能用来切断水流，而不能用来调节流量，故只有全开或全关两种状态。蝶阀的自动控制属于二位控制，多采用终端开关作为位置信号和控制信号，控制系统并不复杂，操作

过程也较简单。如图7.27所示。

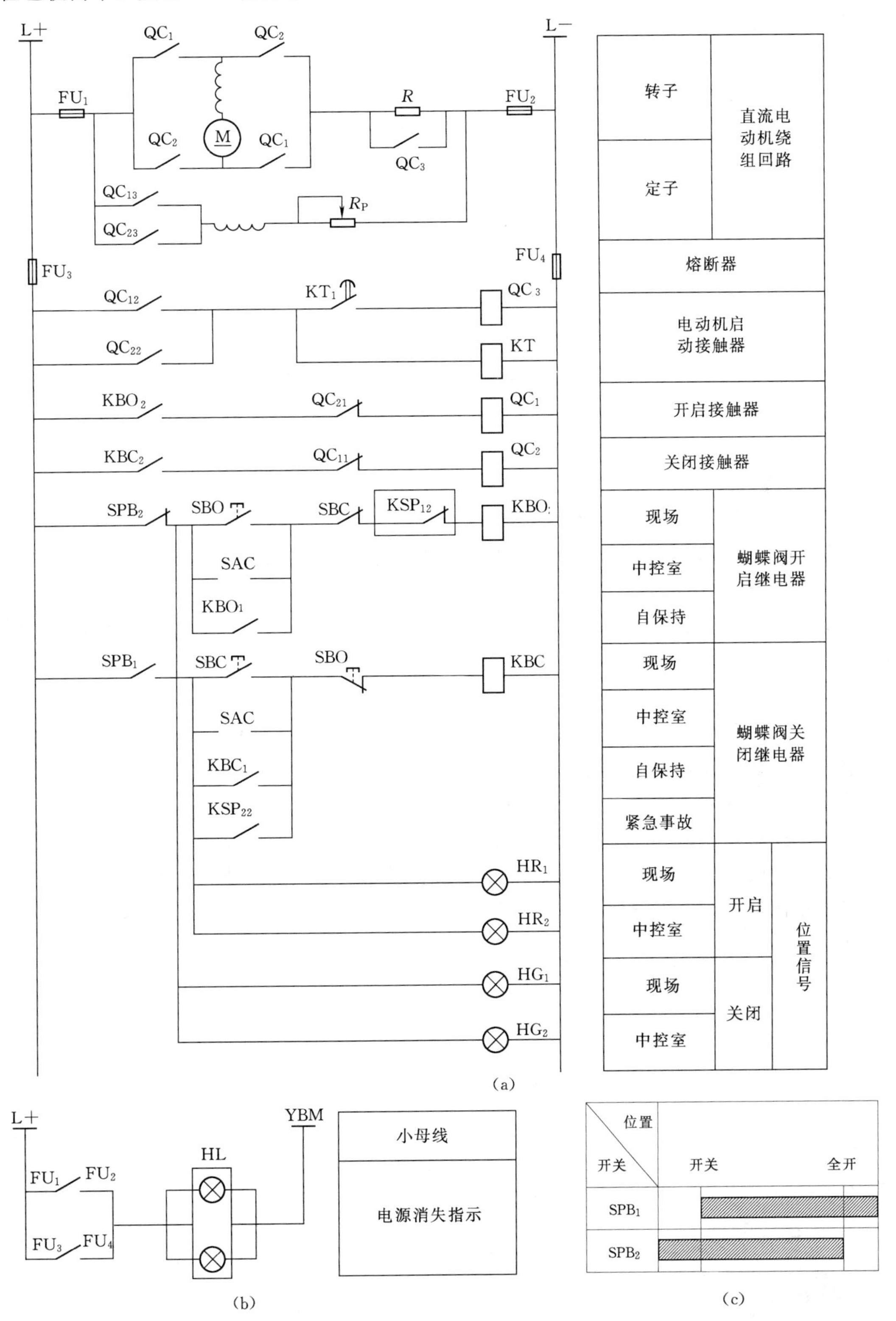

图7.27 蝴蝶阀电动操作电气接线图

1．蝴蝶阀的开启

蝴蝶阀开启前，必须具备以下条件：

（1）蝴蝶阀处于全关的位置，其行程开关SPB的SPB_2闭合。

（2）机组无事故，事故出口继电器KSP_{12}闭合。

当上述条件具备时，可通过操作控制开关SAC或按钮SB发出蝴蝶阀开启命令。开启命令发出后蝴蝶阀开启，蝴蝶阀开启继电器KBO启动，而且由其触电KBO_1自保持，并作用于下述电路。

KOB_2闭合后，磁力启动器QC_1通电，主触头QC_1闭合，电动机的转子绕组励磁；与此同时，QC_{13}闭合，电动机M的定子绕组励磁，使电动机正转，逐渐开启蝴蝶阀。QC_{12}闭合，时间继电器KT动作，待KT的延时触电闭合时，磁力启动器QC_3励磁，主触头QC_3闭合，端接电阻R，电动机加速正转，直至全开。

当蝴蝶阀全开后，其行程开关SPB_2断开，使KBO、QC_1、KT及QC_3相继断电而复位，相应的各触电断开，电动机停止转动。同时，由于行程开关SPB_1闭合，使蝴蝶阀开启位置指示灯HR_1和HR_2亮起来。

2．蝴蝶阀的关闭

直接通过操作开关SAC或者按钮SB发出蝴蝶阀关闭命令，或由紧急事故引出继电器KSP_{22}闭合联动。关闭命令发出后，蝴蝶阀关闭继电器KBC励磁，且由其触电KBC_1自保持，并作用于下述电路。

KBC_2闭合，磁力启动器QC_2励磁，主触头QC_2闭合，电动机的转子绕组励磁；同时QC_{23}闭合，电动机的定子绕组励磁，使电动机反转，逐渐关闭蝴蝶阀。QC_3闭合，短接电阻R，电动机加速反转，直至全关。

当蝴蝶阀关闭后，其行程开关SPB_1断开，使KBC、QC_2、KT及QC_3相继断电而复归，相应的各触电断开，电动机停机。

在该电气接线中，还考虑了以下保护和信号监视：

（1）常闭触点QC_{21}和QC_{11}接在励磁启动器QC_1和QC_2的回路中，起到了互相闭锁的作用，以防止磁力启动器QC_1和QC_2同时励磁，其触头将电源短路。

（2）电源消失时，因熔断器熔断而使触点FU_1、FU_2、FU_3及FU_4闭合，光字牌HL亮起来。

项目8　辅助设备控制回路的简要设计

8.1　辅助设备控制回路设计的基本理论知识

8.1.1　设计的基本原则

辅助设备控制回路简要设计的基本原则是：在最大程度满足生产设备和生产工艺对电气控制系统要求的前提下，力求运行安全、可靠、动作准确、结构简单、经济，电动机及电气元件选用合理，操作、安装、调试和维修方便。

8.1.2　设计的基本内容

1. 原理设计内容

电气原理设计是整个系统设计的核心，它是工艺设计和制定其他技术资料的依据，电气控制系统原理设计内容主要包括以下部分：

（1）拟定电气设计任务书。

（2）确定拖动方案，选择所用电动机的型号。

（3）确定系统的整体控制方案。

（4）设计并绘制电气原理图。

（5）计算主要技术参数并选择电器元件。

（6）编写元件目录清单及设计说明书，为工程技术人员的使用提供方便。

2. 工艺设计内容

工艺设计的主要目的是便于组织电气控制系统的制造，实现原理设计要求的各项技术指标，为设备的调试、维护、使用提供必要的图样资料。工艺设计的主要内容如下：

（1）根据设计原理图及所选用的电器元件，设计绘制电气控制系统的总装配图及总接线图。总装配图应能反映各电动机、执行电器、各种电器元件、操作台布置、电源及检测元件的分布状况；总接线图应能反映系统中的电器元件各部分之间的接线关系与连接方式。

（2）根据原理框图和划分的组件，对总原理图进行编号，绘制各组件原理电路图，列出各部分的元件目录表，并根据总图编号统计出各组件的进出线号。

（3）根据组件原理电路及选定的元件目录表，设计组件装配图（电器元件布置与安装图）、接线图，图中应反映各电器元件的安装方式与接线方式。这些资料是组件装配和生产管理的依据。

（4）根据组件装配要求，绘制电器安装板和非标准的电器安装零件图，标明技术要求。这些图样是机械加工和外协作加工所必需的技术资料。

（5）设计电气原理图。根据组件尺寸及安装要求确定电气柜结构与外形尺寸，设置安装支架，标明安装尺寸、面板安装方式、各组件的连接方式、通风散热以及开门方式。

在电气原理图设计中，应注意操作维护方便与造型美观。

（6）根据总原理图、总装配图及各组件原理图资料进行汇总，分别列出外购件清单，标准件清单以及主要材料消耗金额。这些是生产管理（如采购、调度、配料等）和成本核算所必须具备的技术资料。

（7）编写使用维护说明书。

8.1.3　设计步骤

辅助设备控制系统设计的基本步骤如下。

（1）拟定辅助设备控制系统设计任务书。辅助设备控制系统设计任务书是整设计的依据，任务书中除扼要说明所设计设备的型号、用途、加工工艺、动作要求、传动参数及工作条件外，还要说明以下主要技术指标及要求。

1）控制精度和生产效率的要求。

2）电气传动基本特性，如运动部件数量、用途、动作顺序、负载特性、调速指标、启动、制动方面的要求。

3）稳定性及抗干扰要求。

4）联锁条件及保护要求。

5）电源种类、电压等级。

6）目标成本及经费限额。

7）验收标准及验收方式。

8）其他要求，如设备布局、安装要求、操作台布置、照明、信号指示、报警方式等。

（2）确定拖动（传动）方案、选择电动机型号。根据零件加工精度、加工效率、生产机械的结构、运动部件的数量、运动方式、负载性质和调速等方面的要求以及投资额的大小，确定电动机的类型、数量、拖动方式，并拟定电动机的启动、运行、调速、转向、制动等控制方案。在这里，电动机的选择非常重要，选择电动机的基本原则如下。

1）电动机的机械特性应满足生产机械提出的要求，要与负载特性相适应，以保证加工过程中运行稳定并具有一定的调速范围与良好的启动、制动性能。

2）工作过程中电动机容量能得到充分利用。

3）电动机的结构形式应满足机械设计提出的安装要求，并能适应周围环境工作条件。

4）在满足设计要求的情况下、应优先考虑采用结构简单、价格便宜、使用和维护方便的三相交流异步电动机。如果生产设备的各部分之间不需要保证一定的内在联系，则可采用多台电动机分别拖动的方式，以缩短设备的传动链，提高传动效率，简化设备结构。

（3）确定控制方案。为了保证设备协调准确动作，充分发挥其效能，在确定控制方案时，应考虑以下几点：

1）确定控制方式。根据控制设备复杂程度及生产工艺精度要求的不同，可以选择几种不同的控制方式。例如：继电接触控制、顺序控制、PLC 控制、计算机联网控制等。

2）满足控制线路对电源种类、工作电压、频率等方面的要求。

3）构成自动循环。画出设备工作循环简图，确定行程开关的位置。如在电液控制时要确定电磁铁和电磁阀的通断状态，列出上述电器元件与执行动作的关系表。

4）确定控制系统的工作方法。一台设备可能有不同的工作方式，例如自动循环、手动调整、动作程序转换及控制系统中的检测等，需逐个予以实现。

5）妥善考虑联锁关系及电气保护。联锁关系及电气保护是保证设备运行、操作相互协调及正常执行的条件，所以在制定控制方案时，必须全面考虑设备运动规律和各动作的制约关系，完善保护措施。

（4）画出电气控制线路原理图。

（5）选择电器元件，制定电机和电器元件明细表。

（6）设计电气柜、操作台、电气安装板，画出电机和电器元件的总体布置图。

（7）绘制电气控制线路装配图及接线图。

（8）编写设计计算说明书和使用说明书。

8.1.4　设计方法

原理线路设计是原理设计的核心内容。在总体方案确定之后，具体设计是从电气原理图开始的，如上所述，各项设计指标是通过控制原理图来实现的，同时它又是工艺设计和编制各种技术资料的依据。电气原理图设计的基本步骤如下。

（1）根据选定的拖动方案及控制方式设计系统的原理框图，拟订出各部分的主要技术要求和主要技术参数。

（2）根据各部分要求设计出原理框图中各个部分的具体电路。设计的步骤为：主电路→控制电路→辅助电路→联锁与保护→检查、修改与完善。

（3）绘制总原理图。按系统框图结构将各部分联成一个整体。

（4）正确选用原理线路中每一个电器元件，并制订元器件目录清单。对于比较简单的控制线路，例如普通机械或非标设备的电气配套设计，可以省略前两步直接进行原理图设计和选用电器元件。但对于比较复杂的自动控制线路，生产机械或者采用微机或电子控制的专用检测与控制系统，要求有程序预选和一定的加工精度、生产效率、自动显示、各种保护、故障诊断、报警应按上述四个步骤进行设计，以保证总装调试的顺利进行。

电气原理设计的方法主要有分析设计法（又称经验设计法）和逻辑设计法两种，下面将分别介绍。

8.1.4.1　分析设计法

分析设计法指根据生产工艺的要求选择适当的基本控制环节（单元电路）或将经过考验的成熟电路按各部分的联锁条件组合起来并加以补充和修改，以综合成满足控制要求的完整线路。当找不到现成的典型环节时，可根据控制要求边分析边设计，将主令信号经过适当的组合与变换，在一定条件下得到执行元件所需要的工作信号。设计过程中，要随时增减元器件和改变触头的组合方式，以满足拖动系统的工作条件和控制要求，经过反复修改得到理想的控制线路。

分析设计法的特点是无固定的设计程序，设计方法简单，容易为初学者所掌握，对于具有一定工作经验的电气人员来说，也能较快地完成设计任务，因此在电气设计中被普遍采用。其缺点是设计方案不一定是最佳方案，当经验不足或考虑不周时会影响线路工作的可靠性。由于这种设计方法以熟练掌握各种电气控制线路的基本环节和具备一定的阅读分析电气控制线路的经验为基础，所以又称为经验设计法。

分析设计法指根据控制任务经控制系统划分为若干控制环节，参考典型控制线路设计，然后考虑各环节之间的联锁关系，经过补充、修改、综合成完整的控制线路。以下主要介绍分析设计法的基本步骤及特点。

1. 分析设计法的基本步骤

一般的生产机械电气控制电路设计包括主电路、控制电路和辅助电路等的设计。

（1）主电路的设计。主要考虑电动机的启动、点动、正反转、制动及多速电动机的调速。

(2) 控制电路的设计。主要考虑如何满足电动机的各种运转功能及生产工艺要求，包括实现加工过程自动或半自动的控制等。

(3) 辅助电路的设计。主要考虑如何完善整个控制电路的设计，包括短路、过载、零压、联锁、照明、信号、充电测试等各种保护环节。

(4) 反复审核电路是否满足设计原则。在条件允许的情况下，进行模拟试验，直至电路动作准确无误，并逐步完善整个电器控制电路的设计。在具体的设计过程中常有两种作法：

1) 根据生产机械的工艺要求，适当选用现有的典型环节。将它们有机地组合起来，并加以补充修改，综合成所需要的控制线路。

2) 在找不到现成的典型环节时，可根据工艺要求自行设计电器元件和触头，以满足给定的工作条件。

2. 分析设计的基本特点

(1) 这种方法易于掌握，使用很广，但一般不易获得最佳设计方案。

(2) 要求设计者具有一定的实际经验，在设计过程中往往会因考虑不周发生差错，影响电路的可靠性。

(3) 当线路达不到要求时，多用增加触头或电器数量的方法来加以解决，所以设计出的线路常常不是最简单经济的。

(4) 需要反复修改设计草图，设计速度较慢。

(5) 一般需要进行模拟试验。

(6) 设计程序不固定。

8.1.4.2 逻辑设计法

用分析设计法来设计继电接触式控制线路，对于同一个工艺要求往往会设计出各种不同结构的控制线路，并且较难获得最简单的线路结构。通过多年的实践和总结，工程技术人员发现，继电器控制线路中的各种输入信号和输出信号通常只有两种状态：通电和断电。而早期的控制系统基本上是针对顺序动作而进行的设计，于是提出了逻辑设计的思想。

逻辑设计法就是从系统的工艺过程出发，将控制线路中的接触器、继电器线圈的通电与断电，触头的闭合与断开，以及主令元件的接通与断开等看成逻辑变量，并将这些逻辑变量关系表示为逻辑函数关系式，再运用逻辑函数基本公式和运算规律对逻辑函数式进行化简，然后按化简后的逻辑函数式画出相应的电路结构图，使之成为“与”、“或”、“非”的最简关系式，根据最简式画出相应的电路结构图，最后再做进一步的检查和完善，得到所需的控制线路。

1. 继电接触式控制线路中逻辑变量的处理

一般在控制线路中，电器的线圈或触头的工作存在着两个物理状态。对于接触器、继电器的线圈是通电与断电；对于触头是闭合与断开。在继电接触式控制线路中，每一个接触器或继电器的线圈、触头以及控制按钮的触头都相当于一个逻辑变量，它们都具有两个对立的物理状态，故可采用逻辑“0”和逻辑“1”来表示。任何一个逻辑问题中，“0”状态和“1”状态所代表的意义必须做出明确的规定，在继电接触式控制线路逻辑设计中规定如下：

(1) 对于继电器、接触器、电磁铁、电磁阀、电磁离合器等元件的线圈，通常规定通电为“1”状态，失电则规定为“0”状态。

(2) 对于按钮、行程开关元件，规定压下时为“1”状态，复位时为“0”状态。

（3）对于元件的触头，规定触头闭合状态为“1”状态，触头断开状态为“0”状态。分析继电器、接触器控制电路时，元件状态常以线圈通电或断电来判定。该元件线圈通电时，其本身的常开触头（动合触头）闭合，而其本身的常闭触头（动断触头）断开。因此，为了清楚地反映元件状态，元件的线圈和其常开触头的状态用同一字符来表示，而其常闭触头的状态用该字符的“非”来表示。例如，对于接触器 KM_1 来说，其常开触头状态用 KM_{10} 表示，其常闭触头的状态用则用 KM_{11} 表示。

2. 继电接触式控制线路中的基本逻辑运算

继电接触式控制线路中的基本逻辑运算可以概括为三种：与、或、非。下面对这三种基本逻辑运算做详细分析。

（1）继电接触式控制线路中的逻辑“与”。如图 8.1 所示，用逻辑“与”来解释，只有当 K_1 和 K_2 两个触头全部闭合即都为“1”态时，接触器线圈 KM 才能通电为“1”态。如果 K_1 和 K_2 两个触头中有其中任一个触头断开，则线圈 KM 就断电。所以电路中触头串联形式是逻辑“与”的关系。逻辑“与”的逻辑函数式为

$$f(KM)=K_1+K_2 \tag{8.1}$$

式（8.1）中，K_1 和 K_2 均称为逻辑输入变量（自变量），而 KM 称为逻辑输出变量。

（2）逻辑“或”。如图 8.2 所示，用逻辑“或”来解释，当触头 K_1 和 K_2 任意一个闭合时，则线圈 KM 通电即为“1”态，只有当触头 K_1 和 K_2 都断开时，线圈 KM 断电即为“0”态。逻辑“或”的逻辑函数式为

$$f(KM)=K_1+K_2 \tag{8.2}$$

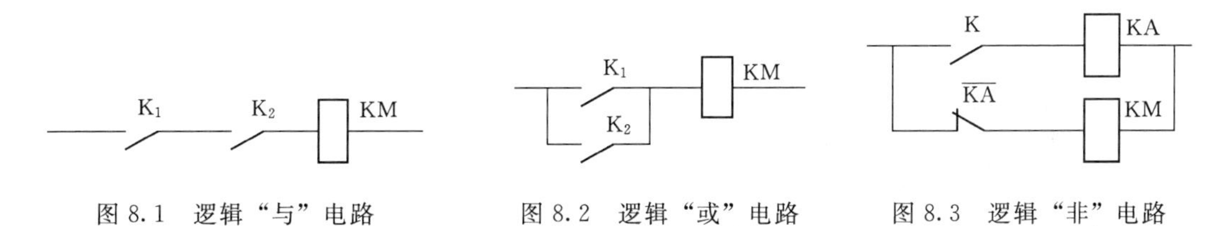

图 8.1　逻辑“与”电路　　图 8.2　逻辑“或”电路　　图 8.3　逻辑“非”电路

（3）逻辑“非”。逻辑“非”也称逻辑“求反”。图 8.3 所示元件状态 KA 的常闭触头 KA 与触发器 KM 线圈状态的控制是逻辑非关系。其逻辑函数式为

$$f(KM)=KA \tag{8.3}$$

当开关 K 合上，常闭触头 KA 的状态为“0”，则 $KM=0$，线圈不通电，KM 为“0”状态；当 K 打开，$KA=1$，则 $KM=1$，线圈通电，接触器闭合，KM 为“1”状态。在任何控制线路中，控制对象与控制条件之间都可以用逻辑函数式来表达，所以逻辑法不仅用于线路设计，也可以用于线路简化和读图分析。

3. 逻辑设计法的一般步骤

逻辑设计法一般包括以下 5 个步骤：

（1）按工艺要求作出工作循环图。

（2）按工作循环图画出主令元件、检测元件和执行元件等的状态波形图。

（3）根据状态波形图，列写执行元件（输出元件）的逻辑函数式。

（4）根据逻辑函数式画出电路结构图。

（5）进一步检查、化简和完善电路，增加必要的联锁、保护等辅助环节。

4．逻辑电路的设计方法

逻辑电路的设计有组合逻辑电路设计和时序逻辑电路设计两种方法。下面将分别介绍这两种设计方法。

（1）组合逻辑电路的设计。组合逻辑电路是指执行元件的输出状态只与同一时刻控制元件的状态有关，输入、输出呈单方向关系，即只能由输入量影响输出量，而输出量对输入量无影响。以下以冲床的控制过程为例来说明如何进行组合逻辑电路的设计。

1）冲床的控制要求。为了保护冲床操作者的人身安全，采用在两地有两个人同时控制才能启动冲床的方案，如图8.4所示。线路中使用三个按钮，分别为SB_1、SB_2、SB_3，控制冲床电机的接触器线圈为KM，同时按下SB_1、SB_2或同时按下SB_2、SB_3时，KM接通，其余情况下KM均不通电。

2）组合逻辑电路的设计步骤。①根据功能与要求列出元件状态表，见表8.1。②列出逻辑变量和输出变量的逻辑代数式并化简。③根据逻辑代数式绘制控制电路，如图8.4所示。④检查、完善所设计的线路。主要检查是否存在寄生电路及触头竞争，然后绘制主电路并加入必要的保护环节。

表8.1　　冲床的元件状态表

SB_1	SB_2	SB_3	$f(KM)$
0	0	0	0
1	0	0	0
0	1	0	0
0	0	1	0
1	1	0	1
0	1	1	1
1	0	1	0
1	1	1	0

尽管逻辑设计法较复杂，但其化简电路的过程容易实现。例如要求化简图8.5（a）所示的控制电路，先列出图8.5（a）所示电路的逻辑代数式为

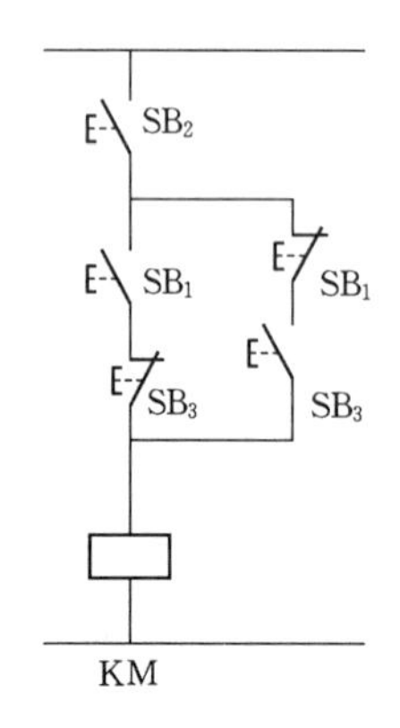

图8.4　冲床的控制电路

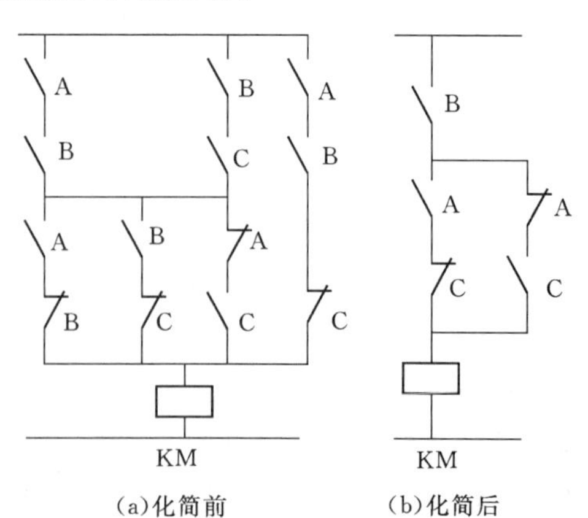

图8.5　化简电路

$$f(KM)=(AB+BC)(AB+BC+AC)+ABC \tag{8.4}$$

然后根据逻辑代数基本运算法则化简上面的代数式为

$$f(KM)=ABC+ABC=B(AC+AC) \tag{8.5}$$

化简后的控制电路如图 8.5（b）所示。

组合逻辑设计方法简单，所以作为经验设计法的辅助和补充，用于简单控制电路的设计，或对某些局部电路进行简化。

（2）时序逻辑电路的设计。时序逻辑电路的特点是输出状态不仅与同一时刻的输入状态有关，而且还与输出量的原有状态及其组合顺序有关，即输出量通过反馈作用，对输入状态产生影响。这种逻辑电路设计要设置中间近 40 个元件（如中间继电器等）记忆输入信号的变化，以达到各程序两两区分的目的。其设计过程比较复杂，基本步骤如下。

1）根据拖动要求，先设计主电路，明确各电动机及执行元件的控制要求，并选择产生控制信号（包括主令信号与检测信号）的主令元件（如按钮、控制开关、主令控制器等）和检测元件（如行程开关、压力继电器、速度继电器、过电流继电器等）。

2）根据工艺要求作出工作循环图，并列出主令元件、检测元件及执行元件的状态表，写出各状态的特征码（一个以二进制数表示一组状态的代码）。

3）为区分所有状态（重复特征码）而增设必要的中间记忆元件（中间继电器）。

4）根据已区分的各种状态的特征码，写出各执行元件（输出）与中间继电器、主令元件及检测元件（逻辑变量）间的逻辑关系式。

5）化简逻辑式，据此绘出相应控制线路。

6）检查并完善设计线路。

由于这种设计方法难度较大，整个设计过程较复杂，还要涉及一些新概念，因此，在一般常规设计中，很少单独采用。

采用逻辑设计法能获得理想、经济的方案，所需元件数量少，各电器元件都能充分发挥作用，当给定条件变化时，能找出电路变化的内在规律，尤其在复杂电路的设计中更能显示其优越性。

8.2　单台供水泵的常规控制和 PLC 控制

8.2.1　单台水泵的常规控制

图 8.6 所示为单台供水泵的常规控制的电气回路，回路中设置了断路器、隔离开关和热继电器。

图 8.7 所示为单台供水泵的常规控制回路图，转换开关 SA 有手动、自动和停止三个状态。当水位降低到低水位时，SL_1 的触点 3 和 4 闭合，KA_1 通电，其触点 KA_1 闭合，KM 带电，其触点 KM 闭合起到自保持作用，水泵启动运行，同时运行指示红灯点亮。当水位达到高水位时，SL_1 的触点 3 和 4 断开，KA_1 失电，其触点 KA_1 断开，KM 失电，水泵停止运行。

当水位达到超高水位时，SL_2 的触点 3 和 2 闭合，KA_2 带电，其触点 KA_2 断开，KM 失电，水泵停止运行，并发出报警信号。

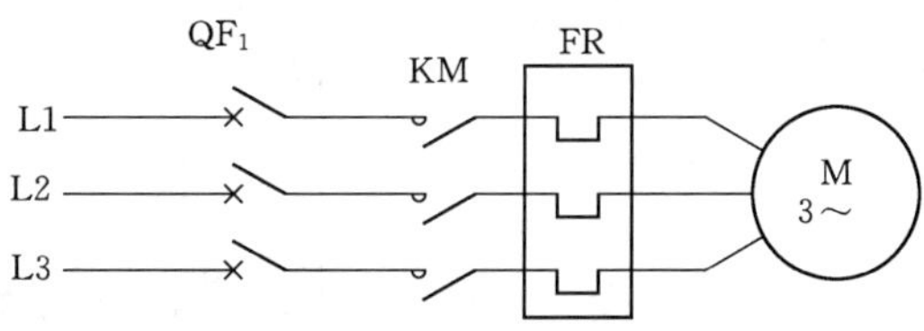

图 8.6　单台供水泵的常规控制（电气主回路）

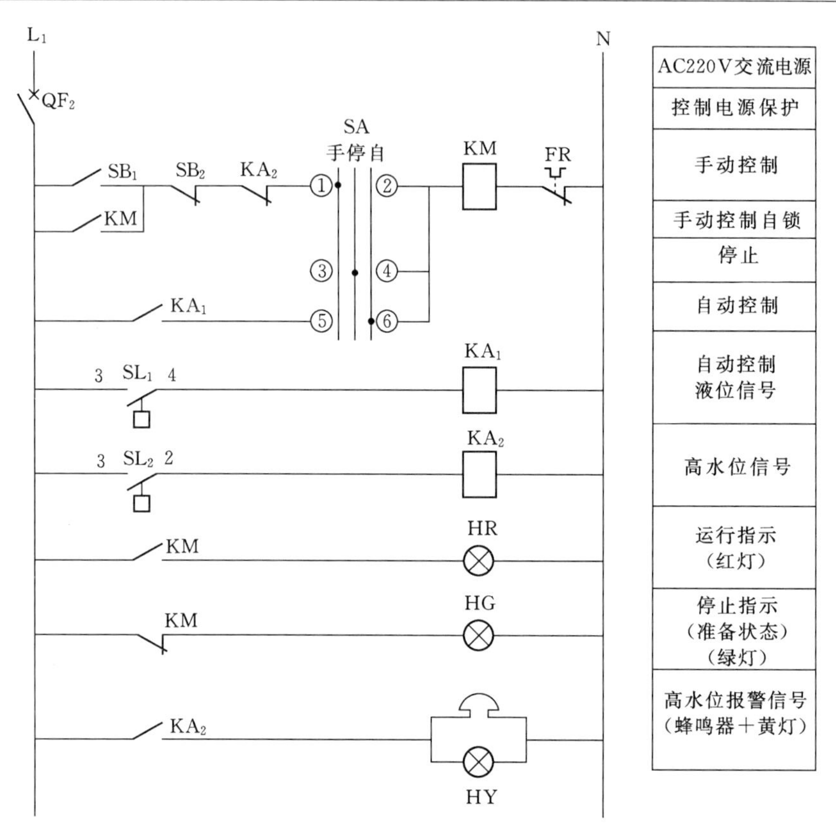

图 8.7 单台供水泵的常规控制（控制回路）

液位继电器 SL_1、SL_2 接点动作图表

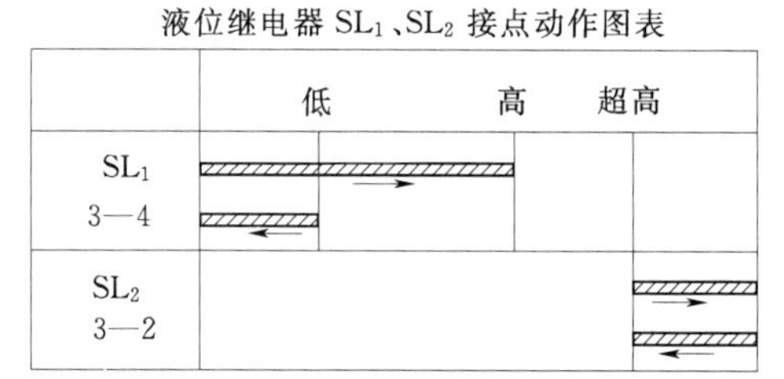

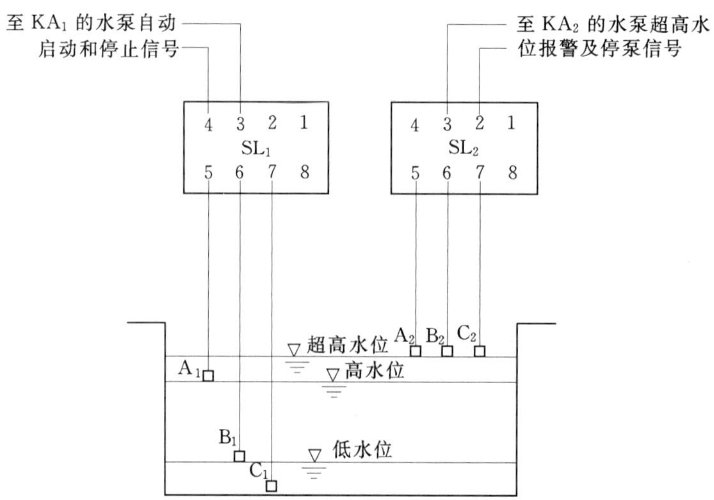

图 8.8 单台供水泵的常规控制（液位继电器装置图）

如图 8.8 所示，当水位降低到低水位时，电极 B_1 暴露于空气中，C_1 还在水中，SL_1 的触点 6 和 7 所在回路断开，其相应触点 3 和 4 闭合，KA_1 带电，供水泵启动运行。

当水位上升到高水位时，电极 A_1 淹没于水中，C_1 也在水中，SL_1 的触点 5 和 7 所在回路导通，其相应触点 3 和 4 断开，KA_1 失电，供水泵停止运行。

当水位达到超高水位时，SL_2 的三个电极 A_2、B_2、C_2 同时淹没于水中，其触点 2 和 3 闭合，KA_2 带电，发出超高水位报警和停泵信号。

8.2.2　单台水泵的 PLC 控制

单台水泵的 PLC 控制如图 8.9 所示，系统器件及元件说明见表 8.2。本系统有三

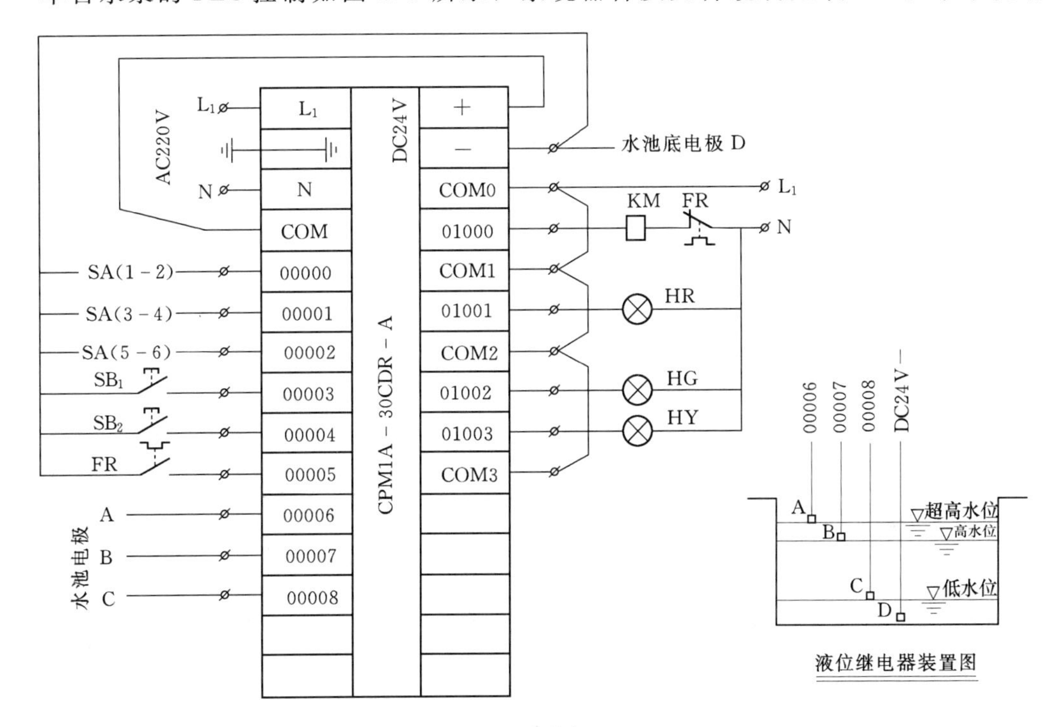

(a) 原理图

器件	PLC 软元件	说明
SA(1—2)	00000	手动工作模式
SA(3—4)	00001	自动工作模式
SA(5—6)	00002	停止
SB_1	00003	启动按钮
SB_2	00004	停止按钮
FR	00005	热继电器
A	00006	超高水位
B	00007	高水位
C	00008	低水位
KM	01000	水泵
HR	01001	红灯
HG	01002	黄灯
HY	01003	绿灯

(b) 元器件说明

图 8.9　单台供水泵的 PLC 控制原理图及元器件说明

种工作模式，即手动控制模式、自动控制模式、停止模式。水泵运行时用红灯指示，水泵停止时用绿灯指示，使用万能转换开关SA实现工作模式的选择。在手动模式时：按下SB_1按钮启动水泵电机开始供水，当水位到达高水位时如果运行人员未能及时通过SB_2手动停止水泵运行，水泵能够自动停止，以免造成高位水池（水塔）中水流溢出事故；按下SB_2按钮停止水泵运行。在自动模式时：水位达到低水位时，水泵自行启动开始供水。水位达到高水位时，水泵自行停止；如果遇到紧急情况应能够随时手动停止水泵运行。

如果高水位检测发生故障造成水泵未能在高水位停止运行，则当水位到达超高水位时，控制系统应发出报警信号（黄灯1s脉冲闪烁）并强迫停泵；系统能在短路、过载、欠压等情况下实现自动保护。

8.3　YT－300调速器油泵电机的自动控制

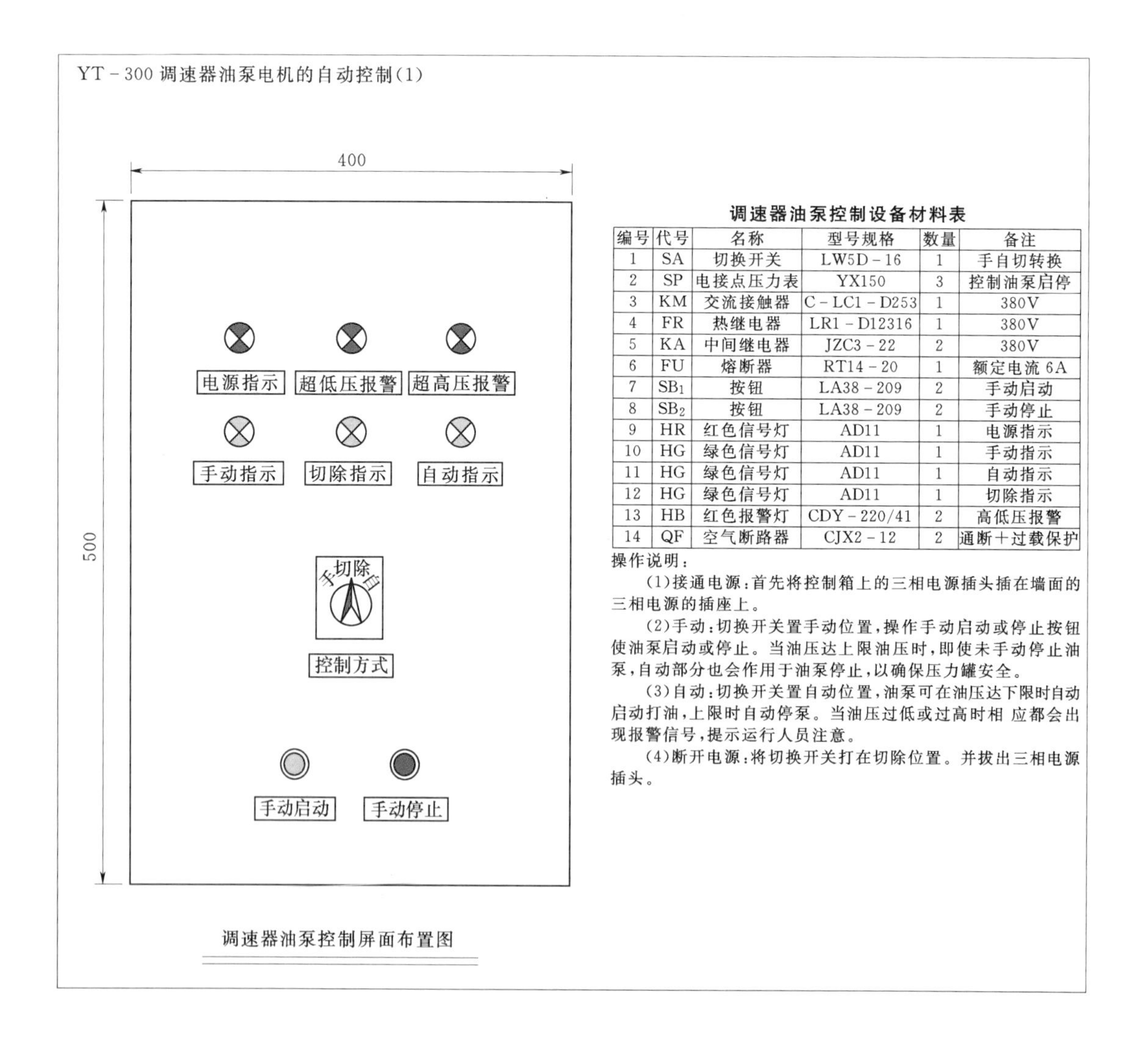

调速器油泵控制设备材料表

编号	代号	名称	型号规格	数量	备注
1	SA	切换开关	LW5D－16	1	手自切转换
2	SP	电接点压力表	YX150	3	控制油泵启停
3	KM	交流接触器	C－LC1－D253	1	380V
4	FR	热继电器	LR1－D12316	1	380V
5	KA	中间继电器	JZC3－22	2	380V
6	FU	熔断器	RT14－20	1	额定电流6A
7	SB_1	按钮	LA38－209	2	手动启动
8	SB_2	按钮	LA38－209	2	手动停止
9	HR	红色信号灯	AD11	1	电源指示
10	HG	绿色信号灯	AD11	1	手动指示
11	HG	绿色信号灯	AD11	1	自动指示
12	HG	绿色信号灯	AD11	1	切除指示
13	HB	红色报警灯	CDY－220/41	2	高低压报警
14	QF	空气断路器	CJX2－12	2	通断＋过载保护

操作说明：

(1)接通电源：首先将控制箱上的三相电源插头插在墙面的三相电源的插座上。

(2)手动：切换开关置手动位置，操作手动启动或停止按钮使油泵启动或停止。当油压达上限油压时，即使未手动停止油泵，自动部分也会作用于油泵停止，以确保压力罐安全。

(3)自动：切换开关置自动位置，油泵可在油压达下限时自动启动打油，上限时自动停泵。当油压过低或过高时相 应都会出现报警信号，提示运行人员注意。

(4)断开电源：将切换开关打在切除位置。并拔出三相电源插头。

调速器油泵控制屏面布置图

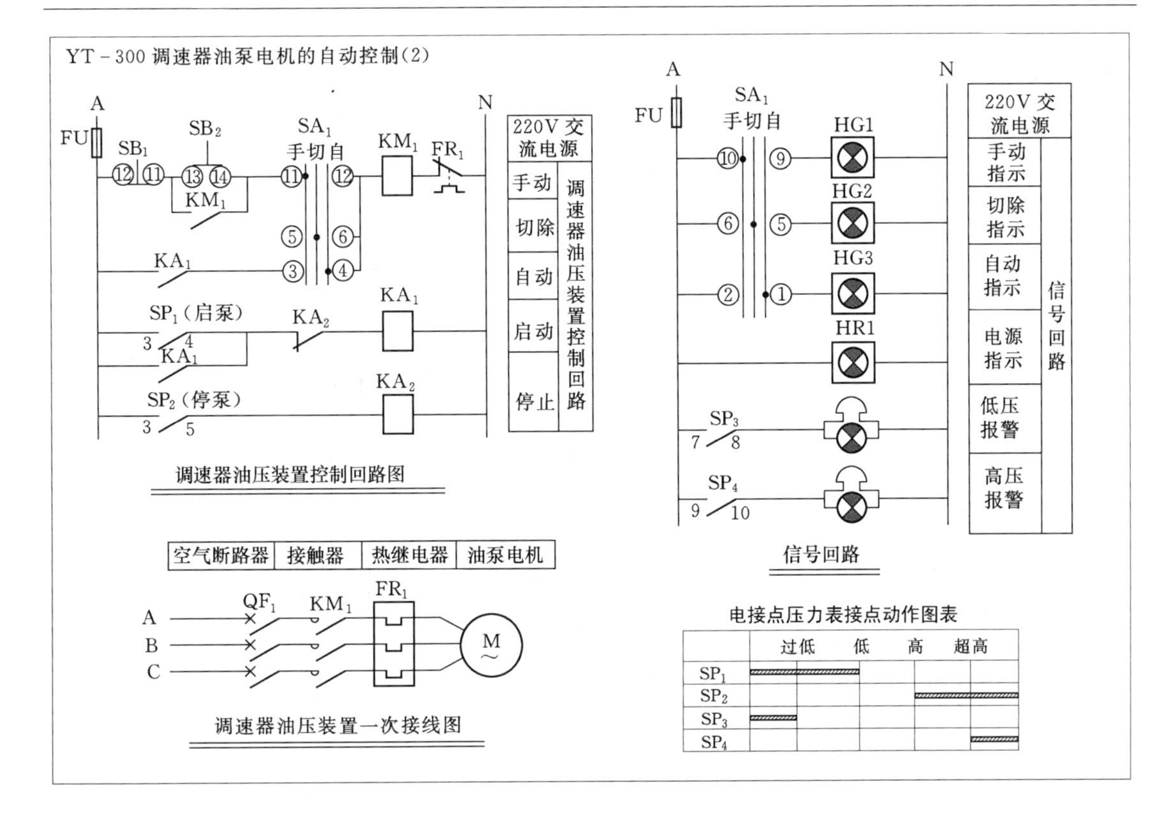

信号回路

8.4　两台水泵电机自动控制

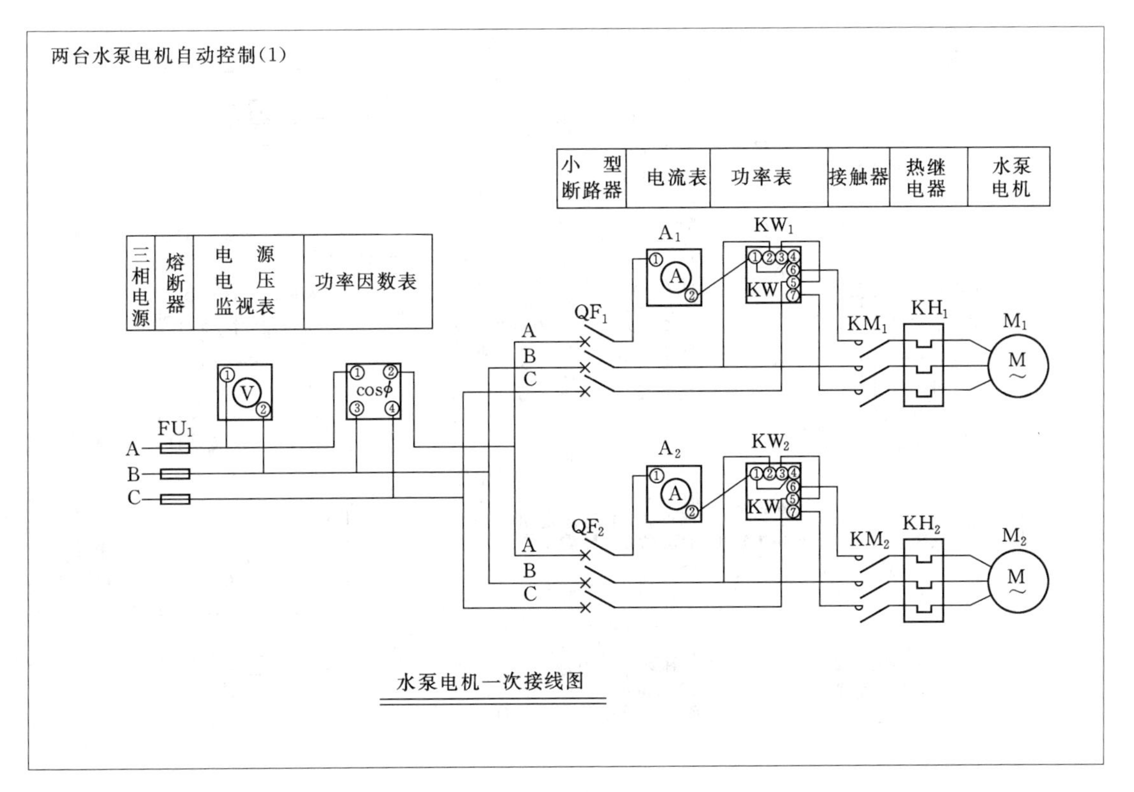

水泵电机一次接线图

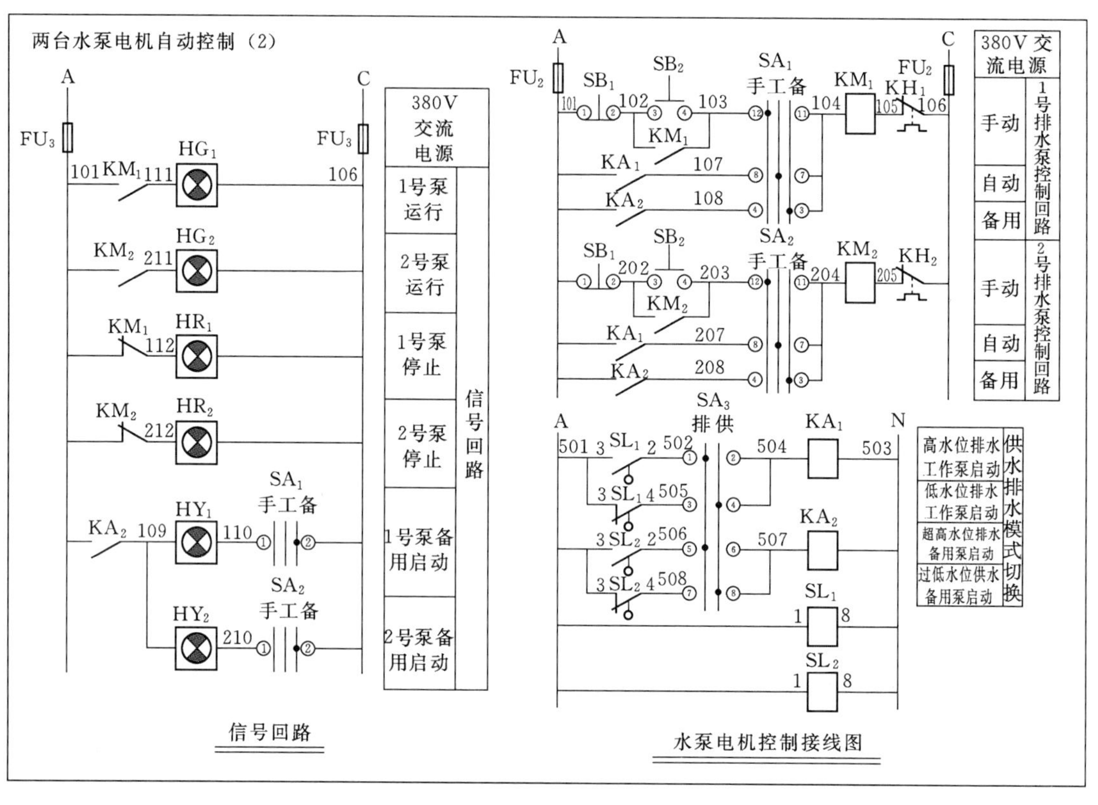

信号回路

水泵电机控制接线图

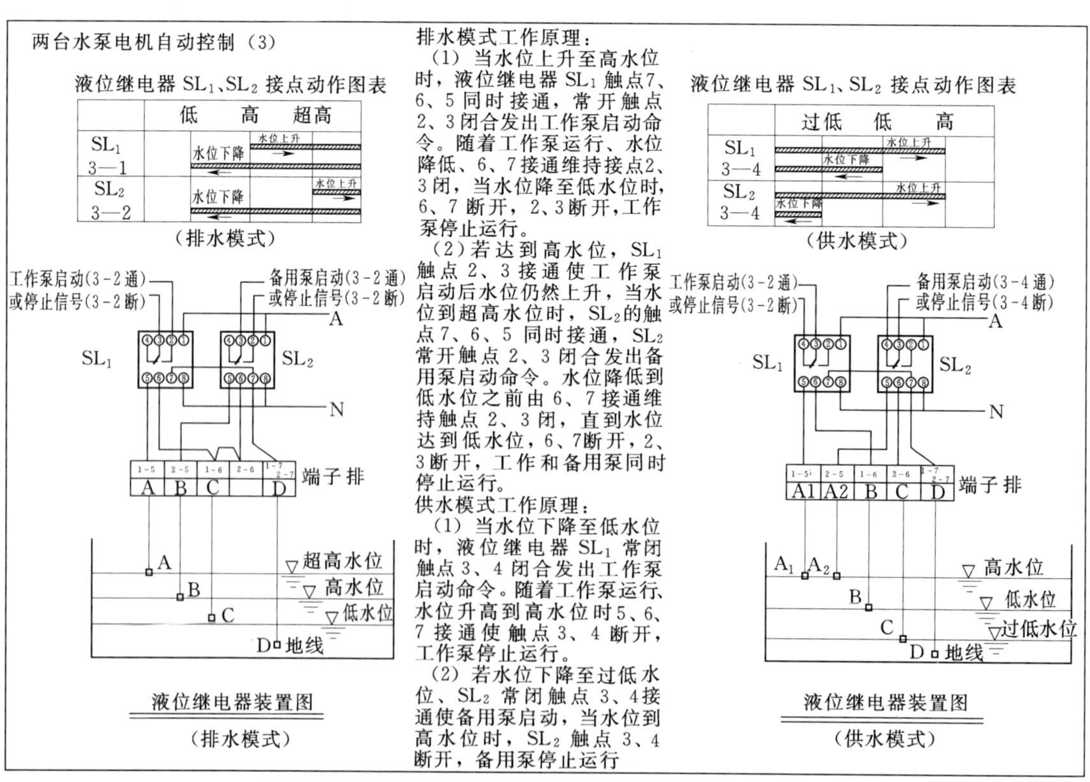

排水模式工作原理：

（1）当水位上升至高水位时，液位继电器 SL_1 触点7、6、5 同时接通，常开触点2、3 闭合发出工作泵启动命令。随着工作泵运行、水位降低、6、7 接通维持接点2、3 闭，当水位降至低水位时，6、7 断开，2、3 断开，工作泵停止运行。

（2）若达到高水位，SL_1 触点 2、3 接通使工作泵启动后水位仍然上升，当水位到超高水位时，SL_2 的触点7、6、5 同时接通，SL_2 常开触点 2、3 闭合发出备用泵启动命令。水位降低到低水位之前由 6、7 接通维持触点 2、3 闭，直到水位达到低水位，6、7断开，2、3断开，工作和备用泵同时停止运行。

供水模式工作原理：

（1）当水位下降至低水位时，液位继电器 SL_1 常闭触点 3、4 闭合发出工作泵启动命令。随着工作泵运行、水位升高到高水位时5、6、7 接通使触点 3、4 断开，工作泵停止运行。

（2）若水位下降至过低水位、SL_2 常闭触点 3、4接通使备用泵启动，当水位到高水位时，SL_2 触点 3、4 断开，备用泵停止运行

液位继电器装置图

（排水模式）

液位继电器装置图

（供水模式）

两台水泵电机自动控制（4）

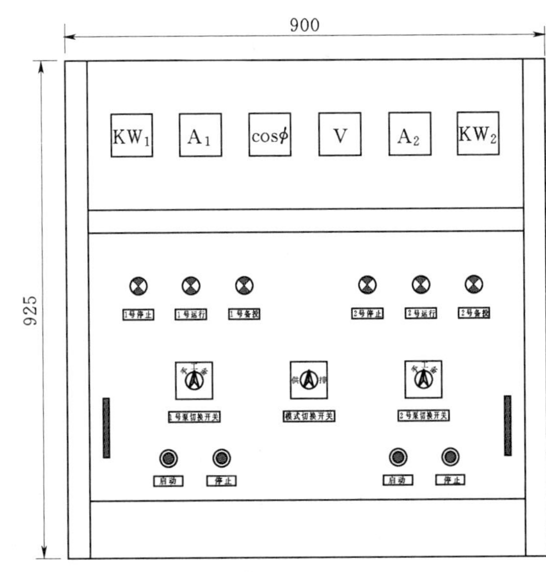

水泵控制台屏面布置图

水泵控制台设备材料表

编号	代号	名称	型号规格	数量	备注
1	PV	交流电压表		1	380V
2	KW	功率表		2	380V
3	PA	交流电流表		2	380V
4	cosϕ	功率因数表		1	380V
5	KA	中间继电器	JZ-14	2	线圈接220V
6	SL	液位信号器	JYB-714	2	供、排水型
7	QF	断路器	T1B1-63	2	380V
8	KM	交流接触器	B16	2	380V
9	SA	转换开关	LW50-16	2	手工备切换
10	SA	转换开关	LW5-16	1	供排水切换
11	KH	热继电器	JR29-16	2	380V
12	FU	熔断器	RT14-20	12	额定电流16A
13	SB_1	按钮	SK06-101	2	手动停止
14	SB_2	按钮	SK06-101	2	手动起动
15	HR	红色信号灯	AD11	2	停止指示
16	HG	绿色信号灯	AD11	2	运行指示
17	HY	黄色信号灯	AD11	2	备用指示

操作说明：

（1）排水/供水模式的切换：本控制台具备对两台水泵的自工作模式在供水与排水模式之间切换的功能，可由模式切换开关实现，但注意切换选择工作模式后，要对液位继电器的装置方式按照液位继电器装置图做相应调整。

（2）对1号、2号泵的工作方式的切换：每台水泵具备手动、工作、备用三种工作状态。若选择手动，利用启动按钮(绿色)操作，相应工作状态灯（绿灯）显示。若选择工作则由液位继电器自动控制水泵的启停。

（3）对备用的选择：将切换开关切至备用状态，由液位继电器自动控制备用泵的启动，当备用泵启动时，信号灯(黄灯)显示。

两台水泵电机自动控制（5）

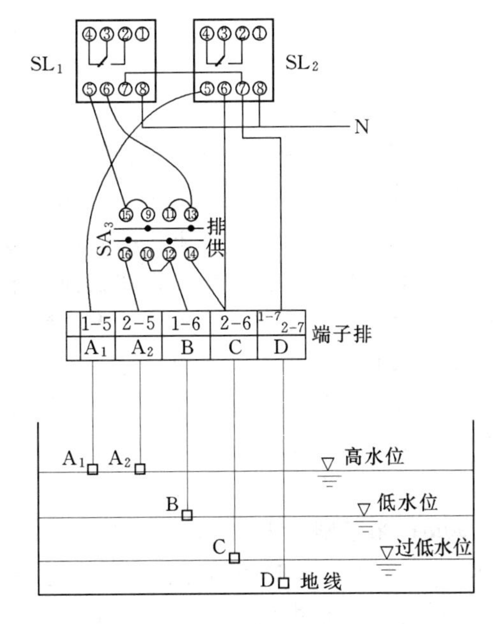

液位继电器装置图

（排水、供水模式通过切换开关切换）

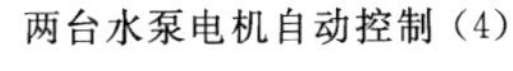

项目9　典型案例与分析

9.1　某水电厂坝体渗漏排水泵故障分析与处理

陕西省南部某水电厂坝体四台渗漏排水泵型号为50JC340型长轴深井泵，投运10多年来，先后多次出现叶轮损坏、轴承破裂、支架打碎、泵轴弯曲甚至断裂的现象。尤其是坝体渗漏排水1号泵在2005年4月至8月不到半年的时间内先后两次发生故障，导致坝体1号泵无法正常运行。

2005年4月15日，运行人员发现坝体1号泵扬水管内有碰撞声，于是进行检查发现轴承支架损坏，于是转为大修。更换所有损坏的备品、配件后进行回装，试验时泵运行正常。4个月后，2005年8月29日，坝体1号泵过电流保护又动作，现场进行检查，手动盘车盘不动，又进行大修。分解后发现4个叶轮全部打碎，10个支架8个都已经损坏，橡胶轴承全部破裂，而且磨损严重，橡胶轴承有严重老化现象，10个轴承支架有8个严重破裂，其余两个基本完好，现场检查坝体1号泵的一级叶轮安装高程比其他3台泵都高出大约2.3m。

9.1.1　原因分析及解决方法

针对以上现象，组成厂内深井泵讨论小组，对深井泵频繁故障的原因进行分析讨论，并制定解决的方法。认为引起坝体1号泵频繁故障的原因如下。

1. 泵的安装尺寸不合理

现场发现坝体四台深井泵的安装尺寸不太一致，尤其是1号泵比其他3台泵少一节扬水管。而4台泵的运行是由同一个浮子进行控制的。试验时泵的断水保护根本就不动作。平时运行时，两台泵投“自动”，两台泵投“备用”。而且1号泵一级工作部分的安装高程比停泵水位还高出0.88m。这就是说当1号泵和其他任何三台泵同时运行时，当水位低于1号泵的吸水口时，1号泵仍在转动，（断水保护不起作用）这时橡胶轴承失去润滑水发生干摩擦；依靠水润滑的深井泵橡胶轴承在缺少润滑水的情况下，与高速转动的传动轴之间会发生干摩擦，时间一长便会发热起粉、破裂脱落，而传动轴在无橡胶轴承导向定位时，必定会产生剧烈摆动。当故障进一步发展时，就会导致主轴会碰碎轴承支架和发生叶轮卡阻、联轴器被强大扭力剪断的现象。这就是1号泵频繁故障的主要原因之一。

为解决以上问题，现场对坝体渗漏排水泵井筒深度、1号泵的安装尺寸进行了测量，测量结果为：工作部分长度为2.77m（其中滤网长0.8m）；短管长度为0.4m；扬水管长度为2.5×10＝25m；总长度为28.17m；自动泵启动水位为227.50m；备用泵启动水位为229.20m；停泵水位为224.00m；泵基础高程为253.05m。由以上可以算出1号泵吸水口高程为224.88m，而停泵水位为224.00m，这就是说1号泵的吸水口比停泵水位还高出0.88m。由于平时是两台泵在运行，而且由同一个浮子进行控制，泵的断水保护又不起作用，也就意味着泵都抽不上水了还在转动，现场对坝体泵井筒尺寸进行校核为31m。在确保井筒无妨碍泵体安装的障碍物后对1号泵的安装尺寸进行了改造，方法如下：

（1）对1号泵加装一节长2.5m的扬水管和泵轴。

(2) 将滤网尺寸由 0.8m 改造为 0.5m。

这样 1 号泵安装长度为 30.47m，坝体 3 号泵的长度为 30.45 m，两台泵尺寸基本相同。而且保证泵的第一级叶轮在停泵水位以下 1.5m 处，保证了 1 号泵安全运行。

2. 泵启动前润滑水不够

引起深井泵润滑水缺乏的原因有下列两种：

第一，运行前润滑水量不足。该水力发电厂坝体渗漏排水泵有 10 节扬水管，每节扬水管长 2.5m，而以前水泵启动前润滑充水时间仅为 20s，折算充水量约为 $0.04m^3$，这与该泵使用说明书中规定的润滑水量应充至 $0.2m^3$ 后方可启动泵运转相差甚远。这样一来，水泵在启动前有些橡胶轴承根本就未得到润滑水。一般要求采取自动充润滑水方式的充水时间，应控制在 2min 以上。

第二，缺水（控制水位故障）。在集水井水位降至停泵水位后，泵抽不上水，这时断水保护装置应动作停泵。而该深井泵的断水保护在试验时从未动作过。这就使得由于水位计浮子被卡住或控制回路元件失灵或集水井水位低时，致使水泵不能停运而空转，此时，橡胶轴承得不到水润滑而被磨损。为解决上述问题，将深井泵在启动前的润滑水时间由原来的 20s 调整为 180s，同时设定泵启动后延时 15s 后再切除润滑水，以确保泵的橡胶轴承有可靠润滑。同时对泵的断水保护装置进行了改造，保证其动作可靠。

3. 泵轴弯曲变形，单根水泵传动轴变形，呈 S 形

1 号泵分解后，对所有泵轴的跳动量进行了测量，结果发现单根轴最大跳动量达到 25mm，最小跳动量也有 0.8mm，远远超过规定 0.2～0.45mm 范围。这样 11 根轴连成整根 30 多米长的水泵主轴自然就不垂直，不能保持与扬水管同心，偏心严重。在水泵运行时，轴单边挤压摩擦橡胶导轴承产生振动和摆动，进而破坏轴承和支架。针对以上情况，采取了以下措施，对所有不合格的泵轴进行校正。深井泵泵轴挠度要求范围为 0.2～0.45mm，考虑到坝体泵泵轴过长，所以取下限 0.2mm，以满足安装工艺所要求的长 2.5m 传动轴中部最大跳动值不超过 0.45mm 的要求。对无法校正的泵轴进行了更换。由于深井泵扬水管之间和传动轴之间均为法兰连接，因此，在安装时要求法兰连接螺栓要对称均匀拉紧，并且对每两根扬水管的垂直度进行测量，以避免扬水管产生偏心。

4. 橡胶轴承质量差寿命短

现场检查发现橡胶轴承套备品的质量较差，易发生脆裂现象。于是对备品的质量进行严格把关。橡胶轴承在使用前进行严格检查，要求目测无龟裂，硬度合格，韧性好；对轴承支架也进行了外观检查，要求无砂眼，无破裂。

9.1.2 结果

经过以上处理，坝体 1 号排水泵在试运行时一切正常。随后又对其他几台泵进行大修。经过半年多的运行，1 号泵未出现上述故障，说明处理方法正确。

9.2 某水电厂蝴蝶阀关闭故障分析及处理方法

9.2.1 蝶阀概况

某水电厂蝶阀总装包括阀体、活门、工作主密封、轴承、转臂、接力器、锁定装置、重锤和旁通阀等。蝴蝶阀阀体采用铸焊整体结构，阀体与工作密封圈接触处采用不锈钢材料，

延长了密封圈的使用寿命并提高了密封性能。阀门的密封设在下游侧，密封面采用斜面结构，因而有很好的密封性能。阀体的底部有8条地脚螺栓作为固定阀体用，能承受接力器向上推力和动水作用在活门上的向上分力，而不能承受活门全关时的水推力。为增加活门在动水关闭时的自关闭力矩，活门与阀体均按偏置设计，其几何中心与转动中心偏移50 mm，增加了关闭的可靠性。阀门的主工作密封采用实心异形橡胶放在活门周边，用压圈和压紧螺钉紧固在活门上，为了保证密封圈可调和且调节后定位，设有锁紧螺钉加以固定。阀轴采用40Cr锻钢材料，与轴承和轴端密封接触处采用镀铬保护，与活门采用插入圆柱销固定。轴承由钢套和铜瓦组成，铜瓦材料为铸铝青铜，轴端密封采用U形支承环密封圈，密封力可调，更换方便。

该阀布置2台ϕ200mm直缸摇摆式接力器，接力器的活塞杆通过转臂与阀轴相连，活塞杆表面镀铬处理。活塞与缸体间密封采用O形圈与聚四氟乙烯组合式密封圈；接力器缸内设有二段关闭装置和节流缓冲结构，外部采用高压软管连接。

蝴蝶阀的开启采用FYZ阀门液压控制装置供油，推动接力器把活门和苇锤至全开后采用油压锁锭，锁锭油源来自于调速器油压装置。当机组发生事故或需正常停机时，切换锁锭油源脱开，蝴蝶阀依靠自身所配置的2个重锤（各3.5t）和水力作用至活门全关，起到切断水流和保护机组的作用。

9.2.2　故障现象

该水电厂蝴蝶阀于2000年3月投入运行，运行至2002年3月，发现在关闭蝴蝶阀过程中，当蝴蝶阀关闭至全行程的约95%时，蝴蝶阀转臂（重锤）停止下落，蝴蝶阀不能自行到达全关位置。这与蝴蝶阀只能在全开或全关两个位置相矛盾，蝴蝶阀位置处于不定态，造成漏水量较大，引起较强的噪声，给水电站的检修运行带来了较大的安全隐患。

9.2.3　原因分析

经分析，出现该故障可能存在以下三方面原因。

1. 油管路方面

出现这种现象有可能是由于回油管路排油不畅引起接力器关侧油腔油未排尽，由此造成接力器活塞不能完全恢复至全关位置，导致蝶阀转臂下落不能到达最大行程，引起蝴蝶阀关不到全关位置。

2. 接力器结构

为了降低在关闭过程中接力器活塞冲击接力器油底部的速度和压力，在操作接力器缸内设有二段关闭装置，即节流缓冲结构。对接力器节流缓冲结构进行清洗并对接力器节流阀进行调整，加大节流阀开口，使回油的流量变大，节流阀前、后的压差变小，有利于接力器活塞的下落。同时，检查发现接力器活塞杆表面镀铬层完好，无锈蚀卡涩迹象。

用以上两种方法进行处理后，没有明显的效果，说明蝴蝶阀不能到达全关位置的原因与操作系统（操作管路及接力器装置）无关。

3. 蝴蝶阀关闭过程中关闭蝴蝶阀所需力矩小于轴承处所受到的摩擦阻力矩

为了防止泥沙淤积妨碍阀门开启，蝴蝶阀下缘逆水流关闭，动水力矩M总是趋向使活门关闭，活门上的动水压力沿水流方向的分力P顺水流方向，垂直分力P_1方向向上。活门关闭时，水完全静止，活门上承受静水压力。由于活门上、下的位置差异，静水压力的作用中心在活门中心线以下，这样，对于卧轴蝴蝶阀活门，就产生了使活门转动的静水力矩。

该水电厂1号、2号蝴蝶阀在运行两年以后，在关闭时出现了不同程度的关不到全关位置的现象。出现这种情况的原因有以下两点：

（1）蝴蝶阀在经过两年多的运行后，阀轴和轴承之间有可能出现泥沙沉淀，导致阀轴和轴承之间的间隙减小，轴承摩擦因数增加。在阀门的关闭过程中，当活门接近全关位置时，活门上、下游之间形成一个压差，这个压差会在阀轴上产生一个阻碍关闭的力矩，这个阻力矩与轴承的摩擦因数成正比，当阻力矩大于阀门关闭力矩时会出现上述现象。

（2）轴承经过一段时间运行后，轴承润滑面可能有腐蚀，轴承出现了磨损，摩擦因数增加，也会导致上述现象。

9.2.4　事故处理方法

针对此故障，提出两种解决方案。

（1）改变关闭蝶阀的操作程序。在关闭蝶阀的同时，打开旁通阀，在关阀结束后，再关闭旁通阀。这样，可以让蝴蝶阀在关闭过程中前、后水压始终平衡，消除了关阀过程中蝴蝶阀上、下游之间的压差，大大降低了关闭时的摩擦阻力，使关阀能顺利进行，而且可以减少轴承润滑面的磨损，增加蝴蝶阀轴承的使用寿命。

（2）现配置的两个重锤的侧面各预留有四个M30的螺孔，可在重锤上加一些钢板，然后用螺丝紧固。这样就增加了重锤的质量，从而增加蝴蝶阀关闭时的重锤力矩，使蝴蝶阀在轴承摩擦系数增大时也能顺利关闭。

在以上两种方法中，如果采用第（2）种方法进行改造，蝴蝶阀可在一段时间内比较顺利地自行关闭，但运行时间长了以后，随着泥沙在阀轴和轴承之间的沉淀和轴承润滑面的进一步磨损，摩擦因数增大引起摩擦阻力越来越大，蝴蝶阀有可能又不能自行关闭，甚至需更换新轴承。因此，在考虑到处理上述问题的难度和电站的安全经济运行，在采用了修改蝴蝶阀关闭流程的方法，如图9.1所示（图中阴影为改进增加流程部分）。

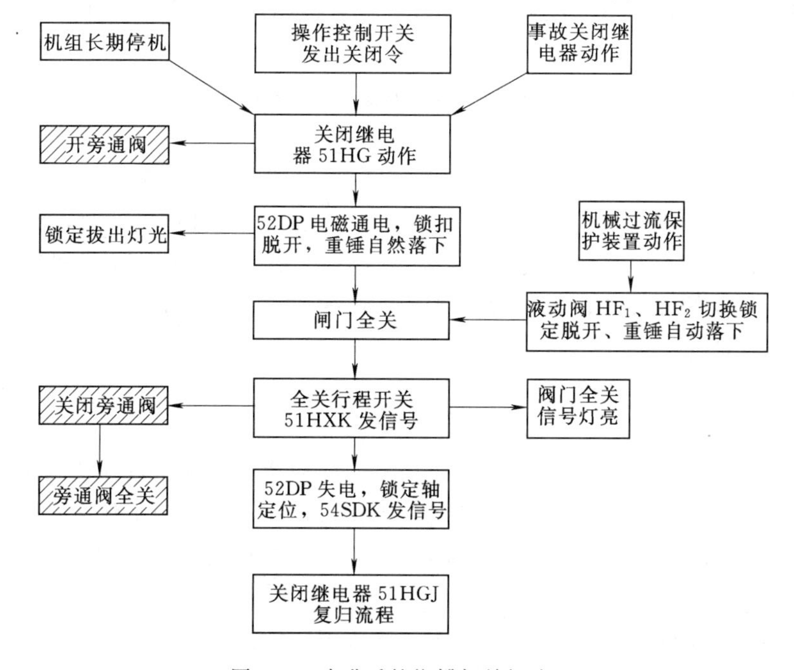

图9.1　改进后的蝴蝶阀关闭流程

9.2.5　实际应用情况

该水电站蝴蝶阀关闭流程经过改进后，在关闭的同时开启旁通阀，对阀后充水。蝴蝶阀在上、下游无水压差的情况下关闭。在此过程中，基本消除了作用在活门上的静水力矩，同时，大大减小了阀轴的摩擦力矩。实践表明，改进后蝴蝶阀运行稳定，自行关闭正常，关闭效果良好。同时考虑到机组过速时，因调速器主配压阀拒动，需使蝴蝶阀关闭来防止机组过速。在这种方式下，为防止由于关闭蝴蝶阀时开旁通阀造成机组转速升高，在过速保护装置动作油管路中，并联一个油管至调速器事故电磁阀。当过速保护装置动作时，事故电磁阀也动作，调速器主配压阀快速朝关侧动作，关闭导叶，防止机组飞逸。

应用该关闭流程的蝴蝶阀，由于在关闭时蝴蝶阀前、后水压平衡，受静水压力较小，大大减少了阀轴的摩擦力矩，也减小了蝴蝶阀的主轴及轴承的磨损，延长了蝴蝶阀主轴及轴承的检修周期，同时也保证了蝴蝶阀的稳定运行，确保了水电站的安全经济运行。

若在含泥沙量较大的水电站使用蝴蝶阀，最好不要采用该种带自关闭装置的蝴蝶阀，因为采用带自关闭装置的蝴蝶阀，运行时间长了以后，随着泥沙在阀轴和轴承之间的沉淀和轴承润滑面的磨损，轴承摩擦因数增大引起摩擦阻力越来越大，蝴蝶阀最终将不会自行关闭。这必将增加蝴蝶阀检修次数，减少蝴蝶阀使用寿命，不利于水电站的安全稳定经济运行。

模块3小结

辅助设备控制系统中的自动化元件可分为自动控制元件和自动执行元件。前者包括转速信号器、温度信号器、压力信号器、液位信号器和液压信号器；后者包括电磁阀、电磁配压阀、电磁空气阀和液压操作阀。

压力控制系统包括油压控制系统和气压控制系统。油压装置可分为连续运行、断续运行和备用投入三种方式；低压空气压缩装置自动控制接线图可分为自动操作、手动操作和备用投入三种方式。

液位控制系统包括技术供水系统和技术排水系统，它们都可分为自动启动、备用投入和手动操作三种方式，只是动作的水位不相同而已。

主阀可分为蝴蝶阀、闸阀以及球阀。蝴蝶阀和球阀只有全开和全关两种状态，且不能用作流量调节，而且要装设旁通阀。闸阀可开启到任何开度，能做流量调节，没有旁通阀。

进水口闸门的自动控制系统分为闸门正常提升、正常关闭、紧急关闭和自降提升四个功能。蝴蝶阀的控制系统较简单，可分为开启控制和关闭控制两个过程。

思考题

1. 信号元件和执行元件都有哪些？说明信号元件和执行元件在自动控制中的作用。
2. 根据油压装置控制接线图，准确分析其工作过程和动作原理是什么？
3. 空气压缩机在开启和关闭时，相应的减压阀和冷却供水装置应该怎么样动作？为什么？
4. 试设计一套单台供水装置自动控制系统原理图，控制水位自行拟定。
5. 设计一台工作，一台备用的排水系统自动控制接线图。

6. 写出项目 8 中供排水装置自动控制系统的工作原理和工作过程。

7. 写出单台供水泵的 PLC 控制原理和控制过程。

8. 写出蝴蝶阀、闸阀、球阀在开启过程中的不同和相同之处，详细分析蝴蝶阀的工作过程和自动控制系统的原理。

9. 根据进水口闸门自动控制接线图，试分析闸门正常提升、正常关闭、紧急关闭和自降提升四个过程。

10. 根据项目 9 中的第二个案例，试说明蝴蝶阀在控制过程中应该注意的事项。

模块4 水轮发电机组的自动控制

【学习目标】 了解机组自动控制系统的图例符号；掌握轴承的润滑和冷却原理与方法，掌握机械制动、水力制动、电气制动的原理和方法；能识读水轮发电机组自动控制接线图，掌握水轮发电机组的开机条件；能识读水轮机开机和停机程序流程图，并掌握其简要步骤；知道水轮发电机组PLC控制系统的开机、停机、事故停机、紧急事故停机的工作原理；了解机组的电气保护、机械保护的方法。

【学习重点】 掌握机械制动、水力制动、电气制动的原理和方法；能识读水轮发电机组开机和停机程序流程图。

【学习难点】 PLC控制系统的开机、停机、事故停机、紧急事故停机的工作原理。

项目10 机组自动控制的基本理论

10.1 机组自动控制的任务和要求

10.1.1 机组自动程序控制的任务

应用计算机技术、自动控制技术和检测技术，借助于自动化元件及装置，组成一个不间断进行的操作过程，代替生产过程中所有手动操作，即实现机组调速操作系统、励磁操作系统和油、气、水辅助设备系统的逻辑控制和监视，从而实现单机生产流程的自动化。同时，机组自动化系统（LCU）还应有良好的通信接口与其他系统进行数据交换。因此，机组自动化又是实现全厂生产过程综合自动化的基础。

10.1.2 机组自动程序控制的要求

机组自动控制系统在很大程度上与水轮机、发电机的型式和结构，调速器的型式，机组的油、气、水辅助设备系统的特点及机组的运行方式有关。对于不同的机组，上述条件各不相同，尽管如此，但对机组自动控制的要求却是大体相同的，其要求可综述如下：

（1）根据一个操作指令，机组能迅速、可靠地完成各种工况的转换。

（2）当机组或辅助设备（如调速器、励磁调节器和油、气、水系统）出现事故或故障时，应能迅速准确地进行诊断，或将机组解列，或用报警系统向运行人员指明事故（或故障）的性质和部位，指导运行人员进行处理。

（3）作为全厂综合自动化的基础，应能方便地与其他系统进行通信，从而实现对机组的远方控制和经济运行。

（4）根据全厂自动化系统的指令，完成机组有功和无功功率的调整。

（5）系统应简单、可靠，并方便运行人员进行操作。

10.1.3　机组自动系统的图例及符号

机组自动控制机械液压系统图和电气接线图中的所有元件都是用国家标准规定的图形符号（图例）和文字符号来表示。

（1）图形、文字符号。图形符号通常用于图样或其他文件以表示一个设备或概念的图形或标记。常用电气图形、文字符号见表 10.1。

表 10.1　　　　常用电气图形、文字符号表

名称		图形符号	文字符号
三极电源开关			QK
低压断路器			QF
位置开关	常开触头		SQ
	常闭触头		
	复合触头		
熔断器			FU
转换开关			SA
速度继电器	常开触头		KS
	常闭触头		

名称		图形符号	文字符号
时间继电器	线圈		KT
	常开延时闭合触头		
	常闭延时打开触头		
	常开延时打开触头		
	常闭延时闭合触头		
按钮	启动		SB
	停止		
	复合		

续表

名称		图形符号	文字符号
接触器	线圈		KM
	主触头		
	常开辅助触头		
	常闭辅助触头		
制动电磁铁			YB
继电器	中间继电器线圈		KA
	过流继电器线圈		
	欠压继电器线圈		KU
	常开触头		相应线圈符号
	常闭触头		
	欠电流继电器线圈		KI

名称		图形符号	文字符号
热继电器	热元件		FR
	常闭触头		
电磁离合器			YC
电位器			RP
整流桥			VC
照明灯			EL
信号灯			HL
电阻			R
插座			X
电磁铁			YA
串励直流电机			ZD
并励直流电机			
他励直流电机			
复励直流电机			
直流发电机			ZF

续表

名称	图形符号	文字符号	名称	图形符号	文字符号
三相鼠笼异步电机	M 3～	D	单项变压器		T
			三相自耦变压器		T
三相绕线异步电机		D	二极管		V

（2）常用电气图形新旧技术文字符号对照表见表 10.2。

表 10.2　　常用电气技术新旧文字符号对照表

名称	新符号		旧符号	名称	新符号		旧符号
	单	多			单	多	
发电机	G		F	电机扩大机	A	AR	JDF
直流发电机	G	GD（C）	ZLF，ZF	感应同步器		IS	
交流发电机	G	GA（C）	JLF，JF	自整角机			
异步发电机	G	GA	YF	绕组（线圈）	W		Q
同步发电机	G	GS	TF	电枢绕组	W	WA	SQ
变频机	G	GF	BP	定子绕组	W	WS	DQ
测速发电机		TG	CSF，CF	转子绕组	W	WR	ZQ
发电机—电动机组		G—M	F—D	励磁绕组	W	WE	LQ
永磁发电机	G	GP	YCF	并励绕组	W	WS（H）	BQ
励磁机	G	GE	L	串励绕组	W	WS（E）	CQ
电动机	M		D	他励绕组	W	WS（P）	TQ
直流电动机	M	MD（C）	ZLD，ZD	稳定绕组	W	WS（T）	WQ
交流电动机	M	MA（C）	JLD，JD	换向绕组	W	WC（M）	HXQ
异步电动机	M	MA	YD	补偿绕组	W	WC（P）	BCQ
同步电动机	M	MS	TD	控制绕组	W	WC	KQ
调速电动机	M	MA（S）	TSD	启动绕组	W	WS（T）	QQ
伺服电动机		SM	SD	反馈绕组	W	WF	FQ
笼型异步电动机	M	MC	LD	给定绕组	W	WG	GDQ
绕线转子异步电动机	M	MW（R）					
变压器、互感器和电抗器类							
变压器	T		B	调压变压器	T	TT（C）	TB
电力变压器	T	TM		同步变压器	T	TS（Y）	
升压变压器	T	T（S）U	SYB，SB	调压器	T	TV（R）	
降压变压器	T	T（S）D	JYB，JB	互感器	T		H
自耦变压器	T	TA（U）	ZOB，OB	电压互感器	T	TV 或 PT	YH

续表

名称	新符号		旧符号	名称	新符号		旧符号
	单	多			单	多	
隔离变压器	T	TI（N）	GB	电流互感器	T	TA或CT	LH
照明变压器	T	TL	ZB	电抗器	L		K
整流变压器	T	TR	ZLB，ZB	饱和电抗器	L	LT	BHK
电炉变压器	T	TF	DLB，LB	限流电抗器	L	LC（L）	XLK
饱和变压器	T	TS（A）	BHB，BB	平衡电抗器	L	LB	PHK
启动变压器	T	TS（T）	QB	启动电抗器	L	LS	QK
控制变压器	T	TC	KB	滤波电抗器	L	LF	LBK
脉冲变压器	T	TI	MCB，MB				
开关，控制器类							
开关	Q，S		K	按钮	S	SB	AN
刀开关	Q	QK	DK	启动按钮	S	SB（T）	QA
组合开关	S	SCB		停止按钮	S	SB（P）	TA
转换开关	S	SC（O）	HK	控制按钮	S	SB（C）	KA
负荷开关	Q	QS（F）		操作按钮	S	SB（O）	CA
熔断开关式刀开关	Q	QF（S）	DK－RD	信号按钮	S	SB（S）	XA
断路器	Q	QF	ZK，DL，GD	事故按钮	S	SB（F）	SA
隔离开关	Q	QS	GK	复位按钮	S	SB（R）	FA
控制开关	S	SA	KK	合闸按钮	S	SB（L）	HA
接地开关	Q	QG	JDK，DK	跳闸按钮	S	SB（I）	TA
限位开关，终	S	SQ	ZDK，ZK，XWK，XK	试验按钮	S	SB（E）	YA
端开关							
微动开关	S	SM（G）	WK	检查按钮	S	SB（D）	JCA，JA
接近开关	S	SP	JK	控制器	Q		
行程开关	S	ST	XK，CK	凸轮控制器	Q	QCC	TK
灭磁开关	Q	QF（D）	MK	平面控制器	Q	QFA	
水银开关	S	SM	SYK，YK	鼓形控制器	Q	QD	GK
脚踏开关	S	SF	JTK，TK	主令控制器	Q	QM	LK
				程序控制器	Q	QP	CK
接触器，继电器和保护器件类							
接触器	K	KM	C	零电流继电器	K	KHC	LLJ，LJ
交流接触器	K	KM（A）	JLC，JC	功率继电器	K	KP	GJ
直流接触器	K	KM（D）	ZLC，ZC	频率继电器	K	KF	
正转接触器	K	KMF	ZC	控制继电器	K	KC	KJ
反转接触器	K	KMR	FC	制动继电器	K	KB	ZDJ，ZJ
启动接触器	K	KM（S）	QC	差动继电器	K	KD	CJ

续表

名称	新符号		旧符号	名称	新符号		旧符号
	单	多			单	多	
制动接触器	K	KM（S）	QC	接地继电器	K	KE（F）	
励磁接触器	K	KM（E）	LC	过载继电器	K	KOL	
辅助接触器	K	KM（U）	FZC，FC	时间继电器	K	KT	SJ
线路接触器	K	KM（L）	XLC，XC	温度继电器	K	KT（E）	WJ
加速接触器	K	KM（A）	JSC，JC	热继电器	K或F	KR或FR	RJ
励磁接触器	K	KM（G）	ZC	速度继电器	K	KS（P）	SDJ，SJ
合闸接触器	K	KM（C）	HC	加速度继电器	K	KA（C）	JSJ，JJ
联锁接触器	K	KM（I）	LSC，LC	压力继电器	K	KP（R）	YLJ，YJ
启动器	K		Q	同步继电器	K	KS	TJ
电磁启动器	K	KEM	CQ	极化继电器	K	KP	JJ
星一三角启动器	K	KS（D）	XJQ，XQ	联锁继电器	K	KL	LSJ，LJ
自耦减压启动器	K	KA（T）	OBQ，BQ	中间继电器	K	KA	ZJ
综合启动器	K	KS（Y）	ZQ	气体继电器	K	KG	WSJ
继电器	K		J	合闸继电器	K	KC（L）	HJ
电压继电器	K	KV	YJ	跳闸继电器	K	KT（R）	TJ
过电压继电器	K	KOV	GYJ，GJ	信号继电器	K	KS（I）	XJ
欠电压继电器	K	KUV	QYJ，QJ	动力制动继电器	K	K（D）B	DZJ，DJ
零电压继电器	K	KHV	LYJ，LJ	无触电继电器	K	KN（C）	
电流继电器	K	KA或KI	LJ	避雷器	F	FA	BL
过电流继电器	K	KOC	GLJ，GJ	熔断器	F	FI	RD
欠电流继电器	K	KUC	QLJ，QJ				
电子元器件类							
二极管	V	VD	D，Z，ZP	频敏变阻器	R	RF	BP，PR
三极管，晶体管	V	VT	BG，Tr	励磁变阻器	R	RE	
晶闸管	V	VT（H）	SCR，KP，Tb	热敏电阻器	R	RT	
稳压管	V	VS	WY，WG，DW	压敏电阻器	R	RV	
单结晶体管	V	VU	UJT，DJG，BT	放电电阻器	R	RD	FDR
场效应晶体管	V	VF（E）	FET	制动电阻器	R	RB	ZDR
发光二极管	V	VL（E）		启动变阻器	R	RS（T）	QR
整流器	U	UR	ZL	调速电阻器	R	RA	TSR
控制电路用电源整流器	V	VC		附加电阻器	R	RA（D）	FJR
逆变器	U	UI		调速电位器	R	R（P）A	TSW
电阻器	R		R	分流器	R	RS	FL
变阻器	R	RH		分压器	R	RV（D）	FY
电位器	R	RP	W	电容器	C		C

续表

名称	新符号		旧符号	名称	新符号		旧符号
	单	多			单	多	
测量元件和仪表类							
电流表	A		A	温度计	0		
电压表	V		V	转速表	n		
功率因数表		cosϕ	cosϕ				
电器操作的机械器件类							
电磁铁	Y	YA	DT	电磁吸盘	Y	YH	DX
起重电磁铁	Y	YA（L）	QT	电磁阀	Y	YV	DCF
制动电磁铁	Y	YA（B）	ZT	电动阀	Y	YM	
电磁离合器	Y	YC	CLH	牵引电磁铁	Y	YA（T）	
电磁制动器	Y	YB					
组件，门电路类							
电流调节器	A	ACR	LT，IR	运算放大器	N		
电压调节器	A	AUR	YT，UR	晶体管放大器	A	AD	BF
速度调节器	A	ASR	ST，SR	集成电路放大器	A	AJ	
磁通调节器	A	AMR		计数器	P	PC	JS
功率调节器	A	APR	GT	信号发生器	P	PS	
电压变换器	B	BU	YB	与门	D	DA	YM
电流变换器	B	BC	LB	或门	D	DO	HM
速度变换器	B	BV	SB，SDB	与非门	D	DAN	YF
位置变换器	B	BQ	WZB	非门，反相器	D	DN	F
触发器	A	AT	CF	给定积分器	A	AG	AR，GI
放大器	A		FD	函数发生器	A	AF	FG
其他							
插头	X	XP	CT	测试插孔	X	XJ	CK
插座	X	XS	CZ	红色信号灯	H	HLR	HD
信号灯，指示灯	H	HL	ZSD，XD	绿色信号灯	H	HLG	LD
照明灯	E	EL	ZD	黄色信号灯	H	HLY	UD
电铃	H	HA	DL	白色信号灯	H	HLW	BD
电喇叭，蜂鸣器	H	HZ	FM，LB，JD	蓝色信号灯	H	HLB	AD
端子板，接线板	X	XT	JX，JZ				

10.2 机组润滑、冷却及制动系统的自动化

10.2.1 机组润滑和冷却系统的自动化

1. 水轮机轴承的润滑和冷却

水轮机的轴承常采用巴氏合金轴瓦和橡胶轴瓦。

（1）巴氏合金轴瓦。采用油润滑，轴瓦因摩擦产生的热量靠轴承内油冷却器的循环冷却水带走。这种方式要求轴承油槽内的油位保持一定高度，且轴瓦的温度不应超过规定的允许值。冷却水中断时，不要求立即停机；当温度越限时，则根据越限的程度发出故障报警或事故停机信号。为了节约用水，冷却水只在开机运行时才投入。

（2）橡胶轴瓦。采用水进行润滑和冷却。这种方式要求润滑水不得中断，否则会引起轴瓦温度急剧上升，导致轴承损坏。因此需立即投入备用润滑水，并发出报警信号；如果备用水电磁阀启动后，仍无水流，则经过一定时限（3KT：2～3s）后作用于事故停机。

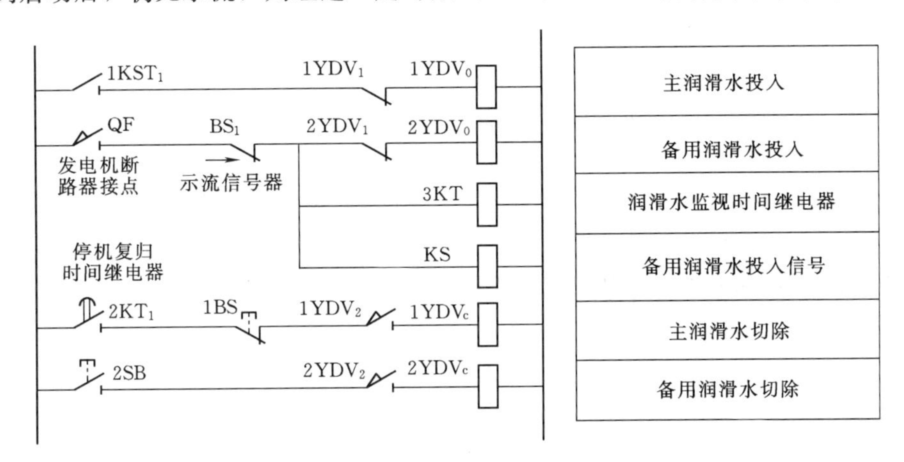

图 10.1　橡胶轴承润滑水自动操作接线

（注：$1YDV_0$—润滑水投入电磁阀线圈；$1YDV_1$—润滑水投入电磁阀接点；
$2YDV_0$—备用润滑水投入电磁阀线圈；$2YDV_1$—备用润滑水投入电磁阀接点；
$1YDV_c$—润滑水切除电磁阀线圈；$2YDV_c$—备用润滑水投入电磁阀线圈。）

图 10.1 所示为橡胶轴承润滑水自动操作接线。开机时，开机继电器 1KST 动作，$1KST_7$ 使 $1YDV_0$ 励磁，打开总冷却润滑水电磁配压阀。机组运行过程中，断路器 QF 是投入的，其动合辅助接点闭合。如果主润滑水由于某种原因中断，则示流信号器 BS 返回，其动断接点 BS_1 接通，备用润滑水电磁配压阀 $2YDV_0$ 励磁，备用润滑水电磁配压阀打开，同时发出故障信号，告知运行人员。若备用水 $2YDV_0$ 开启后仍无水流，经 2～3s 延时后时间继电器 3KT 动作，作用于机组事故停机。

停机时，停机复归时间继电器 2KT 动作，并用其延时闭合的动合接点 2KT，使 $1YDV_c$ 励磁，切除主润滑水。备用润滑水的切除靠手动按钮 2SB 来实现。对于径流式电站来说，若节省用水并不重要，那么为了简化操作接线和提高可靠性，可采用经常供水的方式，即不必投入切除电磁配压阀。

2. 发电机冷却

发电机运行时内部会产生大量的热量，为了将这些热量带走，也需要冷却系统。发电机一般有空气冷却和水内冷两种冷却方式。发电机冷却对自动化系统的要求是保证冷却水的供应。

（1）空气冷却方式。通常采用密闭式自循环通风，即借助于在空气冷却器中循环的冷风带走发电机内部的热量。而空气冷却器则靠循环的冷却水进行冷却。冷却水由机组总冷却水电磁配压阀控制，电磁配压阀随机组的开机和停机而打开和关闭。冷却水的投入情况采用示流信号器监视，中断时发故障信号，但不作用于停机。

（2）水内冷方式。通常采用经过处理的循环冷却水直接通入发电机转子绕组、定子绕组的空心导线内部和铁芯中的冷却水管，将热量带走。采用水内冷方式时，对冷却水的水质、水压和流量有严格的要求，故需单独设置供水系统。短时间的冷却水中断都可能导致发电机温度急剧上升，因此对供水可靠性的要求要严格得多。一般有主、备用水源，可以互相切换，冷却水中断超过一定时限后要作用于事故停机。

10.2.2　机组润滑和冷却系统的自动化

机组与系统解列后，由于转子的巨大转动惯量储存着较大的机械能，若不采取制动措施，则转子将需很长时间才能完全停下来。这样，不仅延长了停机时间，而且使机组在较长时间内处于低速运转状态，对推力轴瓦造成危害。因此有必要采取制动措施。

常用的制动措施有机械制动、水力制动和电气制动三种。

1. 机械制动

当机组转速下降到额定转速的35%左右时，用压缩空气顶起装设于发电机转子制动环下面的制动轴瓦，对机组进行制动。之所以不在发停机令的同时就加闸制动是为了减少闸瓦的磨损。机组机械制动装置系统结构原理图如图10.2所示。

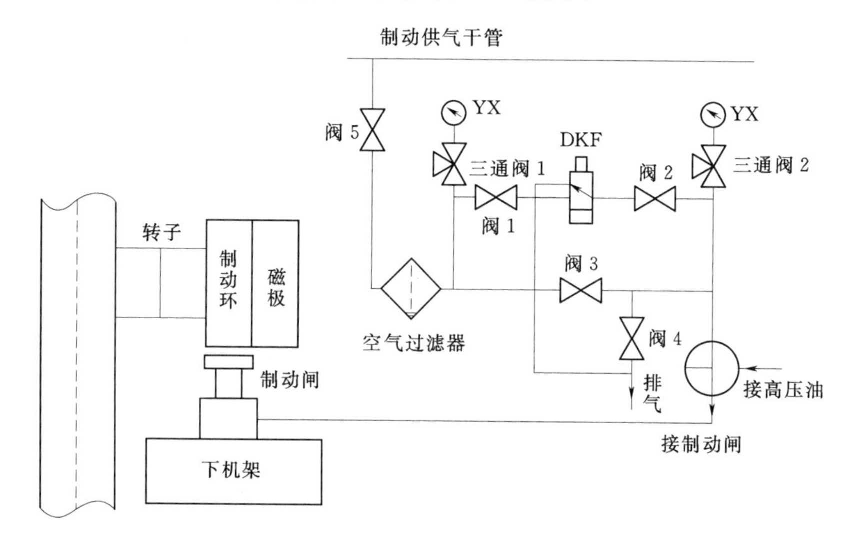

图10.2　机组机械制动装置系统结构原理图

机组机械制动系统自动操作接线如图10.3所示。图中YAV为制动装置电磁空气阀，SA为控制开关，1～2KSTP为停机继电器，KAS_9为事故停机继电器接点，2KT为停机复归时间继电器，KST_9为开机继电器接点，XGO_9为导叶开度位置接点（导叶全关时闭合），BV（35%）为转速信号器接点（在35%n_r以下才闭合），BC为剪断销信号器（如被剪断，则其接点断开），BP为压力信号器接点（当压缩空气进入制动闸管路时闭合）。

停机时（无论是正常或事故停机）KSTP动作，如果此时没有要求再次启动机组，则KST_9动断接点是闭合的。发电机与系统解列时其断路器跳开，QF动断接点接通。当导叶关至全关位置时，XGO_9接点闭合，与此同时，发电机转速下降。当转速下降到35%n_r时，BV（35%）接点闭合，接通YAV_0回路，电磁空气阀YAV开启，制动投入，机组转速下降。制动投入后，BP接点闭合，如此时剪断销未被剪断，则启动时间继电器2KT，当停机复归时间（一般为2min左右，由试验确定）到达时，2KT延时动断接点打开。由于

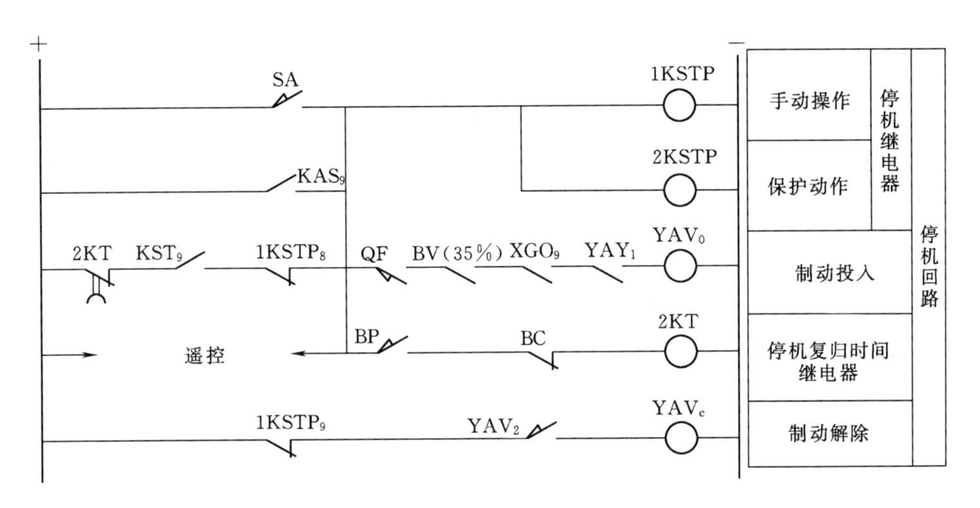

图 10.3　机组机械制动系统自动操作接线图

$1KSTP_8$ 自保持的回路断开，使 KSTP 复归，并使 YAV_c 励磁，故撤除制动，停机过程即告结束。

2. 水力制动

在冲击式机组上设置专门的制动喷嘴，停机时打开制动喷嘴，将水流射到水斗的背面以进行制动，这样就可以在停机一开始就进行制动以缩短停机时间，如图 10.4 所示。

3. 电气制动

设置三相短路电阻，在停机时通过专用开关，将三相短路电阻接入发电机定子回路，以实现电气制动。电气制动示意图如图 10.5 所示；电气制动程序框图如图 10.6 所示。

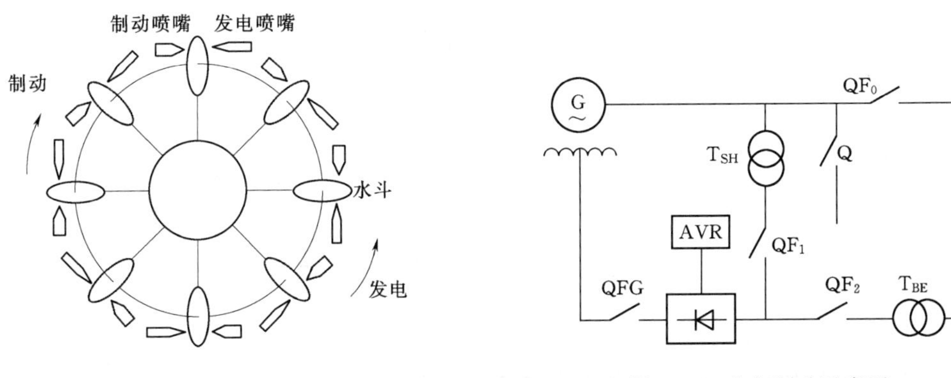

图 10.4　水力制动示意图　　　　图 10.5　电气制动示意图

当遇到以下情况时，电气制动发出失败信号：①QF_1 不能分断或 Q、QF_2 不能合上；②制动电流达不到定值；③电制动时间过长。

电气制动的步骤：

(1) 检查电制动投入的条件：①发电机断路器分开；②机组停机令；③导叶全关；④机组无事故；⑤机组转速下降到 60%额定值；⑥监控系统向励磁调节器发出电制动令。

(2) 当电制动条件满足后，顺序闭锁继电保护，分整流变压器二次侧断路器 QF_1，合短路开关 Q，合电制动电源断路器 QF_2。

（3）在电制动过程中，任何一步不满足电制动条件时，调节器都将发信号转机械制动，并向监控系统发送信号。

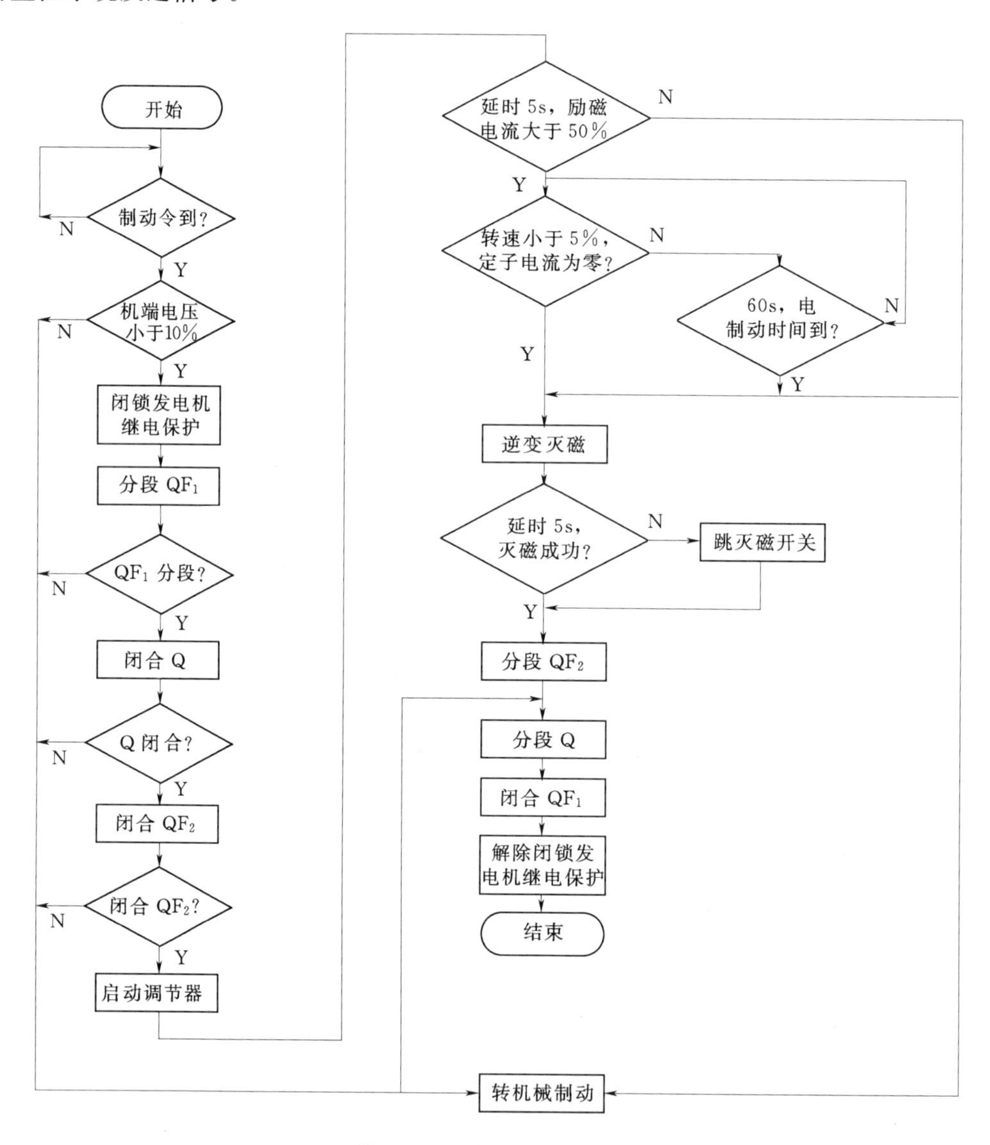

图 10.6　电气制动程序框图

（4）电制动退出或完成后，调节器发逆变灭磁命令供逆变灭磁；转（6）。

（5）当系统逆变灭磁失败时，调节器将先令跳灭磁开关，然后转（6）。

（6）当完成（3）～（5）步后，分 QF_2、分短路开关 Q、合断路器 QF_1，解除发电机继电保护的闭锁，使励磁装置恢复到正常开机前的状态。

在设置有开、停机液压减载的机组上，由于在开、停机时启动高压油泵，将高压油注入推力轴瓦间隙中，故轴瓦即使在低转速下仍有一定厚度的油膜，不会在半干（或干）摩擦状态下运行。此时，为了减轻制动闸瓦的磨损，可考虑在机组转速下降到额定转速的 10% 再加制动，不过这样将延长停机时间。在机组转动部分完全静止后，应撤除制动，以便于下次机组启动；在停机过程中，若遇导叶剪断销被剪断，有些导叶失去控制而处于全开位置，为了能使机组停下来，就不应撤除制动。

10.3　机组操作的继电器自动程序控制

10.3.1　水轮发电机组基本配置

图 10.7 所示为混流式机组，采用 T—100 型调速器的机组自动程序控制接线图。发电机为“三导”悬式结构并采用空气冷却。推力轴承为刚性支柱式结构，水轮机导轴承为稀油

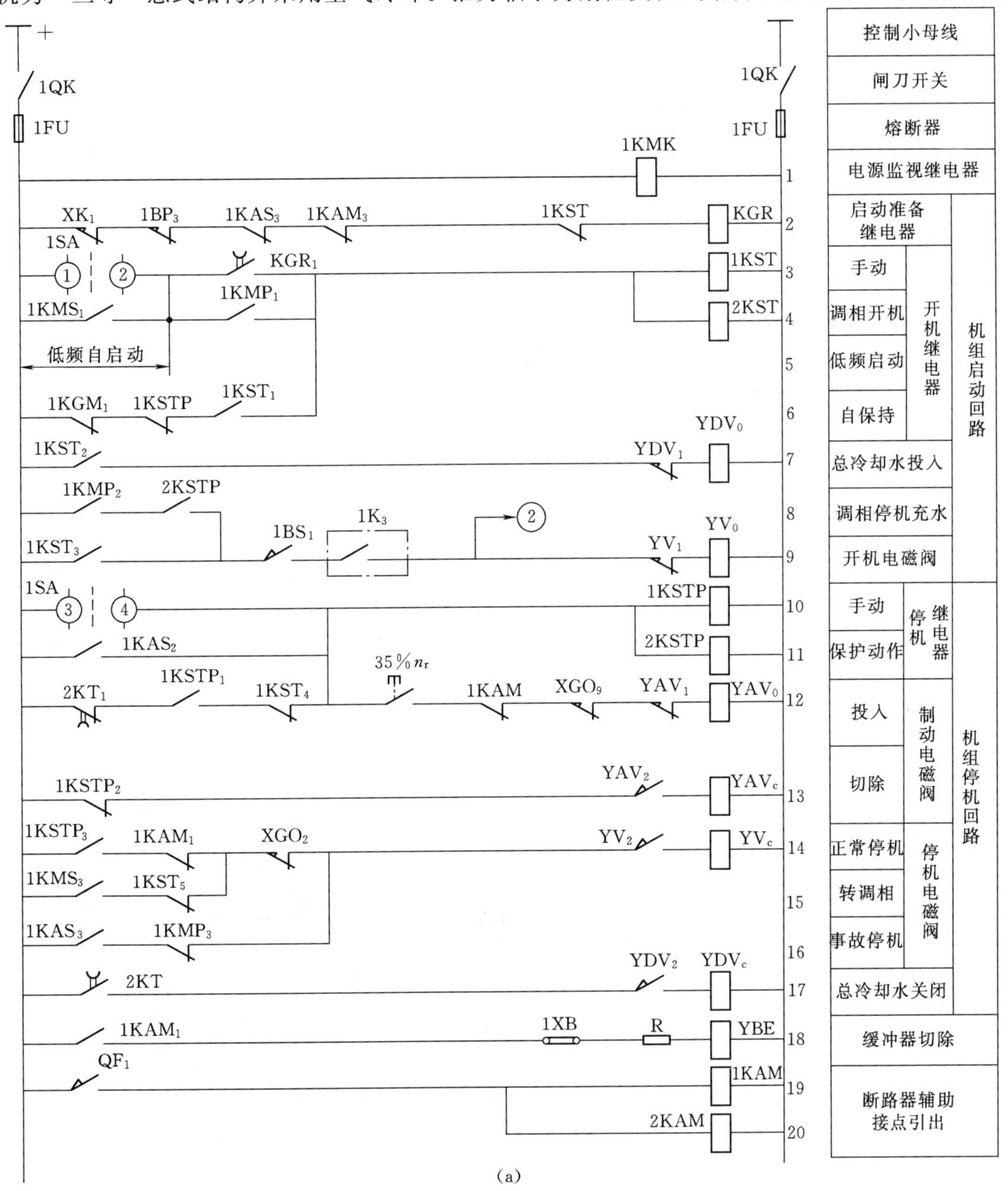

图 10.7（一）　水轮发电机组自动控制接线图

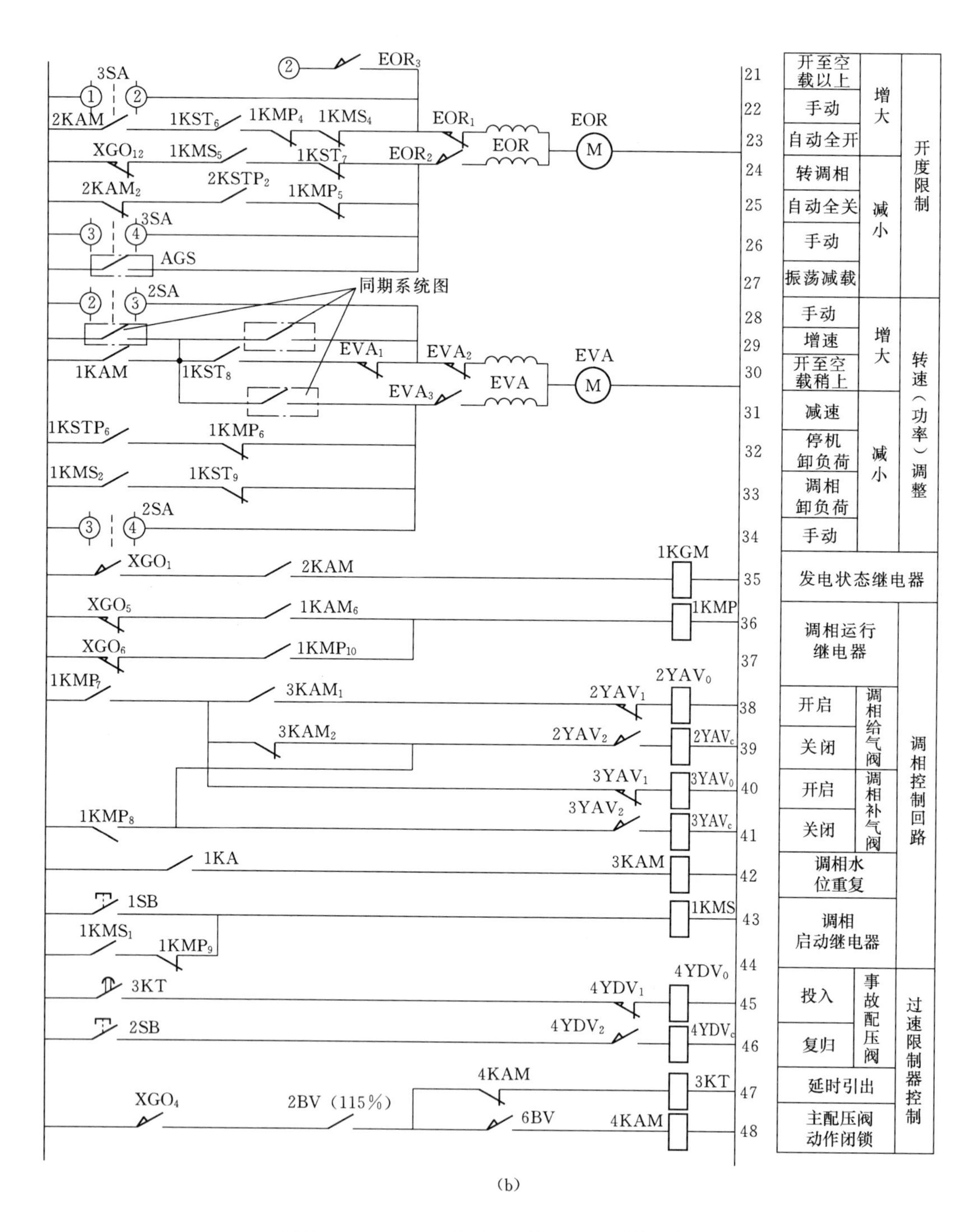

图 10.7（二）　水轮发电机组自动控制接线图

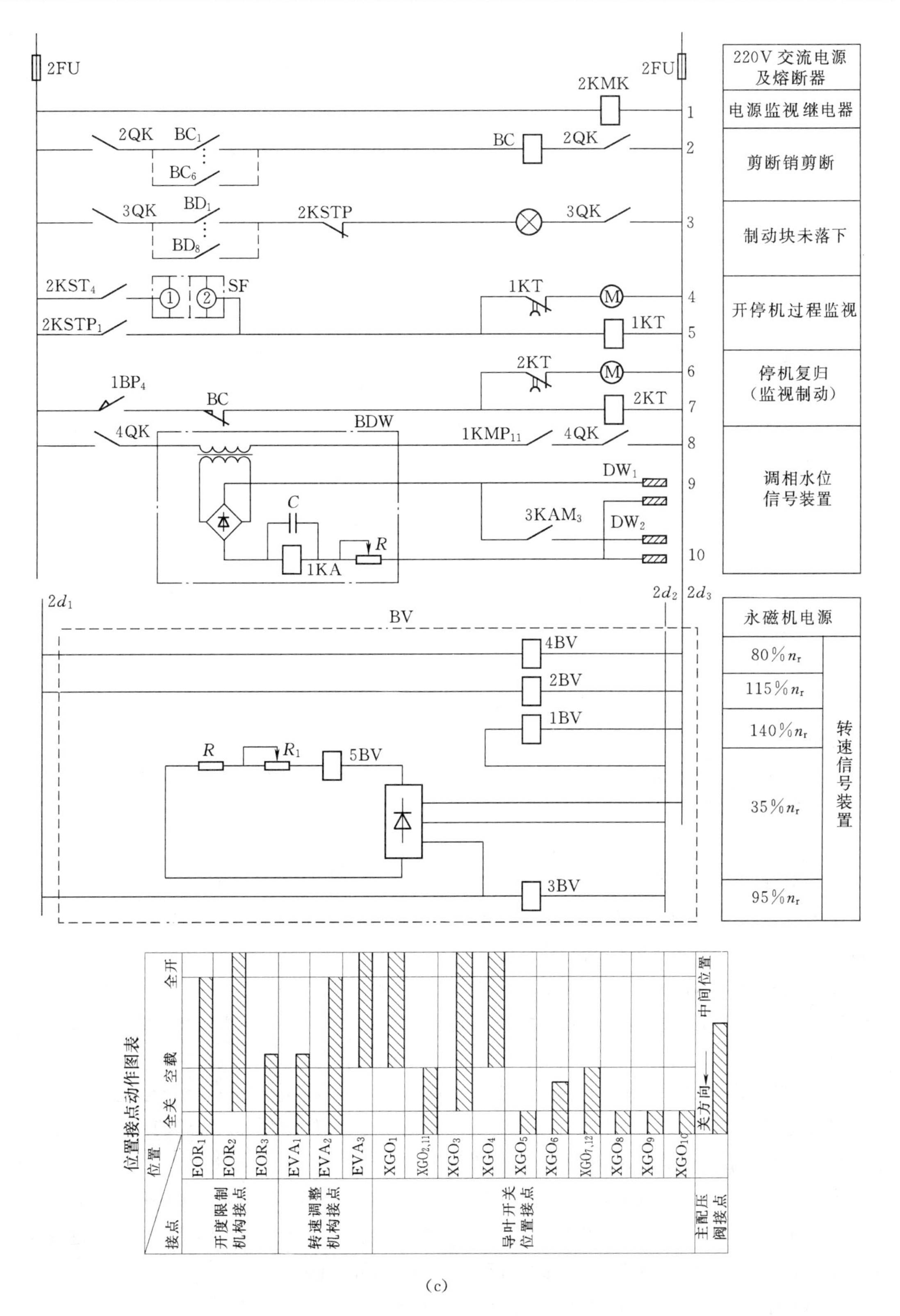

图 10.7（三）　水轮发电机组自动控制接线图

润滑导轴承。设有过速限制器作为调速器失灵的保护。机组装设蝴蝶阀，可动水关闭，用作机组防飞逸事故的保护。在正常情况下，机组以准同期方式并列；在事故情况下，以自同期方式并列。机组担任系统的调峰与调相任务。电磁阀、电磁空气阀等均为220V强电型自动化元件。这是一种国内较典型的机组自动控制接线方式。

10.3.2 水轮发电机组自动控制程序

1. 机组启动操作程序

(1) 机组处于启动准备状态时，应具备下列条件：

1) 蝴蝶阀全开，其位置重复继电器1K励磁，其动合接点1K3闭合（回路9）。

2) 机组无事故，其事故引出继电器1KAS未动作，其动断接点$1KAS_3$闭合（回路2）。

3) 机组制动系统无压力，监视其压力的压力信号器1BP的动断接点$1BP_3$闭合（回路2）。

4) 接力器锁锭处于拔出位置，其动断辅助接点XK1闭合（回路2）。

5) 发电机断路器处于跳闸位置，其辅助接点引出继电器KAM未动作，其动断接点$1KAM_3$闭合（回路2）。

(2) 上述条件具备时，机组启动准备继电器KGR励磁（回路2），并通过其接点点亮中控室的开机准备灯。此时操作开停机控制开关1SA发出开机命令，机组启动继电器1～2KST即启动（回路3、4），并自保持（回路6），同时作用于下列各处：

1) 开启冷却水电磁配压阀YDV_0（回路7），向各轴承冷却器和发电机空气冷却器供水。

2) 投入发电机灭磁开关QDM。

3) 接入准同期装置的调整回路，为投入自动准同期装置AAP做好准备。

4) 接通开限机构EOR的开启回路（回路23），为机组准同期并列后自动打开开限机构做好准备。

5) 接通转速调整机构EVA增速回路（回路30），为机组同期并网后带上预定负荷做好准备。

6) 启动开、停机过程监视继电器1KT [图10.7 (c) 交流控制回路4]，当机组在整定时间内未完成开机过程时，发出开机未完成的故障信号。

冷却水投入后，示流信号器1BS动作，其动合接点$1BS_1$闭合，将开限机构打开至空载开度位置（回路21）；同时使调速器开机电磁阀YV_0励磁（回路9），机组随即按T型调速器启动装置的快—慢—快的控制特性启动。

(3) 当机组转速达到额定转速的90%时，自动投入准同期装置，条件满足后发电机以准同期方式并入系统。并列后，通过断路器位置重复继电器1～2KAM（回路19、20），作用于下列各处：

1) 开限机构EOR自动从空载转至全开（回路23），为机组带负荷运行创造条件。

2) 转速调整机构EVA正转带上一定负荷（回路30），使机组并入系统后较快稳定下来。

3) 发电运行继电器1KGM励磁（回路35），使中控室发电运行指示红灯RD点亮。

由于$1KGM_1$的动断接点断开，使机组启动继电器1～2KST复归（回路6），为下次开机创造了条件。在开机继电器2KST复归后，其动合接点$2KST_4$打开，使开停机过程监视继电器1KT复归（交流回路4），机组启动过程至此即告结束。

有功功率的调节，可借助远方控制开关2SA进行增或减有功调节，亦可利用有功自动调节器AGS进行控制，以驱动转速调整机构EVA，使机组带上给定的负荷。

2. 机组停机操作程序

机组停机包括正常停机和事故停机。

正常停机时，操作开停机控制开关 1SA 发出停机命令，机组停机继电器 1～2KSTP 励磁（回路 10），并由其动合接点 $1KSTP_1$ 闭合而自保持（回路 12），使 1～2KSTP 不会因 1SA 的自动复归而失磁。然后按预先规定顺序完成全部停机操作，其操作程序如下：

（1）$2KSTP_1$ 启动开停机过程监视继电器 1KT（交流操作回路 5），监视停机过程。

（2）$1KSTP_6$ 使转速调整机构 EVA 反转（回路 32），卸去全部负荷至空载。

（3）当导叶关至空载位置时，由于 1KSTP 的动合接点和主令（导叶）位置接点 XGO_{11} 均闭合，故发电机断路器跳闸，机组与系统解列。QF1 断开后，使 1～2KAM 失磁（回路 19、20）。

（4）导叶关闭至空载位置和机组与系统解列后，由于动合接点 $1KSTP_3$、动断接点 $1KAM_1$ 和 XGO_2 均闭合（回路 14），故调速器停机电磁阀 YV_c 励磁，导叶关至全关位置；同时由于动合接点 $2KSTP_2$ 和动断接点 $2KAM_2$ 均闭合（回路 25），所以开限机构 EOR 反转，使开限自动全关。

（5）机组转速下降到 35%额定转速时，转速信号器 BV（35%）动作，使制动系统电磁空气阀 YAV_0 励磁而打开（回路 12），压缩空气进入制动闸对机组进行制动；同时通过压力信号器 1BP 的接点 $1BP_4$ 启动时间继电器 2KT，交流回路 7 监视制动时间（通常为 2min）。

（6）延时 2min 后，延时断开的动断接点 $2KT_1$ 断开（回路 12），使停机继电器 1～2KSTP 复归，制动电磁空气阀 YAV_c 励磁（回路 13），压缩空气自风闸排出解除制动，监视停机过程和制动的时间继电器 1KT 和 2KT 相继复归，停机过程即告结束。此时机组重新处于准备开机状态，启动准备继电器 KGR 励磁，中控室的开机准备灯点亮，为下一次启动创造了必要的条件。

在机组运行过程中，如果调速器系统和控制保护系统中的机械设备或电气元件发生事故，则机组事故引出继电器将动作，而 $1KAS_2$ 闭合后将迫使机组事故停机（图 10.7 回路 11）。

事故停机与正常停机不同之处，在于前者不等负荷减到零，同时使调速器停机电磁阀 YV_c 和停机继电器 1～2KSTP 动作，从而大大缩短了停机过程（回路 11 和 14）。

如果发电机内部发生事故，差动保护动作，则发电机保护出口继电器即使机组事故引出继电器 1KAS 动作，又使发电机断路器 QF 和灭磁开关 QDM 跳开，以达到发电机和水轮机连锁保护及避免发生重大事故的目的。

3. 发电转调相操作程序

操作按钮 1SB 发出调相命令后，调相启动继电器 1KMS 将励磁并自保持（回路 43 和 44），使 1KMS 不致因 1SB 按钮的复归而失磁。然后通过其接点的切换，作用于下列各处：

（1）$1KMS_2$ 使转速调整机构 EVA 反转（回路 33），卸去全部负荷至空载。

（2）当导水叶关至空载位置时，由于动合接点 $1KMS_3$ 和动断接点 XGO_2 均关闭（回路 15 和 14），故停机电磁阀 YV_c 励磁，使导叶全关；同时由于动断接点 XGO_{12} 和动合接点 $1KMS_5$ 均闭合，使开限机构 EOR 反转，故开限自动全关（回路 24）。

由于停机继电器 1～2KSTP 未励磁，故机组仍然与系统并列，且冷却水继续供给，机组即作调相运行，然后通过调节励磁即可发出所需的无功功率。此时，由于导叶已全关 XGO_5 闭合，反映 QF 位置的 $1KAM_6$ 亦闭合，故使调相运行继电器 1KMP 启动并自保持（回路 36 和 37），同时复归调相启动继电器 1KMS（回路 44、43），点亮调相运行 BL 蓝色灯。

在调相运行过程中，可借助电极式水位信号器 BDW 控制给气电磁空气阀 2YAV。当转轮室水位在上限 D_{W1} 时，交流操作回路 9 接通并自保持，同时启动调相压水重复继电器 3KAM（回路 42），并由其动合接点 $3KAM_1$ 接通调相给气电磁空气阀 $2YAV_0$（同路 38），打开调相给气阀，使压缩空气进入转轮室。将水位压低至规定下限值 DW_2 时，交流操作回路 9 和 10 均断电，从而使调相压水重复继电器 3KAM 失磁，并通过其动断接点 $3KAM_2$ 使调相给气电磁空气阀 $2YAV_c$ 励磁（回路 39），从而关闭调相给气阀，压缩空气即停止进入转轮室。此后，如果由于压缩空气的漏损和逸出，使转轮室水位又上升到上限值 D_{W1}，则重复上述操作过程。

为了避免调相给气阀频繁启动，所以在给气管路上并联一条小支管，由调相补气电磁空气阀 3YAV 控制。在机组作调相运行期间，调相补气阀始终开启（回路 40），以弥补压缩空气的漏损和逸出。

4. 调相转发电操作程序

由于机组已处于调相运行，调相运行继电器 1KMP 已励磁，其接点 $1KMP_1$ 闭合（回路 4），故此时可操作开停机控制开关 1SA 发出重新开机命令，使开机继电器 1～2KSP 励磁并自保持，同时作用于下列各处：

（1）使开限机构 EOR 正转，开至空载开度（回路 21）。之后待导叶打开，XGO_5 和 XGO_6 断开使 1KMP 复归，$1KST_6$ 和 $1KMP_4$ 闭合，开限机构则自动打到全开（回路 36、23）。

（2）$1KST_3$ 闭合使调速器的开机电磁阀 YV_0 励磁（回路 9），重新打开导叶。

（3）$1KST_8$ 闭合使转速调整机构 EVA 正转，机组自动带上一定负荷（回路 30）。

就这样，机组即转为发电方式运行。此时，发电运行继电器 1KGM 因导叶接点 XGO_1 闭合而励磁（回路 35），其动断接点 $1KGM_1$ 断开，又使开机继电器 1～2KST 复归（回路 6），并点亮中控室发电运行红色指示灯 RD。

调相继电器 1KMP 复归后，将使调相给气和补气阀的关闭线圈 $2YAV_c$、$3YAV_c$ 励磁，从而关闭调相给气阀和补气阀。

5. 停机转调相操作程序

当机组处于开机准备状态时，操作调相按钮 1SB 发出调相命令，则调相启动继电器 1KMS 励磁，并自保持（回路 43、44），同时 $1KMS_2$ 闭合启动开机继电器 1～2KST，并自保持（回路 4 和 6）。此后，机组的启动和同期并网这一段自动操作程序与前述停机—发电自动操作程序相同，不再重复。机组并网和开机继电器复归后，通过调相启动继电器（其复归时间较开机继电器稍迟）的动合接点 $1KMS_3$ 和开机继电器的动断接点 $1KST_5$ 立即使停机电磁阀 YV_c 励磁（回路 14、15），并将开限机构全关（回路 24），将导水叶重新关闭，使机组转入调相运行。此时，调相运行继电器 1KMP 励磁，其接点点亮中控室调相运行指示灯，并使调相启动继电器 1KMS 复归。调相压水给气的自动控制过程与发电转调相的控制过程相同，不再重复。

6. 调相转停机操作程序

操作开停机控制开关 1SA 发出停机命令，使停机继电器 1～2KSTP 励磁并自保持，接着将开限机构 EOR 打开至空载开度（回路 21），使机组转为发电运行工况。当导叶开至空

载开度时，XGO_5 打开使调相运行继电器 1KMP 复归，发电机断路器 QF 跳闸，开限机构立即全关（回路 36、25），同时使停机电磁阀 YV_c 励磁（回路 14），将导叶全关，机组转速随即下降。以下的动作过程与发电—停机过程相同。调相转停机操作时所以要先打开导叶，是为了使转轮室充满水，使转轮在水中旋转（比在空气中旋转转速下降要快），以缩短停机时间。

10.4　水轮发电机组开机和停机流程图

10.4.1　水轮发电机组开机流程框图

水轮发电机组开机流程框图如图 10.8 所示，其详细动作过程如下。

步骤 1：检查开机条件。

检查是否具备满足所有开机条件（机组无事故；制动阀无压；接力器锁定拔出；断路器跳开）。如果满足则进行步骤 2；反之停止开机，显示故障 1（开机条件不满足）的原因或者故障位置。

步骤 2：投高压减载油泵；投密封水电磁阀；投冷却水电磁阀。

如果高压减载油泵没有运行或运行不正常，当不正常的时长 T 没有超过设定时长 T_1 时，则重新返回到步骤 2 初始状态，再次投入高压减载油泵；当不正常的时长 T 超过设定时长 T_1 时，则显示故障 2（高压减载油泵投入超时），并投入备用油泵。

如果备用油泵没有运行或运行不正常，当不正常的时长 T 没有超过设定时长 T_2 时，则程序返回再次投入备用油泵；当不正常的时长 T 超过设定时长 T_2 时，显示故障 3（备用油泵投入超时）。如果备有油泵投入正常，则投冷却水。

如果冷却水没有投入或投入不正常，当不正常的时长 T 没有超过设定时长 T_3 时，则程序返回再次投入冷却水；当不正常的时长 T 超过设定时长 T_3 时，则显示故障 4（冷却水未投入）。如果冷却水投入正常，则投入密封水。

如果密封水没有投入或投入不正常，当不正常的时长 T 没有超过设定时长 T_4 时，则显示程序返回再次投入密封水；当不正常的时长 T 超过设定时长 T_4 时，则显示故障 5（密封水未投入）。如果密封水投入正常，则进行步骤 3。

步骤 3：投入调速器。

如果导叶没有开到空载位置，当所用时长 T 没有超过设定时长 T_5 时，则程序返回再次开导叶至控制位置；当所用时长 T 超过设定时长 T_5 时，则显示故障 6（导叶未开至空载位置）。如果导叶已开至空载位置，则判定转速大小。

如果转速没有大于 80%额定转速，当所用时长 T 没有超过设定时长 T_6 时，则程序返回再次检查转速是否大于 80%额定转速；当所用时长 T 超过设定时长 T_6 时，则显示故障 7（转速不大于 80%额定转速）。如果转速大于 80%额定转速，则进行步骤 4。

步骤 4：投励磁装置。

如果机端电压不大于 90%额定电压，当所用时长 T 没有超过设定时长 T_7 时，则程序返回再次检查机端电压是否大于 90%额定电压；当所用时长 T 超过设定时长 T_7 时，则显示故障 8（机端电压不大于 90%额定电压）。如果机端电压大于 90%额定电压，则检验转速是否达到 95%额定转速。

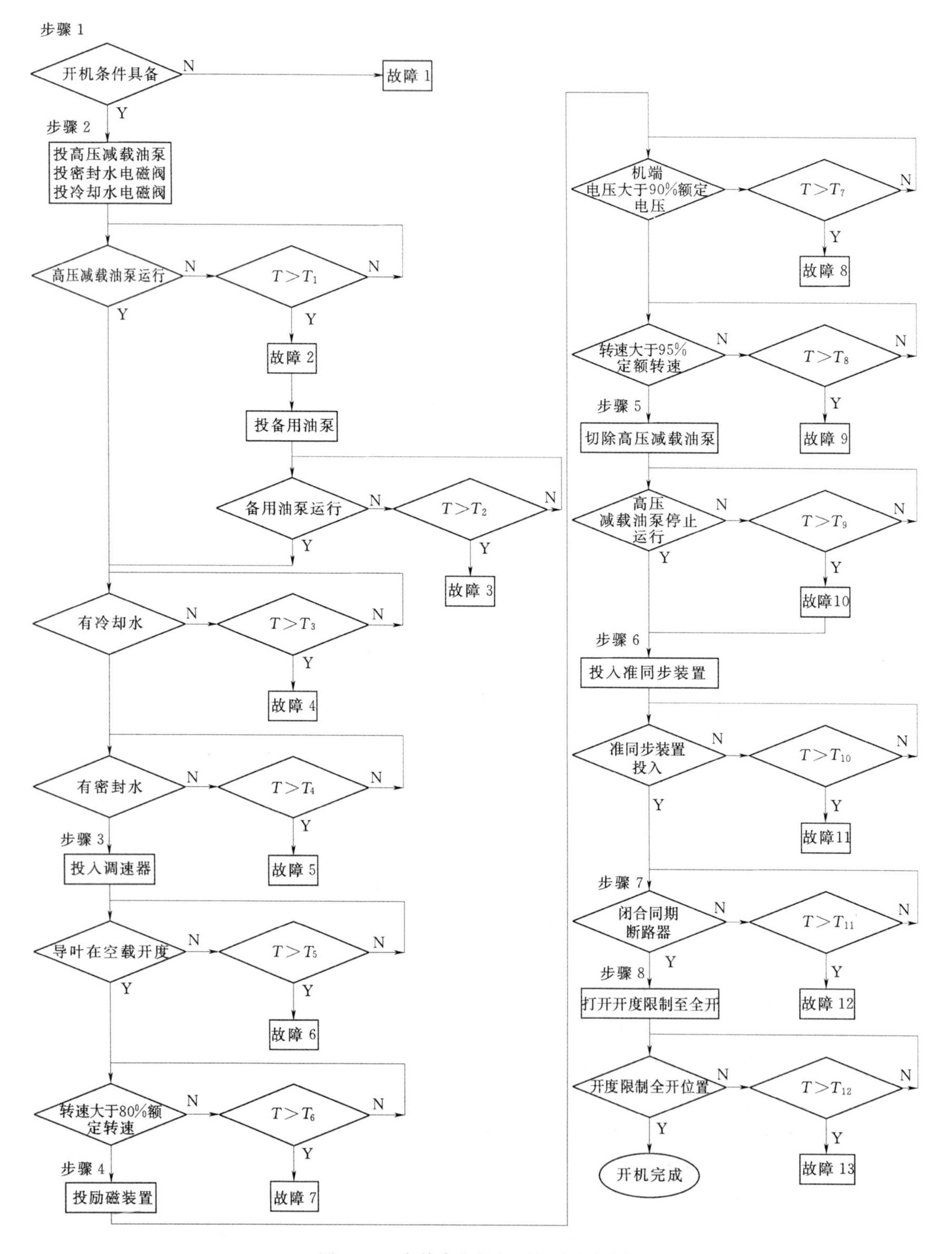

图10.8　水轮发电机组开机流程框图

如果转速是不大于95%额定转速，当所用时长 T 没有超过设定时长 T_8 时，则程序返回再次检查转速是否达到95%额定转速；当所用时长 T 超过设定时长 T_8 时，则显示故障9

（转速未大于95%额定转速）。如果转速大于95%额定转速，则进行步骤5。

步骤5：切除高压减载油泵。

如果高压减载油泵没有停止运行，当所用时长T没有超过设定时长T_9时，则程序返回再次检查高压减载油泵是否停止运行；当所用时长T超过设定时长T_9时，则显示故障10（高压减载油泵未停止运行），则进行第六步。如果高压减载油泵停止运行，则进行步骤6。

步骤6：投准同步装置。

如果准同步装置没有投入，当所用时长T没有超过设定时长T_{10}时，则程序返回再次检查准同步装置是否投入；当所用时长T超过设定时长T_{10}时，则显示故障11（准同步装置未投入）。如果准同步装置投入，则进行步骤7。

步骤7：闭合同期断路器。

如果同期断路器没有闭合，当所用时长T没有超过设定时长T_{11}时，则程序返回再次检查同期断路器是否闭合；当所用时长T超过设定时长T_{11}时，则显示故障12（同期断路器未闭合）。如果同期断路器闭合，则进行步骤8。

步骤8：打开开度限制至全开。

如果开度限制未至全开，当所用时长T没有超过设定时长T_{12}时，则程序返回再次检查开度限制是否至全开；当所用时长T超过设定时长T_{12}时，则显示故障13（开度限制未至全开）。如果开度限制至全开，则开机完成。

10.4.2　水轮发电机组停机流程框图

水轮发电机组停机流程框图如图10.9所示，其详细动作过程如下。

步骤1：减有功和无功。

如果机组有功、无功不是最小，当所用时长T没有超过设定时长T_1时，则程序返回再次检查有功、无功是否最小；当所用时长T超过设定时长T_1时，则显示故障1（有功、无功未至最小），然后进行步骤2。如果机组有功、无功已最小，则进行步骤2。

步骤2：断开发电机断路器。

如果机组未解列，当所用时长T没有超过设定时长T_2时，则程序返回再次检查机组是否解列；当所用时长T超过设定时长T_2时，则显示故障2（发电机断路器未断开）。如果机组已解列，则进行步骤3。

步骤3：关开度限制。

如果导叶未全关，当所用时长T没有超过设定时长T_3时，则程序返回再次检查导叶是否全关；当所用时长T超过设定时长T_3时，则显示故障3（导叶未全关），然后进行90%额定转速测定。如果导叶已全关，则进行90%额定转速测定。

如果转速不小于90%额定转速，当所用时长T没有超过设定时长T_4时，则程序返回再次检查转速是否小于90%额定转速；当所用时长T超过设定时长T_4时，则显示故障4（转速不小于90%额定转速），然后进行步骤4。如果转速小于90%额定转速，则进行步骤4。

步骤4：启动高压减载工作油泵。

如果高压减载工作油泵未运行，当所用时长T没有超过设定时长T_5时，则程序返回再次检查高压减载工作油泵是否运行；当所用时长T超过设定时长T_5时，则显示故障5（高压减载工作油泵未运行），然后进行投备用油泵。

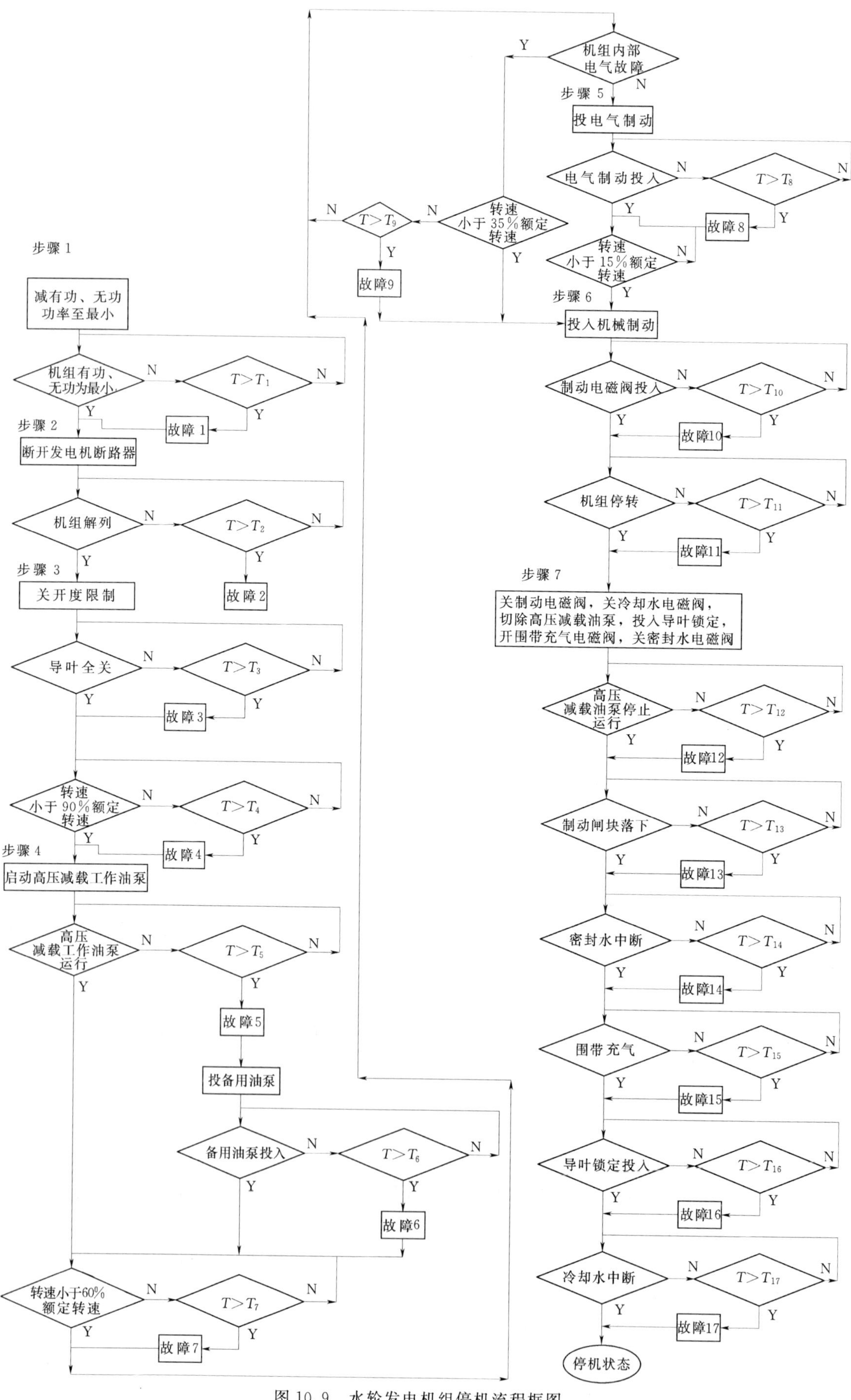

图 10.9 水轮发电机组停机流程框图

如果备用油泵未能投入，当所用时长 T 没有超过设定时长 T_6 时，则程序返回再次检查备用油泵是否能投入；当所用时长 T 超过设定时长 T_6 时，则显示故障 6（备用油泵未能投入），然后进行 60%额定转速测定。如果备用油泵已投入，则进行 60%额定转速测定。

如果转速不小于 60%额定转速，当所用时长 T 没有超过设定时长 T_7 时，则程序返回再次检查转速是否小于 60%额定转速；当所用时长 T 超过设定时长 T_7 时，则显示故障 7（转速不小于 60%额定转速），然后进行机组内部电气故障检查。如果转速小于 60%额定转速，则进行机组内部电气故障检查。

如果机组内部有电气故障，则测定 35%额定转速，当转速小于 35%额定转速时，则进行步骤 6；当转速不小于 35%额定转速时，当所用时长 T 没有超过设定时长 T_9 时，则程序返回再次检查机组内部是否有电气故障，当所用时长 T 超过设定时长 T_9 时，则显示故障 9（转速不小于 35%额定转速），然后进行步骤 6。

如果机组内部没有电气故障，则进行步骤 5。

步骤 5：投电气制动。

如果电气制动未能投入，当所用时长 T 没有超过设定时长 T_8 时，则程序返回再次检查电气制动是否投入；当所用时长 T 没有设定时长 T_8 时，则显示故障 8（电气制动未能投入），然后进行 15%额定转速测定。如果电气制动投入，则进行 15%额定转速测定。

如果转速不小于 15%额定转速测定，则重新测定；如果转速小于 15%额定转速，则进行步骤 6。

步骤 6：投入机械制动。

如果制动电磁阀未投入，当所用时长 T 没有超过设定时长 T_{10} 时，则程序返回再次检查制动电磁阀是否投入；当所用时长 T 超过设定时长 T_{10} 时，则显示故障 10（制动电磁阀未投入），然后进行机组停转检测。如果制动电磁阀投入，则进行机组停转检测。

如果机组未能停转，当所用时长 T 没有超过设定时长 T_{11} 时，则程序返回再次检查机组是否停转；当所用时长 T 超过设定时长 T_{11} 时，则显示故障 11（机组未能停转），然后进行步骤 7。如果机组停转，则进行步骤 7。

步骤 7：关制动电磁阀、关冷却水电磁阀、切除高压减载油泵、投入导叶锁定、开围带充气电磁阀、关密封水电磁阀。

如果高压减载油泵未能停止运行，当所用时长 T 没有超过设定时长 T_{12} 时，则程序返回再次检查高压减载油泵是否停止运行；当所用时长 T 超过设定时长 T_{12} 时，则显示故障 12（高压减载油泵未能停止运行），然后进行制动闸块落下检查。如果高压减载油泵已停止运行，则进行制动闸块落下检查。

如果制动闸块未能落下，当所用时长 T 没有超过设定时长 T_{13} 时，则程序返回再次检查制动闸块是否落下；当所用时长 T 超过设定时长 T_{13} 时，则显示故障 13（制动闸块未能落下），然后进行密封水中断检查。如果制动闸块已落下，则进行密封水中断检查。

如果密封水未中断，当所用时长 T 没有超过设定时长 T_{14} 时，则程序返回再次检查密封水是否中断；当所用时长 T 超过设定时长 T_{14} 时，则显示故障 14（密封水未中断），然后进行围带充气检查。如果密封水已中断，则进行围带充气检查。

如果围带未能充气，当所用时长 T 没有超过设定时长 T_{15} 时，则程序返回再次检查围带是否充气；当所用时长 T 超过设定时长 T_{15} 时，则显示故障 15（围带未能充气），然后进行导叶锁定投入检查。如果围带已充气，则进行导叶锁定投入检查。

如果导叶锁定未能投入，当所用时长 T 没有超过设定时长 T_{16} 时，则程序返回再次检查导叶锁定是否投入；当所用时长 T 超过设定时长 T_{16} 时，则显示故障 16（导叶锁定未能投入），然后进行冷却水中断检查。如果导叶锁定投入，则进行冷却水中断检查。

如果冷却水未能中断，当所用时长 T 没有超过设定时长 T_{17} 时，则程序返回再次检查冷却水是否中断；当所用时长 T 超过设定时长 T_{17} 时，则显示故障 17（冷却水未能中断），然后进入停机状态。如果冷却水已中断，则进入停机状态。

10.5　机组操作的 PLC 自动程序控制

10.5.1　水轮发电机组 PLC 控制系统原理

水轮发电机组计算机监控系统可以由可编程序控制器 PLC、工控机 IPC 或单片计算机来构成。较多的是使用可编程序控制器来构成水轮发电机组自动控制单元，因可编程序控制器 PLC 适用于顺序控制，也可对有关模拟量进行采集，水轮发电机组的自动控制也主要是顺序控制，通过对可编程序控制器硬件选型及加上输入输出接口继电器等就可组成所需的硬件系统，利用梯形图编程软件并根据控制过程编制控制软件及模拟量采集软件，从而组成完整的水轮发电机组监控系统。

以 PLC 为主构成的水轮发电机组计算机监控系统不仅仅是完成水轮发电机组的控制，而且还完成水轮发电机组的运行状态、运行参数的采集，可按设定值对水轮发电机组进行调节。

10.5.1.1　接线原理

常规水轮发电机组控制接线原理是由继电器构成的逻辑控制回路，由继电器的线圈和触点组成一定的逻辑关系，来完成机组的开停机顺序控制及其他控制功能。

由可编程序控制器 PLC 构成的水轮发电机组监控系统控制接线与常规水轮发电机组控制系统不同，其接线原理图简单，水轮发电机组的各种状态由状态触点接入 PLC 的开关量输入模块，控制信号则由 PLC 的输出模块输出。在接线上条理清晰，输入的信号统统接在 PLC 的开关量输入模块，输出信号统统接在 PLC 的开关量输出模块，水轮发电机组控制的逻辑关系则由 PLC 的软件来完成，而不像常规自动控制系统一样由继电器来完成。在 PLC 组成的控制系统中，继电器的作用一般是作为中间继电器，而不是用来完成逻辑功能。

常规机组自动控制系统采用继电器的线圈和各种触点的组合来完成一定的逻辑关系，在特定的接线原理图中，常规自动控制系统要求采用特定的动合或动断触点，即在回路中只能使用动合触点或动断触点，这对于动合或动断触点数量较少的场合，需要进行扩展才能满足使用要求。而采用 PLC 构成的水电站计算机监控系统，则对触点是动合的或动断的没有特别的要求，动合触点或动断触点均可接入 PLC 的开关量输入模块，且只要有一个状态输入 PLC 就可以，这个状态送入 PLC 后，由 PLC 的软件来构成一定的控制逻辑关系。PLC 对输入触点的要求就是这个触点必须是无电压触点，即这个触点必须由 PLC 专用。

采用可编程序控制器 PLC 组成的典型的水轮发电机组控制系统控制接线原理如图 10.10～图 10.14 所示。该控制系统的 PLC 有两块 32 点的开关量输入模块，一块 16 点开关量输入模块，一块 32 点和一块 16 点开关量输出模块，在图 10.10 和图 10.11 的开关量用动

合触点的断开位置表示正常或没有动作。

发电机电气事故情况已由事故出口继电器 KOU_1（图 10.10 端子 X2：15）的动合触点给出，不必再向水轮发电机组的 PLC 输入发电机电气事故的种类，PLC 就可对水轮发电机组作出相应的控制。但是在图中还是把发电机差动继电器 KGD 的动合触点（图 10.11 端子 X2：17）、复合电压过电流继电器 KCV 的动合触点（图 10.11 端子 X2：18）、过电压继电器 KOV 的动合触点（图 10.11 端子 X2：19）、发电机失磁继电器 KFF 的动合触点（图 10.11 端子 X2：20）、发电机过负荷继电器 KOL 的动合触点（图 10.11 端子 X2：21）、转子一点接地继电器 KRE 的动合触点（图 10.11 端子 X2：22）、发电机电压互感器 TV 断线监视继电器 KMO_1 的动合触点（图 10.11 端子 X2：23）、发电机电流互感器 TA 断线监视继电器 KMO_2 的动合触点（图 10.11 端子 X2：24）等接入 PLC 的输入模块，主要是考虑有部分的机组若采用常规保护，通过这种接法，保护动作的种类就可以由 PLC 来采集，机组计算机监控系统就可以区分是什么保护动作了，并把动作的保护信号送上位机。

水轮发电机组 PLC 控制系统开关量输入点数一般为 64～96 点，开关量输出点数一般为 64 点，如图 10.10～图 10.14 所示。水轮发电机组控制相对较复杂，输入、输出点数较多，对机组的控制软件有不同的要求，在选用 PLC 时应考虑留有一定的余地，通常选用中型或大型可编程序控制器 PLC，中型或大型可编程序控制器 PLC 一般为模块式结构，组成的系统灵活，便于扩展。前面已介绍过，开关量输入、输出模块每块模块的点数有 8、16、32 等几种规格，模拟量输入模块每块模块的点数有 4、8、16 等几种规格，可编程序控制器 PLC 基板最多可以装 10 块模块，如果选用点数少的开关量输入输出模块和模拟量输入模块，则水轮发电机组 PLC 控制系统的模块数量就较多，再加上 PLC 的电源模块和 CPU 模块，所有的模块数量就有可能超过 10 块，一块 PLC 基板安装所有模块就不够了，需要使用 PLC 的扩展基板，增加了 PLC 在控制柜中所占的空间，因此在一般情况下应尽可能选用点数多的模块，如 32 点的输入输出模块和 16 点模拟量输入模块，以减少 PLC 的模块数量，减少 PLC 在控制柜中所占的空间。

在实际使用中，水轮发电机组开关量输入、输出点数不一定刚好与开关量输入、输出模块的点数相同，所选用的开关量输入、输出模块的点数应大于机组开关量输入、输出点数，这样才能满足使用的要求。通常还要求开关量输入、输出模块留有 5%的空余点作为备用，这在一般情况下是不需要为备用专门增加模块；因为模块的点数一定大于实际使用的点数。

PLC 的开关量输入输出模块的电压通常是 DC 24V 或 AC 220V，在水轮发电机组控制中，AC 220V 较少作为操作电源的电压，因此由 PLC 构成的水轮发电机组控制系统较常用的操作电源电压是 DC 24V。但是，由于被控制的水轮发电机组的操作电源电压经常为 DC 110V 或 DC 220V，PLC DC 24V 的输出模块不能对此直接进行控制，加之 PLC 输出模块每路的功率有限，因此，在一般情况下，PLC 的输出模块是通过输出中间继电器来完成对水轮发电机组的控制，如图 10.13 所示。

10.5.1.2　机组开机

不论采用常规自动控制设备或采用 PLC 控制设备来控制水轮发电机组，水轮发电机组的控制过程基本是不变的。

1. 开机条件

(1) 发电机断路器在跳闸位置，断路器合闸位置继电器 KCP 的动合触点在断开位置

（图 10.10 端子 X1：17）。

(2) 发电机制动闸内无风压，制动闸在落下位置，制动闸位置开关 SRV 在断开位置（图 10.10 端子 X1：16）。

(3) 水轮发电机组无事故。紧急停机按钮 SBES 没有按下（图 10.10 端子 X1：9）；发电机灭磁开关 QFB 在跳闸位置（图 10.10 端子 X1：18），灭磁开关动合辅助触头在断开位置；水轮机导水机构剪断销正常，剪断销信号器 SS 的动合触点在断开位置（图 10.10 端子 X1：19）；机组轴承、绕组温度正常，温度信号器 ST 的动合触点在断开位置（图 10.11 端子 X2：2 和 3）；上导轴承、推力轴承、水导轴承的油位正常，液位信号器 SL 的动合触点在断开位置（图 10.11 端子 X2：4 至 9）；调速器油压正常，油压偏低、事故低油压压力信号器 SP 的动合触点在断开位置（图 10.11 端子 X2：10 和 11）；发电机无电气事故，发电机电气事故出口继电器 KOU_1 的动合触点在断开位置（图 10.11 端子 X2：15），也就是说发电机差动继电器 KGD（图 10.11 端子 X2：7）、复合电压过电流继电器 KCV（图 10.11 端子 X2：8）、过压继电器 KOV（图 10.11 端子 X2：19）、发电机失磁继电器 KFF（图 10.11 端子 X2：20）、发电机过负荷继电器 KOL（图 10.11 端子 X2：21）、转子一点接地继电器 KRE（图 10.11 端子 X2：22）。

2. 开机操作

当上述开机条件满足后，开机准备信号灯 PL1 点亮（图 10.13 端子 X4：27），见图 10.13 水轮发电机组 PLC 控制接线原理图。开机操作过程如下。

(1) 蝶阀开启。

1) 开机联动开启蝶阀。操作开停机控制开关 SAC_1（图 10.10 端子 X1：1），将控制开关 SAC_1 拧向开机方向，其触点 1、2 接通，可编程序控制器 PLC 首先检测蝶阀启闭位置，若蝶阀全关限位开关 SBV_2 的动合触点闭合（图 10.10 端子 X1：15），则表明蝶阀在关闭位置，PLC 先联动开启蝶阀，蝶阀开启中间继电器 K_3 动作（图 10.13 端子 X4：5），向蝶阀开启回路发出开启命令，满足开启条件的蝶阀控制回路，先开启旁通阀，使阀前后平压，平压后开启主阀。蝶阀开启中间继电器 K_3 由 PLC 给出指令保持至蝶阀全开。在蝶阀开启过程中，蝶阀开启位置信号灯 PL_2 闪烁（图 10.11 端子 X4：28）；当蝶阀开启后，蝶阀全关限位开关 SBV_2 的动合触点断开（图 10.10 端子 X1：15），蝶阀关闭位置信号灯 PL_3 熄灭（图 10.13 端子 X4：29）；当蝶阀到达全开位置时，蝶阀全开限位开关 SBV_1 的动合触点闭合（图 10.10 端子 X1：14），蝶阀开启位置信号灯 PL_2 为平光点亮（图 10.13 端子 X4：28）。

2) 直接操作开启蝶阀。开启蝶阀的另一种方法就是不采用开机联动开启蝶阀，在把开停机控制开关 SAC_1 拧向开机方向前，在蝶阀就地控制柜或机旁屏操作蝶阀启闭控制开关，先把蝶阀开启。如在机旁屏上操作蝶阀启闭控制开关 SAC_2（图 10.10 端子 X1：30，把控制开关 SAC_2 拧向蝶阀开启方向，其触点 1、2 接通，PLC 控制蝶阀开启中间继电器器动作（图 10.13 端子 X4：5），向蝶阀开启回路发出开启命令，蝶阀开启中间继电器 K_3 由 PLC 经一定延时后动作复归；在蝶阀开启过程中，蝶阀开启位置信号灯 PL_2 闪烁（图 10.13 端子 X4：28）；当蝶阀开启后，蝶阀全关限位开关 SBV_2 的动合触点断开（图 10.10 端子 X1：15），蝶阀关闭位置信号灯 PL_3 熄灭（图 10.13 端子 X4：29）；当蝶阀到达全开位置时，蝶阀全开限位开关 SBV_1 的动合触点闭合（图 10.10 端子 X1：14），蝶阀开启位置信号灯 PL_2 为平光点亮（图 10.13 端子 X4：28）。

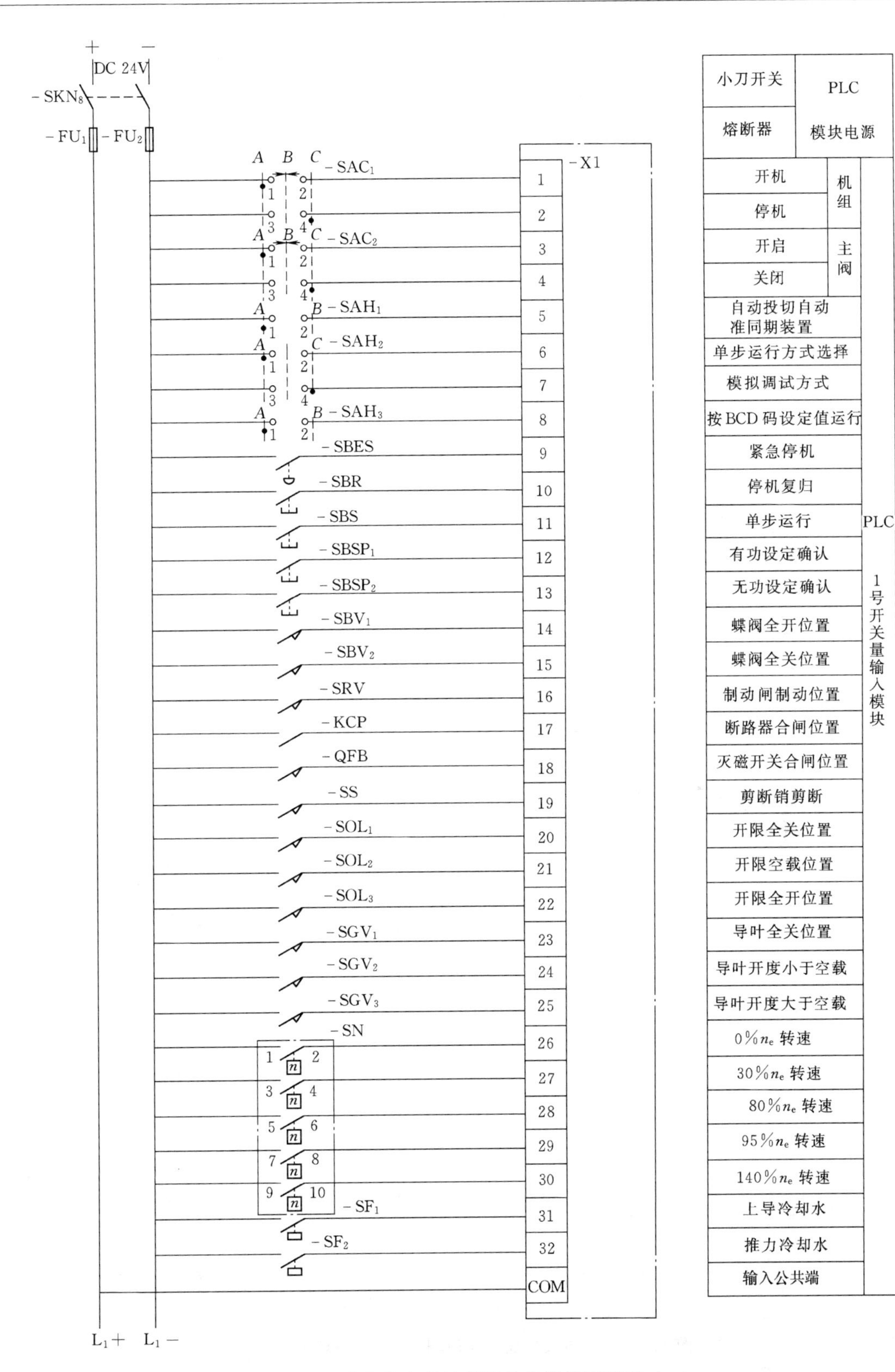

图 10.10 水轮发电机计算机监控接线原理图（一）

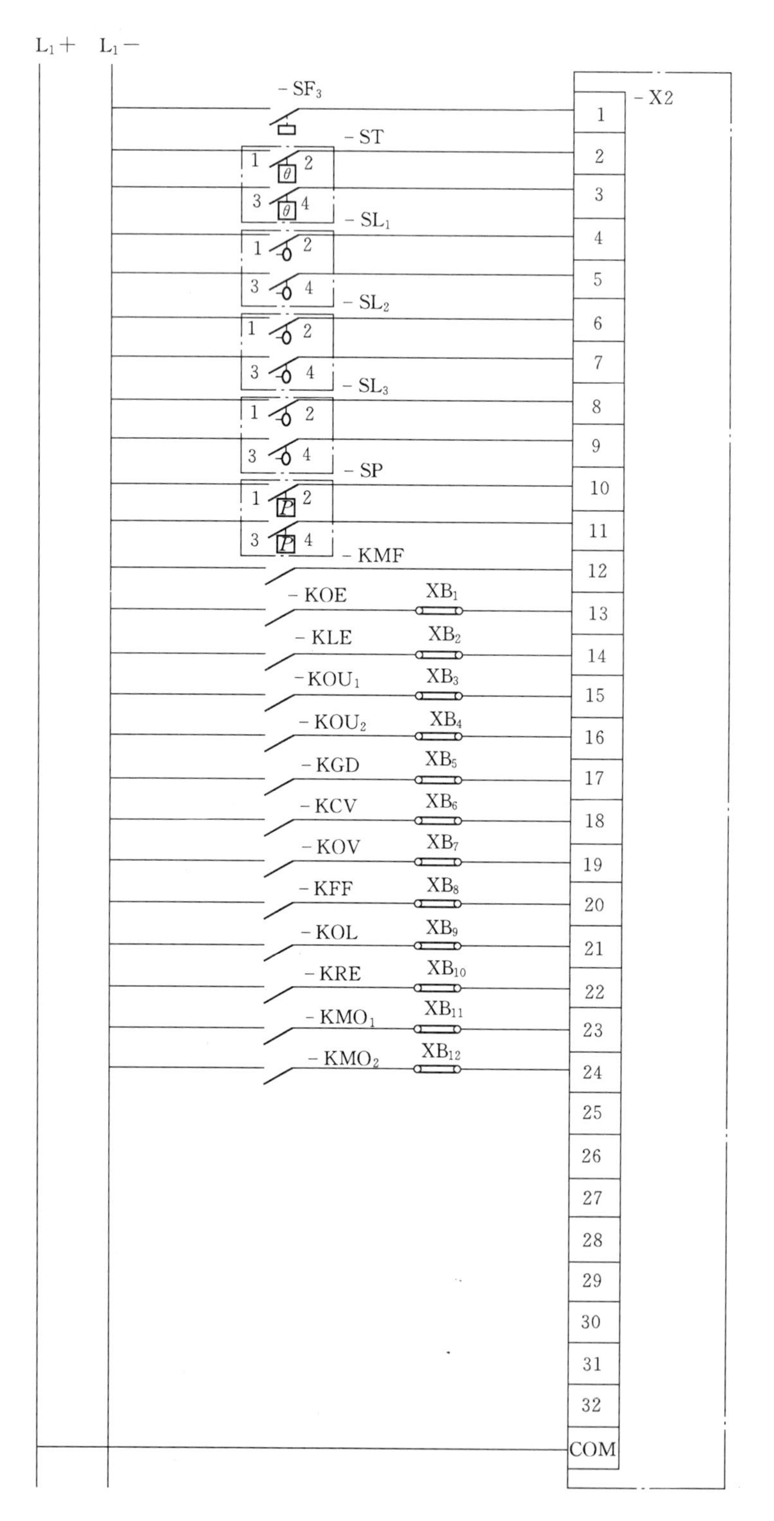

图10.11　水轮发电机组PLC控制接线原理图（二）

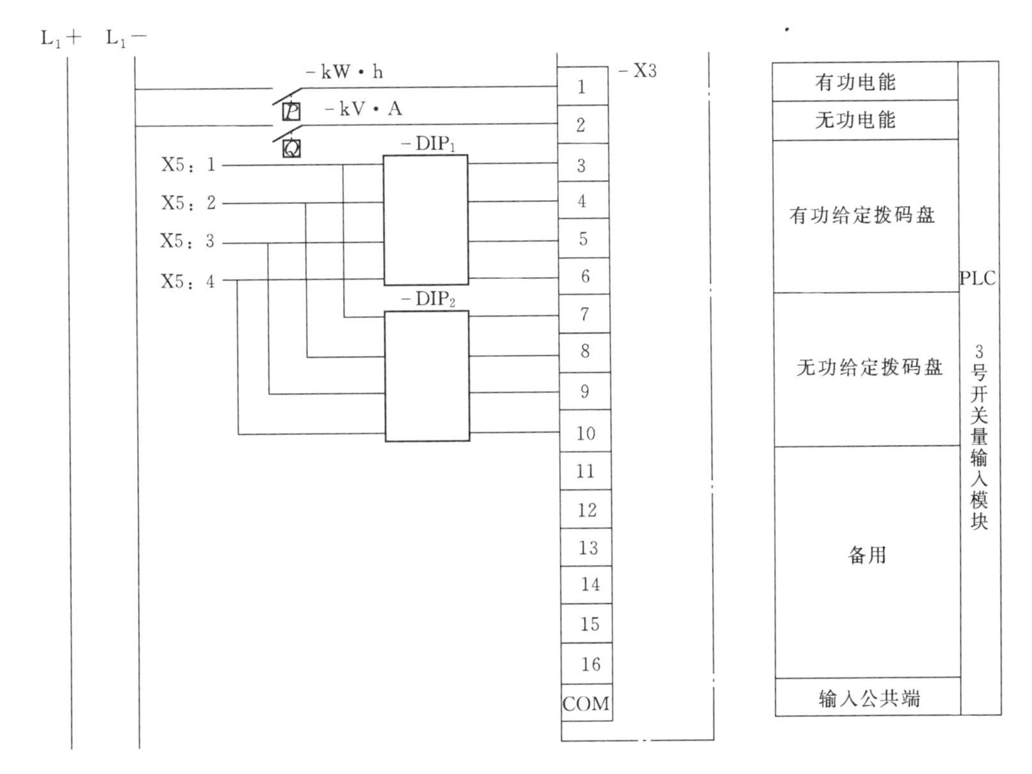

图 10.12　水轮发电机组 PLC 控制接线原理图（三）

（2）投技术供水。当机组开停机控制开关 SAC_1 拧向开机方向，蝶阀已开启，PLC 检测蝶阀全开限位开关 SBV_1 的动合触点闭合（图 10.7 端子 X1：14），蝶阀开启位置信号灯 PL_2 点亮（图 10.13 端子 X4：28）。则 PLC 继续检测上导轴承冷却水、推力轴承冷却水、主轴密封水等的示流信号器 SF_1、SF_2、SF_3 的动合触点（图 10.10 端子 X1：31 和 32，图 10.11 端子 X2：1），若这些动合触点没有闭合，则表明技术供水未投入，PLC 开机联动投技术供水，投技术供水中间继电器 K_1 动作（图 10.13 端子 X4：3），若投切技术供水的电磁阀为瞬时通电型的，则由 PLC 经一定的延时后复归 K_1，当技术供水投入后，使得上导轴承冷却水、推力轴承冷却水、主轴密封水等的示流信号器 SF_1、SF_2、SF_3 的动合触点闭合。

（3）合发电机灭磁开关。PLC 控制合发电机灭磁开关中间继电器 K_7 动作（图 10.13 端子 X4：9），接通灭磁开关合闸回路，灭磁开关合闸，灭磁开关动合辅助触点 QFB 闭合（图 10.10 端子 X1：18）。

（4）开水轮机导叶。

1）采用机械液压或电气液压调速器的机组。采用机械液压或电气液压调速器的机组，可以取消开机继电器 KST 和停机继电器 KSP（图 10.13 端子 X4：1 和 2）。

PLC 控制调速器开度限制增加中间继电器 K14 动作（图 10.13 端子 X4：16），调速器开度限制开至空载位置，开度限制空载位置开关 SOL2 的动合触点闭合（图 10.10 端子 X1：21）；PLC 控制导叶开度增加中间继电器 K16 动作（图 10.13 端子 X4：18），水轮机导叶开至空载开度，导叶空载开度位置开关 SGV2 的动合触点闭合（图 10.10 端子 X1：24）；水轮发电机组随着导叶的开启而启动旋转。

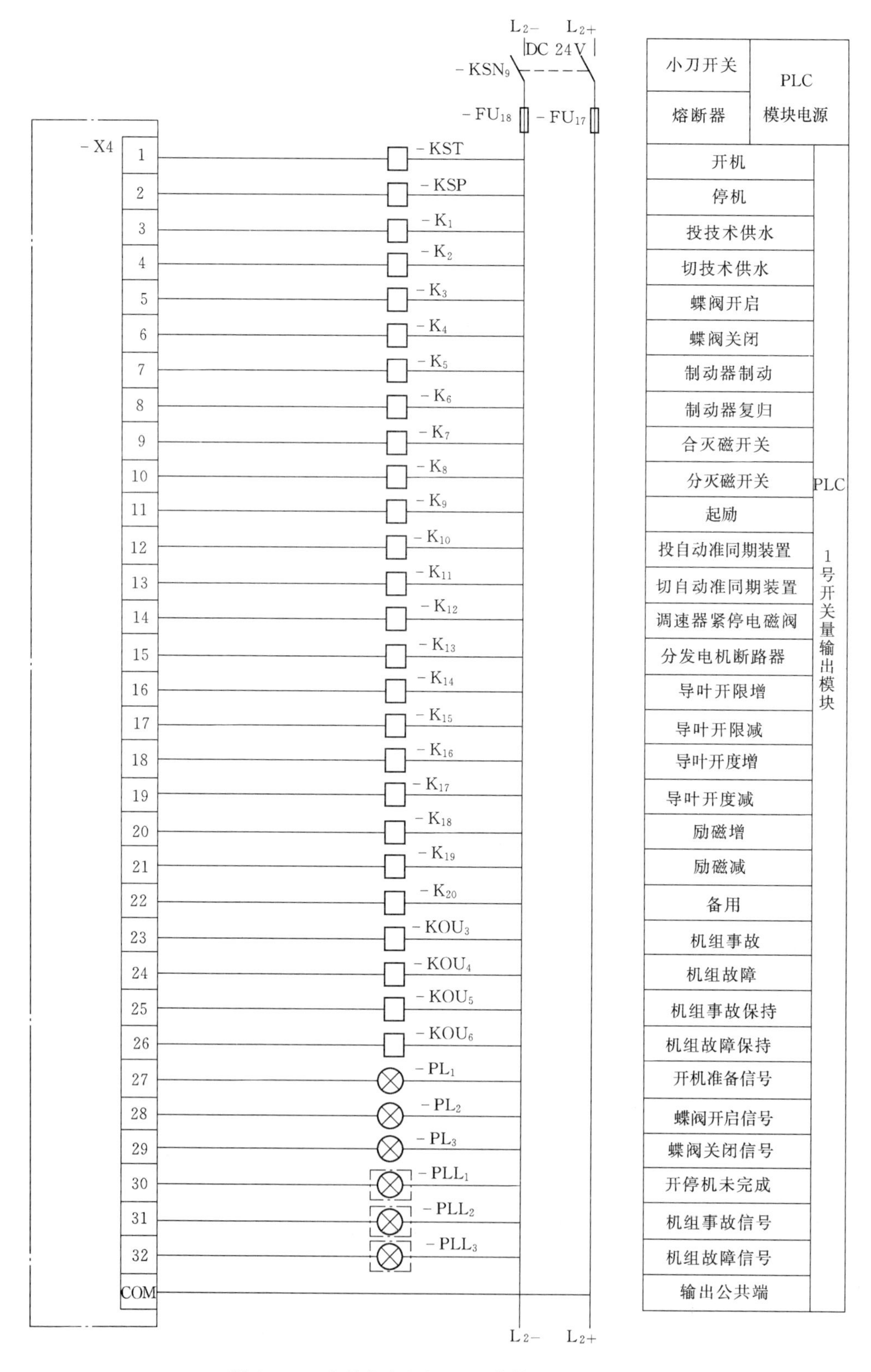

图10.13　水轮发电机组PLC接线原理图（四）

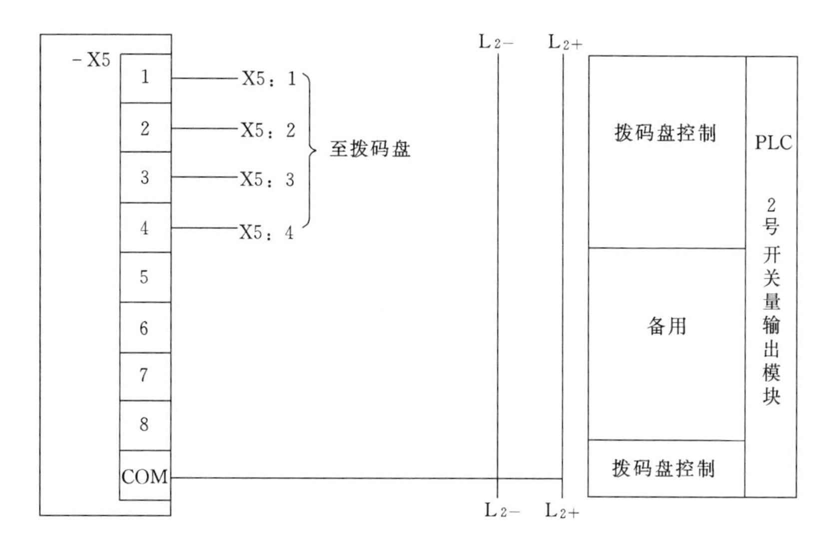

图 10.14 水轮发电机组 PLC 控制接线原理图（五）

2）采用微机调速器的机组。对于采用微机调速器的机组，可以取消导叶开度限制位置开关 SOL_1、SOL_2、SOL_3（图 10.10 端子 X1：20 至 22），取消调速器开度限制增减中间继电器 K_{14}、K_{15}（图 10.13 端子 X4：16 和 17），因为微机调速器在接受开机命令后可以自动控制调速器导叶开度限制和导叶开度，不需再由其他的控制装置来对其进行控制，图中保留了水轮机导叶开度增减中间继电器 K_{16}、K_{17}（图 10.13 端子 X4：18 和 19），使得机组并网发电后，PLC 可以控制水轮机导叶来调节机组负荷。

在开机过程中，PLC 控制开机继电器 KST 动作（图 10.13 端子 X4：1），向微机调速器发出开机命令，微机调速器自动开启导叶开度限制和导叶至空载位置，水轮机导叶开至空载开度，导叶空载开度位置开关 SGV_2 的动合触点闭合（图 10.10 端子 X1：24）；水轮发电机组随着导叶的开启而启动旋转。

（5）起励。水轮发电机组启动后逐渐加速，当转速信号器 SN 中表示 80%额定转速的动合触点闭合（图 10.10 端子 X1：28），机组的转速达到 80%额定转速时，发电机的电压还没有建立，PLC 控制起励中间继电器 9 动作（图 10.13 端子 X4：11），接通发电机的起励回路，使发电机建压。

（6）自动准同期并网。在开机前或开机过程中，操作自动投切自动准同期装置选择开关 SAH_1（图 10.10 端子 X1：5），把 SAH_1 拧向自动位置，其触点 1、2 接通，当机组转速信号器 SN 中表示 95%额定转速的动合触点闭合（图 10.10 端子 X1：29），PLC 控制投自动准同期装置的中间继电器 K_{10} 动作（图 10.13 端子 X4：12），把自动准同期装置投入运行，自动准同期装置自动调节机组的频率和电压，当达到准同期条件时，自动准同期装置发出合闸命令，发电机机端断路器合闸，断路器合闸位置继电器 KCP 的动合触点闭合（图 10.10 端子 X1：17），中间继电器 K_{11} 动作（图 10.13 端子 X4：13），退出自动准同期装置。

对于机械液压或电气液压调速器来讲，发电机断路器合闸后，PLC 将把调速器导叶开度限制打开至全开位置，PLC 控制调速器开度限制中间继电器 K_{14} 动作（图 10.13 端子 X4：16），当导叶开度限制打开至全开位置时，导叶开度限制全开位置开关动合触点 SOL_3 闭合

(图 10.10 端子 X1：22)。

当自动投切自动准同期装置选择开关 SAH_1 在断开位置时（图 10.10 端子 X1：5)，即使机组转速达到 95%额定转速时，PLC 也不把自动准同期装置投入运行，则机组不能通过自动准同期装置并网，但是可以通过运行人员由手动准同期并网。若机组不需并网，可以不进行同期操作，水轮发电机组由调速器和励磁装置调节机组的频率和电压，使机组在空载状态下运行。

(7) 发电运行。当选择开关 SAH_3 拧向按 BCD 码设定值运行（图 10.10 端子 X1：8)，其触点 1、2 接通，PLC 将根据有功给定拨码盘 DIP_1、无功给定（或功率因数给定）拨码盘 DIP_2 的给定值（图 10.12 端子 X3：3～10)，由 PLC 控制导叶开度增减中间继电器 K_{16}、K_{17}和励磁增减中间电器 K_{18}、K_{19}（图 10.13 端子 X4：18～21)，自动调节水轮发电机组的有功功率和无功功率，使机组的实际有功功率和无功功率达到设定值。

当选择开关 SAH_3 不在设定值位置时，机组可以按照运行人员的调节运行或按照上位机的给定值运行。

(8) 机组有功功率和无功功率给定（或功率因数给定)。在图 10.14 控制图中，机组的有功功率和无功功率给定（或功率因数给定）值是采用 BCD 码拨码盘进行输入的，采用 4 位数字输入，适用于机组容量小于 10MW，当机组容量在 10～100MW 之间，可用 5 位数字输入，对于不同容量的机组，所用的数字位数不同。

若控制系统带后台计算机，一般将机组有功功率和无功功率以数字量，输入计算机经通信传送到 PLC 控制器中，进行对机组进行调节控制。

(9) 开机未完成。当开机命令发出经过一定的时间后，机组还没有完成开机过程，PLC 就控制机组故障继电器 KOU_4 和机组故障保持继电器 KOU_6 动作（图 10.13 端子 X4：24 和 26)，向中央音响信号系统发出机组开停机未完成信号并点亮光字牌 PLL_1（图 10.13 端子 X4：30)。

3. 停机操作

(1) 两种不同停机方式。

1) 采用机械液压调速器或电气液压调速器的机组。操作开停机控制开关 SAC_1（图 10.10 端子 Xl：2)，将控制开关 SAC_1 拧向停机方向，其触点 3、4 接通，PLC 控制水轮机导叶开度减小中间继电器 K_{17} 动作（图 10.13 端子 X4：19)，减小水轮机导叶开度，机组卸负荷。

2) 采用微机调速器的机组。操作开停机控制开关 SAC_1（图 10.10 端子 X1：2)；将控制开关 SAC_1 拧向停机方向，其触点 3、4 接通，PLC 控制视机组停机中间继电器 KSP 动作（图 10.13 端子 X4：2)，向微机调速器发出停机命令，微机调速器减小水轮机导叶开度，机组卸负荷。

(2) 断路器跳闸、灭磁开关跳闸。当水轮机导叶关至空载开度，导叶开度小于空载开度，位置开关 SGV_2 动合触点从断开状态变为闭合状态（图 10.10 端子 X1：24)，PLC 控制断路器跳闸中间继电器 K_{13} 动作（图 10.13 端子 X4：15)，接通断路器跳闸回路，发电机断路器跳闸，断路器合闸位置继电器动合触点 KCP 处于断开位置（图 10.10 端子 X1：17)；PLC 控制灭磁开关跳闸中间继电器 K_8 动作（图 10.13 端子 X4：10)，接通灭磁开关跳闸回路，发电机灭磁开关跳闸，灭磁开关动合辅助触点 QFB 断开（图 10.10 端子 X1：18)，对

于采用微机调速器的机组，断路器跳闸命令也有从调速器发出的。

(3) 导叶开度限制关至全关。

1) 采用机械液压或电气液压调速器的机组。当发电机断路器跳闸后，PLC 控制导叶开度限制减小，中间继电器 K_{15} 和导叶开度减小，中间继电器 K_{17} 动作（图 10.13 端子 X4：17 和 19），调速器导叶开度限制和水轮机导叶均关至全关，开度限制全关位置开关 SOL_1 的动合触点闭合（图 10.10 端子 X1：20），导叶开度全关位置开关 SGV_1 的动合触点闭合（图 10.10 端子 X1：23）。

2) 采用微机调速器的机组。当发电机跳闸后，调速器导叶开度限制和水轮机导叶均关至全关，开度限制全关位置开关 SOL_1 的动合触点闭合（图 10.10 端子 X1：20），导叶开度全关位置开关 SGV_1 的动合触点闭合（图 10.10 端子 X1：23）。

(4) 机组制动。水轮机导叶全关后，机组转速下降，当转速信号器 SN 表示小于 30%额定转速的动合触点闭合（图 10.10 端子 X1：27），PLC 控制制动器制动中间继电器 K_5 动作（图 10.13 端子 X4：7），机组制动器制动。

(5) 制动解除、切技术供水。当机组停止转动后，转速信号器 SN 表示 0 转速的动合触点闭合（图 10.10 端子 X1：26），PLC 经一定的延时，控制制动器复归中间继电器 K_6（图 10.13 端子 X4：8）、切除技术供水中间继电器 K_2 动作（图 10.13 端子 X4：4），解除机组的制动，切除机组的技术供水，完成机组正常停机。

(6) 停机未完成。当停机命令发出经过一定的时间后，机组还没有完成停机过程，PLC 就控制机组故障继电器 KOU_4 和机组故障保持继电器 KOU_6 动作（图 10.13 端子 X4：24 和 26），向中央音响信号系统发出机组开停机未完成信号并点亮光字牌 PLL_1（图 10.13 端子 X4：30）。

4. 事故停机

(1) 机组出现电气事故。

1) 断路器跳闸、灭磁开关跳闸的同时。当水轮发电机组出现电气事故时，除继电保护作用于断路器跳闸，PLC 还控制断路器跳闸中间继电器 K_{13} 动作（图 10.13 端子 X4：15），接通断路器跳闸回路，发电机断路器跳闸，断路器合闸位置继电器动合触点；KCP 处于断开位置（图 10.10 端子 X1：17），PLC 控制灭磁开关跳闸中间继电器 K_8 动作（图 10.13 端子 X4：10），接通灭磁开关跳闸回路，发电机灭磁开关跳闸，灭磁开关动合辅助触点 QFB 断开（图 10.10 端子 Xl：18）。

2) 水轮机导叶全关。PLC 在控制发电机断路器、灭磁开关跳闸的同时：

a. 采用机械液压或电气液压调速器的机组。PLC 控制调速器紧停电磁阀中间继电器 K_{12} 和导叶开度限制减小中间继电器 K_{15} 动作（图 10.13 端子 X4：14 和 17），把水轮机导叶关至全关位置，水轮机导叶开度限制全关位置开关 SOL_1（图 10.10 端子 X1：20）和水轮机导叶开度全关位置开关 SGV_1（图 10.10 端子 X1：23）的动合触点闭合。

b. 采用微机调速器的机组。PLC 控制调速器紧停电磁阀中间继电器 K_{12} 和机组停机继电器 KSP 动作（图 10.13 端子 X4：14 和 2），把水轮机导叶关至全关位置，水轮机导叶开度限制全关位置开关 SOL_1（图 10.10 端子 X1：20）和水轮机导叶开度全关位置开关 SGV_1（图 10.10 端子 X1：23）的动合触点闭合。

3) 报警。在 PLC 控制跳闸和关导叶的同时，PLC 点亮机旁屏上机组事故光字牌 PLL_2

（图10.13端子X4：31），同时控制机组事故出口继电器KOU_3动作和事故出口保持继电器KOU_5动作（图10.13端子X4：23和25），以接通音响报警和光字牌回路。事故出口继电器KOU_3和事故出口保持继电器KOU_5都是用于向由另一PLC构成的中央音响信号系统发出机组事故信号，但它们的动作情况不同，事故信号继电器KOU_3由PLC控制经过一短暂延时后复归，以便当机组的第二个事故出现时，再次启动中央音响，KOU_5用于保持机组的事故信号，只要机组的事故没有消除，PLC则一直保持其处于动作状态。

当机组出现事故时，由另一PLC构成的中央音响信号系统检测到KOU_3动合触点瞬时闭合，则启动电笛，使机组事故光字牌闪烁，当运行人员按确认按钮后，电笛停止鸣响，机组事故光字牌由动作的KOU_5保持平光点亮，当机组出现第二个事故，KOU_3再次瞬时闭合，再次启动电笛，并使机组事故光字牌再次闪烁。取代常规中央音响信号系统中的冲击继电器。

4）机组制动、切除技术供水。机组制动、制动复归和切除技术供水同机组正常停机一样，不再复述。

（2）机组出现机械事故。

1）水轮机导叶全关、发电机断路器和灭磁开关跳闸。

a. 采用机械液压或电气液压调速器的机组。PLC控制调速器紧停电磁阀中间继电器K_{12}和导叶开度限制减小中间继电器K_{15}动作（图10.13端子X4：14和17）关闭水轮机导叶，在水轮机导叶关至空载位置时，导叶空载开度位置开关SGV_2的动合触点闭合（图10.10端子X1：24），PLC控制断路器跳闸中间继电器K_{13}动作（图10.13端子X4：15），接通断路器跳闸回路，发电机断路器跳闸，断路器合闸位置继电器动合触点KCP处于断开位置（图10.10端子X1：17）；PLC控制灭磁开关跳闸中间继电器K_8动作（图10.13端子X4：10），接通灭磁开关跳闸回路，发电机灭磁开关跳闸，灭磁开关动合辅助触点QFB断开（图10.10端子X1：18）。

当水轮机导叶关至全关位置，水轮机导叶开度限制全关位置开关SOL_1和水轮机导叶开度全关位置开关SGV_1的动合触点闭合（图10.10端子X1：20和23）。

b. 采用微机调速器的机组。PLC控制调速器紧停电磁阀中间继电器K_{12}和机组停机继电器KSP动作（图10.13端子X4：14和2），关闭水轮机导叶至空载，PLC控制断路器跳闸中间继电器K_{13}动作（图10.13端子X4：15），接通断路器跳闸回路，发电机断路器跳闸，断路器合闸位置继电器动合触点KCP处于断开位置（图10.10端子X1：17）；PLC控制灭磁开关跳闸中间继电器K_8动作（图10.13端子X4：10），接通灭磁开关跳闸回路，发电机灭磁开关跳闸，灭磁开关动合辅助触点QFB断开（图10.10端子X1：18）。

当水轮机导叶关至全关位置，水轮机导叶开度限制全关位置开关SOL_1和水轮机导叶开度全关位置开关SGV_1的动合触点闭合（图10.10端子X1：20和23）。

2）其余停机过程与电气事故停机过程相同。在机械事故停机时不立即跳开发电机断路器，以避免机组在事故停机时出现甩负荷引起机组过速；但在电气事故时为了快速切断事故点，在事故停机时先跳发电机断路器。

5. 紧急事故停机

当机组转速达到140％额定转速，转速信号器SN表示140％额定转速的动合触点闭合（图10.10端子X1：30），或调速器油压装置事故低油压；或在机组事故停机过程中，导叶

剪断销剪断，剪断销信号器SS的动合触点闭合（图10.10端子X1：19），PLC在控制发电机断路器跳闸等事故停机的操作同时，PLC还控制蝶阀关闭中间继电器K_4动作（图10.13端子X4：6），以接通蝶阀关闭回路，当蝶阀开始关闭时，蝶阀开启信号灯PL_2熄灭（图10.13端子X4：28），表示蝶阀开启的动合位置触点SBV_1从闭合位置断开（图10.10端子X1：14），蝶阀关闭信号灯PL_3闪烁（图10.13端子X4：29），当蝶阀关至全关位置时，蝶阀关闭信号灯PL_3停止闪烁并点亮，表示蝶阀关闭的动合位置触点SBV_2从断开位置闭合（图10.10端子X1：15）。

10.5.2　机组保护

水轮发电机组的保护分为电气保护和机械保护两类。保护动作有三种情况：一种作用于机组事故停机；一种作用于机组紧急停机；一种仅作用于发出信号即故障信号。

10.5.2.1　电气保护

1. 作用于机组事故停机的电气保护

当作用于机组事故停机的电气保护动作，发电机电气保护事故出口继电器KOU_1的动合触点闭合（图10.11端子X2：15），PLC控制机组事故停机并控制机组事故出口继电器KOU_3和事故出口保持继电器KOU_5动作（图10.13端子X4：23和25），点亮机旁屏上机组事故光字牌PLL_2（图10.13端子X4：31），启动中央音响信号系统。

一般作用于机组事故停机的电气保护有：发电机纵联差动、复合电压过电流、过电压、发电机失磁等保护。

2. 作用于机组故障信号的电气保护

当作用于机组故障信号的电气保护动作，PLC控制机组故障出口继电器KOU_4和故障出口保持继电器KOU_6动作（图10.13端子X4：24和26），点亮机房屏上机组故障光字牌PLL_3（图10.13端子X4：32），启动中央音响信号系统。

作用于故障信号的电气保护一般有：过负荷、低频、欠压、转子一点接地等。

10.5.2.2　机械保护

1. 作用于机组事故停机的机械保护

作用于机组事故停机的机械保护有：机组轴承温度过高，当机组轴承温度过高时温度信号器ST动合触点3、4闭合（图10.11端子X2：3）；压力信号器SP动合触点3、4闭合（图10.11端子X2：11）；当水轮机导轴承采用水润滑，润滑水中断后启用备用水源，经过一定的延时仍没有水。

当上述保护动作后，PLC控制机组事故停机并控制机组事故出口继电器KOU_3和事故出口保持继电器KOU_5动作（图10.13端子X2：23和25），点亮机旁屏上机组事故光字牌PLL_2（图10.13端子X4：31），启动中央音响信号系统。

2. 作用于机组紧急事故停机的机械保护

作用于机组紧急事故停机的机械保护有：机组过速，转速信号器SN表示140%额定转速动合触点闭合（图10.10端子X1：30）；调速器油压装置事故低油压，在机组事故停机时导叶剪断销剪断，剪断销信号器SS动合触点闭合（图10.10端子X1：19）。

当上述保护动作后，PLC控制机组紧急事故停机并控制机组事故出口继电器KOU_3和

事故出口保持继电器 KOU_5 动作（图 10.13 端子 X4：23 和 25），点亮机旁屏上机组事故光字牌 PLL_2（图 10.13 端子 X4：31），启动中央音响信号系统。

3. 作用于机组故障信号的机械保护

作用于机组故障信号的机组机械保护有：上导轴承和推力轴承冷却水、主轴密封水中断，示流信号器 SF_1、SF_2、SF_3 的动合触点闭合（图 10.10 端子 X2：31 和 32，图 10.11 端子 X2：1）；机组轴承、绕组温度偏高，温度信号器 ST 的动合触点 1、2 闭合（图 10.11 端子 X2：2）；上导轴承油位过低或过高，液位信号器 SL_1 的动合触点 1、2 或 3、4 闭合（图 10.11 端子 X2：4 和 5）；推力轴承油位过低或过高，液位信号器 SL_2 的动合触点 1、2 或 3、4 闭合（图 10.11 端子 X2：6 和 7）；水导轴承油位过低或过高，液位信号器 SL_3 的动合触点 1、2 或 3、4 闭合（图 10.11 端子 X2：8 和 9）；调速器油压偏低，压力信号器 SP 的动合触点 1、2 闭合（图 10.11 端子 X2：10）。

当上述保护动作后，PLC 控制机组故障出口继电器 KOU_4 和故障出口保持继电器 KOU_6 动作（图 10.13 端子 X4：24 和 26），点亮机旁屏上机组故障光字牌 PLL_3（图 10.13 端子 X4：32），启动中央音响信号系统。

10.5.3 PLC 控制系统电源

由于采用了 PLC 控制系统，在机组就地控制单元上一般集中了机组开停机控制 PLC、机组交流电参数测量仪、机组温度巡检仪、变送器等装置或设备，这些设备均需要电源才能工作。

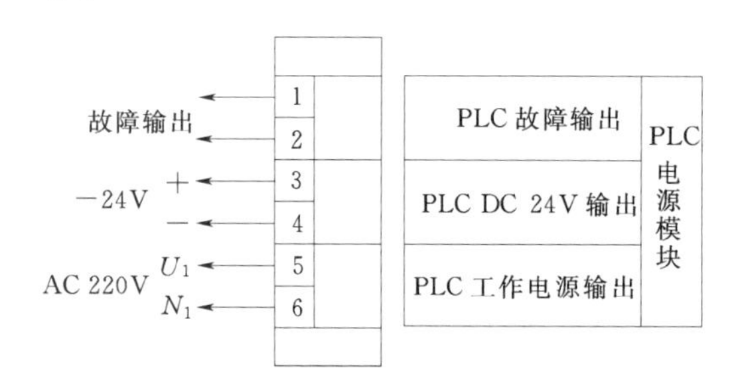

图 10.15　PLC 电源接线

PLC 的工作电源可以是 AC 220V 或 DC 24V，采用 AC 220V 的 PLC 的电源模块，上面往往还带有 DC 24V 的输出，输出电流一般为 1A 或 2A，图 10.15 为 PLC 电源模块接线，PLC 的电源模块输出 DC 24V，主要是为了便于 PLC 开关量输入模块、开关量输出模块的使用。当 PLC 开关量输入输出模块点数少的时候，使用 PLC 电源模块提供的 DC 24V 电源较方便和经济，但是当 PLC 的输入、输出模块的点数较多时，其提供的电流就不能满足使用要求。在水电站 PLC 控制系统中，开关量输入、输出点数相对较多，电源模块的输出电流不够使用，因此需外部提供 DC 24V 供开关量输入、输出模块使用，采用外部电源还可以带来提高 PLC 电源模块工作可靠性的好处，因为 PLC 开关量输入、输出模块的外部引出线较长，引线到的地方有的较潮湿，外部引出线容易短路，使用外部 DC 24V 电源可以避免影响 PLC 的电源模块的工作。

机组交流电参数测量仪、机组温度巡检仪、部分电气量变送器和非电气量的变送器的工作电源采用 AC 220V，为保证这些装置和设备的工作可靠性，便于设备的调试，在屏柜中，这些设备和 PLC 一样均应有单独的电源分支回路。

PLC 的开关量输入、输出模块和部分非电气量变送器使用 DC 24V 电源，DC 24V 电源可以通过交直流电源转换装置获得，也可以从直流蓄电池屏中引出。这些设备的电源也应由单独的电源分支回路供电，以提高供电的可靠性，方便电站现场调试。水轮发电机组 PLC 控制系统电源接线如图 10.16 所示。

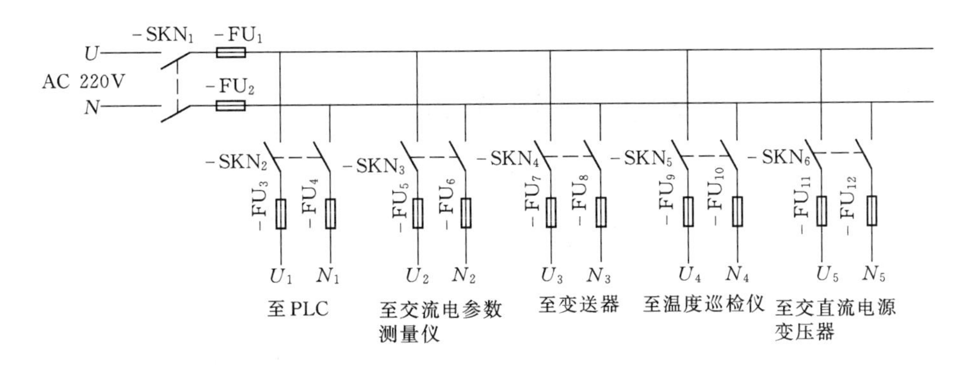

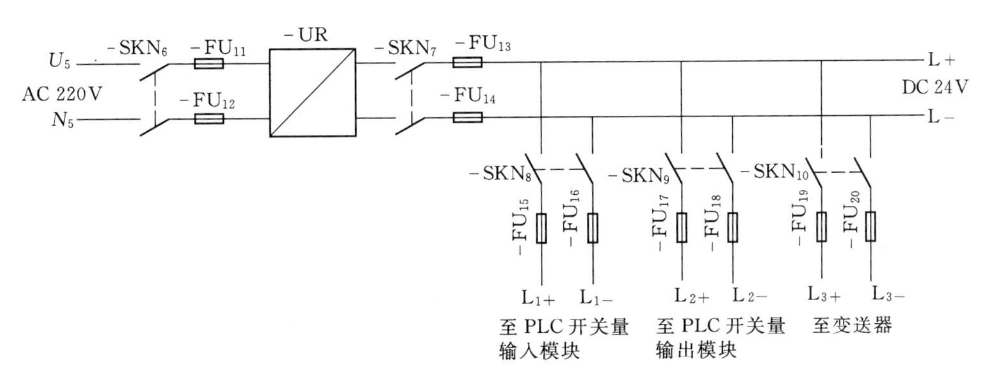

图 10.16 水轮发电机组 PLC 控制系统电源接线

项目 11　水轮发电机组电气制动系统范例

11.1　电气制动方案主接线方式

本设计方案为一套完全独立的电气制动系统，系统设备包括：制动电源输入电动开关 1 台，制动电源输出电动开关 1 台，电制动变压器 1 台，定子短路刀闸（配电机操作机构）1 台，二极管整流装置 1 套，PLC 和一些外部控制回路。此方案优点在于电气制动系统完全独立，不需更改现有的励磁系统设备；系统原理简单，运行可靠。缺点是由于设计时主回路采用二极管元件，制动电流不可控，因此要求在设计制动变压器时设计几个挡位，以便试验时调整；由于电气制动完成转子中仍有制动电流存在，因此分断制动电源输入输出开关都是带负荷操作，为了保证开关可控分断，开关容量应适当放大，PLC 流程应保证开关动作严格按顺序操作，系统原理图如图 11.1 所示。

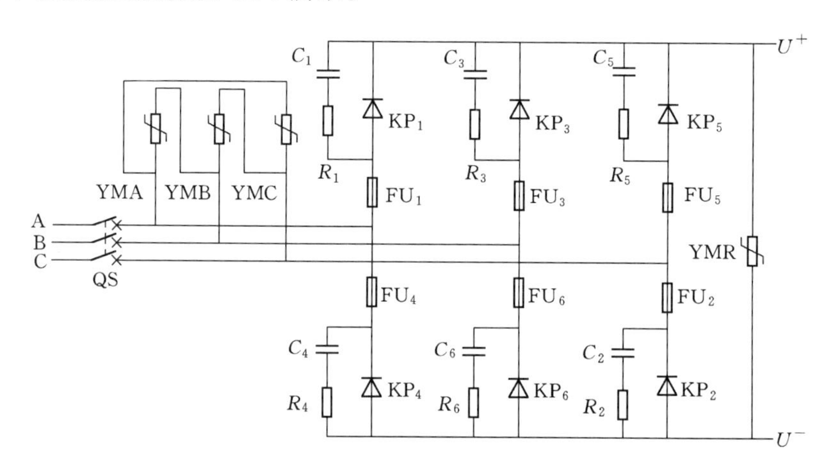

图 11.1　电气制动一次回路原理图

11.2　发电机参数及二极管三相整流桥介绍

发电机额定功率：P_e=51500kW。

发电机额定电压：U_{fe}=10.5kV。

发电机额定电流：I_{fe}=3055A。

发电机额定功率因数：cosφ=0.9（滞后）。

发电机额定转速：N_e=250r/min。

发电机额定励磁电流 I_{LC}=1009A。

发电机额定励磁电压：U_{LC}=140V。

发电机额定空载励磁电流：I_{L0}=581A。

发电机额定空载励磁电压：U_{L0}=55V。

发电机定子电阻：R_D（75℃）＝0.0048kΩ。

发电机转子电阻：R_Z（75℃）＝0.08879kΩ。

机组转速惯量：$(GD)^2=2000\text{t}\cdot\text{m}^2$。

电气制动功率部分一次回路原理图如图 11.2 所示。

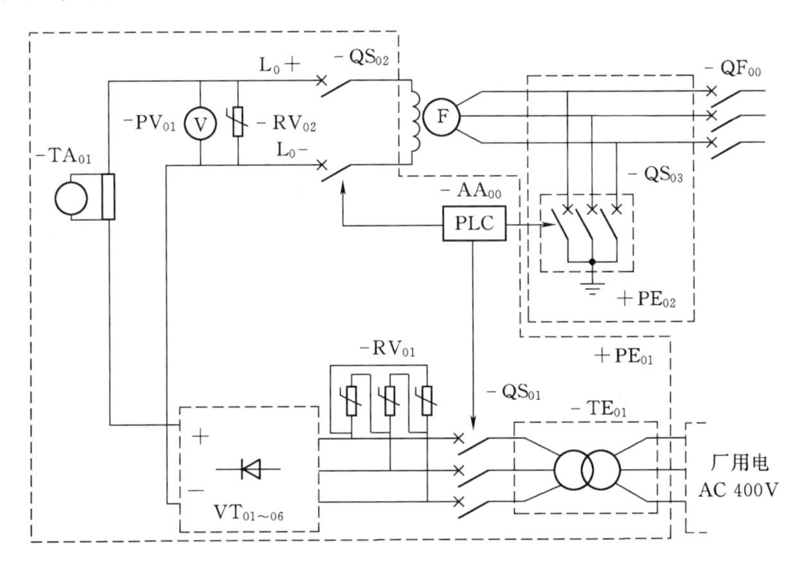

图 11.2　电气制动原理图

1. 主回路

图 11.2 中 $KP_1\sim KP_6$ 构成三相二极管整流桥式电路，三相交流电源通过 QS 刀闸入。

2. 保护回路

整流元件承受过电流及过电压的能力较差，为了使元件及设备安全运行，必须采取一定的保护措施。

(1) 过电流保护：短路保护装置，采用快速熔断器，如图 11.1 中的 $FU_1\sim FU_6$。快速熔断器还配置有快速熔断指示器，当熔体熔断时，可以发出熔断指示并点亮相应的信号灯。

(2) 过电压保护：如图 11.1 所示，YMA，YMB，YMC 及 YMR 主要用于吸收交流侧及直流侧的过电压。(R_1、C_1) ～ (R_6、C_6) 构成了元件上的过电压吸收电路。

3. 信号回路

交流侧开关和直流侧开关断开时，装置现地指示并同时将信号发至中控室及相关控制系统。当熔断器熔断时，现地指示并同时将熔断信号发至中控室及相关控制系统。

11.3　电气制动流程

1. 电气制动启动条件

电气制动 PLC 的启动信号由机组监控系统提供。启动条件需要考虑转速在 $80\%N_e$，启动 PLC 控制单元（即使 PLC 工作电源得电，这样设计主要是防止在 PLC 长时间运行情况下电气制动系统误动作），当转速降到 $60\%N_e$ 时，PLC 投入运行状态。电气制动投入的条件如下：有停机令；机组油开关跳开；机组无事故；导水叶全关；机组转速小于 $60\%\ N_e$；

机组机端电压小于10%U_0（U_0为空载励磁电压）。

2. 电气制动系统执行元件动作顺序

电气制动条件满足后执行元件动作顺序为：投短路开关；投直流开关；投交流开关。在机组转速降到零后，电气制动退出顺序为：分交流开关；分直流开关；分短路开关。电气制动过程在设定的时间内（可设定）或由于其他设备原因不能正常完成，则送出电气制动失败信号，如果电气制动失效则在25% N_e时投机械制动。

3. 电气制动系统设置的信号

电气制动系统能接受计算机监控系统的机组现地控制单元（LCU）的指令，完成机组制动过程。为此，电气制动系统与机组现地控制单元及其他元件传输下列输入、输出信号（以I/O接口形式），以满足控制要求，包括电气制动启动信号、机组无事故信号、机组油开关信号、导叶全关信号、机组转速80% N_e、机组转速60%N_e、机组转速10% N_e、机组转速小于5%N_e、机组停机信号、短路开关位置（合、分）信号、直流开关位置（合、分）信号、交流开关位置（合、分）信号、电气制动失败信号、保护闭锁信号、控制方式信号。

电气制动系统所有输入信号是以硬接线的方式引到电气制动控制盘接线端子排上，比串口数据通信可靠性高。

11.4　电气制动系统软件流程说明及框图

该系统正常运行时不需要人的干预，体现在软件编排上，主程序步骤间的运行交接采用多口令化，以防止误动发生。电气制动运行时涉及面比较宽，发电机系统的进出端都在监视、控制之列，无论哪一个环节出了问题都会导致电气制动的失败。因此软件编排的另一个特点是，多层次地设置状态特征判断，从而提高了软件的智能化程度。运行时，一旦出现异常情况，都能从容对待，保证水轮发电机在日常停机过程中万无一失。电气制动系统的操作基本上都是由程序自动完成，在柜门上安装有四个按钮，分别是分交流开关、合交流开关、分直流开关、合直流开关。这些按钮用来手动对交、直流开关进行操作。电气制动流程如图11.3所示。

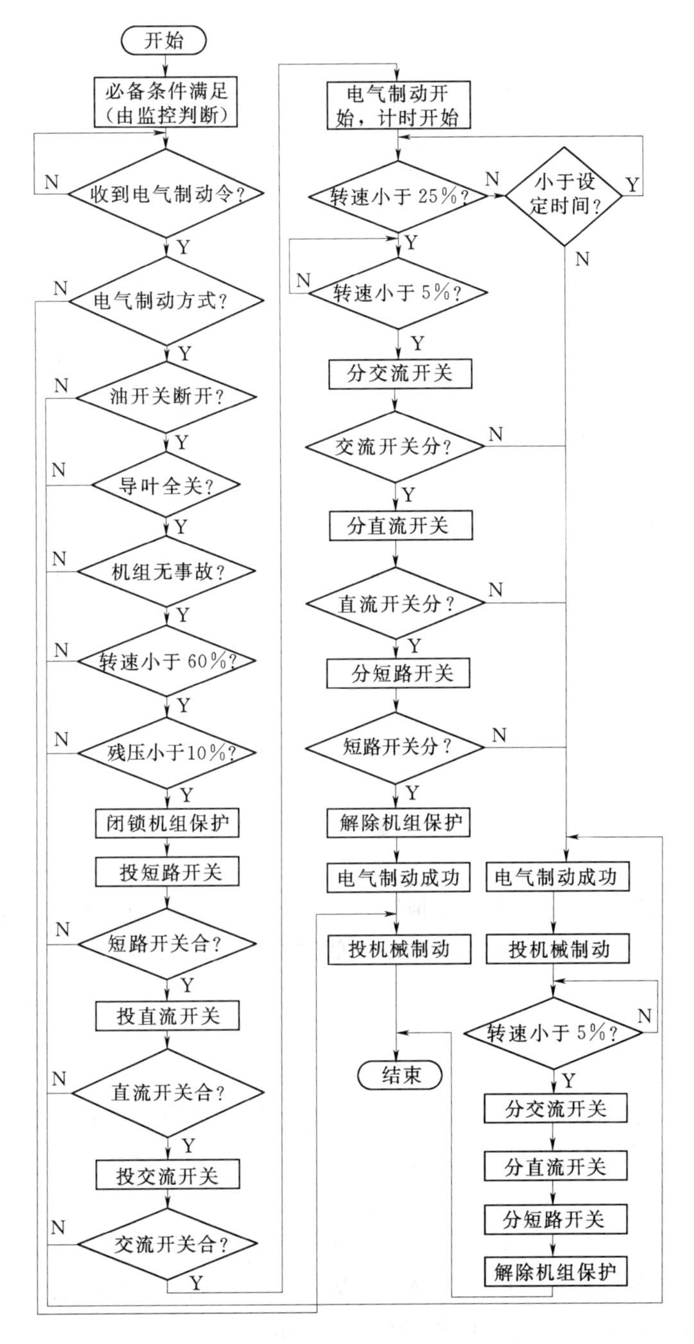

图 11.3　水轮发电机电气制动流程框图

项目12　典型案例分析——俄罗斯萨扬水电厂特大事故

1. 俄罗斯萨扬电站概况

俄罗斯萨扬电站安装10台640MW机组，型号为混流式机组PO-230/833-B-677型，额定水头194m，飞逸转速280r/min，额定转速142.8r/min。发电机形式为伞式，机组推力轴承位于水轮机顶盖上，推力轴承负荷为3250t。发电机—变压器组采用扩大单元接线，两台机组用一台主变。正常蓄水位540m，特大型多年调节水库，坝后式厂房，事故落门时间2min。事故前电站运行方式：9台机组运行，6号机组检修，1号、2号、4号、5号、7号、9号机组处于自动控制状态，3号、8号、10号机组由电厂现地单独控制运行，承担系统基荷。2009年8月17日，2号机自动降低负荷在振动区运行，水轮机顶盖螺栓断裂，机组甩出基坑，水淹厂房。其他机组电气短路，造成不同程度的损伤。共造成75人死亡，13人受伤。事故造成电厂出力为零，系统大面积缺电，引起社会恐慌。经济损失总额约15亿人民币，电站修复至少5年。

2. 从事故原因分析引发的反思和借鉴

事故原因由俄罗斯萨扬水电站事故调查组分析得出。

(1) 机组运行中水轮机轴承振动严重超标而没按规定“卸荷并停机”，机组振动不间断监控制度未予实施，并且将2号机组做为功率调节的首选机组。现在对机组的振动监控较少，一般凭感觉、听声音判断机组振动情况，没有数字根据。特别将来电网要求采用AGC调节，一定要注意机组振动区，给定的功率要躲过机组运行振动较大的区域，避免机组长时间在振动较大的区域长时运行。现在机组容量逐渐增大，特别是大型水电厂的运行和电网要求机组调节次数的增多，水电厂受上游水位的影响较大，机组经常在非最优工况下运行，容易造成机组在振动区运行。

(2) 没有检查紧固件状况的标准和紧固件使用期限的要求。运行维修人员要经常检查设备的运行状况。紧固件一般都是螺丝和螺母连接的，机组大修时是否更换和彻底检查，检修人员检查设备时，应该注意检查螺母松动情况。同时对一些老设备的紧固件机械强度应该进行机械强度检查试验，以免运行时断裂，出现事故。做好设备的档案管理，对设备有很好的了解。设备老化没及时更换是主因，应该检查更换，避免设备超期服役造成的恶果。

(3) 多次运行于高振动特性的不推荐区域。从事故分析的情况看，2号机经常在低负荷机组不允许的区域运行，以保证成组调节的要求。对于成组调节的机组，要保证机组在振动小的区域，同时要定期或不定期更换机组做为负荷调整首选自己。对于水头变化较大的机组，更要注意机组的振动区。

(4) 调度机构在关于萨扬水电站自动控制发电的任务书中，未考虑机组的运行特性。调度和电厂要互相沟通，保证信息共享，特别是关于机组运行状态的改变，水电厂受水位影响较大，机组经常处在非最优工况下运行，机组振动增大，尽量保证机组在最优工况下运行。要及时联系调度，保证设备和电网的安全。

(5) 设备和人员的应急保护措施不符合要求，导致大量人员伤亡和设备损坏。中控室没有控制进水闸门的开关。控制系统没有水轮机调速柜失电的情况下自动关闭导水机构的功能。采用的供电、通信、控制、保护等设备和线路均不是防潮和除尘的。各室均无人员撤离至不受淹没高层的出口，且无必要的个人保护器材。应急预案风险分析不仔细，没进行过水淹厂房的应急演习，电厂的应急措施应加强完善，做好应急预案，特别是水淹厂房的应急演练，更应该重视，应该有针对性地做好紧急演习工作。有的电厂将落进水闸门的开关放在机旁，事故时造成无法操作，放于中控室更好，能够保证对进水闸门的操作。对于调速柜失电的情况下导叶不自动回关，现在一般电厂都不设此功能，保持原状态的很多，应该加强完善。防设备、线路受潮的应用很少，在夏季潮湿季节或接触点受潮，经常出现直流绝缘降低或跳闸现象。在出口处应该有应急灯和出口标志，保证在厂用电失电的情况，能够有出口指示。

3. 经验教训

应该从这次事故中认真吸取教训、总结经验，遵守国家的有关的安全法律和规范标准。找出不足，知道差距进行整改。现在不安全的现象时有发生甚至造成事故，造成人员和财产的损失。对于水电厂出力受到水位的限制，经常在低水头或高水头的不安全区域运行，影响到机组的安全，就要求运行人员及时调整负荷，同调度多联系尽量保证机组离开振动区运行。做好运行和检修人员的技术培训，做好事故预想及应急演练。由于设备运行时间较长，一些设备已经处于不安全状态，做好维护养护工作，对危险较大的设备勤巡回检查，在现有的条件尽量保证设备的安全运行。从此次事故可以看出，现在我国的水电厂，特别是小容量的电厂，设备安全管理不到位，设备档案记录不全，应急措施不落实，人员技术素质欠佳等对电厂的安全运行，有极大的危害，应该尽量完善，提高运行和检修人员的整体素质，以保证设备安全运行。

模块 4 小结

本模块主要介绍了水轮发电机组润滑、冷却、制动的自动控制系统；机组的继电器控制系统和 PLC 控制系统；水轮发电机组的开、停机流程；水轮发电机组电气制动范例：俄罗斯萨扬水电厂特大事故的分析总结。

水轮机的轴承采用巴氏合金轴瓦时用油润滑；采用橡胶轴瓦时用水润滑。发电机一般有空气冷却和水内冷两种冷却方式。

由于转子的巨大转动惯量储存着较大的机械能，若不采取制动措施，则转子将需很长时间才能完全停下来。常用的制动措施有：机械制动、水力制动和电气制动三种。

水轮发电机组的继电器控制系统通过 3 幅图，详细介绍了传统的继电器控制方式；因机组的自动化程度不相同，所示机组的开停机程序也就不尽相同，但其主要步骤是相同的。PLC 控制是目前使用较多的一种控制方式，以 PLC 为主构成的水轮发电机组计算机监控系统不仅仅是完成水轮发电机组的控制，而且还完成水轮发电机组的运行状态、运行参数的采集，可按设定值对水轮发电机组进行调节。

目前绝大多数水电站都是采用电气制动外加机械制动的方式，电气制动因机组不同，制动程序也不完全相同，但其控制流程图基本相似。萨扬水电站的事故，应该引起我们国内相关从业人员的高度重视，只有这样才能确保设备、人身和电网的安全。

思　考　题

1. 简述水轮发电机组的巴士合金轴瓦和橡胶轴瓦的润滑和冷却方式。
2. 说明水轮发电机具有哪些冷却方式。
3. 详细说明图10.3所示机组机械制动系统自动控制接线图。
4. 画出机组电气制动框图，并说明工作过程。
5. 说明水轮发电机组开机前应该具备的条件。
6. 详细解释水轮机开机流程图。
7. 详细解释水轮机停机流程图。
8. 说明机组常规控制和PLC控制的区别和联系。
9. 水轮发电机组有哪些保护？保护动作有哪几种情况？
10. 说明图11.1所示电气制动原理图的工作过程。

模块5 水电站计算机监控系统

【学习目标】 了解水电站计算机监控的目的和意义，掌握集中式、分散式、分层分布式、分布开放式计算机监控系统的特点；掌握水电站计算机监控系统的11个功能；了解水电站监控系统的内容；掌握Unix和Windows操作软件系统的特点和应用情况；了解现地控制单元、通信系统、数据库和软件、水电站计算机监控的最新技术和发展趋势。知道典型多层分布开放系统的设计原则、系统总体结构、系统结构特点；了解大中型水电厂计算机监控系统的改造思路、改造设计原则。

【学习重点】 集中式、分散式、分层分布式、分布开放式计算机监控系统的特点；Unix和Windows操作软件系统的特点。

【学习难点】 多层分布开放系统的设计原则、系统总体结构、系统结构特点。

项目13 水电站计算机监控的基本理论

13.1 概 述

13.1.1 水电站计算机监控系统的发展概况

安全经济运行是水电站最根本的任务之一。随着国民经济的持续发展，电力需求迅猛增长，兴建的水电站越来越多，其容量也越来越大。为了实现安全发输电，需要经常监测的量成千上万，需要实现的控制功能也越来越复杂。为了实现水电站的优化运行以期达到整个系统的经济运行，需要进行的计算更为复杂。以上这些复杂的工作使原来在水电站上广泛使用的布尔逻辑型自动装置越来越难以胜任，因此采用更为先进的技术成了迫不及待的任务。

早在20世纪70年代，计算机已开始应用于水电站，起先用于各项离线计算和工况的监测，后来，逐渐进入到控制领域。它经历了一段从低级到高级，从顺序控制到闭环调节控制，从局部控制到全厂控制，从电能生产领域扩展到水情测报、水工建筑物的监控、航运管理控制等各个方面，从监控到实现经济运行，从个别电厂监控到整个梯级和流域监控的发展过程。出现了一批用微机构成的调速器、励磁调节器、同期装置和继电保护装置等。多媒体技术应用使电厂中控室的设计发生了巨大的变化。巨大的模拟显示屏正在逐渐被计算机显示器所代替；常规操作盘基本上已被计算机监控系统的值班员控制台所取代；运行人员的操作已从过去的扭把手、按开关转为计算机键盘和鼠标操作。运行人员的工作性质也发生了质的变化，从过去的日常监盘和频繁操作转变为巡视，经常的监测和控制调节工作都由计算机系统去完成。运行人员的劳动强度大大减轻，人数也大大减少，甚至出现了无人值班或“无人值班”（少人值守）的水电站。总之，采用计算机监控已成了水电站自动化的主流。

1. 国内外发展现状

从20世纪70年代起，计算机监控在国外一些水电站上取得了实质性的进展，出现了用计算机控制的水电站。高性能微机的出现使微机在水电站监控系统中得到普遍的应用。现在，新投入的水电站大都采用由多台计算机构成的计算机监控系统。世界各国的发展是不平衡的，目前关于水电站实现计算机监控的情况还缺乏完整统计资料。美国、法国、日本和加拿大等国在这方面是比较领先的。

国外研制水电站计算机监控系统有许多公司，其中比较著名的有，加拿大的CAE公司、瑞士和德国的ABB公司、德国的西门子公司、法国的ALSTOM公司（原CEGELEC公司）、日本的日立公司和东芝公司、美国和加拿大的贝利公司、奥地利的依林（ELIN）公司等。各公司都推出自己的系列产品，在世界各地得到了广泛的应用。

我国水电站计算机监控系统的研制工作起步并不晚。早在20世纪70年代末，我国相关部门就开始研究葛洲坝水电站采用计算机监控系统问题。随后，中国水利水电科学院研究院（简称水科院）自动化研究所开始了富春江水电站计算机监控系统的研制工作。天津电气传动设计研究所（简称天传所）也开始了永定河梯级水电站计算机监控系统的研制工作。这些监控系统于20世纪80年代中期先后投入运行。

近年来，国内的研制单位也取得了很大的成就。已投运的几十个计算机监控系统中绝大多数是由国内单位研制的，技术水平也有了很大的提高，许多新技术，如分层分布处理、分布式数据库、开放系统、网络、多媒体、专家系统等，都得到了相应的应用。电力自动化研究院和水科院自动化研究所还推出了自己的系列产品，不仅在国内水电站得到广泛的应用，甚至还出口到国外。

2. 水电站计算机监控方式的演变

随着计算机技术的不断发展，水电站监控的方式也随之改变，计算机系统在水电站监控系统中的作用及其与常规设备的关系也发生了变化，其演变过程大致如下。

(1) 以常规控制装置为主、计算机为辅的监控方式（Computer - Aided Supervisory Control，CASC）。早期计算机只起监视、记录打印、经济运行计算、运行指导等作用，水电站的直接控制功能仍由常规控制装置来完成。采用这种控制方式的典型例子是依泰普水电站运行的初期（20世纪80年代上半期）。当时采用这种控制方式的理由是，根据巴西和巴拉圭的国情，认为采用计算机监控系统的经验还不够成熟，缺乏相应的技术力量，故而先采用能实现数据采集和监视记录等功能的计算机系统，而水电站的控制仍由常规设备来完成。后来，依泰普水电站已将它更新为具有复杂控制功能的、比较完善的计算机监控系统。

国内采用这种控制方式的典型例子是富春江水电站综合自动化的一期工程（20世纪80年代上半期）。一期工程是一个实时监测系统，实现数据的采集和处理、提供机组经济运行指导和全厂运行状态的监视记录，计算机不直接作用于生产过程的控制。这在当时是适合的，后来也被更新为能实现控制功能的比较完善的计算机监控系统。

对已运行的水电站，尤其是在中小型水电站，在常规监控系统的基础上，加一点专用功能的全厂自动化装置，如自动巡回检测和数据采集装置，按水流或负荷调节经济运行装置等，也可取得很好的技术经济效益，投资也不大，对运行管理水平要求不太高，这种CASC方式还是可以采用的。国外也有不少这样的例子。

(2) 计算机与常规控制装置双重监控方式（Computer - Conventional Supervisory Con-

trol，CCSC）。随着计算机系统可靠性的提高和价格的下降以及人们对计算机实现监控的信任度的提高，人们较容易接受让计算机直接参加控制，但对它还不是很放心，所以出现了计算机与常规控制装置双重监控的方式。此时，水电站要设置两套完整的控制系统，一套是以常规控制装置构成的系统，一套是以计算机构成的系统，相互之间基本上是独立的。两套控制系统之间可以切换，互为备用，保证系统安全可靠运行。

国外采用这种方式的典型例子是美国邦纳维尔第二电厂（558MW）和巴斯康提抽水蓄能电厂（2100MW）。国内采用这种控制方式的典型例子是葛洲坝大江电厂（1750MW）和龙羊峡水电站（1280MW）。

采用这种方式的缺点是：①由于需要设置两套完整的控制系统，投资比较大；②由于两套系统并存，相互之间要切换，二次接线复杂，可靠性反而有所降低。目前新建水电站很少采用这种控制方式。

（3）以计算机为基础的监控方式（Computer - Based Supervisory Control，CBSC）。随着计算机系统的可靠性进一步提高和价格的进一步下降，出现了以计算机为基础的监控系统。采用此方式时，常规控制部分可以大大简化，平时都采用计算机控制。因此，对计算机系统的可靠性要求就比较高，这可以采用冗余技术来解决，保证系统某一单元或局部环节发生故障时，整个系统和电厂运行还能继续进行。

采用此种方式时，中控室仅设置计算机监控系统的值班员控制台，模拟屏已成为辅助监控手段，可以简化甚至取消。

国外采用这种方式的典型例子是美国的大古力水电站（6150MW），委内瑞拉的古里水电站（10000MW）、法国的孟德齐克抽水蓄能电厂（920MW）等。国内采用这种方式的典型例子是漫湾水电站（1250MW）。

这种控制方式是目前国内外水电站普遍采用的计算机控制方式。

（4）取消常规设备的全计算机控制方式。随着计算机技术的进一步发展和水电站计算机监控系统运行经验的累积，出现了以计算机为唯一监控设备的全计算机控制方式，实际上它是CBSC方式的延伸。此时，取消了中控室常规的集中控制设备，机旁也取消了自动操作盘。中控室还保留模拟显示屏，但其信息取自计算机系统，不考虑在机组控制单元（计算机型的）发生故障时进行机旁的自动操作。此时，对计算机系统的可靠性提出更高的要求，冗余度也要进一步提高。

采用这种方式的典型例子是我国隔河岩水电站（1200MW），采用CAE公司的产品。这种方式投资比较大，但它有良好的应用前景，将成为未来的水电站计算机控制方式的主流。

13.1.2　水电站计算机监控的目的和意义

水电站计算机监控的目的和意义就是通过对电站各种设备信息进行采集、处理，实现自动监视、控制、调节、保护，从而保证水电站设备充分利用水能安全稳定运行，并按电力系统要求进行优化运行，保证电能的质量，同时减少运行与维护成本，改善运行条件，实现无人值班或少人值守。

1. 减员增效，改革水电站值班方式

水电站计算机监控技术的应用，使水电站运行实现自动化，运行人员对设备的操作工作量大大减少，减轻了运行人员的劳动强度，减少了水电站的运行人员数量，使水电站实现少人值守或无人值守。由于运行人员减少，电站生活设施等基础设施也可以相应地减少、简化，降低了电站的造价；水电站运行人员减少的同时，也减少水电站的运行费用及发电成本，达到减员增效的目的。

2. 优化运行，提高水电站发电效益

水电站自动控制系统与机组自动控制系统相结合，使电站自动控制系统能按优化运行方案给机组分配有功功率和无功功率，让机组运行在高效率区。

3. 安全稳定，保障水电站电能质量

众所周知，在广大山区、农村和边远地区，有相当多的地方大电网延伸不到，而绝大多数的中小水电站也主要集中在山区、农村和边远地区，因此产生了由中小水电站形成的相对独立的区域供电网或地区供电电网。在这些电网中，水电站在提供电力方面起了主要作用。随着山区和农村工农业的发展及农村电气化实现，人民生活水平的不断提高和家用电器的不断增加，早期对电的低层次的需求，如照明、农副产品的粗加工等也在悄悄地发生变化，逐渐提高了对电的需求的层次。因此，对水电站发出的电能的质量和电网运行的稳定性提出了较高的要求。

4. 竞价上网，争取水电站上网机会

水电站采用计算机控制系统可加快水电站、机组的控制调节过程。计算机监控系统可按预定的逻辑控制顺序或调节规律，依次自动完成水电站设备的控制调节，免去了人工操作在各个操作过程中的时间间隔，还免去了人工操作过程中的检查复核时间，由自动控制系统快速完成各个环节的检查复核，大大加快了控制调节过程。

根据国家电力体制改革的要求，实现“厂网分开，竞价上网”后，水电站如果没有自动化系统，而是依靠传统的人工操作控制，将难以满足市场竞争的需要。不了解实时行情，参与竞价将非常困难，即使争取到了发电上网的机会，又因设备陈旧落后而不能可靠运行，既影响电网供电，又使自身效益受损，最终也失去了来之不易的发电机遇。

5. 简化设计，改变水电站设计模式

采用常规控制，电气设计非常烦琐，订货时要向厂家提供原理图、布置图，还要进行各种继电器的选型。而自动控制设备集成后，设计单位只要提供一次主接线和保护配置及自动化要求即可，故能以选型的方法代替电气设计，简化设计、安装和调试工作。

13.2　水电站计算机监控系统的基本结构

13.2.1　计算机监控系统分类

自20世纪70年代水电站采用计算机监控系统以来，从国内外水电站计算机监控系统几十年的变化情况看，它的系统结构经历了一个从简单到复杂、从低级到高级、从单项到全面、从简陋到完善的发展过程，如从集中式控制向分布式控制发展、从单计算机系统向多计算机系统发展、从单层网络向多层网络发展等。这里，从工业自动化计算机监控系统的一般划分，并依据目前水电站的实际情况，归纳为以下几种结构形式。

13.2.1.1　集中式计算机监控系统

所谓集中式监控系统，就是用一台计算机对整个水电厂的各种电量和非电量的信息进行采集、分析、处理，并由这台计算机发出所有的控制命令。集中式计算机监控系统如图13.1所示。

集中式监控系统基本特点可概括为：①价格便宜；②危险比较集中；③电缆敷设多、长。这种系统主要适用于机组台数少，容量小、主接线简单的小型水电厂。

为了克服对一台集控机过分依赖的缺点，可以增设第二台集控机作为备用，以提高这个系统的可靠性。这样，就出现了下面三种备用方式：

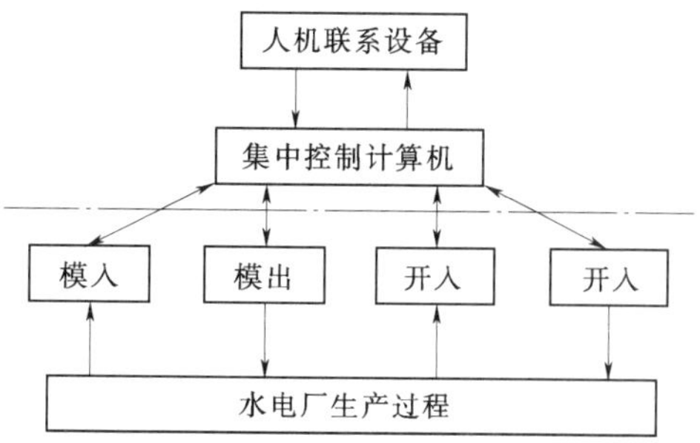

图 13.1　集中式计算机监控基本结构

1. 冷备用方式

在冷备用方式（Cold Standby）下，一台计算机为工作计算机，或称主计算机，另一台为备用计算机。平时备用计算机不参加生产过程的控制，只担任一些离线计算和程序开发等任务。一旦主计算机发生故障，需要人工投入备用计算机，进而取代出故障的主计算机对生产过程进行控制。但由于取代有一段过程，可能丢失一部分信息，在这一段过渡时间内，控制系统实际上处于停滞状态，这对实时控制是不利的。但它的优点是，备用计算机可以做一些别的工作，从资源合理利用角度来看，可能有一定的价值。

2. 温备用方式

在温备用方式（Warm Standby）下，备用计算机是经常运转的，在正常情况下只承担一些离线任务。它的存储器周期性地被来自主计算机的实时数据所更新，这可以通过周期性连接数据库、事件表和档案库来实现。

由于备用计算机不需启动，切换取代时间比较短，丢失数据的范围就比较小，但还不能完全避免。此外，还存在可能接收切换前主计算机处理的错误数据的危险。

3. 热备用方式

在热备用方式（Hot Standby）下，两台计算机是并列运行的，执行同样的程序。来自生产过程的数据由两台计算机独立地进行处理。它们之间的差别是，只有主计算机的输出是真正接至生产过程的。如果主计算机发生故障，备用计算机可立即自动取而代之。这样就解决了丢失信息和接受错误信息的问题。这种方式用在对系统可靠性要求比较高的场合。随着计算机价格的下降，这种热备用方式用得比较普遍。如果不特别说明的话，主备用运行方式就是指的这种热备用运行方式。

采用集中式监控系统的典型例子是 20 世纪 70 年代研制的美国石河段水电站计算机监控系统；中国浙江新安江水电厂早期采用的单计算机系统；美国田纳西州的拉孔山抽水蓄能水电厂。

总的来说，集中式监控系统结构较简单，较易于实现，投资较小，是早期使用的典型系统。但是可靠性比较低，现已经不大采用，一般只用在机组台数较少、控制功能简单、总装机容量在 2000kW 以下的小型水电站。

13.2.1.2　分散式计算机监控系统

分散式处理计算机监控系统也是在多计算机系统出现后得到应用的一种系统，其控制对象的特点是：① 地理上分散在一定的范围内；② 相互之间的联系较薄弱，很少存在处理或计算机上的因果关系，即某子系统的计算要等另一子系统的计算结果出来后才能进行处理。

在讨论“分散”的时候，是相对于“集中”而言的，主要是强调了位置上的分散。图13.2所示为分散式计算机监控系统环形基本结构的一个例子。水电站监控系统设有多个专用功能装置，如数据采集装置、事件顺序记录装置、控制调节装置以及通信装置等。

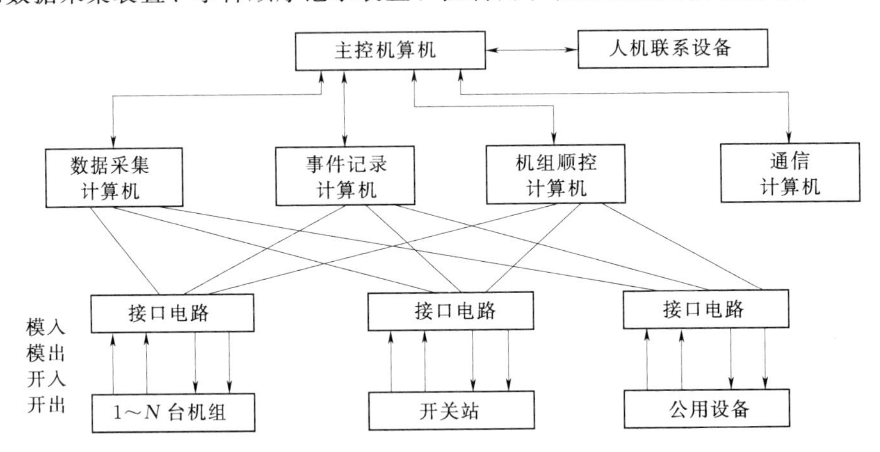

图13.2　分散式计算机监控系统环形基本结构

功能分散式计算机监控系统仍没有解决集中式监控系统的所有问题，它是集中式监控系统的延伸版本，从某种意义上说，仍然属于集中式监控系统。如某个功能装置计算机出现故障，则全厂的这部分功能均将丧失，影响较大；而且要将所有信息集中到一处（用电缆）所带来的问题仍然没有解决；系统可靠性仍然不是很高，而投资却增加很多。因此功能分散式监控系统目前已经很少采用。

采用分散式监控系统的典型例子是葛洲坝二江电厂分散式计算机监控系统。

13.2.1.3　分层分布式控制系统

为了解决上述信息过于集中的矛盾可以用分布处理的方法。水电站采用的处理通常是与分层控制结合在一起的，因而它实质上是一种分层分布式监控系统。

分层分布是将系统的功能由不同层次的不同硬件协同完成，是目前流行的大型控制系统的结构。分层是在系统硬件结构上将系统分成若干个层次，将系统的功能分布在不同层次的硬件上，如在主站层配置全局性的数据管理、高级分析、决策功能，在现地层设备中配置数据采集、回路控制、单元调节等功能。分布是根据现地设备的数量与性质，将现地控制设备分成若干个控制单元。

在水电厂计算机控制系统应用中，分层分布的原则一般分为电站控制层和现地控制层两个层次。在现地控制层，一般又根据控制对象进行分布，分为机组控制单元（水轮机、发电机、主变压器、辅机等）、开关站控制单元（母线、出线、断路器、隔离开关、接地刀闸等）、公用及厂用电控制单元（厂用电系统、油系统、水系统、直流系统等）、闸门控制单元（进水口闸门、泄洪闸门等）等。

由于分层分布式系统结构硬件分布、功能分布，使系统的性能指标、可靠性指标等大大提高，成为水电厂计算机监控系统的经典系统结构。20世纪90年代以前，通信一般采用串行通信方式，为了减轻主站层主计算机的负荷，通常将大量的通信功能由前置通信机完成，构成前置处理层。在传统的采用串行通信的远动控制术语中，现地控制单元被称为远程终端单元（Remote Terminal Unit，RTU）。

为了提高系统的可靠性，在主计算机、前置处理机、现地控制单元及通信通道等环节进行双机冗余配置，形成比较经典的双主机、双前置机、双通道的大型水电厂计算机监控系统模式，如图 13.3 所示。

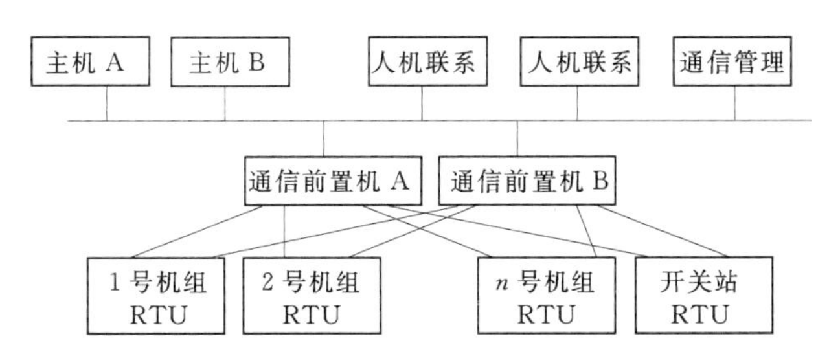

图 13.3　双主机双前置机的星形分层分布式系统结构

13.2.1.4　分布开放式控制系统

以太网技术出现于 20 世纪 80 年代初，由于其支持的厂家众多，价格低廉，应用面十分广，成为开放性网络的实际标准，90 年代中后期在各类控制系统中得到越来越广泛的应用。

分布开放式监控系统是一种面向网络的系统。该系统在硬件系统配置方面与分层分布系统相似，但主要硬件之间的通信连接一般均采用以太网技术。该系统具有系统结构简单、灵活、通用性好的特点，发展非常迅速，与采用串行通信的分层分布系统在可靠性方面有本质性的提高。水科院自动化所研制的 H9000 系列和电自院研制的 SSJ 系列计算机监控系统，均是面向网络的分布开放式监控系统。根据需要，系统一般可配置数据库管理站、操作员工作站、工程师工作站、语音报警站、通信工作站、多媒体工作站等，数据采集及控制设备一般按电厂单元分布，一般一套发电机变压器组设一台现地控制单元（LCU），开关站设一至两台 LCU，公用系统及厂用电设一至两台 LCU，闸门控制设一台 LCU。上述设备一般采用以太网连接。分布开放系统有：葛洲坝二江二期、公伯峡、李家峡、白山梯级等。系统结构如图 13.4 所示。

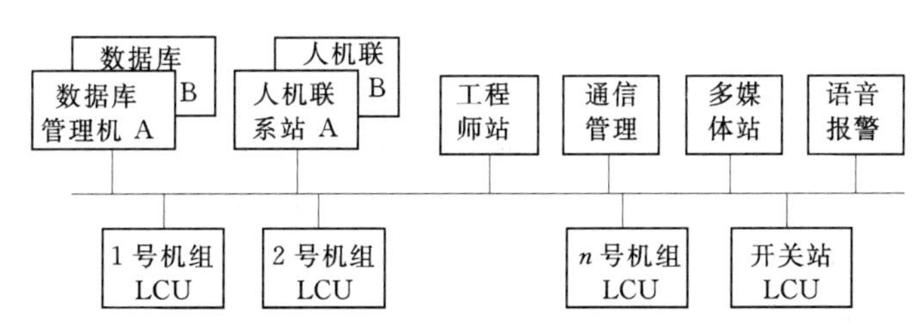

图 13.4　面向网络的分布开放式系统结构

经过多年的探索和实践，对水电站分层分布控制模型已经有了比较一致的看法，即将水电站分成三层：主控层；通信层；控制单元。

1. 主控层

主控层又称上位机管理层或站控层，采用以太网等通信结构，根据需要可设置操作员站、工程师站、数据服务器、通信工作站、打印机、卫星时钟等，形成电气系统的监控、管理中心。

主控层按设备划分为计算机设备（工作站），通信网络接口设备、打印设备，不间断电源设备，卫星同步对时设备，中文语音报警设备等。计算机设备（工作站）数目随电厂情况而定，都选用高档工控机，实现站内监视，控制操作。网络打印机可选用激光、喷墨或针式打印机。通信工作站上还可配置马赛克返回屏控制软件，实时刷新返回屏信号及数据。

主控层采用开放的Windows2003 Professional（专业版）或server（服务器）操作系统，数据库采用分布式数据库结构，根据节点的不同功能配置相应的数据库，应用软件采用模块化、对象化、结构化设计，具有一定的完整性和独立性，软件另有维护诊断工具，可对人机界面进行维护以满足不同用户对显示画面、打印图表的不同格式的要求。

2. 通信层

通信层又称通信管理层或通信网络层，采用通信管理机、交换机等实现规约转换和装置通信。由于现场保护测控装置等智能设备数量多，一般机组、主变、线路、厂用电、公用子系统和其他智能设备可分别组网，保证了系统的实时性和稳定性。

各子系统可分别设置通信管理机，根据需要可为双机冗余设计。各通信管理机接于上位机层以太网，同时可以经以太网/CAN/RS—485/RS—232通信口直接与相应机组LCU的电气控制器PLC相连，实现数据交换。

通信网络结构采用以太网、CAN、RS—485总线，可配置成双网冗余结构方式，网络介质可为同轴电缆线，屏蔽双绞线，光纤等。

3. 现地层

现地层又称现地控制单元，现地控制单元（LCU）具备保护、测量及控制等所有功能，并遵循保护相对独立和动作可靠性的原则，现地控制单元不依赖于通信网络和上位机管理层，能独立完成监控和保护的功能，符合部分标准要求。

现地控制单元由控制器、测控单元、保护单元及自动准同期装置等其他装置组成，具备数据采集和处理、安全监视、控制与调节、同期并网、测量、顺序控制、数据通信、自诊断等功能。现地层通过以太网等通信层接入主控层。

13.2.2　主站系统结构

监控系统的结构及配置模式应综合考虑电站规模、系统装机容量、电站在系统中的地位、可靠性要求以及造价等因素。

1. 中小型水电站配置模式

中小型水电站是指单机容量为5～100MW之间、电站装机容量为10～250MW之间的水电站。相对于大型电站而言，中小型电站在系统中的重要性要低一些，对控制系统的可靠性要求也相对低一些。因此，监控系统一般采用三机配置，即双数据库管理兼操作员工作站，一台工程师工作站，现地控制单元按机组单元配置，另设开关站单元及/或公用系统单元。全部设备采用单网连接。根据需要，也可配置通信服务器，厂长总工终端，语音报警站等。容量大一些的电站也可考虑双网配置。

2. 大中型水电站配置模式

大中型水电站是指单机容量为100MW以上、电站装机容量为250MW以上的水电站。这些电站由于在系统中的重要性突出，对控制系统的可靠性要求也比较高。因此，计算机监控系统一般采用五机双网配置，即双数据库管理机，双操作员工作站，及一台工程师工作站，现地控制单元按机组单元配置，另设开关站单元，公用系统单元，闸门控制单元。全部设备采用双网连接。根据需要，也可配置厂长总工终端，通信服务器，语音报警站，培训仿真站，多媒体站等。

3. 特大型水电站配置模式

为了提高可靠性，可在系统硬件上采取冗余配置，如数据库管理机、操作员工作站、网络通道、电源等。对于数据采集与控制单元，一般则采用不完全冗余配置的方式，即有一套完全配置的主用 LCU 完成正常运行时的全部监控功能，另外有一套不完全配置的备用控制系统，在主用 LCU 故障时，备用控制系统确保被控设备不失去控制。LCU 也有采用双 CPU 的，如白山梯级，双 I/O，或全部采用双重冗余配置的，如天荒坪蓄能电站，视被控对象的可靠性重要性而定。

可编程控制器由于可靠性高，编程简单，维护使用方便，用户易于掌握，性能指标可完全满足水电厂计算机监控系统的要求，在水利水电行业获得了广泛的应用，因此，监控系统的数据采集和控制目前多数由可编程控制器构成，辅以其他的专用装置。温度检测可采用独立的温度检测装置，重要的温度监测点可由可编程直接采集，并作用于保护。电气量可采取交流采样技术，取消变送器，方便运行维护，尤其适合线路电气量的采集。

13.2.3　典型网络结构

计算机监控系统的典型结构模式主要有：单计算机分层分布式结构；双计算机系统分层分布式结构；多计算机系统分层分布式结构。根据用户需要和投资情况，每类典型结构都可以再衍生出多种通信网络结构和通信方式应用于实际水电厂项目中。

1. 单计算机分层分布式结构

单计算机分层分布式典型结构模式如图 13.5 所示，监控系统的主控层为水电厂管理层的上位机，即一台工业控制机；监控系统的现地层为面向控制对象的现地控制单元（LCU）。上位机与现地控制单元（LCU）之间采用单网的以太网或 RS485 通信模式，构成一个分层分布式结构的自动化监控系统。

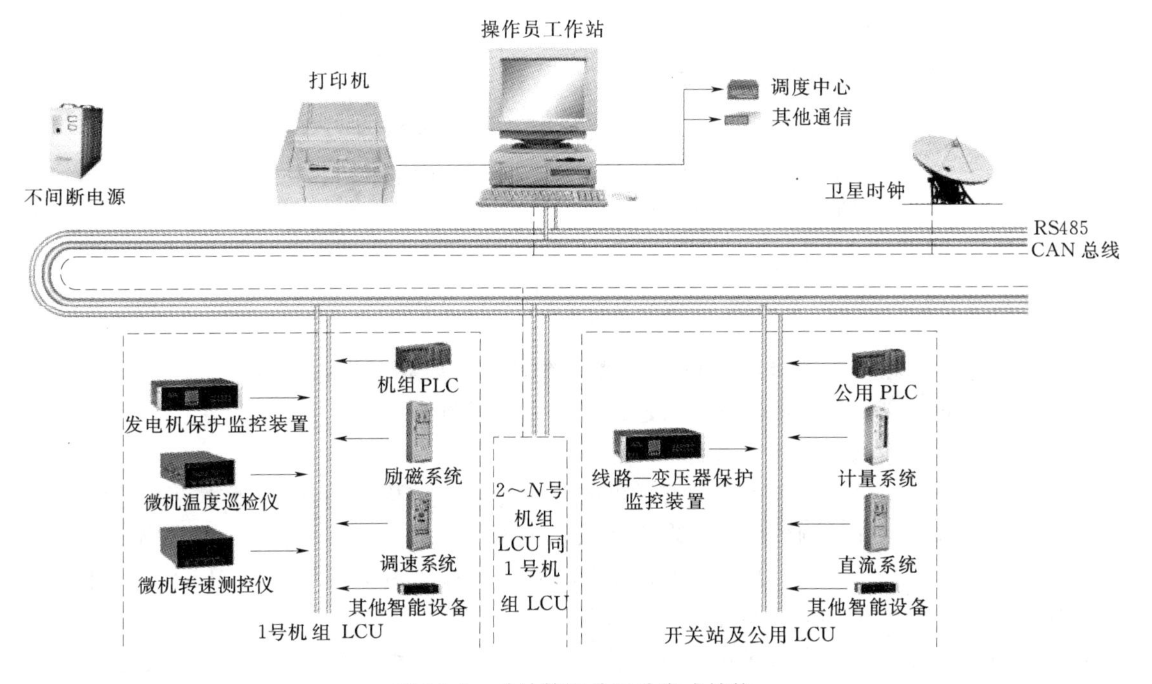

图 13.5　单计算机分层分布式结构

一台主控站工业控制计算机负责全厂自动化运行及管理，即完成全厂历史数据存档、归类、检索和管理；在线及离线计算功能；各图表、曲线的生成；事故、故障信号的分析处理；运行报表生成与打印；也可作为运行人员与计算机监控系统的人机接口，完成实时监视、控制和报警；还可完成全厂经济运行管理、自动发电控制（AGC）和自动电压控制（AVC）。

2. 双计算机系统分层分布式结构

双计算机分层分布式典型结构模式如图13.6所示，它与单计算机分层分布式结构模式的最大区别在于水电厂管理层的上位机由两台工业控制机组成操作员站1和操作员站2，这两台工控机是以太网络方式互为主备用，以太网络内所有计算机由卫星时钟（GPS）自动校时。确保数据记录一致。这两台工控机通过双机切换装置，实现对调度等的数据通信。

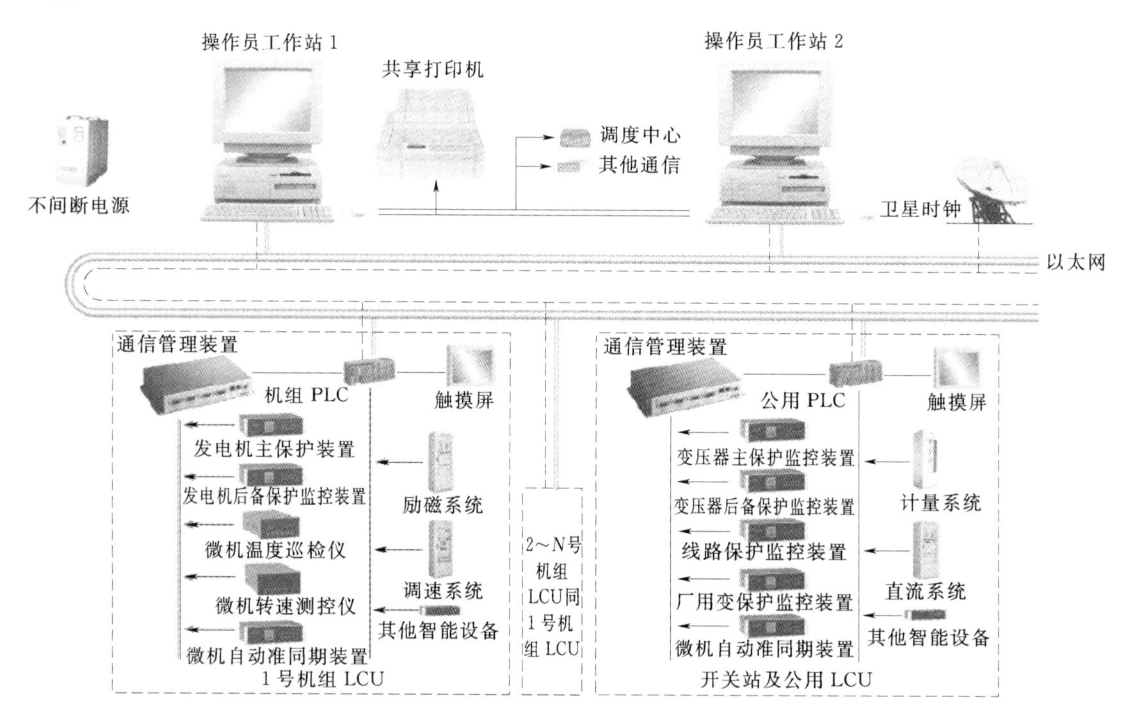

图13.6 双计算机系统分层分布式结构

通信层采用了通信管理机或串口服务器负责通信转换和管理，通过CAN或RS485或RS232通信负责与现地层各类设备进行连接，实现数据通信。

3. 多计算机系统分层分布式结构

多计算机系统或多计算机系统带前置机的分层分布式结构如图13.7所示。水电厂管理层的上位机由多台工业控制机组成。采用冗余以太网络连接方式，主控机、工程师/培训工作站、通信/打印服务器各自分开，以太网络内所有计算机由卫星时钟（GPS）自动校时，确保数据记录一致。保护系统设置独立通信管理机。

该系统为全分布开放式双网冗余网络系统，既便于功能和硬件的扩充，又能充分保护用户的投资；其软件模块化、硬件智能化，使系统更能适应功能的增加和规模的扩充；该系统还具有实时性好、操作方便和抗干扰能力强的特点。

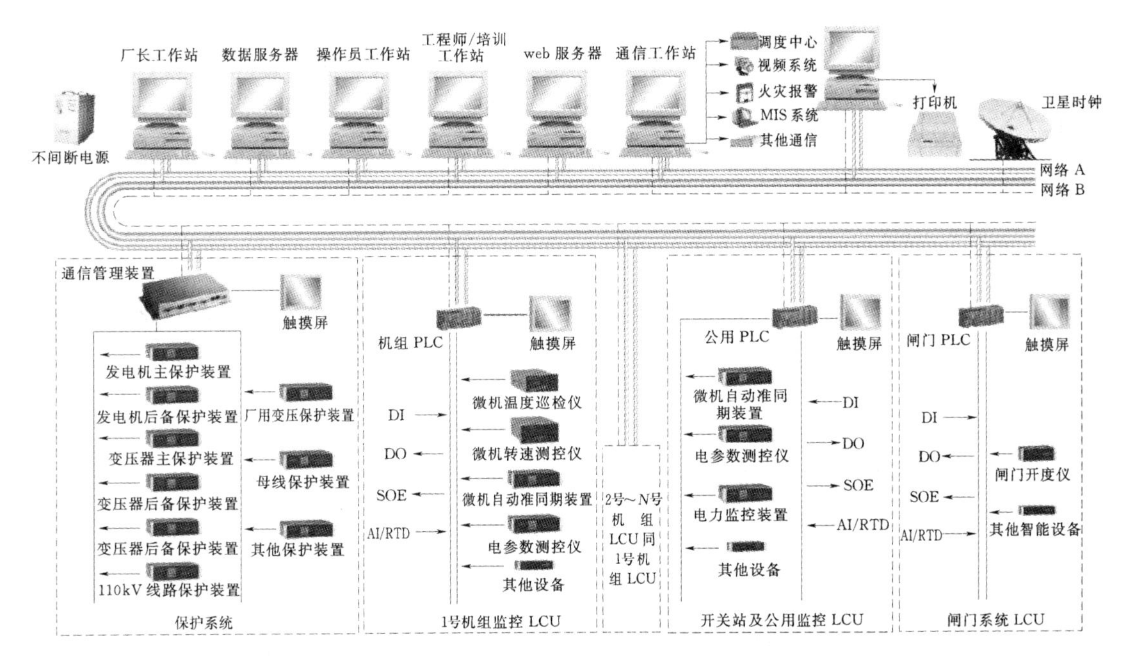

图 13.7　多计算机系统分层分布式结构

13.3　水电站计算机监控系统的基本功能

13.3.1　数据采集功能

1. 模拟量数据采集

模拟量数据采集包括电气模拟量和非电气模拟量两种。

电气模拟量主要包括定子电压、定子电流、有功功率、无功功率、励磁电压、励磁电流、频率（转速）。

非电气模拟量主要包括各轴承油温、各轴承油瓦温、定子线圈温度、定子铁芯温度、冷风和热风温度、机组的流量、振动和摆度、主变压器油温度、上游和下游水位、闸门开度。对非电气模拟量数量要求机组容量为 100MW 及以下时，一般不超过 50 个；机组容量为 100～200MW 时，一般不超过 80 个；机组容量为 200MW 以上时，一般不超过 120 个。国内几个水电厂机组模拟量统计见表 13.1。

表 13.1　国内几个水电厂机组模拟量统计

电厂名称	单机容量（MW）	每机模入量	电气量	温度量	其他量
三峡	700	140	—	—	—
广州抽水蓄能	300	62	9	40	13
隔河岩	300	92	16	76	—
安康	200	108	14	86	8
十三陵	200	126	15	77	33

2. 数字输入状态量

数字输入状态量也常常被称为开关量，主要包括断路器及隔离开关的位置信号、机组设备运行状态信号、继电保护的动作信号、手动自动方式选择信号、位置报警信号等。

数字输入状态量具体内容可分为四部分：① 机组的停机、发电、调相、抽水等运行工况状态信号；② 6kV 及以上高压断路器、反映厂用电源情况的断路器和自动开关以及反映系统运行状况的隔离开关的位置信号；③ 主要设备的事故和故障信号，以及主要设备的总事故和总故障信号；④ 计算机监控系统的故障信号。

3. 数字输入 BCD 码

数字输入 BCD 码量主要指水位、超声波流量计等智能传感器输出的测量值通常以 BCD 码格式输入到计算机监控系统中。对于这类格式的数据类型一般取并行二进制数字量，为取值的完整准确，应按并行方式输入系统。

4. 外部链路数据量

外部链路数据量是指其他微机化智能装置或网络计算机向计算机监控系统传输的数据，如微机调速器、微机励磁调节器、时钟同步装置、智能温度巡检仪或监控系统中的其他计算机等需要向主机传送的数据。

13.3.2　数据处理功能

对采集的数据进行分析处理并生成数据库，包括下列内容：

(1) 对采集的数据进行可用性识别（包括数据合理性及采集通道可用性鉴别），对不可用数据给出标志并进行系统处理。

(2) 对采集的模拟量进行越限检查，越限时产生报警报告并记录。

(3) 对报警的数字量产生报警报告并记录，包括事件顺序记录。

(4) 根据监控或管理要求对采集的数据进行各种计算，包括累加和统计计算，趋势或梯度分析。

(5) 将有关数据生成数据库，如实时数据库和历史数据库。实时数据库是将从 LCU 采集到并传来的各种物理量经过处理后，分为测量量、状态量、电能量等数据进行存放和管理的数据库，以供不同的画面用于实时显示、事件和操作的提示查询。历史数据库主要包括历史数据和趋势记录等，可用来实现历史数据的保存、历史数据存取和检索的管理以及历史趋势的选点、显示、时间修改、变倍等功能，并且历史数据库可生成数据曲线和数据棒图。

13.3.3　控制与调节功能

控制与调节的对象如图 13.8 所示。

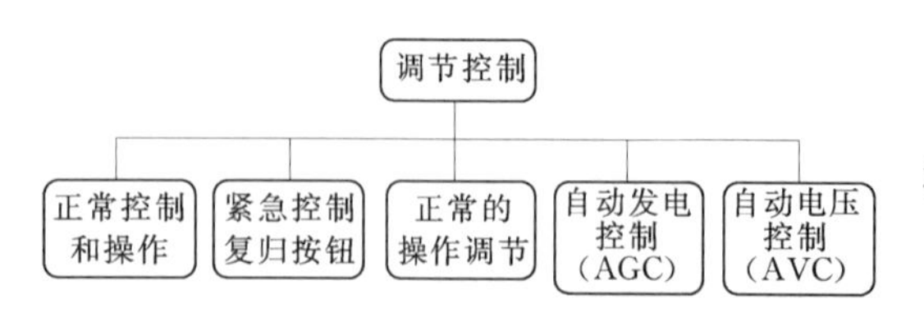

图 13.8　计算机监控系统调节控制对象

1. 正常的控制和操作内容

(1) 机组运行工况的转换，如开机、停机、发电、调相等运行工况的转换。

(2) 机组的自动同期并列。

(3) 断路器和隔离开关的分、合操作。

(4) 机组辅助设备的操作，主要包括压油装置、冷却水系统、空压机、机组排水泵、渗漏泵等的操作。

2. 紧急控制和恢复控制

紧急控制是当系统和设备发生异常情况时，监控计算机能够作出判断，采取自动跳闸和紧急停机或增加机组出力、投入备用机组、改变机组运行工况等相应的处理措施，使电力系

统及时回到安全状态。

恢复控制是当事故发生后能得到尽快地处理，恢复到正常运行的状态，以尽可能地缩小事故范围和减少事故损失的一系列控制和操作。例如调整机组的出力，将解列的机组重新并列等。

3. 正常的调节操作内容

(1) 通过电厂控制级计算机或现地控制单元向调速器发出有功“增”或“减”的调节命令和向励磁调节器发出无功“增”或“减”的命令。

(2) 在调节过程中按照功率给定值通过PID调节等算法自动的向调速器或励磁调节器发出无功“增”或“减”的命令，即实现机组有功功率和无功功率的闭环调节。

4. 自动发电控制

自动发电控制（AGC）是指在满足机组各项安全发电的约束条件下，以迅速、经济的方式控制整个水电厂有功功率来满足电力系统多方面的需求。自动发电控制的内容根据水电厂需发功率、供电的可靠性和设备的实际状况，考虑调频和备用容量的需要，通过实时计算，在避开机组的气蚀振动区和保证机组安全运行的前提下，确定当前水头下最佳经济负荷分配方案，即确定水电厂的最佳发电机组台数和组合方式。

5. 自动电压控制

自动电压控制（AVC）是指在满足水电厂和机组各种安全约束条件的前提下，根据不同的运行方式和运行工况，对全厂的机组作出实时的控制决策，以自动维持母线电压或全厂无功功率为当时的设定值，并合理的分配厂内各机组的无功功率，尽量减少水电厂的功率消耗。AVC的调节是在优化计算的基础上通过改变励磁或改变联络变压器分接头实现的。

13.3.4 检测功能

检测对象主要包括以下四部分：

(1) 运行参数监测。

(2) 运行状态监测。状态变化分为两类：一类为自动状态变化，如由自动控制或保护装置动作而导致的状态变化；另一类为受控状态变化，如由计算机监控系统的命令引起的状态变化。发生此两种状态变化都应显示并打印。

(3) 保护动作监测。上位机定时扫查各保护装置状态信号，一旦发生动作将随之记录保护名称及其动作时间，随之在CRT上即时显示并发出音响报警。计算机监控系统对故障状态信号的查询周期一般不超过2s。

(4) 控制操作过程监视。主要包括以下几个方面：

1) 开停机过程监视。开（停）机指令发出后，计算机监控系统自动显示相应的机组开（停）机画面。一般开（停）机画面显示的内容有机组接线图、开（停）机顺控流程图、机组主要参数、棒图（P、Q、I和V）以及异常事件列表等。开（停）机过程的流程图实时显示开（停）机过程中每一步骤的执行情况，提示在开（停）机过程受阻时的受阻部位及其原因，进行分步执行或闭环控制等。

此外设备操作还可采用典型操作票和智能操作票等方式，典型操作票是将各种典型的操作全部列出的操作票，以备调用；智能操作票则是根据当时的实际情况，因地制宜地开列出相应的操作票，供操作员参考使用。

2) 设备操作监视。当要进行倒闸操作时，计算机监控系统将能根据全厂当前的运行状态及隔离开关闭锁条件，判断该设备在当前是否允许操作，并自动执行该项操作。如果操作是不允许的，则提示其原因并尽可能地提出相应的处理办法。

3）厂用电操作监视。当要进行厂用电系统操作时，监控系统根据当前厂用电的运行状态及设定的厂用电运行方式，以及倒闸操作限制条件等，判断某个厂用电断路器或隔离开关当前是否运行操作，并自动进行操作，或给出相应的提示由人工进行操作。如操作允许则提示操作的先后顺序，否则提示其原因等。

4）辅助设备控制及操作统计。水电站的辅助设备一般采用直接控制或干预控制两种方式控制。前者是电站的辅助设备直接由计算机监控系统进行控制，这主要适用于重要设备或大型设备。而一般情况下则是采用干预控制的方式，即正常情况下，由辅助设备的控制系统自主闭环进行控制，计算机监控系统不加干预，仅在特殊情况下，才由计算机监控系统或人为进行干预，并由计算机监控系统进行操作统计，这些统计结果可用来分析设备运行的状况。

13.3.5　人机联系功能

1. 人机联系功能的设置原则

（1）运行人员控制台的功能。

（2）人机联系应有汉字显示和打印功能。

（3）人机联系操作简便、灵活、可靠、一致性原则。

（4）画面、对话区、提示三者相结合原则。

（5）校核及闭锁原则。

（6）响应速度要求。

（7）安全等级的操作权限原则。

2. 人机联系功能的内容

人机联系功能向运行人员提供对全站设备及计算机系统进行监控和管理的接口，包括下列内容：

（1）实时显示站内各主系统的运行状态、主要设备的动态操作过程、事故和故障报警、有关参数和运行监视图、操作接线图等画面，以及趋势曲线、各种一览表、测点索引等，定时刷新画面上的设备状况和运行数据，且对事故报警的画面具有最高优先权，可覆盖正在显示的其他画面，事故时自动推出特定画面和处理指导意见。

（2）通过CRT、鼠标或键盘等输入设备，向计算机系统发出电站设备的监控命令，如机组启停、断路器分合闸、有功功率增减、无功功率增减命令等；对计算机系统进行各种操作，如画面和报表的调用、系统结构操作或参数设定、监控状态设置等。

（3）事故、故障的音响或语音报警、电话报警或查询。

（4）各种记录、报表、操作票等的打印。

（5）提供编辑、软件开发和操作员培训的接口。

13.3.6　设备运行管理统计功能

设备运行管理统计内容包括开机次数、停机次数、检修次数、并网发电次数、开机时间、停机时间、检修时间、并网发电时间；送电次数、停电次数、检修次数、送电时间、停电时间、并网发电时间；主开关动作次数、事故次数、试验次数、峰发电量累计、平发电量累计、谷发电量累计、总发电量累计。

13.3.7　打印功能

上位机应能提供定时打印、召唤打印、事故打印等多种打印方式，随时打印各种所需的报表信息。定时打印即在设定的时间由上位机自动把一天 24h 的所有运行数据用报表的方式从打印机中打印出来。召唤打印即通过电站工作人员干预，通过一定的操作，让上位机把电站某天或某部分的报表打印出来，或把某天的事故记录、越限记录打印出来。事故打印即在电站出现事故时，上位机通过打印机打印出事故设备、事故种类、事故时间等信息。

13.3.8　数据通信功能

数据通信主要包括两部分：

（1）电站主控级与各现地控制单元 LCU 之间的通信。

（2）与调度中心或信息管理系统以及水情测报系统等外部系统进行通信。

13.3.9　时钟同步功能

接收同步时钟的同步时钟信号使电站主控级计算机时钟与标准时钟同步。电站主控级还可以通过系统网络向各现地控制单元传送时钟同步信号，使现地控制单元时钟同步。

13.3.10　自诊断功能和故障处理

完成对系统设备的自诊断，包括对硬件和软件、在线和离线的自诊断。故障处理包括对故障设备的隔离，对冗余设备的故障自动切除，非冗余设备在故障消失后的自恢复等。

13.3.11　优化运行

水电站计算机监控系统利用中长期洪水预报及实时雨量测报，可使水电站进行优化运行，合理调整水电站的运行，合理分配机组间的负荷，使整个水电站运行的综合效率最高，达到消耗最少的水发出尽量多电的目的。通过在上位机的监控软件中建立优化运行的数学模型，可实现按水位运行、按系统调度要求运行等优化功能。

13.4　水电站计算机监控系统的基本内容

水电站计算机监控是指通过对电站各种设备信息进行采集、处理，实现自动监测、控制、调节和保护。水电站计算机监控的具体内容在不同的水电站有所不同，但监控的基本内容都是通过监测电站设备的运行情况，根据实际水能状况和电力调度要求自动控制和调节机组发电，并通过各项保护措施，及时报警或故障处理，确保设备与人员安全；具体分为水电站机组的监控、水电站机组附属设备的监控、水电站升压站设备的监控、水电站辅助设备的监控、水工设施的监控等。

13.4.1　水电站机组的监控

水电站机组的监控内容有机组的监测、控制、调节、保护。

1. 机组的监测

水电站机组的监测对象为水轮发电机组，测量内容一般有发电机三相电压、三相电流、频率、有功功率、无功功率、功率因数、励磁电流、励磁电压、有功电能、无功电能、定子温度、轴承温度、技术供水水压、蜗壳压力、顶盖压力、尾水管压力（真空）、主轴的摆度、导叶开度等。

2. 机组的控制

水电站机组的控制操作对象是机组，包括机组的自动开机、自动同期并网、自动停机、故障自动报警、事故紧急停机等。

3．机组的调节

水电站机组的调节主要是针对并入电网担负基荷的机组而言，调节的内容为：根据实际水能状况和电力调度要求，通过控制导叶开度和发电机励磁电压（或电流），调节机组的有功功率和无功功率（或功率因数）。对于在电网中担负调频任务的电站的机组来讲，频率调节是由水轮机调速器自动完成的，电压调节是由发电机励磁调节系统自动完成的，机组计算机控制系统对水轮机调速器，发电机励磁调节系统进行控制，实现机组的频率和电压自动调节。

4．机组的保护

水电站机组的保护分为电气保护和机械保护。

13.4.2　水电站机组附属设备的监控

水电站监控的机组附属设备主要包括调速器、励磁系统、主阀（闸门），机组附属设备监控的内容有机组附属设备的监测和控制。机组附属设备的保护由调速器和励磁系统自身实现，监控系统采集有关故障或事故信息，实施故障报警或事故处理。

13.4.3　水电站升压站设备的监控

水电站升压站监控的设备主要包括主变、线路、断路器、隔离开关等。监控的内容有升压站设备监测、控制、保护。厂用电的监控也可以归纳到升压站监控系统。

13.4.4　厂用电的监控

厂用电的监控包括测量厂用变压器的三相电压、三相电流、功率因数、有功功率、无功功率、有功电能、无功电能和厂用直流电的直流电压；控制交直流厂用电的自动开关、接触器等，还包括常用变压器和直流系统的保护。厂用变压器保护主要有过电流保护、过电压保护、过负荷保护等。厂用直流系统的保护主要有直流系统接地、充电机故障等。对于不同的厂用变压器和直流系统，保护是有差别的。

13.4.5　水工设施的监控

水电站监控的水工设施主要有防洪闸门（包括泄洪闸门）、进水口拦污栅、前池等。水工设施监控的内容有水工设施的监测、控制。

13.5　水电站计算机监控系统的软件操作系统

13.5.1　Unix操作系统

Unix操作系统是一种强大的多任务、多用户操作系统。早在20世纪60年代末，AT&T Bell实验室的研究人员为了满足研究环境的需要，结合多路存取计算机系统研究项目的诸多特点，开发出了Unix操作系统。至今，Unix本身固有的可移植性使它能够用于任何类型的计算机——微机、工作站、小型机、多处理机和大型机等。

Unix是常使用命令运行、极具灵活性的操作系统，目前的产品主要有IBM－AIX、SUN－Solaris、HP－UNIX等。Unix操作系统通常被分成三个主要部分，即内核（Kernel)、Shell和文件系统。

内核是Unix操作系统的核心，直接控制着计算机的各种资源，能有效地管理硬件设备、内存空间和进程等，使得用户程序不受错综复杂的硬件事件细节的影响。

Shell 是 Unix 内核与用户之间的接口，是 Unix 的命令解释器。目前常见的 Shell 有 Bourne Shell（sh）、Korn Shell（ksh）、C Shell（csh）等。

文件系统是指对存储在存储设备（如硬盘）中的文件所进行的组织管理，通常是按照目录层次的方式进行组织。每个目录可以包括多个子目录以及文件。常见的目录有 /etc（常用于存放系统配置及管理文件）、/dev（常用于存放外围设备文件）、/usr（常用于存放与用户相关的文件）等。

目前，Unix 作为操作系统的开放标准，不仅具有良好的开放性、实时性和稳定性，很少受到病毒的侵扰，具有的特点为：①多线进程控制；②内存影射文件；③逻辑卷管理；④共享程序库；⑤NFS 网络文件服务系统；⑥虚拟内存管理，实时支持功能；⑦多种多任务调度模式，Timesharing 分时多任务调度，FIFO 先进先出实时多任务调度，Round - Robin 实时多任务调度；⑧40 级分时优先级，64 级实时优先级；⑨强化 I/O 管理；⑩高可靠性；⑪C2 级安全保密性。

13.5.2 Windows 操作系统

Windows 操作系统是图形界面操作系统的代表，由美国微软公司推出。它以窗口为基本操作背景，只需用鼠标点击窗口中的图标、按钮和菜单项等就可以方便地完成所需要的操作。自 1995 年一个划时代的 Windows 操作系统——Windows95 诞生以来，微软公司不断推陈出新，先后又发布了 Windows NT4.0、Windows98、Windows2000 和 Windows XP 等操作系统。目前微型计算机上安装的主要是 Windows98、Window2000 和 Windows XP 等较新的系统。这些系统都提供强大的网络连接能力，全图形界面，易于操作，并提供了大量功能完善的管理工具，成为了微型计算机配置的主流系统。

13.5.3 操作系统的选择

Unix 和 Windows 是目前常用的两种操作系统，两者的特点及应用情况对比见表 13.2。

表 13.2　Unix 和 Windows 的特点及应用情况对比

系统	Unix	Windows
系统成熟性	好	较好
系统稳定性	好	一般
系统开放性	符合开放标准	已成为视在标准
系统安全性	好	有安全漏洞
系统实时性	高，系统性能指标比较协调	不乏个别性能指标很高
应用软件数量	较少	多
汉化及国际语言	好	好
应用领域	大型高可靠性实时控制系统	小型应用，办公
网络互联性	好	好
发展	慢	迅速
系统数量	相对较少	多
病毒	很少	多
投资	相对较高	低
水电工程应用	大型工程，关键设备	中小型工程

根据上述情况，Unix系统一般多用于大型水电站控制系统的关键设备，如服务器、操作员站、工程师站、通信服务器等，Windows多用于厂内通信服务器、语音报警服务器、打印服务器、报表工作站等。由于Windows系统的计算机设备价格低廉，小型水电厂监控系统的设备一般全部选用Windows系统。

由于Windows系统平台下的应用软件迅猛发展，如IE、Excel等，给用户提供了极大的便利，进一步推动了Windows系统的应用范围不断扩大，大有Windows一统天下的趋势，但Unix系统在高端、高可靠性、关键应用领域仍然起主导作用。

13.6 水电站计算机监控系统的硬件操作系统

13.6.1 主站级设备

1. 主机与数据库服务器

大型监控系统一般设主机与数据库服务器，完成对整个系统的数据采集处理与管理、高级应用功能如AGC/AVC。由于主机与数据服务器的重要性，主机与数据服务器应采用冗余热备配置。正常时，一台为主机，完成监视控制任务，另一台则为备用，可进行正常监视。当主站故障或退出时，备用站可自动或手动升为主站，完成监控任务。

当电站比较重要，历史数据较多时，也可配置共享磁盘阵列，构成Cluster结构，提高数据存储与服务的可靠性。

2. 操作员站

操作员站可根据需要配置一至多台。多台工作站之间可以配置成主备冗余方式，也可配置成全冗余方式，即每台工作站可同时具有控制权。每台工作站均可完成监控系统的全部人机联系功能。主要完成对整个电站的运行监视和闭环控制，发布操作命令，各图表曲线显示，事故、故障信号的分析处理等功能。一般选用高档图形工作站，配置有1～3个大屏幕显示器。

3. 工程师站

工程师站主要用于应用程序开发，如图形、报表、数据库、控制流程等方面的编辑和修改，系统的维护与诊断，如系统初始化、系统管理、检索历史记录、系统故障诊断、程序下载、远程诊断等工作，实时系统维护，如系统运行参数修改、数据备份，在离线时进行用于修改定值，增加和修改画面，并可进行系统维护、软件开发工作等。一般选用与操作员站同等配置的图形工作站。

4. 培训仿真站

培训仿真站的硬件配置一般与操作员站相同，具有运行监视功能，可进行模拟操作，但通往现场的控制输出均被屏蔽，主要用于运行人员培训。

完善的培训仿真站应配置现场仿真软件，运行培训人员的模拟操作可以由仿真软件模拟现场设备进行反馈，达到逼真的模拟效果。

5. 语音报警站

语音报警站主要负责语音报警、电话查询、事故自动寻呼（ON－CALL）以及报警信息手机短信发送等。

6. 报表系统

自动完成报表数据的生成，报表管理，报表查询等功能。

7. 厂内通信站

完成水电厂智能设备或系统的通信，如机组状态监测系统、保护及录波系统、消防系统等。可根据通信设备的数量、负荷大小进行配置。一般选择微机服务器较多。特别重要的通信节点可配置成双机系统。

8. 调度网关站

调度通信网关站主要负责与上级电力调度的通信功能。重要电站的网关站应双机热备冗余配置，可选择64位Unix服务器。通道也应采用不同物理路径、不同设备进行备用。对外通道目前采用串行通信及以太网通信方式的较多。

9. Web信息发布站

Web信息发布站是通过Internet和浏览技术，实现监控系统实时信息的对外发布，是Internet对监控系统软件技术的巨大促进。根据信息量的大小，可由一台服务器完成Web信息发布的功能，也可由若干台服务器协调配合完成。

通过Web信息发布系统，运行管理人员可在任意地点通过计算机联网访问监控系统的Web服务器，浏览查询现场设备及系统的运行情况。通过系统授权，维护人员可对监控系统进行必要的远程维护。Web与监控系统之间必须配置安全隔离设备。

10. 时钟

监控系统一般设高精度的GPS时钟同步系统一套，定时校对监控系统内各计算机设备的实时时钟，使监控系统内部的各计算机系统及智能设备的时钟同步一致，满足事件记录对时间精度的要求。

对于大型或特大型水电厂，由于需要对时的设备数量比较多，目前较多采用是一、二级时钟系统的方案，即每个LCU配置一台二级时钟，一级时钟负责主站及二级时钟的同步，不仅可满足目前全厂有关智能设备的对时要求，而且有利于未来对时信号的扩展。一、二级时钟之间采用光纤连接。时钟装置的输出信号类型及接口数量可根据要求灵活配置，一般包括以太网接口、RS232或RS485串行通信接口以及DCF77编码脉冲接口等。以太网接口一般采用标准的NTP对时规约。

11. 打印设备

打印设备主要用于监控系统的各种报表、统计报告、报警信息的打印。常用的打印机有行式打印机和页式打印机。行式打印机主要包括针式打印机和喷墨式打印机，一般用于随机报警语句的随机打印。由于点阵式打印机容易发生卡纸等现象，导致网络壅塞，系统死机，目前已很少采用随机打印。

激光打印机主要用于报表打印，打印幅面由B5到A3不等，可根据需要报表需要选用相应的打印机。过去报表往往采用定时打印的方式，导致报表打印较多，报表的保存和查询都比较困难。现报表数据一般采用光盘存储，取消纸质报表打印，报表的检索比较方便，需要时可随时打印纸质报表。

13.6.2　现地控制单元

水电厂计算机监控系统位于被控设备附近的控制系统部分，一般按被控设备单元分布，即现地控制单元。

LCU 一般由数据采集与控制器、人机联系、电源、同期装置、变送器、仪表以及盘柜等设备构成。主要完成对监控对象的数据采集与预处理，负责与主站的网络数据通信，接收并执行主站的命令和管理。LCU 本身也是一套完整的数据采集与控制装置，当与主站系统脱机时，通过现地人机联系设备，仍具有对现场设备的控制、调节操作和监视功能。LCU 是监控系统中一个非常重要的环节，其可靠性直接影响整个系统控制功能的实现。

1. 控制器

控制器是 LCU 的核心组成部分，完成数据的采集、处理与控制功能。

目前控制器主要采用各类可编程控制器构成，进一步可分类为：① 按 CPU 数量分，可分为单 CPU、多 CPU 冗余型；② 按 IO 分类，可分为集中式 IO 系统，分布式 IO 系统；③按CPU 处理方式分类，可分为单任务循环扫描型，多任务多周期扫描型等。

另外，还有少数的小型水电厂采用基于 IPC、PCC（Programmable Computer Controller）作为控制器构成的控制系统，可归类为上述控制器的一种变形。

国际电工委员会（IEC）对 PLC 的定义是：可编程控制器是一种数字运算操作的电子系统，专为在工业环境应用而设计的。它采用可编程序的存储器，用于其内部存储程序，执行逻辑运算，顺序控制，定时，计数与算术操作等面向用户的指令，并通过数字的、模拟的输入和输出，控制各种类型的机械或生产过程。可编程序控制器及其有关设备，都应按易于与工业控制系统形成一个整体，易于扩充其功能的原则设计。

随着微处理器的出现，VSI、VLSI 制造技术和数据通信技术的迅速发展，PLC 的应用和技术也得到了飞速的发展。

PLC 出现于 20 世纪 60 年代末，一般称为可编程逻辑控制器。在 70 年代开始采用微处理器作为 PLC 的 CPU，PLC 功能大大增强。在软件方面，在原有的逻辑运算、定时、计数等功能的基础上增加了算术运算、数据处理和数据通信、自诊断等功能。在硬件方面，开发了模拟量模块、远程 I/O 模块以及各种特殊功能模块。80 年代中后期以来，由于微处理器硬件制造技术迅速发展，市场价格大幅度下降，各 PLC 生产厂家大量采用更高档次的微处理器。为了进一步提高 PLC 的处理速度，很多制造厂商还研制开发了专用逻辑处理芯片。后来 PLC 还专门开发了 SOE、交流采样等特殊模块，并融入了 Ethernet、Web Server 等技术，配套软件功能丰富，使用得心应手，PLC 的数据采集处理能力、数字运算能力、人机接口和网络通信能力都得到大幅度提高，与部分工业控制设备相结合后，在某些应用上逐渐取代了在过程控制领域长期处于统治地位的 DOS 系统。由于 PLC 通用性强，可靠性高，使用方便，编程简单，在工业过程控制中的应用非常广泛。

目前，在我国水电厂计算机监控系统一般用 PLC 构成现地控制单元，使用较多的 PLC 有法国施耐德公司的 Quantum 和 Premium 系列，德国西门子公司的 S5、S7 系列，GE 公司的 GE 90 系列，美国 Rockwell 公司 ControlLogix 等。可根据电站实际需要，选择在性能、功能等方面能满足电站要求的 PLC 产品。目前我国很大一部分电站的自动化系统都是采用 PLC 构成现地控制部分的，通过合理的配置和搭配，它们基本上都能在系统中担负起相应责任，完成相应的功能。

2. 同期装置

同期并列操作是电力系统中一项经常而又极其重要的操作，要求同期装置必须非常稳定和绝对可靠，否则将给发电机和电力系统带来极其严重的后果。

目前多采用高档单片机构成。一般采用双重冗余设计及完善的抗干扰措施，使装置具有高可靠性和稳定性，保证在任何情况下不误动作。利用高档单片机运算速度快的特点，将现代控制理论运用于同期预报，调频、调压计算，调节待并机组，以最短时间进入给定同期区域，确保在出现第一个同期点时，实现同期操作。装置应具有电子同步表、操作按钮、通信接口等。采用数字转角变技术，可省却转角变，简化现场二次设计。支持的单对象或多对象同期，可自动识别线路的合环操作要求，具备检无压同期等功能。

3. 采样

根据采集信号的不同，可分直流采样和交流采样两种。

直流采样的采样对象为直流信号，它是把交流电压、电流信号经过各种变送器转化为0～5V的直流电压，再由各种装置和仪表采集。

交流采样是将二次测得的电压、电流经高精度的TA、TV变成计算机可测量的交流小信号，然后再送入计算机进行处理。通过运算，可获得电压、电流、有功功率、功率因数、频率以及高次谐波的有关参数。可根据功能要求，有关参数可LED显示、通信输出、越限报警等。

由于交流采样能够对被测量的瞬时值进行采样，因而实时性好，相位失真小，用软件代替硬件的功能，使硬件的投资大大减小，克服了直流采样无法采集实时信号，测量精度受变送器的精度和稳定性影响，设备复杂，维护困难等缺点，在电力系统监测与自动化控制系统中应用越来越广泛。

4. 人机联系

LCU的现地人机联系接口一般采用触摸屏或一体化工业控制微机，可显示开停机流程、数据库一览表等画面。由于LCU安装在现场，一般选择抗电磁能力强的液晶显示器。

工业控制微机的功能强大，除可实现一般必要的现地人机联系功能外，还可实现较强的现地数据处理、数据通信以及历史数据存储管理等功能。

液晶触摸屏没有硬盘等运动部件，系统软件全部固化，抗干扰能力强，其可靠性远高于工控机。现地LCU采用触摸屏为人机联系手段已成为水电站监控的发展趋势。

现地人机联系设备平时可关机运行，不影响LCU的正常运行。

13.6.3 电源系统

电源系统是影响监控系统正常运行的重要环节。

电源系统可有分布式和集中式两种配置方法。分布式是指多台UPS电源供电，一般主控级设备由两台相互备用的电源供电，而每台现地控制单元由单独一台UPS供电。集中供电方式是指全部监控系统设备由两台相互备用的大容量UPS电源供电。两种方式各有优缺点，分布式的电源装置小，维护方便，价格较低，单个电源的故障不影响其他电源装置的运行，但当系统较大、电源数量较多是，电源的维护工作量较大。集中式供电对电源装置的可靠性要求相对要更高一些，价格也比较昂贵，维护较复杂。

容量在3kVA以上的不间断电源经常配置成双机热备用系统。备用的方式分主备备用方式和并机备用方式。

目前，电力系统采用较多的是交直流供电装置，取代不间断电源，正常运行时利用交流电源供电，当交流电源出现问题时，可以自动切换到由电厂比较可靠的直流电源供电方式。

13.7　水电站计算机监控系统的最新技术和发展趋势

13.7.1　现地控制单元的最新技术与发展趋势

在水电站计算机监控系统中LCU直接与电站的生产过程连接，是系统中最具面向对象特征的控制设备。现地控制单元的控制对象主要包括以下几个部分：

（1）电站发电机组设备：主要有水轮机、发电机、辅机、变压器等。

（2）开关站：主要有母线、断路器、隔离开关、接地刀闸等。

（3）公用设备：主要有厂用电系统、油系统、汽系统、水系统、直流系统等。

（4）闸门：主要有进水口闸门、泄洪闸门等。

LCU一般布置在水电站生产设备附近，就地对被控对象的运行工况进行实时监视和控制，是水电站计算机监控系统的较底层控制部分。原始数据在此进行采集和预处理，各种控制调节命令都通过它发出和完成控制，它是整个监控系统中很重要、对可靠性要求很高的控制部分。用于水电站的LCU按监控对象和安装的位置可分为机组LCU、公用LCU、开关站LCU等。而按照LCU本身的结构和配置来分，则可以分为基于单片机线型结构的LCU、基于可编程控制器（PLC）的LCU、基于智能现地控制器的LCU等三种。第一种LCU多为水电站自动化初期的产品，目前已基本不再在新系统中采用。在此仅讨论目前处于主流地位的基于PLC和基于智能现地控制器的LCU部分。基于智能现地控制器的LCU又包括基于PCC（Programmable Computer Controller）的LCU和基于PAC（Programmable Automation Controller）的LCU。

13.7.1.1　最新技术

1. 基于可编程控制器（PLC）的LCU

国际电工委员会（IEC）对PLC的定义是：可编程控制器是一种数字运算操作的电子系统，专为在工业环境应用而设计的。它采用可编程序存储器，可以进行内部存储程序，执行逻辑运算，顺序控制，定时，计数与算术操作等，并通过数字的、模拟的输入和输出，控制各种类型的机械或生产过程。可编程序控制器及其有关设备，都应按易于与工业控制系统形成一个整体，易于扩充其功能的原则设计。

虽然PLC问世时间不算太长，但是随着微处理器的出现，大规模、超大规模集成电路制造技术和数据通信技术的迅速发展，PLC的应用和技术也得到了飞速的发展，其发展过程大致可分三个阶段：

（1）早期的PLC（20世纪60年代末至70年代中期）。早期的PLC一般称为可编程逻辑控制器。

（2）中期的PLC（20世纪70年代中期至80年代中后期）。在70年代开始采用微处理器作为PLC的中央处理单元（CPU）。这样，使PLC的功能大大增强。在软件方面，在原有的逻辑运算、定时、计数等功能的基础上增加了算术运算、数据处理和数据通信、自诊断等功能。在硬件方面，开发了模拟量模块、远程I/O模块以及各种特殊功能模块，使PLC的应用范围得以迅速扩大到需要自动控制的很多行业。

（3）近期的PLC（20世纪80年代中、后期至今）。进入80年代中、后期，由于微处理器硬件制造技术迅速发展，同时市场价格大幅度下降，使得各PLC生产厂家可以采用更高

档次的微处理器。为了进一步提高PLC的处理速度，很多制造厂商还研制开发了专用逻辑处理芯片。后来PLC还融入了Ethernet、Web Server等技术，提供了功能丰富的配套软件，使广大用户使用起来更加得心应手。

20世纪80年代至90年代中期，是PLC发展最快的时期。在这时期，PLC的数据采集处理能力、数字运算能力、人机接口和网络通信能力都得到大幅度提高，PLC逐渐进入过程控制领域，与部分工业控制设备相结合后在某些应用上逐渐取代了在过程控制领域处于统治地位的DCS系统。由于PLC具有通用性强、可靠性高、使用方便、编程简单、适应面广等特点，使它在工业自动化控制特别是顺序控制中的得到了非常广泛的应用。

我国将PLC应用于水电站生产设备的监控始于20世纪80年代，由于PLC一般按照工业使用环境的标准进行设计，可靠性高、抗干扰能力强、编程简单实用、接插性能好很快被电站用户和系统集成商接受，得到了较好的应用。目前在我国水电站使用较广泛的PLC有GE Fanuc公司的GE Fanuc 90系列，德国Siemens公司的S5、S7系列，法国Schneider公司的Modicon Premium、Atrium和Quantum，美国Rockwell公司PLC5、Control Logix，日本OMRON公司的SU—5、SU—6、SU—8，日本MITSUBISHI公司的FX2系列等。由于各种PLC的设计原理差异较大，产品的功能、性能以及可以构成现地系统的规模有很大的不同。一般来说，根据不同电站在安全性能（包括可靠性、可维护性等）、应用功能、控制规模、系统结构等方面的实际需求进行选择，还是可以找到合适的PLC的。目前我国很大一部分电站的自动化系统都是采用PLC构成现地控制部分的，通过合理的配置和搭配，它们基本上都能在系统中担负起相应责任，完成相应的功能。但PLC作为一种通用的自动化装置，并非是为水电站自动化而专门设计的，在水电自动化这一有着特殊要求的行业应用中不可避免地也会有一些不适合的地方，现列出以下几点：

（1）PLC以“扫描”的方式工作，不能满足事件分辨率和系统时钟同步的要求。水电站计算机监控系统都是多机系统，为了保证事件分辨率除了PLC本身应具有一定的事件响应能力和高精度时钟外，还要求整个系统内各部分主要设备之间的时钟综合精度也必须保证在毫秒级以内。

（2）通用型PLC的起源主要针对机械加工行业，以后逐步扩展到各行各业。现在的PLC虽然具有较强的自诊断功能，但对于输入、输出部分，它只自诊断到模件级。这对于我国电力生产这样一个强调“安全第一”的行业来说，有一定的欠缺，往往需要另加特殊的安全措施。

（3）通用型PLC一般都具有一定的浪涌抑制能力，基本上可以适合大部分行业应用。但对于水电站自动化系统来讲，由于设备工作环境的特殊性，通用型PLC的浪涌抑制能力与技术规范所要求的三级浪涌抑制能力还有一些差距。

2. 基于智能现地控制器的LCU

在我国水电站自动化系统中应用较多的另一类现地控制单元应该就是智能现地控制器LCU，如ABB公司AC450，南瑞集团的SJ－600系列，Elin公司的SAT1703等。

其中AC450是ABB公司生产的适用于工业环境的Advant Controller系列现地控制单元中的一种，主要应用于其他行业的DCS中。它包括了以Motorola 68040为主处理器的CPU模件和I/O、MasterBus等多种可选的模件，支持集中的I/O和分布式I/O，可根据不同的应用需求采用不同的模件来构成适用的现地子系统。

SAT1703是奥地利Elin公司生产的多处理器系统，它包括三个装有不同接口处理器的子系统——AK1703、AME1703和AM1703。每个子系统由主处理器、接口模板（模块）、通信模块等构成，能实现数据处理、控制和通信功能，在LCU内部采用SMI（Serial Module Interconnector）进行通信。SAT1703现地控制单元采用OS/2操作系统，运行的控制软件为ToolBox。

SJ—600系列是国电自动化研究院20世纪90年代末为在恶劣工业环境下运行而生产的国产智能分布式现地控制单元，由主控模件、智能I/O模件、电源模件以及连接各模件与主控模件的现场总线网组成。已在全国数十个大中型水电站可靠地运行。

13.7.1.2　发展趋势

在全球计算机工业控制领域围绕着计算机和控制系统硬件/软件、网络技术、通信技术、自动控制技术等方面都在迅速地发展，同时，我国水电自动化领域的技术也不断取得长足的发展。随着全国水电站“无人值班”（少人值守）工作的推进，以及多个单机容量700MW的特大型水电站的建设，水电站自动化系统及其自动控制装置应具备高度可靠性、自治性、开放性，发展成为一个集计算机、控制、通信、网络、电力电子等新技术为一体的综合系统，LCU应具备完备可靠的硬件结构，开放的软硬件平台和强大的应用系统。完成对电站生产设备有效的安全监控和经济运行。

PLC和智能现地控制器都在朝着适应新的应用需求的方向发展，如PLC根据传统PLC的不足，开发新的功能模件或者结合PLC技术和IPC技术开发出相当于智能现地控制器的新产品。自动化设备生产商都在不断努力开发新的产品，对水电站自动化来说重要的几点是：

（1）CPU模件宜采用符合IEEE1996.1的嵌入式模块标准的低功耗CPU，或符合工业环境使用的通用型低功耗CPU。运行实时多任务的操作系统，以利于提高现地控制单元对实时事件的即时响应和处理能力，方便增加、集成水电行业的专用模块和特殊需求的功能。

（2）采用智能化的I/O模件，它除了可独立完成数据采集和预处理，方便分散布置，还可具备很强的自诊断功能，提供了可靠的控制安全性和方便的故障定位能力。

（3）标准化的网络连接，这里包括现场总线网和常用的以太网。LCU往往通过现场总线向下连接着各种智能仪表、智能传感器和分级监控的子系统，通过高速网络连接厂级计算机监控系统。所以LCU必须遵循严格的国际开放标准，对这两种网络提供有效的支持，提高现场不同厂家设备的组网能力、方便性和可维护性。

（4）提供对SOE既方便又有良好性价比的支持，提高现场事件信号分辨率，以满足水电站“无人值班（少人值守）”管理模式下对故障的产生原因进行准确分析的需求。目前大部分传统PLC对此需求还有所欠缺。

（5）提高控制安全性，应在LCU软硬件故障或异常的任何情况下，都不会有错误的控制信号输出。否则，就会造成电站生产设备损坏，甚至会造成电力系统事故。这是至关重要的一点，一般LCU对此尚无足够的重视。

（6）网络安全性，随着对通过Ethernet进行数据交换的需求日益提高，很多LCU厂家已经提供或正在开发LCU的Ethernet模件或者在LCU中内嵌Ethernet功能和Web服务。

（7）提高可靠性和可用性，由于水电站的特殊应用环境，要求LCU应具有很强的抗电磁干扰能力、抗浪涌能力和一定的抗振动能力。可以按要求组成冗余的热备系统，确保在监

控系统中，无论是不相同的单部件故障还是主机和备机的切换都不会对控制造成影响。部分厂家的LCU还无法满足这些要求或指标太低。

（8）提高易用性，这也是用户考虑的一个重要方面。例如，南瑞公司的SJ—600就提供了功能强大的可视化交换式组态工具软件MBPro，可以帮助用户方便地进行生产控制应用的生成、调试和维护。Schneider公司也提供了完全重新设计的自动化软件Unity，支持Modicon Premium、Atrium和Quantum PLC。其他LCU厂家也提供了或正在开发不同功能的非常有用工具软件，用户在使用LCU方面将越来越方便。

现在可以确信的是，在各LCU生产厂家全面透彻地理解我国水电自动化领域对LCU的真正需求以后，都会认真地进行新产品开发。无论PLC、智能现地控制器，还是PCC、PAC，尽管它们在硬件结构、系统构成、工作原理、系统软件、应用功能等方面都存在大大小小的差异，它们都可能在广泛的水电站计算机监控的应用中找到不同的定位。但是，要在大型、超大型电站得到很好的应用，则必须结合计算机技术、工业控制技术、通信技术、工业网络技术等方面的发展，不断进行LCU软硬件的技术更新。在未来几年内，对标准化、安全性、可靠性、开放性、可互操作性、可移植性的要求将是水电站用户至为关心的。自动化产品生产商在最近几年将会推出更多适合各领域个性化应用的控制器及新的功能，以满足不同用户不断增长的需求。

13.7.2　通信系统的最新技术与发展趋势

通信系统是水电站计算机监控系统的“神经系统”，它直接关系到整个监控系统的实时性、可靠性和安全性等方面。通信技术的现代化，已被公认为水电站电能生产现代化的重要条件和明显标志。随着计算机技术、测控技术和电子技术的飞速发展，在现代通信领域中，各种先进的通信技术、通信设备和通信手段层出不穷。如何提高通信系统的可靠性、准确性和实时性，以及如何扩大通信的距离，一直是通信系统设计和研究过程中必须考虑的一系列关键性的问题。本节通过分类列举出以下几种目前比较典型的通信系统，并对每种系统的优缺点以及适用的场合进行了对比和分析，以了解目前通信系统的最新技术与发展趋势。

13.7.2.1　最新技术

目前应用比较广泛、技术比较成熟的通信系统主要有以下几大类。

1. 应用专线的通信系统

对于测控距离较短、通信数据量大、通信频繁且实时性、可靠性和保密性要求都很高的远程分布式计算机监控系统，一般采用自行架设专线（如电缆）来作为数据传输的通道。

系统主站（电站主控层的上位机）通过扩展的多个串行口及MODEN，与各地的多个子站相连。子站（或主站）发送的数据通过串行口送给本地MODEN进行调制之后，通过专线传输给远方MODEN，远方MODEN将收到的信号解调为数字信号，通过串行口送给主站（或子站）的PC机，从而实现集中管理。这种网络技术的关键是如何建立主站和各个子站之间的通信协议，以保证整个系统的实时性和避免冲突的产生，可以采用“快速巡查”或“定点查询”的方法来解决这一问题。这种通信系统不但在水电站计算机监控中应用，而且在交通、工业等领域的应用也十分广泛，比如说铁路沿线行车信号灯的监控，就可以采用这种测控网络来实现。

2. 利用公用电话网的通信系统

在通信不是很频繁、通信数据量较小、实时性和保密性要求不高的场合，可以租用公用电话网，采用拨号方式建立临时连接的方式来实现通信。采用这种测控系统可以降低系统的硬件成本、缩短建网周期，实现高速高效的目的。

该系统中的每个子站只需要定时采集被控对象的状态数据，并保存在自己的数据库中；主站则只能在屏幕上面按状态数据库所保存的最新数据显示各测控对象的状态。当需要检测远方测控对象的状态或对其执行操作时，主站从自己的数据库中找到对应子站的电话号码，通过拨号方式向子站发出“握手信号”，相应的子站接收到“握手信号”后执行摘机命令，从而建立起主站和子站之间的通信渠道。由于这种测控系统的实时性和保密性都比较差，因此只用在一些了解远方测控对象的运行状态和提前预防事故的场合。

3. 采用光纤通道的通信系统

利用光缆传输测量与控制数据，可以充分发挥光缆传输的稳定性好、抗干扰能力强、传输容量大等优点。

在这种系统中，光纤收发器是主要的设备，它的作用是进行电光、光电转换，并可以直接接收串行口的控制信号，有些光纤收发器还兼具有以太网接入功能。考虑到系统的高稳定性和高可靠性，在设计过程中必须慎重选择串行接口和光纤收发器。这种通信系统的投资较高，但由于其抗干扰和抗雷击能力强，并且通信质量优越，因此在水电站及电力系统的远距离不间断监控中得到广泛应用。

4. 基于Internet/Intranet的通信系统

测控系统以计算机为中心、以网络为核心的特征日益明显。使用Internet/Intranet的通信系统，使人们从任何地点、任何时刻获取到测量信息（或数据）的愿望成为现实。

实现该系统必须解决许多关键性问题，比如数据传输的可靠性、准确性和实时性；网络数据库的连接和更新的动态性、实时性、较高的编程效率和很好的兼容性等；TCP/IP协议和现场总线协议的兼容性，真正达到数据畅通无阻；此外，网络的安全性也是一个不容忽视的环节。基于Internet/Intranet的网络化通信系统适用于异地或者远程控制和数据采集、故障监测、报警等，其应用范围也十分广泛。

5. 基于无线通信的通信系统

对于工作点多、通信距离远、环境恶劣且实时性和可靠性要求比较高的场合，可以利用无线电波来实现主控站与各个子站之间的数据通信，采用这种通信方式有利于解决复杂连线，无需铺设电缆或光缆，降低了环境成本。

这种通信系统的关键是要使射频模块的接收灵敏度和发射功率足够高（可以采用专业无线电台来替代射频模块），以扩大站点间的距离，同时还需要考虑无线电波波段的选择；无线通信调制解调器已经有许多比较成熟的产品，可以根据实际需要来选择。基于无线通信的通信技术，其缺点是抗干扰能力差，因此在水电站及电力系统中的应用受到限制，目前仅应用于距离相对较远的电网层计算机监控系统。

13.7.2.2　发展趋势

通信技术是计算机监控领域发展主要方向之一。各种新技术、新器件、新理论的出现和计算机网络的飞速发展，必将给通信技术的发展和应用提供广阔的天地。

1. 数据传输方式朝复合式、多样性发展

随着今后测控距离的不断扩大以及监控系统复杂度的不断增加，单一的数据传输方式往往不能胜任要求；在一个远程计算机监控系统中采取多种数据传输方式相互配合使用，可以

降低系统的实现难度，有利于整个系统的模块化处理。

2. 进一步融合 EMIT（嵌入式微型因特网互联技术）和 ECS（嵌入系统）技术

进一步融合 EMIT（嵌入式微型因特网互联技术）和 ECS（嵌入系统）技术使现场数据采集和控制子系统的智能化程度得到提高，且能够更方便地与通信中心建立起通信渠道。随着微处理器和嵌入式技术的发展，监控系统的 IO 系统的智能化程度将进一步提高，这样就可以大大减低主控机 CPU 的负担，使整个系统的实时性和测控性能提高；同时，高智能化的数据采集和控制子系统可以很方便地通过 Internet/Intranet 将通信距离无限扩展。

3. 基于虚拟仪器的监控网络将是通信技术发展的一个方向

随着虚拟仪器技术的快速推广和发展，实现通信系统基于 Internet/Intranet 的通信能力大大提高，基于虚拟仪器和网络技术的通信网络将成为科学研究和生产自动化控制系统的重要组成部分。

在我国，通信技术的发展方兴未艾。可以预见，通信技术必将随着我国相关技术的发展而逐步完善和成熟，各种功能的通信系统在不远的将来会广泛地使用在社会的各个领域，通信技术的新发展也必将给水电站及电力系统的计算机监控领域注入新的活力。

13.7.3　数据库与软件的最新技术与发展趋势

1. 数据库最新技术与发展趋势

目前，水电站计算机监控系统的数据库广泛采用专用实时数据库和商用历史数据库相结合的形式，专用实时数据库一般由监控系统的生产厂家自行开发，而商用历史数据库采用关系型数据库系统，如 SQL Server、Oracle 等。数据库应用与开发的技术包括数据库的集成化技术、数据库的面向对象开发技术、数据库的管理、安装及维护技术等。数据库系统是水电站监控系统的核心，数据库系统的优劣直接影响到整个监控系统的实时性、可靠性、安全性、可扩性以及可维护性。

目前，在水电站计算机监控系统中的数据库系统还存在诸多不足：①专用实时数据库和商用历史数据库虽然可以集成在一起，但这种集成会带来一些负面的影响，如集成的有缝性、集成化加大资源的开销、集成化对实时性产生影响、集成化引起数据失真等；②专用实时数据库由生产厂家自行开发，缺少统一的标准，不利于监控系统的扩展和维护；③历史数据库采用关系型数据库，关系型数据库不支持可扩展标记语言（XML）数据的处理方式或支持非常生硬，而 XML 作为目前最流行的一种标准数据格式，它能为不同应用程序间的数据交换和不同系统间的集成提供了强大的机制；④水电站计算机监控系统的分层分布式结构使其比较合适采用分布式数据库，而采用关系型数据库管理系统很难保障各分布点数据库的数据一致性；⑤目前的数据库系统对事务处理能力较差，只能支持非嵌套事务，对长事务的响应较慢，而且在长事务发生故障时恢复也比较困难。

从数据库的发展历史来看，第一代数据库为层次和网状数据库系统，其代表是 1969 年 IBM 公司研制的层次化模型数据库管理系统 IMS（Information Management Systems）；第二代即为关系型数据库系统，它以关系模型为基础，目前开发的系统大多是基于关系型数据库的；目前数据库系统正朝着第三代数据库系统发展，目前 IBM 公司推出的混合型数据库 DB2 9 已向第三代数据库迈进了一步，虽然第三代数据库系统是采用混合型数据库还是“纯的 XML 数据库”尚未定论，但人们对其基本特征已有了共识：

（1）第三代数据库系统除了现有的数据管理服务外，还应支持更加丰富的对象结构和数据规范，应集数据管理、对象管理和知识管理为一体，支持面向对象（OOP）数据模型，支持 XML 数据格式。

（2）对 XML 的支持是第三代数据库的重要特性，第三代数据库必须在保持和继承第二代数据库系统的技术基础上有新的突破，如能同时存储和查询 XML 数据和关系型数据，而不用进行数据转换。用户不仅可以使用同一个数据库对象同时管理传统的 SQL 数据和 XML 文档，甚至还可以编写一个同时对这两种数据形式进行搜索和处理的查询。

（3）第三代数据库系统必须是开发的，支持数据库语言标准、支持标准网络协议、具有良好的可移植性、可连续性、可扩展性和可互操作性等。

2. 软件最新技术与发展趋势

水电站计算机监控系统的软件是整个监控系统的“灵魂”，其形式丰富、层次复杂。从其作用方面划分可分为智能化设备软件、现地监控软件、网络通信软件、上位机软件以及人机接口软件等；从层次上划分有操作系统软件、数据库软件、应用支持软件、应用软件等。关于水电站计算机监控的软件系统的最新技术包括软件的层次化构建技术、软件的面向对象（OOP）分析技术、软件的 UML 建模技术、软件的开发技术、软件的安装和维护技术等。

软件是随着硬件的发展而不断向前发展和推进的，软件的最终目标是使硬件发挥其最大效能。软件的发展趋势主要为：自动化设备软件的智能化，现地监控软件的组态化，通信软件的标准化，上位机软件的网络化，人机接口软件的多媒体化等。

13.7.4　水电站计算机监控技术的总体现状与发展趋势

目前，对水电站计算机监控系统可以理解为由水电站计算机状态监控系统、水电站计算机视频监控系统、水电站厂内经济运行系统、水电站微机调速系统、水电站微机励磁系统等构成的一个集成化的综合的自动化监控系统。其范围涉及水电站水轮发电机组、水轮发电机组附属设备、升压站及公用设备、水轮机组辅助设备以及其他水工设施。

水电站计算机监控技术作为一种综合的技术，它将伴随着水电站硬件技术、计算机技术、通信技术、数据库技术、网络技术和自动化监控技术的不断发展而不断向前推进，各种子系统如水电站闸门监控系统、水电站厂内水资源综合调度系统、水电站水情测报系统、水电站大坝安全监控系统以及水电站无线通信系统等将不断集成到水电站计算机监控系统之中，水电站全计算机监控系统的概念将逐渐得到呈现和清晰。同时，水电站计算机监控系统也将不断融合进梯级水电站计算机监控系统和电网级计算机监控系统之中，成为电力系统计算机监控系统的一个不可缺少的组成部分。

水电站计算机监控技术是一门新兴的学科，它能够博采硬件工程、软件工程、通信工程、系统论、信息论和控制论等诸多学科之长，并逐步形成具有自己特长的、多学科融合和交叉的一门新兴的科学体系。

目前，许多水电站采用计算机监控技术提高了水电站的运行和管理水平，并不断地向“无人值班”（少人值守）的方向发展，但这还远远不够，我们迫切需要继续研究水电站综合自动化系统领域的关键技术，以进一步提高水电站的运行管理水平和综合自动化水平。

项目 14　典型多层分布开放系统设计

1. 工程概况

三峡枢纽工程是具有防洪、发电、航运等综合效益多目标开发的大型水利工程，其大坝位于宜昌市三斗坪镇，距下游葛洲坝枢纽约 40km。

三峡电站由坝后式电站和地下电站组成，其中坝后式电站分为左岸、右岸两个电站，各装机 14 台和 12 台，单机容量 777.8MW，地下电站位于右岸电站右侧的山体内，距右岸电站厂房最近点距离约 100m，装机 6 台，单机容量与坝后式电站相同。左岸 14 台机组于 2005 年 10 月已全部建成发电，右岸首台机组将于 2007 年 6 月投运。右岸 500kV 母线设分段断路器，将右岸电站分为右一、右二两厂，正常情况下，两厂各自独立运行。右岸开关站与左岸开关站之间无电气联系。控制室设在右岸，考虑左岸控制室统一控制。

三峡电站单机容量大，机组台数多，在全国跨大区联网的电力系统中处于核心地位，重要性十分突出，右岸电站是三峡电站的重要组成部分，要求控制系统不仅有非常高的可靠性，确保电站的安全可靠运行，并应考虑工程实施时间跨度大，不同的设备制造厂家及进度，现场机组投产施工期的灵活性，良好的可扩充性和可维护性，考虑电站建设期向稳定运行期平稳过渡。

2. 设计原则

(1) 由于三峡电站规模巨大，机组台数多，必须提高生产运行的自动化水平，减轻运行人员的劳动强度。根据目前我国水电厂"无人值班"(少人值守) 工作的经验和水平，右岸电站应按照"无人值班"(少人值守) 的原则设计，发电初期按"无人值班"(少人值守) 方式运行，为逐步过渡到无人值班的运行方式创造条件。

(2) 右岸电站采用全计算机监控方式。中控室不设常规的集中控制设备，采用计算机作为唯一的监控设备；LCU 取消常规布线逻辑回路，由具有冗余设计的计算机设备执行监控。

(3) 右岸电站监控系统应考虑足够的硬件和性能扩展空间，满足三峡电站后续建设系统总体设计一次完成到位，分期实施，不同阶段设备之间有明确的分界面。

(4) 系统硬件配置先进合理，主站、网络及控制器的性能协调一致，具有良好的可扩充性和可变性，并具有一定的先进性。具有足够的安全冗余度，一般环节均按双重冗余配置，个别重要环节可进一步提高冗余度。

(5) 系统功能软件配置完善，厂站控制层与现地 LCU 之间、主站各节点之间功能分配合理，使系统负荷分配比较均衡，系统总体性能最佳。

(6) 控制网络应速度快，可靠性高，施工方便，便于后续机组接入，机组之间相互干扰少。

(7) 在确保系统安全、可靠的条件下，采用先进成熟的技术和系统，具有良好的经济性。

(8) 系统具有良好的开放性、可维护性和可扩充性。

(9) LCU 尽可能采用现场总线及远程测控单元。

（10）加强现地层控制功能，提高现地层可靠性。

（11）尽可能地少用或不用变送器，以提高测量的精确度。

（12）中央控制室模拟屏开关量信息直接由监控系统提供。

3. 系统总体结构

三峡右岸电站计算机监控系统主要设备包括2套数据服务器、1套共享磁盘阵列及外围设备、5套三屏操作员站、4套数据采集服务器、1套培训站、2套应用程序站、2套调度网关、1套生产信息查询服务器及数据服务器、1套设备状态监测趋势分析服务器、3台移动工作站、1套工程师站、2套厂内通信站、1套语音报警站、1套外设服务器及外设、2套监测终端、1套GPS时钟、1套模拟屏驱动装置、2套控制网网络设备、2套信息网网络设备、1套生产信息查询系统网络设备、12套机组LCU、2套开关站LCU、2套厂用电LCU、1套辅助设备LCU以及1套大屏幕系统。

（1）分层。根据三峡右岸电站的实际情况和分层分布的基本原则，右岸电站监控系统的上述设备，采用三网四层的全冗余分层分布开放系统总体结构。

三网即厂站控制网、厂站管理网和信息发布网三个网络。采用网络分层结构，使不同性质的信息分类在不同的网络通道上传输，避免相互之间的干扰，确保系统控制的实时性、安全性和可靠性。

厂站控制网主要连接现地控制层和厂站控制层有关设备，选用赫斯曼MACH3002千兆级主干工业以太网交换机。与现场实时监控有关的信息主要由厂站控制网传输，如LCU上行信息和控制命令等。主交换机端口到各LCU的交换机通过光纤直接连接，各LCU呈星形分布。星形网具有网络速度快、现场光纤敷设施工简单等优点，双重冗余的光纤网络具有很高的可靠性，可以满足特大型水电站对自动化系统实时性、可靠性及可维护性的要求。

厂站管理网由双冗余热备交换机构成，选用Cisco® Catalyst® 4503主干网络交换机，主要连接厂站控制层和厂站管理层有关设备，与生产管理特别是历史数据管理有关的信息主要由厂站管理网传输，如后台数据处理信息、历史数据备份操作、报表打印数据等，采用光纤或双绞线星形连接。

信息发布网主要连接信息发布层有关设备，采用CISCO 3550 100M网络交换机，信息发布层通过网络安全设备与厂站管理层网络连接。

另外对于LCU内部，则根据具体需要和选择的设备情况，灵活采用现场总线技术，如Profibus—DP、S908、MB+、RS485等。

四层即现地控制层、厂站控制层、厂站管理层和信息发布层四层设备。四个层次的功能各有侧重，相互协调配合，完成电站计算机监控系统的全部功能。

现地控制层由各有关设备的现地控制单元构成，完成指定设备的现地监控任务。主要由施耐德Unity Quantum可编程控制器、工控机及Proface触摸屏、ABB SYNCHROTACT 5系列同期装置、Bitronics交流采样、变送器等构成。工控机既可作为现地监视窗口，又可作为现地操作控制台。Unity Quantum可编程控制器的两个32位586 CPU互为热备，可无扰动自动实现主备切换，I/O支持带电插拔，智能化SOE模块分辨率为1ms，MB+总线的通信能力也比较强，全部温度量由PLC的RTD模块采集，I/O端子采用CableFast快速布线系统。

厂站控制层完成全厂设备的实时信息采集处理、监视与控制任务，由数据采集服务器、

操作员站、应用服务器、厂内通信服务器及调度网关服务器等构成。硬件选用 Sun Fire 440 服务器或 Sun Blade 2500 工作站，安装有冗余分布的 H9000/RTDB 实时数据库系统，确保系统实时性。

厂站管理层完成全厂设备运行信息管理和整理任务，由历史数据服务器、培训仿真站、语音报警服务器及报表打印服务器等构成。硬件选用 Sun Fire 490 服务器及共享磁盘阵列或 Sun Blade 2500 工作站，安装由 Oracle 关系数据库系统构成的 H9000/HistA 历史数据管理系统。

厂站信息层完成有关信息的发布与查询工作，由设备状态监测趋势分析服务器、Web 浏览服务器、浏览数据服务器及浏览终端等设备构成，采用 B/S 结构的 H9000/WOX 信息浏览与发布系统软件。

三峡右岸电站计算机监控系统总体结构图如图 14.1 所示。

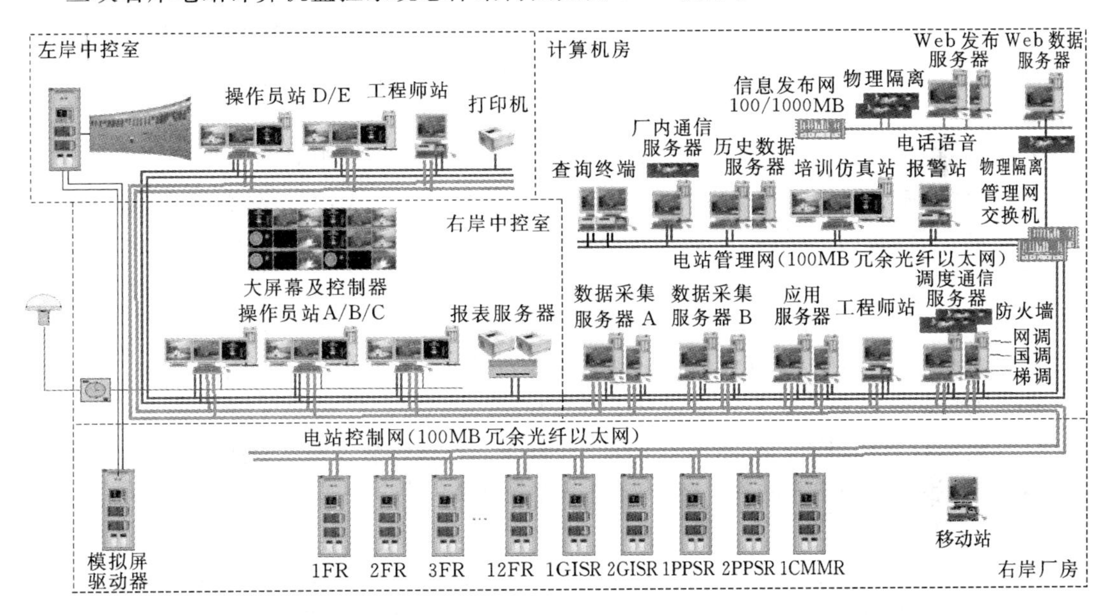

图 14.1　三峡右岸电站计算机监控系统总体结构图

（2）分布。整个监控系统的功能分布在不同层次的不同设备之中，各设备的协调配合，完成全厂监控功能。具体功能分布情况如下：

1）现地控制层各 LCU 按被控对象单元分布，如机组现地控制单元、开关站控制单元、厂用电控制单元及公用系统控制单元的等，各控制单元完成其被控设备的数据采集、监视及控制功能。

2）主站的监控功能分布在电站控制层及电站管理层各设备中。如数据采集服务器主要完成数据采集与处理任务，数据管理服务器完成实时数据库的管理，操作员站主要完成系统监控的人机联系功能，历史数据管理服务器完成历史数据管理任务等。

3）由于三峡右岸机组多，数据采集与处理任务特别繁重，因此根据三峡右岸实际情况，右岸监控系统设两套数据采集服务器，即右一、右二数据采集服务器。今后还将根据需要，设其他数据采集服务器。

4）全厂实时数据库分布在计算机节点中，各现地单元数据库分布在各个 LCU 中，系统各功能分布在系统的各个节点上，每个节点执行指定的任务。

5）网络设备分为电站控制网、电站管理网和信息发布网，也是为了均衡网络负荷，确保控制的实时性和可靠性。

6）通过功能的合理分布，确保系统各节点的负荷率满足设计的要求，同时任何局部设备的故障，不影响系统其余部分功能的正常运行。

7）采用分层分布式时钟系统，每台LCU配置一台二级时钟，由主GPS时钟实现对二级钟的对时。

（3）冗余措施。为了确保监控系统安全可靠运行，监控系统各环节采用各种有效的冗余措施，提高系统的可靠性。主要冗余措施包括：

1）主站各节点设备采用双机热备冗余配置。如数据采集服务器（包括右一、右二）、数据管理服务器、操作员站、历史数据管理服务器、高级应用服务器、厂内通信服务器、调度通信服务器以及GPS时钟等。冗余配置的双机系统同时运行相同的任务，备机一般不输出任何数据，互相检测，相互备用，当检测发现主机故障时，根据具体情况，备机可自动升为主机运行。

2）电站控制网及电站管理网均采用双网冗余结构，两个网同时工作，相互备用。

3）现地控制单元的各环节也均考虑采用冗余措施，如双CPU、双现场总线、双电源、双采样电源。重要的I/O信号也采用冗余措施。同期装置采用自动准同期，同时手动准同期备用。

4）主站电源采用双机热备配置，无扰动切换。

5）右岸开关站两套LCU之间通过现场总线互联，实现信息共享及交换。

6）为确保LCU可靠运行，采用POWER ONE公司生产的CONVERT作为控制器、I/O的工作电源，可采用AC 220V或DC 220V输入。当I/O与控制器距离较远时，在各I/O处均独立设置CONVERT电源。PLC均采用双电源模块供电。

4. 系统结构的特点

本系统总体设计考虑的重点是系统的可靠性和实时性，按以“计算机监控为主、简化常规设备控制为辅”为设计原则，为实现“无人值班”（少人值守）创造条件。

本系统在硬件方案的选择方面，充分考虑了目前水电站计算机监控技术的发展现状，注意吸取其他水电站监控系统运行中发现的不足之处，并采取有效的解决措施。本方案在系统总体结构方面有下列特点：

（1）系统总体设计一次到位，根据现场进度分期施工的办法。与后续工程之间有明显的分界线。

（2）高可靠性冗余设计。

1）除可编程控制器的I/O模块外，监控系统全部重要设备基本上均采用了冗余技术，如数据服务器、操作员站、网络设备、各类电源、PLC的CPU、电源、总线等，确保系统高可靠性。

2）系统中全部冗余设备的检测及切换由软件自动或手动完成，不设硬件切换装置，减少系统新的硬件故障点，进一步提高了系统总体的可靠性。

（3）先进可靠的网络系统设计。

1）系统网络采用电站控制网与信息网分离的模式，重要控制设备与控制网连接，管理

辅助设备与信息网连接，避免了管理信息对控制网络的影响，确保系统控制功能的实时性、安全性和可靠性。

2）电站控制网主干网采用双冗余 1000MB 环光纤以太网结构，避免了单纯的环形以太网设备节点多传输时延长的缺点，使系统网络具有很好的可靠性和实时性。

3）主要设备直接接入控制主干网，如全部计算机工作站及 LCU 的可编程序控制器，速率 100Mbit/s，可获得高速通信能力和资源共享能力。

（4）分层分布的系统结构，系统功能分布，某个设备故障只影响系统的局部功能。主控级发生故障，各 LCU 可独立运行，不会因主控级发生故障或其他 LCU 的故障而影响本 LCU 的监控功能。

（5）系统负荷的合理分布。系统的功能在主站与 LCU 之间、主站各节点之间、LCU 的各模块之间合理分配，通信负荷在不同网络、不同节点之间合理分布。

（6）系统采用模块化、结构化的设计，留有硬件及功能软件的扩充接口和容量。

（7）监控系统具有对外通信能力和接口，安全措施符合国电公司及经贸委有关自动化系统最新安全规范。

（8）系统硬件设备型号尽量一致，避免了由于硬件种类过多带来的互换性差、备品备件困难等缺点。

项目15　大中型水电站计算机监控系统改造

1. 大中型水电厂计算机监控系统改造思路

从我国水电厂计算机监控系统多年的发展经验可以看出：水电厂综合自动化是一项复杂的系统工程，要结合厂情和国情，少花钱，多办事。坚持以实用为本，不过分追求高、新、尖，因为计算机等自动化设备更新周期短，实施时要考虑性能价格比。方案设计考虑实用功能，系统结构上考虑安全、可靠的接入扩展需求即可，否则会浪费大量财力和物力。

监控系统设计中，应从基础自动化元件、辅助设备的自动化水平、机组现地控制的最优结构、厂级计算机监控系统、公用开关站的监控、安全稳定保护装置、电能计量系统、电站机电设备状态监测、水情水调信息、厂级生产管理系统、辅助决策系统、各级调度系统的通信、梯级及远方控制模式等多个角度考虑，不能仅限于以综合发电控制为主的监控系统。

具备远方控制调节能力是大中型水电厂计算机监控系统的最基本要求。要实现水电厂"无人值班"（少人值守），必须要由水电厂计算机监控系统代替操作员来实现电厂内的控制调节操作。这首先要具备良好的通道和协议，保证控制命令的可靠发收及正确执行，在执行远方操作的过程中要保证安全，出现异常时应能回到安全的步骤，如命令的起始点或某一个安全稳定的状态，以便保证下次执行时能正确启动或继续执行余下的顺控流程。要以某种约定好的方式，使上级调度能对电厂的机组情况一目了然，并能据此放心地发布远方控制命令。实现多媒体应用功能是提高计算机监控系统操作性、辅助维护决策的良好工具。

监控系统的实施，特别是监控系统升级改造中，要注意前期准备工作，统筹规划，条件成熟立即动工，一气呵成，确保工期短、见效快。运行维护中要严格管理，加强职工的技能培训，建设一支高素质的职工队伍，以保证现代化设备的安全稳定运行。

经过几代人的努力和水电厂"无人值班"（少人值守）工作的推广，国产计算机监控系统已经成为成熟的系统，可以与国外计算机监控系统相媲美。从硬件方面看，无论是国产监控系统还是进口监控系统，其上位机硬件都是选用世界知名计算机厂家的产品，现地控制单元（LCU）硬件均选用世界知名智能测控模件厂商或国内同等技术性能指标的智能可编程控制器厂商的产品；从软件来看，主站大都以 Unix 为操作系统，C 语言为编程语言，数据库、软件功能各有优势。

选用国产计算机监控系统有的优点：①合同执行对使用方有利，可以局部增加合同中没有的功能；②调试维护方便；③投运几年后扩展功能、修改程序方便。这些是进口计算机监控系统不具备的。

2. 大中型水电厂计算机监控系统改造设计原则

根据监控系统的需求分析，大中型水电厂计算机监控系统的改造设计应从 4 个层次、3 个接口、2 个界面来考虑。

4 个层次：现场自动化元件层、现地控制装置及辅机控制装置层、厂级计算机设备层、梯级及调度层。

3 个接口：LCU 的现场总线与通信接口模式、厂级计算机安全隔离信息交换接口、梯

级或调度控制的信息交换接口。

2 个界面：LCU 的简单操作型人机界面、厂站级的丰富的人机界面。

据此确定监控系统设计的基本技术原则如下：

（1）系统结构先进。现场控制网及现场控制层结构满足机组分期、分批投产的需要，机组 LCU 在投运后的相当长时间内仍处于世界先进水平，现场监控设备应具备非常高的可靠性、可用性、可维护性、可扩展性，数据精度及事件响应指标均符合目前电力系统的规定，并能达到电厂实际安全生产要求；同时，LCU 的各部分设计均采用全开放式结构，以便日后随着计算机及网络技术的发展而同步发展。

（2）监控网络可靠。机组 LCU 网络传输介质应设计留有足够的数据传送带宽，并采用双网冗余，以保障机组 LCU 在大量突发事件产生后，仍能准确、完整地将事件送到操作员工作站、应用程序工作站处理，以及送历史数据站归档。

（3）设备故障风险分散。机组 LCU 及下属各子单元在主控级计算机故障或通信中断后，能自动切换至现地控制，独立完成对所属设备的自动监视控制，保证设备的安全运行；并允许操作人员在现场通过各子单元对其所属设备进行操作、运行监视、在线维护甚至事故处理。

（4）减小误操作风险。对于重要设备的操作，应在流程中加入必要的判断逻辑，闭锁非正常操作，并要求在操作执行前予以确认；接入机组 LCU 重要信号应可靠接地、屏蔽、连接牢固，并在数据库中对这些测点分类单独管理，流程中主要以该类测点为信任对象。

（5）取消常规操作。提升电站的自动化程度，增强系统控制的准确性，减少维护工作量。

（6）作为其他控制系统的后备保护。机组 LCU 不取代保护、励磁、调速器、主变等智能单元进行控制，但需参与故障的预测和报警，必要时与这些单元构成必要的冗余保护，并与其建立通信，以获取对侧 CPU 内的系统信息，进行数据、状态及信息交换。

（7）供电系统可靠。监控系统电源冗余接线配置；监控系统上位机主备设备原则上由两台互备 UPS 设备供电；逆变电源为交流电和直流两种供电模式，或双直流供电模式，逆变电源的交流电从电站公用 400V 不同的母线段接取，直流电从直流Ⅰ段母线和 n 段母线分别接取。

（8）监控系统能与机组附属设备和外部系统通信。

（9）人机接口功能。电站运行人员可通过丰富的人机接口设备——操作员站、模拟屏、大屏幕设备、监测终端、触摸屏、语音/电话报警设备、工业电视设备及报表管理机等进行全方位的监视、控制和管理，维护人员可通过工程师工作站、移动式工作站等很方便地进行维护和管理。

3．实现方案

为满足新一代监控系统的需要和当前技术的发展，应配置更完善、实用的新系统。系统设计时须合理选择监控系统的若干重要指标，如各级计算机 CPU 的负载率、各种通道传输的负载率及信文排队长度、对于信号异常或其他各种异常的容错能力、对于顺序控制等控制操作出现异常的自恢复能力等，力图避免过高的负载率及各种异常事件导致监控系统死机或无休止地内部循环，保证控制的实时性和可靠性，以及计算机系统的少维护或免维护特性。

系统宜采用全分布开放式冗余结构，以分散监视、集中控制为原则，突破了安全性和冗余性，确保机组安全可靠运行。

在现地控制层，采用智能化可编程控制器，以双CPU双网的结构直接接人监控系统实时数据网。LCU提供实用的人机操作界面，方便现地单机独立运行、现地操作及其他情况下的监视和控制。智能的通信管理单元提供多种辅助控制设备监控信息的接人，构成现地的数据网。为了有效地设计和维护LCU，对围绕机组的外围辅助控制装置应尽可能采用系列设备；因实施时间先后而可能出现的不是一个系列的设备，可确立统一化的时间表或接口标准化的指导原则。LCU是整个监控系统的基石，因此衡量实现方案好坏的重要指标就是冗余可靠性、简单易操作性及易维护性。

大中型水电厂厂站级计算机监控系统的硬件设备都选用小型计算机，或以高档工作站级为主机或操作站，有足够带宽的双网结构，并考虑网络维护、千兆网的接口、实际应用中需具备的相应协议等。近10年来，上位机一般功能及现地运行模式已基本趋于成熟。实际中应重点关注监控系统的安全可靠的可扩展接人模式、高级应用软件、梯级或调度远方控制模式。

根据《电网与电厂计算机监控系统及调度数据网络安全防护规定》，遵循《全国电力二次系统安全防护总体方案》的技术要求，即针对安全区Ⅰ（实时控制区）、安全区Ⅱ（非控制生产区）、安全区Ⅲ（生产管理区）和安全区Ⅳ（管理信息区）的系统，遵循如下的隔离要求：①安全区Ⅰ与安全区Ⅱ之间采用硬件防火墙或相当设备进行逻辑隔离，禁止E-mail，Telnet，Rlogin等服务穿越安全区之间的隔离设备；②安全区Ⅲ与安全区Ⅳ之间采用硬件防火墙或相当设备进行逻辑隔离，禁止Telne和Rlogin等服务穿越安全区之间的隔离设备；③安全区Ⅰ、安全区Ⅱ不得与安全区Ⅳ直接联系；④安全区Ⅰ、安全区Ⅱ与安全区Ⅲ之间必须采用专用安全隔离装置进行物理隔离。

专用安全隔离装置分正向型和反向型，即从安全区Ⅰ、安全区Ⅱ到安全区Ⅲ（如Web服务器）必须采用正向安全隔离装置单向传输信息，由安全区Ⅲ向安全区Ⅰ、安全区Ⅱ（如通信服务器）的单向数据传输必须经反向安全隔离装置。严禁E-mail，Telnet，Rlogin等服务穿越安全区之间的专用安全隔离装置，仅允许纯数据的传输。

根据水电厂各应用系统的实时性及使用者、功能、场所、各业务系统的相互关系、广域网通信的方式以及受到攻击后所产生的影响，将其分置于四个安全区中。计算机监控系统处于安全区Ⅰ，其他需与监控系统通信的系统必须遵循上述原则选择可行的连接方式。监控系统的高级应用软件是提升电厂运行管理的重要途径，主要体现在三个方面，即自动控制软件（如AGC，AVC、单机/成组调节等）、设备状态智能分析一辅助决策、综合报表统计等。在水电厂计算机监控系统的技术发展中，曾出现过多追求复杂而实用性不大的高级功能的趋势，导致系统复杂、操作烦琐。随着“无人值班”（少人值守）主体设计思想的推广，对高级应用功能的选择逐渐趋于实用、可靠、方便。随着水电厂运行维护人员的减少，机组运行设备的在线诊断和监视需求越来越引起重视，作为一个相对独立的应用系统，应将其统一纳入计算机监控系统改造设计中。

模块5小结

本模块主要介绍了水电站计算机监控的概况、目的和意义。根据目前水电站的情况，水

电站计算机监控系统可分为集中式、分散式、分层分布式、分布开放式。简单说明了中小型、大型、特大型水电站的结构和配置模式。

详细说明水电站计算机监控系统的 11 个功能，即数据采集功能；数据处理功能；控制与调节功能；检测功能；人机联系功能；设备运行管理统计功能；打印功能；数据通信功能；时钟同步功能；自诊断功能；优化运行功能。

水电站监控系统的内容包括水电机组的状态检测；水电机组的附属设备检测；水电站升压站设备的监控；厂用电的监控；水工设施的监控。

对 Unix 和 Windows 操作软件系统的特点和应用情况做了详细对比。对主站级设备、现地控制单元、电源系统三大硬件系统的作用做了详细说明。

对现地控制单元、通信系统、数据库和软件、水电站计算机监控的最新技术和发展趋势做了说明。

以三峡工程为例说明了典型多层分布开放系统的设计原则、系统总体结构、系统结构特点。最后说明了大中型水电厂计算机监控系统的改造思路、改造设计原则以及实现方案。

思　考　题

1. 画结构示意图说明水电厂集中式计算机监控系统、分散式计算机监控系统和分层分布式计算机监控系统的特点和应用范围。

2. 简要说明中小型、大中型、特大型水电站监控系统的结构和配置形式应考虑的因素。

3. 说明水电厂计算机监控系统的主要功能有哪些。

4. 试说明自动发电控制（AGC）和自动电压控制（AVC）的具体含义。

5. 水电站监控的机组附属设备主要包括哪些?

6. 说明 Unix 和 Windows 操作软件系统的特点和应用情况。

7. 简要说明水电站计算机监控系统的最新技术和发展趋势。

8. 说明多层分布系统的设计原则和系统的总体结构。

9. 计算机监控系统的主站级设备有哪些?

10. 说明大中型水电厂计算机监控系统改造思路和设计原则。

模块6　输电线路自动重合闸

【学习目标】 掌握自动重合闸的分类，以及各类型自动重合闸的工作原理和应用方法；了解PLC在自动重合闸中的应用并能够区分与传统自动重合闸装置的区别与联系；能够理解和分析实际应用中一些常见的事故类型。

【学习重点】 自动重合闸的工作原理、系统接线、PLC在重合闸中的应用、自动重合闸事故分析 。

【学习难点】 PLC在重合闸中的应用。

项目16　输电线路自动重合闸的基本理论

16.1　自动重合闸

16.1.1　自动重合闸发展的历史

电力系统的运行经验表明，输电线路发生的故障大都是瞬时性的。当故障消失以后，若由运行人员手动进行重合，由于停电时间过长，用户电动机多数已经停转，重新合闸的效果不显著，因此，目前电力系统广泛采用自动重合闸。电力系统的运行资料统计表明，自动重合闸的动作成功率相当高，一般在60%～90%。由此可见，自动重合闸对于提高瞬时性故障时供电的连续性、双侧电源线路系统并列运行的稳定性，以及纠正由于断路器或继电保护误动作引起的误跳闸，都发挥了巨大的作用。

然而，自动重合闸在带来巨大经济效益的同时，也给电力系统带来一些不利影响，主要表现为：

(1) 当重合于永久性故障时，一方面电力系统将再次受到短路电流的冲击，有可能造成重合后电力系统的摇摆幅度增大，甚至可能使电力系统失去稳定性；另一方面继电保护再次使断路器断开，断路器在短时间内连续两次切断短路电流，恶化了断路器的工作条件。

(2) 在大型火电厂的高压出线上采用自动重合闸，有可能激发起汽轮发电机组轴系扭振，造成轴系某些部件或联轴器的断裂或损伤。

长期以来，针对自动重合闸带来的这些不利影响，各国学者从不同的角度进行了研究。使用自动重合闸的目的是为了在瞬时性故障消除后使线路重新投入运行，从而在最短时间内恢复整个系统的正常运行状态。但目前电力系统中的自动重合闸都是盲目进行的，它不能区分故障是永久性的还是瞬时性的。如果线路故障是瞬时性的，则重合成功；如果故障是永久性的，则将对系统稳定和电气设备造成超过正常运行状态下发生短路时的危害。为了克服传统自动重合闸的这一缺点，提出自适应自动重合闸。

20世纪80年代初葛耀中教授提出“自适应重合闸”的思想以后，为自适应技术在继电

保护领域的应用开辟了广阔前景，他的一系列研究成果奠定了这一领域的研究基础。目前，对自适应单相重合闸的研究已取得实用化的判据并研制出相应的装置，对自适应三相重合闸的研究也已取得很大进展。其中，对带并联电抗器补偿的超高压线路三相重合闸过程中永久性故障的判别，已有定性的方法和微机化判据；对无并联电抗器补偿的线路，也已初步提出了自适应分相重合闸的方法，以判别瞬时与永久故障。进一步的理论研究工作正在深入，同时自适应重合闸装置的研制工作也在积极展开。

国外在自适应重合闸的研究方面起步较晚。虽然国外的研究表明，自适应继电保护能克服同类型传统保护中长期以来存在的困难和问题，从而改善或优化保护的性能指标，是一个大有作为的新领域，但对自适应重合闸问题还仅局限于可行性研究上。直到 1994 年国外才有自适应重合闸实现方面的报道，比我国整整晚了 10 年。

实现自适应重合闸的实质是在作出是否重合的决策以前即能正确识别瞬时与永久故障。英国 Bath 大学的研究人员认为，利用故障暂态产生的高频信号可以解决各种复杂情况下的选相问题，同时能够准确地判别出瞬时与永久故障，以及瞬时故障的持续时间。暂态保护被认为是新一代的电力系统继电保护，利用暂态量实现自适应重合闸的研究刚刚兴起，应该还有许多潜力可挖。

伴随着计算机技术的飞速发展，微型计算机在继电保护装置中的应用为重合闸提供了更为有利的条件。功能更强大的第二代微机型重合闸装置得到了快速的推广和应用，与晶体管型重合闸装置相比，微机型具有更高的灵敏度和可靠性，现已在电力系统得到了广泛应用。

长期以来，国内外学者从不同的角度对重合闸进行了大量的研究工作，近些年来这方面的研究更是高潮迭起，取得了巨大的成果。随着现代电力系统的逐步完善，重合闸已向智能化、一体化、模块化的方向发展。

16.1.2　自动重合闸基本概念

输电线路的故障按其性质可分为瞬时性故障和永久性故障两种。瞬时性故障主要是由雷电引起的绝缘子表面闪络、线路对树枝放电、大风引起的短时碰线、通过鸟类身体的放电等原因引起的短路。这类故障由继电保护动作断开电源后，故障点的电弧自行熄灭、绝缘强度重新恢复，故障自行消除，此时，若重新合上线路断路器，就能恢复正常供电。而永久性故障，如倒杆、断线、绝缘子击穿或损坏等，在故障线路电源被断开之后，故障点的绝缘强度不能恢复，故障仍然存在，即使重新合上断路器，又要被继电保护装置再次断开。

运行经验表明，输电线路的故障大多是瞬时性故障，约占总故障次数的 80%～90%以上。因此，若线路因故障被断开之后再进行一次重合，其成功恢复供电的可能性是相当大的。而自动重合闸装置就是将被切除的线路断路器重新自动投入的一种自动装置，简称 ARD。显然采用自动重合闸装置后，如果线路发生瞬时性故障时，保护动作切除故障后，重合闸动作能够成功，恢复线路的供电；如果线路发生永久性故障时，重合闸动作后，继电保护再次动作，使断路器跳闸，重合不成功。

16.1.3　自动重合闸的作用

根据多年来运行资料的统计，输电线路 ARD 的动作成功率一般可达 60%～90%。可见采用自动重合闸装置来提高供电可靠性的效果是很明显的。重合闸在电力系统中的作用主要如下：

(1) 提高输电线路供电可靠性，减少线路停电的次数，降低因瞬时性故障停电造成的损失，特别是对单侧电源的单回路线路尤为显著。

（2）提高电力系统并列运行的稳定性。两个电力系统并列运行，在联络线事故跳闸后，两个系统都可能出现功率不平衡。一个系统功率不足，则发生频率和电压的严重下降；另一个系统则功率过剩，造成系统频率和电压的剧烈上升。如果采用快速重合闸，在转子位置角还未拉得很大时将线路重合成功，则两个系统能马上恢复同步运行。

（3）弥补输电线路耐雷水平降低的影响。在电力系统中，10kV 线路一般不装设避雷线，35kV 线路一般只在线段 1～2km 范围内装设避雷线，线路耐雷水平较低，装设自动重合闸后，可以提高供电可靠性。

（4）可以纠正由于断路器本身机构不良，或继电保护误动作而引起的误跳闸。

由于重合闸装置本身的投资很低，工作可靠，因此在电力系统中得到了广泛的应用。但同时也应认识到，当重合于永久性故障上时，也将带来一些不利的影响，例如，使电力系统又一次受到故障的冲击，可能引起电力系统的振荡；使断路器工作条件恶化，因为在很短时间内断路器要连续两次切断短路电流。

16.1.4　自动重合闸的类型

自动重合闸可以按照不同特征分为如下几类：

（1）按组成元件的动作原理可分为机械式、电气式、晶体管式、集成电路式等。

（2）按动作次数可分为一次重合闸、二次重合闸、多次重合闸。

（3）按运用的线路结构可分为单侧电源线路重合闸、双侧电源线路重合闸两种。

对于双侧电源线路的三相自动重合闸，按不同的重合闸方式，又可分为三相快速自动重合闸、非同步自动重合闸无压检定和同步检定的自动重合闸、检查平行线路有电流的自动重合闸、解列自动重合闸和自同步自动重合闸。

（4）按作用于断路器的方式可以分为单相自动重合闸、三相自动重合闸和综合自动重合闸三种。

1）单相自动重合闸。是指线路上发生单相接地故障时，保护动作只断开故障相的断路器，然后进行单相重合。如果故障是瞬时性的，则重合闸后，可恢复三相供电；如果故障是永久性的，而系统又不允许长期非全相运行，则重合闸后，保护动作，使三相断路器跳闸，不再进行重合。如果线路上发生相间故障时，单相自动重合闸一般跳三相断路器，不进行重合。

2）三相自动重合闸。是指线路上发生了不论是单相短路还是相间短路时，继电保护装置均将三相断路器断开，然后启动自动重合闸同时合三相断路器的方式。若故障为瞬时性的，则重合闸重合成功；否则保护再次动作，跳三相断路器。

3）综合自动重合闸。是指线路上发生单相接地故障时，断开故障相的断路器，进行一次重合。若为永久性故障，则断开三相不再重合。当线路上发生相间短路时，断开三相，进行一次三相重合，若为永久性故障，则断开三相不再重合。综合自动重合闸一般适用于 220kV 及以上的重要联络线路。

16.1.5　对自动重合闸的基本要求

（1）自动重合闸动作应迅速。为了尽量减少对用户停电造成的损失，要求 ARD 装置动作时间愈短愈好。但 ARD 装置动作时间必须考虑保护装置的复归，故障点去游离后绝缘强度的恢复，断路器操作机构的复归及其准备好再次合闸的时间。

（2）手动跳闸时 ARD 装置不应重合。当运行人员手动操作控制开关或通过遥控使断路器跳闸时，是属于正常运行操作，自动重合闸不应动作。

（3）手动合闸于故障线路时，ARD 应闭锁。手动合闸于故障线路时，继电保护动作使断路器跳闸后，ARD 装置不应重合。因为在手动合闸前，线路上还没有电压，如果合闸到已存在故障的线路，则线路故障多属于检修质量不合格或忘拆接地线等原因造成的永久性故障，即使重合也不会成功。

（4）在断路器事故跳闸时，ARD 装置应启动。在断路器事故跳闸时，ARD 应启动，启动方式有两种：一种是“不对应”启动方式，即控制开关在“合后”位置，而断路器在“跳闸”位置，两个位置不对应，表明短路断路器因保护动作或误动作而跳闸，重合闸启动，这种启动方式适用于有人值班就地控制的场合；第二种是保护启动方式，即利用线路保护动作于断路器跳闸的同时，使 ARD 启动。但这种方式对误跳闸不能起纠正作用，适用于遥控场合。

（5）应预先规定自动重合闸的动作次数。自动重合闸的动作次数应按预先规定的进行，在任何情况下均不应使断路器重合次数超过规定值。因为当 ARD 多次重合于永久性故障后，系统遭受多次冲击，断路器可能损坏，并会扩大事故。如一次重合闸就应该动作一次，当重合于永久性故障而再次跳闸以后，就不应该再动作；对二次重合闸就应该能够动作两次，当第二次重合于永久性故障而跳闸后，应不再动作。

（6）自动重合闸应与继电保护配合动作。自动重合闸在动作后或动作前，加速继电保护动作，即前加速或后加速。自动重合闸与继电保护相配合，可加速切除故障，并加快跳闸—重合循环过程，减轻第二次事故跳闸的后果。

（7）自动重合闸动作后应自动复归。自动重合动作后自动复归，可为下一次动作做好准备，这对于雷击机会较多的线路是非常必要的。

（8）当断路器处于不正常状态而不允许实现重合闸时，应将自动重合闸闭锁。

（9）自动重合闸应方便调试和监视。自动重合闸在线路运行时应能方便退出或进行完好性试验，动作时应发出信号。

16.2 单侧电源线路的三相一次重合闸

16.2.1 三相一次自动重合闸

单侧电源线路是指单电源供电的辐射状线路、平行线路和环状线路。单侧电源 35kV 及以下线路广泛采用三相一次重合闸方式，并装于线路电源侧。所谓三相一次重合闸方式是指不论输电线路上发生相间短路还是单相接地短路，继电保护装置动作将线路三相断路器同时断开，然后由 ARD 动作，将三相断路器重新合上的重合闸方式。这种重合闸方式的主要特点是：当线路发生瞬间性故障时，重合成功；当线路发生永久性故障时，则继电保护再次将三相断路器同时断开，不再重合。

单侧电源三相一次自动重合闸装置由启动回路、重合闸时间元件、一次合闸脉冲元件及执行元件四部分组成。重合闸启动回路是用以启动重合闸时间元件的回路，一般按控制开关与断路器位置“不对位”方式启动；重合闸时间元件是用来保证断路器断开之后，故障点有足够的去游离时间和断路器操作机构复归所需的时间，以便重合闸成功；一次合闸元件用以保证重合闸装置只重合一次，通常利用电容放电来获得重合闸脉冲；执行元件用来将重合闸动作信号送至合闸回路和信号回路，使断路器重合及发出重合闸动作信号。

16.2.2　单侧电源ARD的原理接线

图16.1所示为DH—2A型重合闸继电器，由时间继电器KT、中间继电器KM、电容C、充电电阻R_4、放电电阻R_5及信号灯HL_1组成。

图16.1　DH—2A型重合闸继电器

图16.2（a）所示为单侧电源三相一次自动重合闸原理接线图，是按“不对位”原理启动并具有后加速保护动作性能的单侧电源三相一次自动重合闸装置。其主要由DH—2A型重合闸继电器、断路器跳闸位置继电器KCT、防跳继电器KCF、加速保护动作的中间继电器KCP、表示重合闸动作的信号继电器KS、手动操作的控制开关SA、投入或退出重合闸装置的控制开关ST等组成。各元件工作原理如下。

KCT：断路器跳闸位置继电器，当断路器处于断开位置时，KCT通过断路器辅助动断触点QF_1动作；由于KCT线圈电阻的限流作用，流过合闸接触器KMC中电流很小，此时KMC不会动作，断路器合闸。

KCF：防跳继电器，用于防止因KM的触点粘住时引起断路器多次重合于永久性故障线路。

KCP：是后加速保护动作的中间继电器，它具有瞬时动作、延时返回的触点KCP_1。

KS：表示重合闸动作的信号继电器。

SA：手动操作的控制开关，触点的通断情况如图16.2（b）所示。

ST：用来投入或退出重合闸装置。

单侧电源三相一次重合闸原理接线有如下特点：

（1）采用控制开关SA与断路器“不对位”的启动方式，可靠性高，能保证断路器因任何意外原因跳闸时，都能进行自动重合。

（2）电容式C的充放电回路具有充电慢、放电快的特点。因而，这种方式具有既能保证ARD动作后自动复归，也能有效地保证ARD在规定时间内只发一次重合闸脉冲，而且接通电容器C的放电回路就可闭锁ARD，故利用电容放电原理构成的重合闸具有工作可靠，控制容易，接线简单的优点，因而应用很普遍。

（3）因在断路器合闸回路中设KM电流自保持线圈，所以只有当断路器可靠合上，辅助动断触点QF_1断开后，KM才返回，合闸脉冲才消失，故断路器能可靠合闸。

（4）ARD中设有加速断路器KCP，保证了手动或自动合闸于故障线路时，加速切除故障。

16.2.3　ARD的工作原理

1．线路正常运行

线路正常运行时，控制开关SA和断路器都处在对应的合闸后位置，断路器辅助动断触点QF_1打开，KCT线圈失电，KCT_1触点打开。动合触点QF_2闭合，SA（13—16）通，红灯HR亮平光；SA（21—23）接通，ST置“投入”位置，其触点1、3接通。电容C经电阻R_4充满电，电容器两端电压等于直流电源电压，重合闸继电器处于准备动作状态。用来

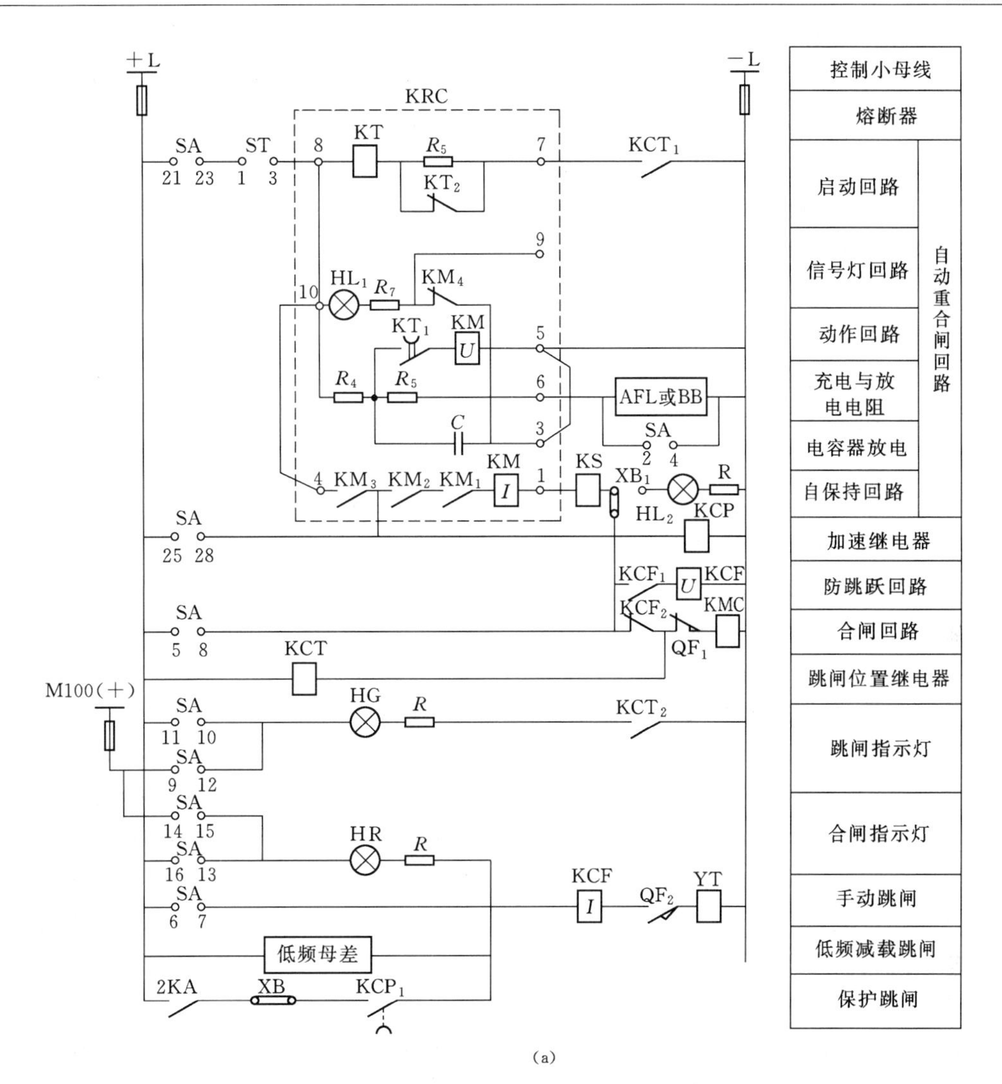

(a)

操作状态		手动合闸	合闸后	手动跳闸	跳闸后
SA触点号	2-4	—	—	—	×
	5-8	×	—	—	—
	6-7	—	—	×	—
	9-12	—	×	—	—
	10-11	—	—	×	×
	13-16	×	×	—	—
	21-23	×	×	—	—
	25-28	×	—	—	—

(b)

图 16.2　电气式三相一次自动重合闸接线展开图

(a) ARD 接线展开图；(b) SA 控制开关触点通、断情况

监视中间继电器 KM 触点及电压线圈是否完好的信号灯 HL 亮。

2. 线路发生瞬时故障

当线路发生瞬时故障或由于其他原因使断路器跳闸时，控制开关 SA 仍在合闸后位置，和断路器位置处于不对应状态。因断路器跳闸，所以其辅助触点 QF_2 打开，QF_1 闭合，跳闸位置继电器 KCT 动作，KCT_2 闭合，M100（＋）—触点 SA（9—12）—HG—KCT_2——L，绿灯闪光；KCT_1 触点闭合，启动重合闸时间继电器 KT，其瞬时触点 KT_2 断开，串进电阻 R_5，保证 KT 线圈的热稳定。时间继电器 KT 的延时触点 KT_1 经整定时间闭合，接通了电容器 C 对中间继电器 KM 电压线圈的放电回路，从而使 KM 动作，其动合触点闭合，接通了断路器的合闸接触器回路：＋L—SA（21—23）—ST（1—3）—KM_3—KM_2—KM_1—KM 电流线圈—KS 线圈—XB_1—KCF_2—QF_1—KM——L，合闸接触器 KMC 动作，使断路器重新合上。同时 KS 发出重合闸动作信号。

KM 电流线圈在这里起自保持作用，只要 KM 被电压线圈短时启动一下，便可通过电流自保持线圈使 KM 在合闸过程中一直处于动作状态，从而使断路器可靠合闸；连接片 XB_1 用以投切 ARD 或试验。

断路器重合成功后，其辅助触点 QF_1 断开，继电器 KCT、KT、KM 均返回，整个装置自动复归。电容器 C 重新充电，经 15～25s 后电容器 C 充满电，准备好下次动作；QF_2 闭合，红灯 HR 亮平光。

3. 线路上发生永久性故障

当线路上发生永久性故障时，自动重合闸装置的第一次动作过程与上述相同。但在断路器重合后，因故障并未消除，继电保护将再次动作使断路器第二次跳闸，重合闸装置再次启动，KT 励磁，KT_1 经延时闭合后，由于电容器 C 充电时间（保护第二次动作时间＋断路器跳闸时间＋KT 延时时间）短，小于 15～25s，电容器 C 来不及充电到 KM 的动作电压，故不能使 KM 动作，因此断路器不能再次重合。这时电容器 C 也不能继续充电，因为 C 与 KM 电压线圈并联。KM 电压线圈两端的电压由电阻风（约几兆欧）和 KM 电压线圈（电阻值为几千欧）串联电路的分压比决定，其值远小于 KM 的动作电压。保证了 ARD 只动作一次的要求。此时绿灯 HG 闪光。

4. 用控制开关 SA 手动跳闸时

控制开关 SA 和断路器均处于断开对应位置，ARD 不会动作。当控制开关 SA 在跳闸位置时，其触点 SA（6—7）通，跳闸线圈 YT 得电使断路器跳闸；SA（10—11）通，绿灯 HG 平光；SA（21—23）断开，切断了 ARD 的正电源，手动跳闸后 SA（2—4）接通了电容器 C 对 R_6 的放电回路，因尺。只有几百欧，故放电很快，使电容器 C 两端电压接近于零。所以 ARD 不会使断路器合闸。

5. 用控制开关 SA 手动合闸于故障线路时

在操作 SA 手动合闸时，触点 SA（5、8）通，合闸接触器 KMC 动作，断路器合闸；SA（21、23）接通，SA 的（2、4）断开，电容器 C 才开始充电，但同时 SA（25、28）接通，使加速继电器 KCP 动作。如线路故障仍存在，则当手动合上断路器后，保护装置立即动作，2KA 触点闭合，经加速继电器 KCP 的动合触点 KCP_1 使断路器加速跳闸。这时由于电容器 C 充电时间很短，来不及充电到 KM 的动作电压，所以断路器不会重合。此时绿灯 HG 闪光。

6. 重合闸闭锁回路

在某些情况下，断路器跳闸后不允许自动重合。例如，按频率自动减负荷装置（AFL）动作，或母线保护（BB）动作使断路器跳闸时，重合闸装置不应动作。在这种情况下，应

将自动重合闸装置闭锁。为此，可将母线保护动作触点，自动按频率减负荷装置的出口辅助触点与 SA 的 2、4 触点并联。当母线保护或自动按频率减负荷装置动作时，相应的辅助触点闭合，接通电容器 C 对 R_6 的放电回路，从而保证了重合闸装置在这些情况不会动作，达到闭锁重合闸的目的。

7. 防止断路器多次重合于永久性故障的措施

如果线路发生永久性故障，并且第一次重合时出现了 KM_3、KM_2、KM_1 触点粘住而不能返回时，当继电保护第二次动作使断路器跳闸后，由于断路器辅助触点 QF_1 又闭合，若无防跳继电器，则被粘住的 KM 触点会立即启动合闸接触器 KMC，使断路器第二次重合，因为是永久性故障，保护再次动作跳闸。这样，断路器跳闸、合闸不断反复，形成“跳跃”现象，这是不允许的。为此装设了防跳继电器 KCF。KCF 在其电流线圈通电流时动作，电压线圈有电压时保持。当断路器第一次跳闸时，虽然串在跳闸线圈回路中的 KCF 电流线圈使 KCF 动作，但因 KCF 电压线圈没有自保持电压，当断路器跳闸后，KCF 自动返回。当断路器第二次跳闸时，KCF 又动作，如果这时 KM 触点粘住而不能返回，则 KCF 电压线圈得到自保持电压，因而处于自保持状态，其动断触点 KCF_2 一直断开，切断了 KMC 的合闸回路，防止了断路器第二次合闸。同时 KM 动合触点粘住后，KM 的动断触点 KM_4 断开、信号灯 HL_1 熄灭，给出重合闸故障信号，以便运行人员及时处理。

当手动合闸于故障线路时，如果 SA（5—8）粘牢，在保护动作使断路器跳闸后，KCF 电流线圈启动，并经 SA（5—8）、KCF_1 接通 KCF 电压自保持回路，使 SA（5—8）断开之前 KCF 不返回，因此防跳继电器 KCF 同样能防止因合闸脉冲过长而引起的断路器多次重合。

16.2.4　接线特点

（1）采用控制开关 SA 与断路器位置不对应的启动方式，其优点是断路器因任何意外原因跳闸时，都能进行自动重合，即使误碰引起的跳闸也能自动重合，所以这种启动方式很可靠。

（2）利用电容器 C 放电来获得重合闸脉冲。电容器 C 的充放电回路具有充电慢、放电快的特点。

图 16.3 所示为输电线路发生瞬时性故障、永久性故障和闭锁重合闸装置动作时电容 C 上电压的变化曲线。设在 a 点时刻输电线路发生了瞬时性故障，至 b 点在继电保护作用下断路器跳闸（t_1 为保护动作时间与断路器跳闸时间之和），c 点 KT_1 触点闭合、KM 继电器动作，d 点（d 点要在 e 点前）KM_1、KM_2、KM_3 触点闭合，f 点断路器合闸，而后 C 上电压沿 $fghi$ 曲线充电（充满电需 15～25s）；如故障为永久性，则重合闸动作后由后加速保护将断路器跳开（t_1' 为后加速保护动作时间与断路器跳闸时间之和），此时电容 C 上电压处 g 点位置数值，到 h 点 KT_1 触点又闭合，电容上电荷沿 hj 曲线放电，其上电压不再上升；如果在 a 点闭锁重合闸装置作动，则 C 上电荷沿虚线 3 很快放掉。由电容 C 上电压变化曲线可知，采用电容放电来获得重合闸脉冲的方式，具有既能保证 ARD 动作后自动复归，也能有效地保证 ARD 在规定时间内只发一次重合闸脉冲，而且接通电容器 C 的放电回路就可闭锁 ARD，故利用电容放电原理构成的重合闸具有工作可靠、控制容易、接线简单的优点，因而应用很普遍。

（3）断路器合闸可靠。因在断路器合闸回路中设 KM 电流自保持线圈，所以只有当断路

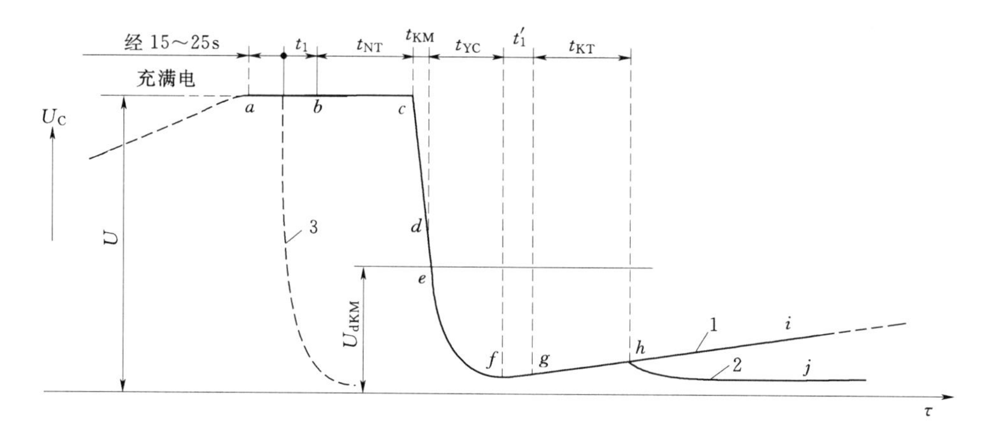

图 16.3　电容 C 上电压变化曲线

1—线路瞬时性故障；2—线路永久性故障；3—闭锁装置闭锁时

器可靠合上，辅助动断触点 QF_1 断开后，KM 才返回，合闸脉冲才消失，故断路器能可靠合闸。

（4）装置中设有加速继电器 KCP，保证了手动合闸于故障线路或重合于故障线路时，快速切除故障。

16.2.5　参数整定

1. 重合闸动作时限整定

对图 16.2 所示单侧电源三相一次自动重合闸装置，重合闸动作时限是指时间继电器 KT 的整定时限。原则上时越短越好，但必须考虑以下几个方面的问题：

（1）重合闸动作时间大于故障点去游离时间，即考虑故障点有足够的断电时间，保证故障点绝缘强度恢复，否则即使在瞬时性故障下，重合也不能成功。在考虑绝缘强度恢复时还必须计及负荷电动机向故障点反馈电流时使得绝缘强度恢复变慢的因素，即

$$t_{op}+t_{sc}>t_{od}$$

或

$$t_{op}=t_{od}-t_{sc}+t_{s} \tag{16.1}$$

上二式中　t_{op}——重合闸动作时间；

t_{od}——故障点去游离时间；

t_{sc}——断路器的合闸时间；

t_{s}——时间裕度，一般取 0.3～0.4s。

（2）重合闸动作时间大于环网或平行线路对侧可靠切除故障的时间，即

$$t_{M\cdot min}+t_{M\cdot sj}+t_{op}+t_{M\cdot sc}>t_{N\cdot max}+t_{N\cdot sj}+t_{od}$$

或

$$t_{op}=t_{N\cdot max}+t_{N\cdot sj}+t_{od}-(t_{M\cdot min}+t_{M\cdot sj}+t_{M\cdot sc})+t_{s} \tag{16.2}$$

上二式中　$t_{M\cdot min}$——线路本侧（M 侧）保护最小时限，可取第Ⅰ段保护时限；

$t_{N\cdot max}$——线路对侧（N 侧）保护最大时限，可取第Ⅱ段保护时限 0.5s；

$t_{M\cdot sj}$，$t_{N\cdot sj}$——M、N 侧断路器的跳闸时间；

$t_{M\cdot sc}$——M 侧断路器的合闸时间。

（3）重合闸动作时间要大于本线路电源侧最大动作时限的继电保护返回时间，同时断路器的操作机构等已恢复到正常状态，即

$$t_{op}+t_{sc}>t_{re}$$

或
$$t_{op}=t_{re}-t_{sc}+t_s \tag{16.3}$$

式中　t_{re}——最大动作时限的继电保护的返回时间。

运行经验表明，为可靠地切除故障，提高重合闸的成功率，单侧电源线路的三相一次重合闸动作时限一般取 0.8～1s。

2. 重合闸复归时间的整定

重合闸复归时间就是电容 C 上两端电压从零值充电到使中间继电器 KM 动作电压所需要的时间。它必须满足以下几方面的要求：一方面，必须保证断路器合到永久性故障时，由后备保护再次跳闸，ARD 不会再次动作去重合断路器；另一方面，第一次重合成功之后不久，线路又发生新的故障，将进行新的一轮跳闸—重合闸循环。从第一次重合到第二次重合应有一定得时间间隔，来保证断路器切断能力的恢复，即当重合动作成功后，复归时间不小于断路器恢复到再次动作所需时间。综合两方面的要求，重合闸复归时间一般取 15～25s。

16.3　三相一次重合闸工作原理的分析和计算

借助于 DH—2A 型重合闸继电器内部元件的具体参数（表 16.1），利用一阶电路动态过程理论对三相一次式电气自动重合闸装置的工作原理进行了定量分析，以深化对自动重合闸装置工作原理的认识。

表 16.1　　DH－2A 型继电器参数表

代号	名　　称	继电器参数
KM	中间继电器电压线圈	12600 匝，QQ—0.1，2100Ω
C	电容	CZJD—1，400V，4μF，两只并联
R_4	电阻	RT—0.5，6.8MΩ，两只并联

注　电压为 220V。

16.3.1　正常运行状态分析

线路投入正常运行时，断路正器在合闸状态，断路器的辅助常闭触点 QF_1 断开，KCT 线圈失电，其常开触点 KCT_1 断开，控制开关 SA 在“合后”位置，其触点 21—23 接通，ST 置“投入”位置，其触点 1—3 接通，重合闸继电器中的电容器 C 开始充电，充电回路如图 16.4 所示。

充电电压为

$$U_{C1}=U_S(1-e^{-t_1/\tau_1})$$

式中　U_S——直流母线额定电压，V，$U_S=220V$；

t_1——充电时间，s；

τ_1——充电时间常数，s，$\tau_1=R_4C=3.4\times10^6\times8\times10^{-6}=27.2$（s）。

充电电压随时间变化的曲线如图 16.5 所示。经过 $3\tau_1$（81.6s）后，电容器 C 的充电电压达 209V，经过（4～5）τ_1 后，电容器 C 的充电电压近似为直流母线的额定电压 220V，这时自动重合闸装置处于准备状态。

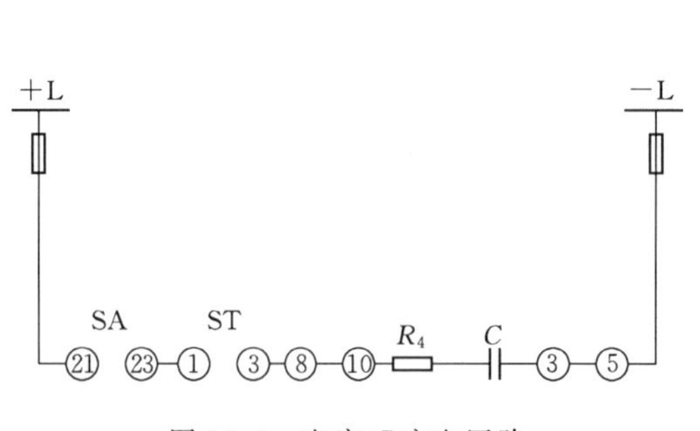

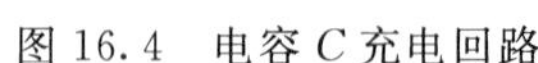
图16.4 电容 C 充电回路

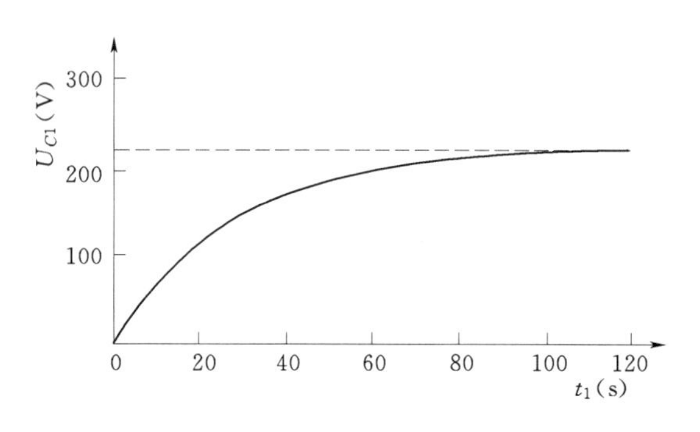

图16.5 充电电压曲线

16.3.2 线路短路状态时的分析

当线路发生短路故障，继电保护动作使断路器跳闸后，断路器的辅助常闭触点 QF_1 闭合，使得 KCT 线圈带电，其常开触点 KCT_1 闭合，控制开关 SA 仍在“合后”位置，其触点 21—23 是接通的，这时自动重合闸装置的启动回路接通，时间继电器 KT 动作，其接点 KT_1 经一定延时（重合闸的整定时间）闭合，电容器 C 就对中间继电器 KM 的电压线圈放电，放电回路如图 16.6 所示。

放电电压为

$$U_{C2}=U_S e^{-t_2/\tau_2}$$

式中 t_2——充电时间，s；

τ_2——放电时间常数，s，$\tau_2=R_{KM}C=2100\times8\times10^{-6}=1.68\times10^{-2}$(s)。

放电电压随时间变化曲线如图 16.7 所示。放电初始电压为 220V，加于中间继电器 KM 的电压线圈上，使 KM 动作（KM 的动作电压一般为 50V 左右），其常开接点 KM_1、KM_2 闭合，发出合闸脉冲，使断路器合闸。

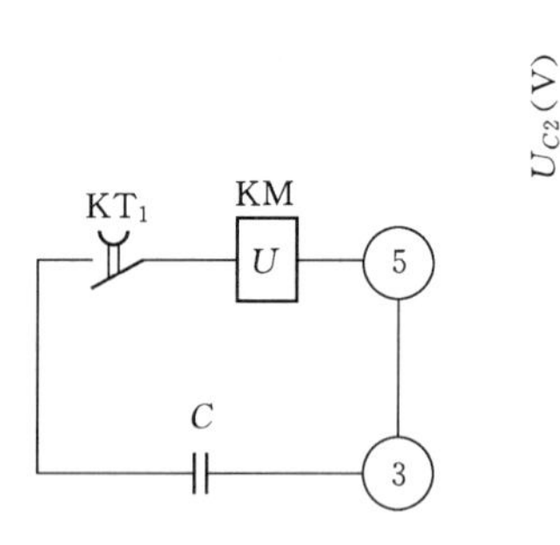

图16.6 电容 C 放电回路

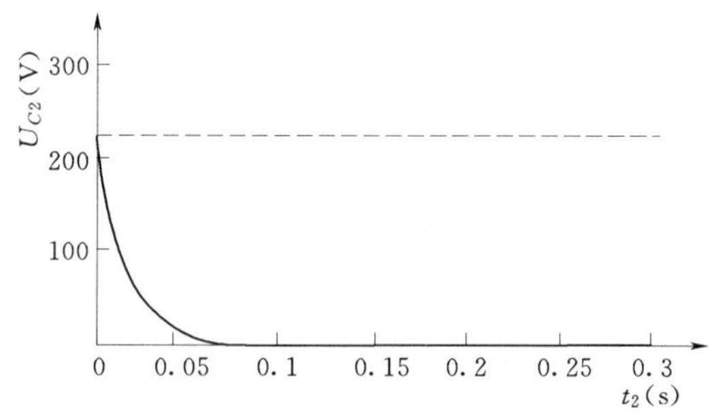

图16.7 放电电压曲线

16.3.3 故障消除状态分析

如果线路故障消失，绝缘强度已经恢复，则断路器重合成功，线路恢复供电。断路器辅助触点 QF_1 断开，KCT 线圈失电，其常开触点 KCT_1 断开，重合闸起动回路断电，时间继电器 KT 返回，KM 断开，电容器 C 又进入充电状态，最终充电电压达 220V。

从断路器跳闸到重合成功的过程中，电容器 C 的放电时间为从 KM_1 闭合接通放电回路开始到线路断路器合上这段时间，这段时间是中间继电器 KM 的动作时间与断路器的合闸时间之和，近似取作断路器操动机构的动作时间。对于 35kV、10kV 电磁操动机构的断路

器的合闸时间一般大于 0.25s，则经过 0.25s 后电容器 C 的放电电压为

$$U_{C2}=220\text{V}\times\exp\left(-\frac{0.2}{0.0168}\right)=0.0015(\text{V})\approx 0(\text{V})$$

可见，待重合成功后，电容器 C 已基本放电完毕。

在自动重合闸动作重合成功的过程中，电容 C 的放电、充电电压随时间变化的曲线如图 16.8 所示。

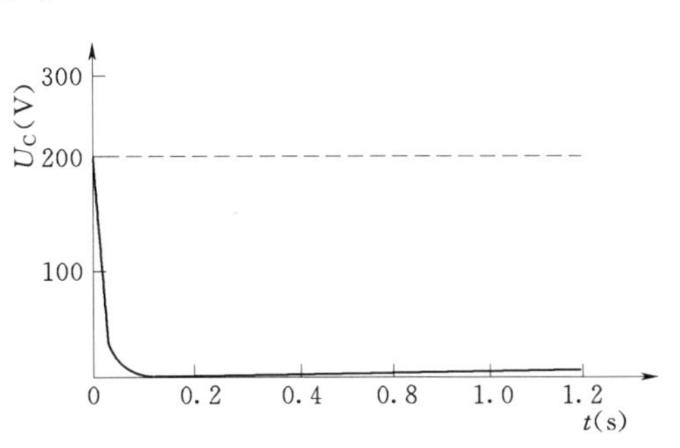

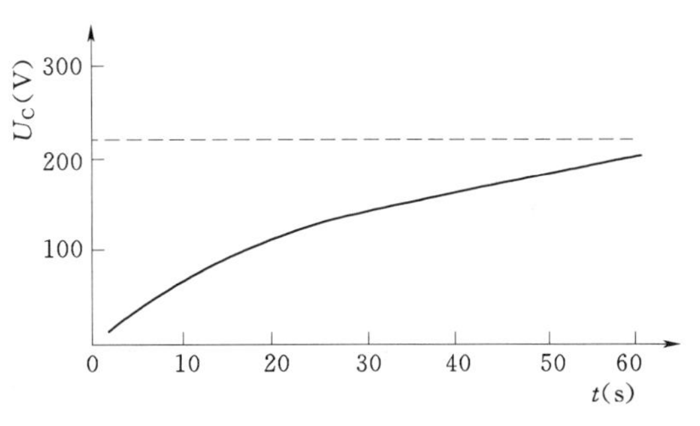

图 16.8　重合成功过程中，电容 C 放电、充电电压变化曲线

16.3.4　重合于永久故障状态时的分析

如果重合于永久性故障时，继电保护再次动作将线路断路器跳开，自动重合闸启动线路接通，时间继电器 KT 动作，其 KT_1 延时闭合，接通放电回路，但由于电容器 C 还来不及充足电，所以其放电电压很低，起动不了中间继电器 KM。

自动重合闸装置动作使断路器合上之后，电容器 C 已基本放电完毕，电压接近 0V，这时电容器 C 开始充电。在继电保护第二次动作并跳开断路器，起动重合闸，电容器 C 第二次开始放电之前，其充电时间为保护动作时间、断路器分闸时间和 KT 延时时间之和。考虑自动重合闸与继电保护按后加速配合，保护最慢动作时间为 0.62s，断路器最慢分闸时间为 0.15s，KM_1 整定时间最长为 1.5s，则电容器 C 最长充电时间为 0.62+0.15+1.5=2.27（s），充电电压为 $U_{C1}=220\left[1-\exp\left(\frac{2.27}{27.2}\right)\right]=17.6(\text{V})$。

电容 C 以 17.6V 的电压对中间继电器 KM 的电压线圈放电，KM 不会动作（KM 动作电压为 50V 左右），因而断路器不会进行第 2 次重合。

此时，电容 C 放电终了电压为中间继电器 KM 的电压线圈与电阻 R_4 串联在如图 16.9 所示电路中的分压，该电压为

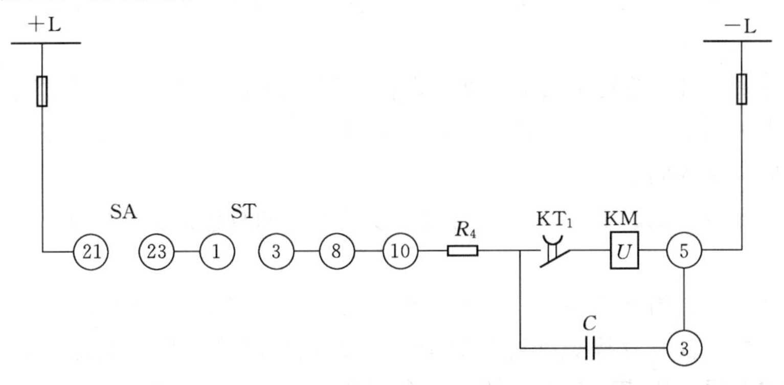

图 16.9　中间继电器 KM 电压线圈分压回路

$$\frac{220}{3.4\times10^{6}+2100}\times2100=0.14(\text{V})$$

该电压长期加于中间继电器KM电压线圈上，KM是不会启动的，自动重合闸装置也就长期不会动作。

重合闸失败后，电容C放电、充电、放电电压随时间变化的曲线如图16.10所示。只有当把控制开关SA置于“跳后”位置，并且线路故障排除后，再次将线路断路器投入，SA置于“合后”位置时，电容C才开始充电，终了电压为220V，重合闸处于准备状态。

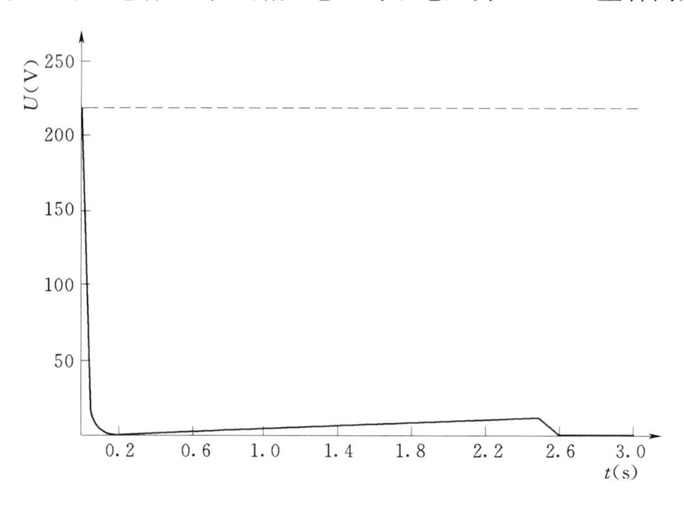

图16.10　重合闸失败后电容C充放电电压曲线

16.4　双侧电源线路三相自动重合闸

双侧电源线路是指线路两侧均有电源的输电线路。采用自动重合闸装置时，除了满足前述基本要求外，还应考虑下述两个特殊问题：

(1) 时间的配合问题。当双侧电源线路发生故障时，两侧的继电保护装置可能以不同的时限动作于两侧断路器，即两侧的断路器可能不同时跳闸。因此，只有在后跳闸的断路器断开后，故障点才能断电而去游离。所以为使重合闸成功，应保证在线路两侧断路器均已跳闸，故障点电弧熄灭且绝缘强度已恢复的条件下进行自动重合闸，即应保证故障点有足够的断电时间。

(2) 同期问题。当线路发生故障，两侧断路器跳开之后，线路两侧电源电动势之间夹角摆开，有可能失去同步。这时后合闸一侧的断路器在进行重合闸时，应考虑是否同期，以及是否允许非同期合闸的问题。

因此，在双侧电源线路上，应根据电网的接线方式和具体的运行情况，采取不同的重合闸方式。

双电源线路的重合闸方式很多，但可归纳为两类：一类是检定同期重合闸，如检定无压和检定同期的三相重合闸及检查平行线路有电流的重合闸等；另一类是不检定同期的重合闸，如非同期重合闸、快速重合闸、解列重合闸及自同期重合闸等。下面介绍其中三种重合闸方式。

16.4.1　三相快速自动重合闸

三相快速自动重合闸就是当输电线路上发生故障时，继电保护瞬间将线路两侧断路器跳开，不管两侧电源是否同步，随即进行重合，经 0.5～1s 延时后，两侧断路器都重新合上。在合闸瞬间，两侧电源很可能不同步，但因重合时间短，重合后系统也会很快拉入同步。可见，快速重合成功可提高系统并列运行的稳定性和供电可靠性。但采用三相快速自动重合必须具备以下条件：

(1) 线路两侧都装有能瞬时切除全线故障的继电保护装置，如高频保护等。

(2) 线路两侧必须具有快速重合闸的断路器，如快速空气断路器等。

(3) 在两侧断路器非同步重新合闸瞬间，输电线路上出现的冲击电流，不能超过电力系统各元件的冲击电流的允许值。

若具备上述三个条件，就可以保证从线路短路开始到重新合闸的整个时间间隔在0.5～0.6s 以内。在这样短的时间内，两侧电源电动势之间夹角摆开不大，系统不会失去同步，即使两电源电动势间角度摆开较大，因重合周期短，断路器重合后也会很快被拉入同步。显然，三相快速重合闸方式具有快速的特点，所以在 220kV 以上的线路应用比较多。它是提高系统并列运行稳定性和供电可靠性的有效措施。由于三相快速重合闸方式不检定同期，所以在应用这种重合闸方式时须校验线路两侧断路器重新合闸瞬间所产生的冲击电流，要求通过电气设备的冲击电流周期分量不超过规定的允许值。

16.4.2　三相非同期自动重合闸

当不具备快速切除全线路故障和快速动作的断路器条件时，可以考虑采用非同期自动重合闸。三相非同期自动重合闸就是指输电线路发生故障时，两侧断路器发生跳闸后，不管两侧电源是否同步就进行自动重合闸。显然，非同期重合闸时合闸瞬间电气设备可能要承受较大的冲击电流，系统可能发生振荡。所以，只有当线路上不具备采用快速重合闸的条件，且符合下列条件并认为有必要时，可采用非同期重合闸。

(1) 从电力系统中的电气设备安全角度考虑，进行非同步重合闸时同步电机的电磁转矩不得超过发电机出口三相突然短路所产生的电磁转矩；流过同步发电机、同步调相机或电力变压器的冲击电流未超过规定的允许值；冲击电流的允许值与三相快速自动重合闸的规定值相同，不过在计算冲击电流时两侧电动势间夹角取 180°；当冲击电流超过允许值时，不应使用三相非同期重合闸。

(2) 再从负荷角度考虑，在非同期重合闸所产生的振荡过程中，应采取相应措施减小对重要负荷的影响。因为在振荡过程中，对于重合后经历较长时间的异步运行而后拉入同步或根本不能恢复同步运行的状况，导致系统各点电压发生波动，从而产生大量甩负荷的现象。

(3) 重合闸后电力系统可以迅速恢复电力系统运行。

此外，非同期重合闸可能引起继电保护误动，如系统振荡可能引起电流、电压保护和距离保护误动作；在非同期重合闸过程中，由于断路器三相触点不同时闭合，可能短时出现零序分量从而引起零序Ⅰ段保护误动。为此，在采用非同期重合闸方式时，应根据具体情况采取措施，防止继电保护误动作。

线路三相非同期自动重合闸装置通常有按顺序投入线路两侧断路器和不按顺序投入线路两侧断路器两种方式。

不按顺序投入线路两侧断路器的方式是在线路两侧均采用单侧电源三相自动重合闸接

线。其优点是：接线简单，不需要装设线路电压互感器或电压抽取装置，系统恢复并列运行快，从而提高了供电可靠性。其缺点是：在永久性故障时，线路两侧断路器均要重合一次，对系统产生的冲击次数较多。

按顺序投入线路两侧断路器方式的非同期自动重合闸装置是预先规定线路两侧断路器的合闸顺序，先重合闸侧采用单侧电源线路重合闸接线，后重合侧采用检定线路有电压的自动重合闸接线，即在单电源线路重合闸的启动回路中串进检定线路有电压的电压继电器的动合触点。当线路故障时，继电保护动作跳开两侧断路器后，先重合侧重合该侧断路器，若是瞬时性故障，则重合成功，于是线路上有电压，后重合侧检查到线路有电压而重合，线路恢复正常运行。如果是永久性故障，先重合侧重合后，因是永久性故障，该侧保护加速动作切除故障后，不再重合，而后重合侧由于线路无压不能进行重合。可见，这种重合闸方式的优点是后重合侧在永久性故障情况下不会重合，避免了再一次给系统带来冲击影响；缺点是后重合侧必须在检定线路有电压后才能重合，因而整个重合闸的时间较长，线路恢复供电的时间也较长。而且，在线路侧必须装设电压互感器或电压抽取装置，增加了设备投资。

在我国110kV以上线路，非同期重合闸通常采用不按顺序投入线路两侧断路器的方式。

16.4.3　检定无压和检定同期的三相自动重合闸

在没有条件或不允许采用三相快速自动重合闸、非同期重合闸的双电源单回线上或弱联系的环并线上，可考虑采用检定无压和检定同期三相自动重合闸。这种重合闸方式的特点是：当线路两侧断路器跳开后，其中一侧先检定线路无电压而重合，称为无压侧；另一侧在无压侧重合后，检定线路两侧电源满足同期条件时，才允许进行重合，称为同步侧。显然，这种重合闸方式不会产生危及设备安全的冲击电流，也不会引起系统振荡，合闸后能很快拉入同步。

1. 工作原理

图16.11所示为检定无压和检定同期的三相自动重合闸的原理接线图。这种重合闸方式是在单侧电源线路的三相一次自动重合闸的基础上增加附加条件来实现的，即除在线路两侧均装设单侧电源ARD外，两侧还装设有检定线路无压的低电压继电器KV和检定同步的继电器KY，并把KV和KY触点串入重合闸时间元件启动的回路中。正常运行时，两侧同步检定继电器KY通过连接片均投入，而检定无压继电器KV仅一侧投入（M侧），另一侧（N侧）KV通过无压连接片断开。其工作原理如下：

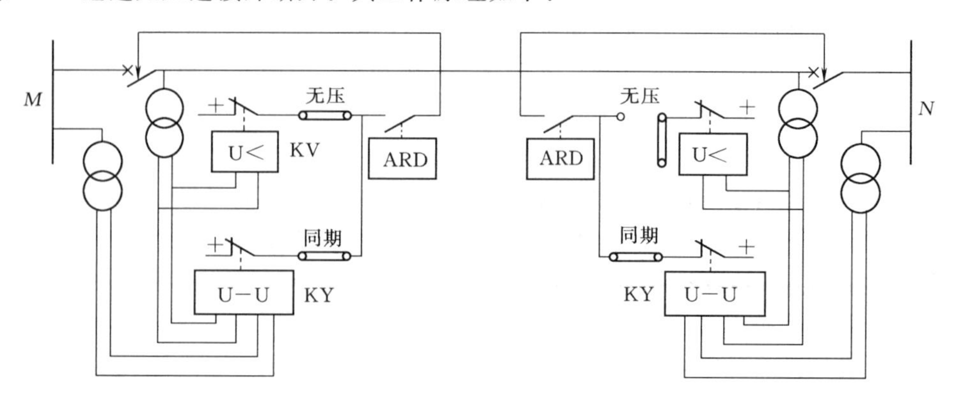

图16.11　检定无压和检定同期的三相自动重合闸原理接线

（1）当线路上发生故障时，两侧断路器被继电保护装置跳开后，线路失去电压，这时检查线路无压的 M 侧低电压继电器 KV 动作，其动合触点闭合，经无压连接片启动 ARD，经预定时间，M 侧断路器重新合闸。如果线路发生的是永久性故障，则 M 侧线路后加速保护装置加速动作再次跳开该侧断路器，而后不再重合。由于 N 侧断路器已跳开，这样 N 侧线路无电压，只有母线上有电压，故 N 侧同步继电器 KY 因只有一侧有电压，其动断触点断开，不能启动重合闸装置，所以 N 侧 ARD 不动作。如果线路上发生的是瞬时性故障，则 M 侧检查无压重合成功，N 侧线路有电压。这时，N 侧同步继电器既加入母线电压也加入线路电压，于是 N 侧 KY 开始检查两电压的电压差、频率差和相角差是否在允许范围内，当满足同期条件时，KY 触点闭合时间足够长，经同步连接片使 N 侧 ARD 动作，重新合上 N 侧断路器，线路便恢复正常供电。

由以上分析可知，无压侧的断路器在重合至永久性故障时，将连续两次切断短路电流，其工作条件显然比同步侧恶劣，为使两侧断路器工作条件相同，利用无压连接片定期切换两侧工作方式。

（2）在正常运行情况下，由于某种原因（保护误动作、误碰跳闸操作机构等）而使断路器误跳闸时，如果是同步侧断路器误跳，可通过该侧同步继电器检定同期条件使断路器重合；如果是无压侧断路器误跳时，由于线路上有电压，无压侧不能检定无压而重合，为此，无压侧也投入同步继电器，以便在这种情况下也能自动重合闸，恢复同步运行。

这样，无压侧不仅要投入检定无压继电器 KV，还应投入同步继电器 KY，无压连接片和同步连接片均接通，两者并联工作。而同步侧只投入检定同步继电器，检定无压继电器不能投入，否则会造成非同期合闸。因而两侧同步连接片均投入，但无压连接片一侧投入，另一侧断开。

2. 启动回路的工作情况

检定无压和检定同期的三相自动重合闸装置的启动回路如图 16.12 所示。在无压侧（如图 16.11 M 侧），无压连接片 XB 接通。线路故障时两侧断路器跳开后，因线路无电压，低电压继电器 KV_1 触点闭合，KV_2 触点打开，跳闸位置继电器 KCT 动作，其触点 KCT_1 闭合，这样，由 KV_1、XB、KCT_1 触点构成的检查无压启动回路接通，ARD 动作，M 侧断路器重合。如果 M 侧断路器误跳闸，则线路侧有电压，KV_1 触点打开，KV_2 触点闭合，KCT 动作，KCT_1 闭合，同步继电器 KY 检定同期条件后，重合断路器。

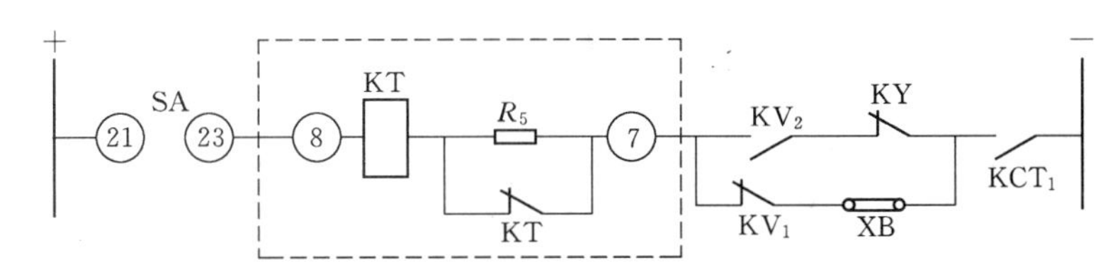

图 16.12　检定无压和检定同期的重合闸启动回路

在同步侧（图 16.11 N 侧），无压连接片 XB 断开，切断了检定线路无电，压重合的启动回路。只有在断路器跳闸，线路侧有电压，即 KCT_1 触点闭合，KV_2 触点闭合的情况下，且满足同期条件时，该侧 ARD 才动作将断路器重新合上，恢复同步运行。

3. 检定无压和检定同期重合闸配合工作方面的几个问题

（1）重合闸方式的变换。无压侧（M 侧）的断路器在重合至永久性故障时，将两次切断短路电流，其工作条件显然比同期侧（N 侧）恶劣。为使两侧断路器工作条件相同，检修机会均等，两侧的重合闸方式应适当轮换。为此，一般在两侧均装设检定无压和检定同期两种重合闸方式，通过连接片定期切换两侧工作方式。

（2）断路器误碰跳闸的补救。在正常运行情况下，由于某种原因（保护误动作、误碰跳闸操作机构等）而使断路器误跳闸时，若是同期侧断路器误跳，可通过该侧同期继电器检定同期条件使断路器重合；若是无压侧断路器误跳时，由于线路上有电压，无压侧不能检定无压而重合。为此无压侧也投入检定同期继电器 KSY，以便在这种情况下也能自动重合闸，恢复同期运行。

（3）检定无压和检定同期重合闸的顺序配合。在无压侧未重合之前，检定同期继电器 KSY 的两个电压线圈仅有一个线圈接入电压，其常闭触点打开，不会发生同步侧先重合，无压侧无法重合的问题。

（4）同期侧断路器会不会误重合。若无压侧断路器重合于永久性故障时，ARD 后加速断路器辅助触点 QF_M 再次跳闸。在这次重合的过程中，N 侧的 KSY 可能检定到同期条件满足而发生 KSY 动断触点返回。但因 M 侧从重合到再次跳闸的时间很短，而 KSY 触点返回的时间小于 ARD 启动时间，故 N 侧断路器不会误重合。

4. 同步继电器的工作原理

同期检查由同步继电器来完成。同步继电器的种类很多，有电磁型、晶体管型等，其动作原理大同小异。下面以电磁型同步继电器为例说明检查同期的工作原理。

电磁型同步继电器 KY 实际上是一种有两个电压线圈的电磁型电压继电器，其内部结构如图 16.13（a）所示。它的两个电压线圈分别经电压互感器接入同步点两侧电压，例如，图 16.11 中 M 侧断路器两侧的母线电压 $\dot{U}_M$ 与线路电压 $\dot{U}_L$，两个线圈在铁心中产生的磁通

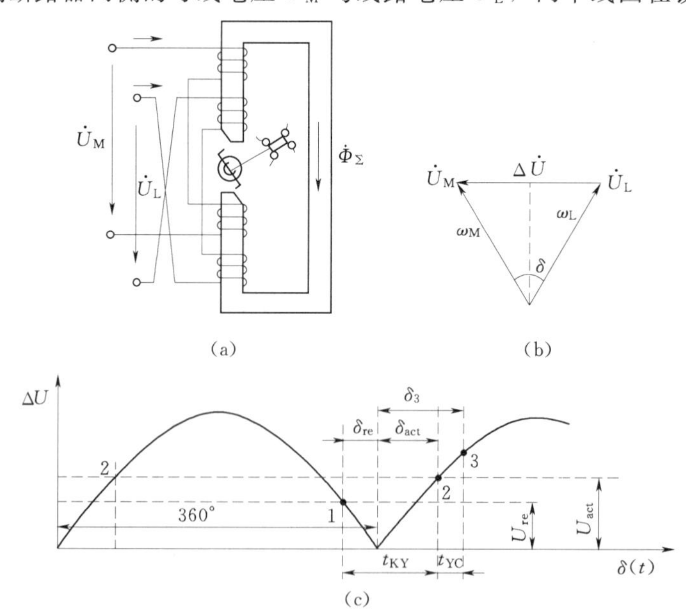

图 16.13　同步继电器及其工作原理

（a）机构图；（b）电压向量图；（c）电压变化曲线图

$\dot{\Phi}_M$、$\dot{\Phi}_L$ 方向相反，因此铁心中的总磁通 $\dot{\Phi}_\Sigma$ 为两电压所产生的磁通之差，也就是反应两侧电源的电压差 $\Delta\dot{U}$，显然，总磁通 $|\dot{\Phi}_\Sigma|$ 的大小正比于两电压相量差的绝对值 ΔU。当 ΔU 小于一定数值时，Φ_Σ 较小，产生的电磁力矩小于弹簧反作用力矩，于是，KY 动断触点就闭合。而电压差 $\Delta\dot{U}$ 的大小与两侧电源电压的电压差、频率差、相位差有关。

当两侧电源电压的幅值不相等，即压差较大时，即使两电压同相，ΔU 仍较大，Φ_Σ 也较大，产生的电磁力矩会大于弹簧反作用力矩，于是 KY 动断触点不可能闭合。因此，只有在压差小于一定数值时，ΔU 足够小，KY 动断触点才能闭合。从而检定了同期条件之一——电压差的大小。

当两个电压的角频率不相等，存在着角频率差 ω_s（$\omega_s=\omega_M-\omega_L$）时，两个电压相角差 δ 将随时间 t 在 0°～360°之间变化。设 $U_M=U_L=U$，即有效值相等时，从图 16.13（b）分析可得 ΔU 与 δ 的关系为

$$\Delta U=|\dot{U}_M-\dot{U}_L|=2U\left|\sin\frac{\delta}{2}\right| \tag{16.4}$$

$$\delta=\omega_s t \tag{16.5}$$

根据式（16.5）可作出 ΔU 随 δ 角的变化关系曲线，如图 16.13（c）所示。δ 角变化 360°时，ΔU 变化一周。

当 ΔU 达到 KY 继电器动作电压 U_{act} 时，KY 开始动作，动断触点打开动合触点闭合，此时的 δ 角为动作角 δ_{act}；当 δ 角增大向 360°趋近时，ΔU 减小，达到 KY 的返回电压 U_{re} 时，继电器开始返回，动断触点闭合，动合触点打开。从继电器开始返回到 $\Delta U=0$ 所对应的 δ 角为返回为 δ_{re}，如图 16.13（c）所示，继电器 KY 在曲线的 1 点位置开始返回，在 2 点位置开始动作。显然，从 1 点到 2 点这段时间内，继电器 KY 动断触点是闭合的，现将这段时间记为 t_{KY}。从图 16.13（c）看出

$$t_{KY}\omega_s=\delta_{act}+\delta_{re} \tag{16.6}$$

计及继电器的返回系数 $K_{re}=\delta_{re}/\delta_{act}$，式（16.6）可改写成

$$t_{KY}=\frac{(1+K_{re})\delta_{act}}{\omega_s} \tag{16.7}$$

当动作角 δ_{act} 一旦整定好后（一般在 20°～40°范围内），就不再变化。于是 $\dot{U}_M$ 与 $\dot{U}_L$ 之间的角频率差 ω_s 越小时，继电器 KY 动断触点闭合的时间 t_{KY} 越长；反之，ω_s 越大，t_{KY} 就越短。如是重合闸时间继电器 KT 的整定时间为 t_{KY}，则当 $t_{KY}\geqslant t_{KT}$ 时，继电器 KT 的延时触点来得及到达终点而闭合，使重合闸动作；当 $t_{KY}<t_{KT}$ 时，则在 KT 的延时触点尚未闭合之前，重合闸启动回路便因 KY 的触点打开而断开，于是 KT 线圈失磁，其延时触点中途返回，重合闸不能动作。可见，通过对 t_{KT} 与 t_{KY} 的比较，就达到了对角频率差控制的目的，要想 t_{KY} 足够大，角频率差 ω_s 就得足够小。

当 $t_{KY}=t_{KT}$ 时，是重合闸的临界动作条件，相应的角频率差即为整定角频率差，设为 $\omega_{s.set}$ 设其在合闸过程中不变，则

$$\omega_{s.set}=\frac{(1+K_{re})\delta_{act}}{t_{KT}} \tag{16.8}$$

当实际角频率差 $\omega_s\leqslant\omega_{s.set}$ 时，有 $t_{KY}\geqslant t_{KT}$，重合闸动作，从而检定了同期的第二条件——频差的大小。

临界情况下，在图16.13（c）的2点发出重合闸脉冲，由于断路器合闸时间 t_{YC} 存在，断路器主触点闭合时，$\dot{U}_M$ 与 $\dot{U}_L$ 的实际相角差为 δ_3，如图16.13（c）中的3点，若 ω_s 保持不变，则 δ_3 角为

$$\delta_3 = \delta_{act} + \omega_s t_{YC} \tag{16.9}$$

如果相角差 δ_3 的大小为系统所允许，则也就检定了同期的第三个条件——相位差的大小。

16.5　自动重合闸与继电保护的配合

在电力系统中，自动重合闸与继电保护的关系很密切。如果使自动重合闸与继电保护很好地配合工作，可以加速切除故障，提高供电的可靠性。

目前，自动重合闸与继电保护配合的方式有自动重合闸前加速保护和自动重合闸后加速保护两种。

16.5.1　自动重合闸前加速保护

自动重合闸前加速保护又简称为“前加速”。一般用于具有几段串联的辐射形线路中，自动重合闸装置仅装在靠近电源的一段线路上。当线路上（包括相邻线路及以后的线路）发生故障时，靠近电源侧的保护首先无选择性地瞬时动作跳闸，而后借助自动重合闸来纠正这种非选择性动作。

如图16.14（a）所示的单电源供电的辐射形网络中，线路 L_1、L_2、L_3 出上各装有一套定时限过电流保护，其动作时限按阶梯形原则整定。这样，线路 L_1 靠近电源侧的断路器处另装有一套能保护到线路 L_3 的无选择性电流速断保护和三相自动重合闸装置。为了使电流速断保护的动作范围不至扩展的太长，一般规定，当变压器低压侧 K_4 点短路时，速断保护装置不应动作。因此，速断保护装置的动作电流，按照躲开变压器低压侧（K_4 点）短路进行整定。当线路 L_1、L_2、L_3 上任意一点发生故障时，电流速断保护因不带延时，故总是首先动作瞬时跳开电源侧断路器，然后启动重合闸装置，将该断路器重新合上，并同时将无选择性的流速断保护闭锁。若故障是瞬时性的，则重合成功，恢复正常供电，若故障是永久性的，则依靠各段线路定时限过电流保护有选择性地切除故障。可见，ARD前加速既能加速切除瞬时故障，又能在ARD动作后，有选择性地切除永久故障。

实现自动重合闸前加速保护动作的方法是将重合闸装置中加速继电器KCP的动断触点串联接于电流速断保护出口回路，如图16.14（b）所示，图中，KA_1 是电流速断保护继电器，KA_2 是过电流保护继电器。当线路发生故障时，因加速继电器KCP未动作，电流速断保护的 KA_1 动作后，其动合触点闭合，经加速继电器KCP的动断触点 KCP_1 启动保护出口中间继电器KOM，使电源侧断路器瞬时跳闸。随即ARD启动，发合闸脉冲，同时启动加速继电器KCP，使KCP的动断触点 KCP_1 瞬时打开，动合触点 KCP_2 瞬时闭合。如果故障为瞬时性的，重合成功后ARD复归，KCP失电，KCP_1、KCP_2 延时返回。如果重合于永久性故障，则 KA_1 触点再闭合，通过 KCP_2 使KCP自保持，电流速断保护不能经 KCP_1 的触点去瞬时跳闸。只有等过电流保护时间继电器KT的延时触点闭合后，才能去跳闸。这样，重合闸动作后，保护只能有选择性地切除故障。

采用ARD前加速的优点是能快速切除瞬时故障，而且只需一套ARD装置，设备少，

接线简单，易于实现。其缺点是：切除永久性故障时间长；装有重合闸装置的断路器动作次数较多，且一旦此断路器或 ARD 装置拒动，则使停电范围扩大。因此，ARD 前加速主要适用于 35kV 以下的发电厂和变电所引出的直配线上，以便能快速切除故障，保证母线电压。

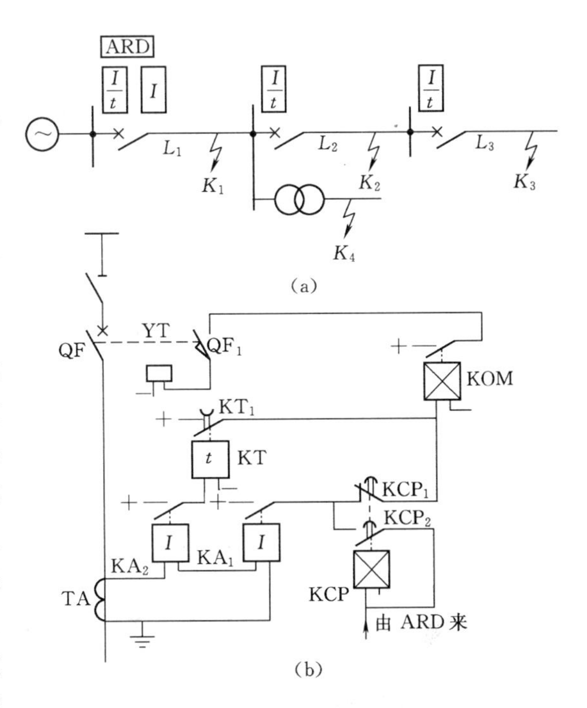

图 16.14　自动重合闸前加速保护

(a) 原理说明图；(b) 原理接线图

16.5.2　自动重合闸后加速保护

自动重合闸后加速保护一般又简称“后加速”。采用 ARD 后加速时，必须在线路各段上都装设有选择性的保护和自动重合闸装置，如图 16.15 (a) 所示。但不装设专用的电流速断保护。当任一线路上发生故障时，首先由故障线路的选择性保护动作将故障切除，然后由故障线路的自动重合闸装置进行重合。如果是瞬时故障，则重合成功，线路恢复正常供电；如果是永久性故障，则故障线路的加速保护装置不带延时地将故障再次切除。这样，就在重合闸动作后加速了保护动作，使永久性故障尽快地切除。

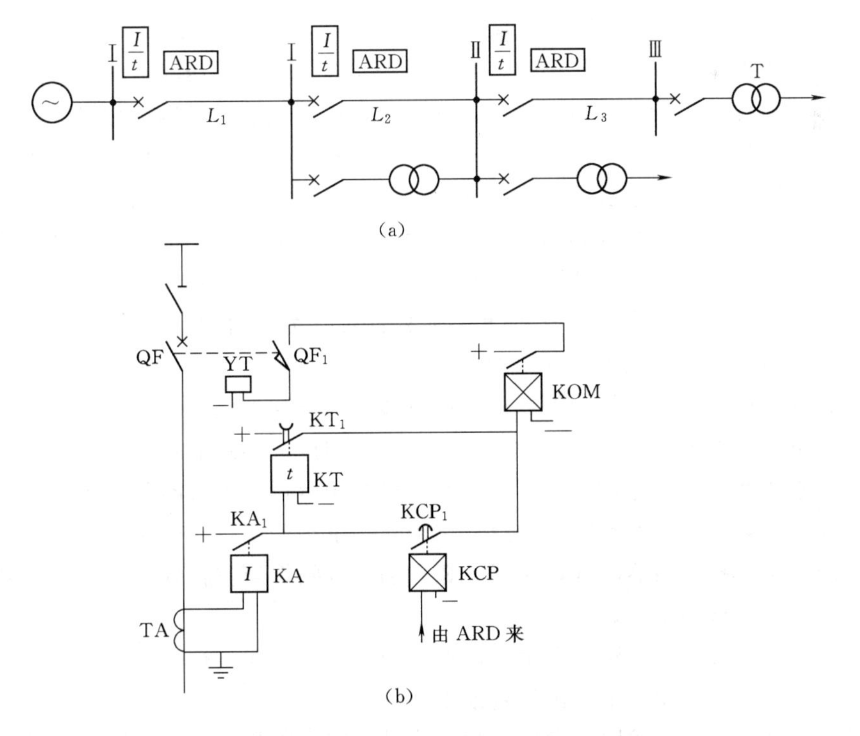

图 16.15　自动重合闸后加速保护

(a) 原理说明图；(b) 原理接线图

实现ARD后加速的方法是，将加速继电器KCP的动合触点与过电流保护的电流继电器KA的动合触点串联，如图16.15（b）所示。当线路发生故障时，KA动作，加速继电器KCP未动，其动合触点打开。只有当按选择性原则动作的延时触点KT闭合后，才启动出口中间继电器KOM，跳开断路器，随后自动重合闸动作，重新合上断路器，同时也启动加速继电器KCP，KCP动作后，其动合触点KCP_1瞬时闭合。这时若重合于永久性故障上，则KA再次动作，其触点经已闭合的KCP_1瞬时启动KOM，使断路器再次跳闸。这样实现了重合闸后加速保护动作的目的。

采用ARD后加速的优点是第一次保护装置动作跳闸是有选择性的，不会扩大停电范围。特别是在重要的高压电网中，一般不允许保护无选择地动作，故应用这种重合闸后加速方式较合适；其次，这种方式使再次断开永久性故障的时间加快，有利于系统并联运行的稳定性。其缺点是第一次切除故障带延时，因而影响了重合闸的动作效果，另外，每段线路均需装设一套重合闸，设备投资大。

自动重合闸后加速保护广泛用于35kV以上的电网中，应用范围不受电网结构的限制。

16.6 综合自动重合闸

16.6.1 综合重合闸的重合闸方式

前面所讨论的自动重合闸都是三相的，即不论输电线路发生单相接地还是相间短路，继电保护动作都是断路器三相一齐断开，然后ARD再将三相断路器一齐投入。但是，在110kV以上的直接接地系统高压架空线上，有70%以上的短路故障是单相接地短路。特别是220～500kV电压等级的大接地电流系统中，由于架空线路的线间距离大，发生相间故障的机会减少，而单相接地故障的机会较多。运行经验表明，在高压输电线路的故障中，绝大部分故障都是瞬时性单相接地故障。因此，如果能在线路上装设可以分相操作的三个单相断路器，当发生单相接地故障时，只把发生故障的一相断开，然后进行重合，而未发生故障的两相一直继续运行，将两个系统联系着。这样，不仅可以大大提高供电的可靠性和系统并列运行的稳定性，而且还可以减少相间故障的发生。这种方式的重合闸就是单相自动重合闸。而在线路上发生相间故障时，仍然跳开三相断路器，而后进行三相自动重合闸。这种把单相自动重合闸和三相重合闸综合在一起的重合闸装置就称为综合自动重合闸，简称综合重合闸，它具有三相重合闸和单相重合闸两种性能。

综合重合闸利用切换开关的切换，一般可以实现以下四种重合闸方式：

（1）综合重合闸方式。线路上发生单相接地故障时，故障相跳开，实行单相自动重合闸，当重合到永久性单相故障时，若不允许长期非全相运行，则应断开三相，并不再进行自动重合；若允许长期非全相运行，保护第二次动作跳单相，实行非全相运行。当线路上发生相间短路故障时，三相断路器跳开，实行三相自动重合闸，当重合到永久性相间故障时，则断开三相并不再进行自动重合。

（2）三相重合闸方式。线路上发生任何形式的故障时，均实行三相自动重合闸。当重合到永久性故障时，断开三相并不再进行自动重合。

（3）单相重合闸方式。线路上发生单相故障时，实行单相自动重合闸，当重合到永久性单相故障时，保护动作跳开三相并不再进行重合。当线路发生相间故障时，保护动作跳开三

相后不进行自动重合。

（4）停用方式。线路上发生任何形式的故障时，保护运作均跳开三相而不进行重合。此方式也叫直跳方式。

16.6.2　综合重合闸的特殊问题

综合重合闸比一般的三相重合闸只是多了一个单相重合闸的性能。因此，综合重合闸需要考虑的特殊问题是由单相重合闸引起的。其主要问题有下列四个方面：

（1）需要设置故障判别元件和故障选相元件。

（2）应考虑潜供电流对综合重合闸装置的影响。

（3）应考虑非全相运行对继电保护的影响。

（4）若单相重合不成功，根据系统运行的需要，线路需转入长期非全相运行时考虑的问题。现分别进行讨论。

16.6.2.1　故障判别元件和故障选相元件

普通的三相自动重合闸只管重合，不管跳闸。线路发生故障时，由继电保护直接作用于断路器跳闸机构使三相断路器跳闸。对于综合重合闸方式，要求在单相接地故障时只跳故障相。因此，首先，要求继电保护装置能判断故障是发生在保护区内还是区外；其次，如果是区内故障，就需要判断出故障的性质以及故障的相别，从而确定跳三相还是跳单相，以及跳单相应该跳开哪一相。这就要求在综合重合闸装置中，设置具有判断故障性质的故障判别元件和区分故障相的故障相选择元件。后者简称为选相元件。

1. 故障判别元件

故障判别元件是用来判断线路发生故障的类型，即判断故障是相间短路还是接地短路，当判断出故障是相间短路时，应立即接通三相跳闸回路，尽快跳开三相断路器。故障判别元件一般由零序电流继电器或零序电压继电器构成。线路发生相间短路时，没有零序分量，零序继电器不动作，继电保护直接动作于三相断路器。当线路发生接地短路时，出现零序分量，零序继电器动作；同时选相元件选出故障相，并判断是单相接地还是两相接地。单相接地时，继电保护经选相元件跳故障相断路器；两相接地，继电保护经选相元件选出故障两相后，经分相固定继电器触点构成循环启动回路，启动三跳继电器，可靠地跳开三相断路器。

2. 故障选相元件

（1）对选相元件的基本要求。选相元件是实现单相自动重合闸的重要元件，其任务是当线路发生接地短路时选出故障相。对选相元件的基本要求如下。

1）应保证选择性：单相接地短路时，选相元件与继电保护配合只跳开发生故障的那一相；而两相接地时，选相元件也应可靠地动作，选出两故障相，启动三跳继电器跳开三相断路器。

2）在故障相线路末端发生单相接地短路时，接于该相上的选相元件应保证足够的灵敏性。

（2）选相元件的种类。根据电网接线和运行的特点，常用的选相元件有如下几种：

1）相电流选相元件。在每相上装设一个过电流继电器，当线路发生接地故障时，故障相电流增大，装在该相的过电流继电器动作，这就构成了相电流选相元件。过电流继电器动作电流按躲过最大负荷电流和单相接地时流过本线路的非故障相电流整定以保证动作的选择性，这种选相元件适宜装在线路的电源端，并在短路电流较大的线路上采用，对于长距离重负荷线路往往不能采用。由于相电流选相元件受系统运行方式的影响较大，故一般不单独采用，仅作为消除阻抗选相元件出口短路死区的辅助选取相元件。

2）相电压选相元件。每相上装设一个低电压继电器，当线路发生接地故障时，故障相电压降低，装在故障相的低电压继电器动作，这就构成了相电压选相元件。低电压继电器的动作电压按小于正常运行以及非全相运行可能出现的最低电压整定。这种选相元件适用于装设在电源较小的受电侧或单侧电源线路的受电侧。由于低电压选相元件，经常处在全电压下工作，在长时间运行中触点会经常抖动，可靠性比较差，因而单独使用少，通常只作为辅助选相元件。

3）阻抗选相元件。用三个低阻抗继电器分别接于三个相电压和经过零序补偿的相电流上，采用接地阻抗继电器的零序电流补偿接线，以保证继电器的测量阻抗与短路点到保护安装处之间的正序阻抗成正比。下面介绍其基本原理。

设三个阻抗继电器接入的电压、电流分别为：$\dot{U}_{A}$、$\dot{I}_{A}+3K\dot{I}_{A0}$，$\dot{U}_{B}$、$\dot{I}_{B}+3K\dot{I}_{B0}$，$\dot{U}_{C}$、$I_{C}+3KI_{C0}$。其中，$\dot{U}_{A}$、$\dot{U}_{B}$、$\dot{U}_{C}$为保护安装处母线相电压；$\dot{I}_{A}$、$\dot{I}_{B}$、$\dot{I}_{C}$为被保护线路由母线流向线路的相电流；$3\dot{I}_{0}$为相应的零序电流；$K$为零序电流补偿系数，$K=(Z_{0}-Z_{1})/3Z_{1}$。

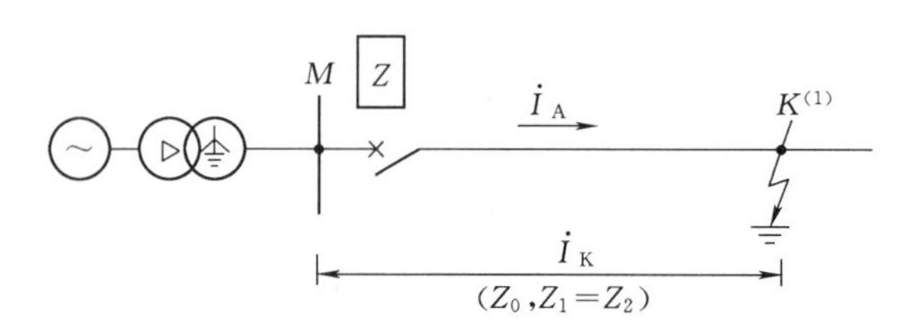

图16.16 A相接地故障示意图

采用这种接线的阻抗选相元件，能正确测量接地故障点到保护安装处的距离，如图16.16所示。

若在K点发生A相金属性接地故障时，母线M上A相电压为

$$\begin{aligned}\dot{U}_{A}&=\dot{I}_{A1}Z_{1}l_{K}+\dot{I}_{A2}Z_{2}l_{K}+\dot{I}_{A0}Z_{0}l_{K}\\&=\dot{I}_{A1}Z_{1}l_{K}+\dot{I}_{A2}Z_{2}l_{K}+\dot{I}_{A0}Z_{1}l_{K}+\dot{I}_{A0}(Z_{0}-Z_{1})l_{K}\\&=\left[\dot{I}_{A1}+\dot{I}_{A2}+\dot{I}_{A0}+\frac{Z_{0}-Z_{1}}{3Z_{1}}\times 3\dot{I}_{A0}\right]Z_{1}l_{K}\\&=(\dot{I}_{A}+3K\dot{I}_{A0})Z_{1}l_{K}\end{aligned}$$

式中 Z_{1}、Z_{2}、Z_{0}——被保护线路单位长度的正序、负序、零序阻抗，其中$Z_{1}=Z_{2}$；

$\dot{I}_{A1}$、$\dot{I}_{A2}$、$\dot{I}_{A0}$——A相接地短路电流的正序、负序、零序分量。

所以，M侧A相阻抗选相元件的测量阻抗为

$$Z_{K(A)}=\frac{\dot{U}_{A}}{\dot{I}_{A}+3K\dot{I}_{A0}}Z_{1}l_{K} \tag{16.10}$$

可见，测量阻抗与故障点距离l_{K}成正比，反映了故障点到保护安装处的距离。对于非故障相的选相元件，由于所加的非故障相电压较高，而非故障相电流较小，所以非故障相选相元件的测量阻抗比较大，因而不会动作，从而可以正确选出故障相。

这种阻抗选相元件不仅可以反应单相接地，还能正确反应两相接地和三相短路故障。但是当线路发生两相相间短路故障时不能正确选相。相间短路故障由故障判别元件判断出后，由线路保护动作直接跳开三相断路器。

阻抗选相元件具有较高的灵敏性和可靠性，因此在电力系统中得到了广泛应用。

4）相电流差突变量选相元件。相电流差突变量选相元件是利用每两相的电流差构成三个选相元件，它们是依据故障时电气量发生突变的原理构成的。三个选相元件的输入量分别为 $\mathrm{d}\dot{I}_{AB}=\mathrm{d}(\dot{I}_A-\dot{I}_B)$、$\mathrm{d}\dot{I}_{BC}=\mathrm{d}(\dot{I}_B-\dot{I}_C)$、$\mathrm{d}\dot{I}_{CA}=\mathrm{d}(\dot{I}_C-\dot{I}_A)$。当线路发生故障时，故障相电流在故障瞬间几乎是突然变化的，因此有故障相电流输入的选相元件动作，无故障相电流输入的选相元件不动，这样，在线路发生三相短路、两相短路。两相接地短路故障时，三个相电流差突变量选相元件均动作；而发生单相接地故障时，只有两个选相元件动作，如 A 相接地故障时，只有 $\mathrm{d}\dot{I}_{AB}$、$\mathrm{d}\dot{I}_{CA}$ 两个元件动作有输出。因此，当三个选相元件动作时，表示发生了多相故障，其动作后跳开三相；两个选相元件动作时，表示发生单相接地故障、动作后可选出单相故障相。其动作情况见表 16.2。

表 16.2　各种类型故障下相电流差突变量选相元件的动作情况

选相元件	故障类型						
	$K^{(1)}$			$K^{(2)}$ $K^{(1,1)}$			$K^{(3)}$
	$K_A^{(1)}$	$K_B^{(1)}$	$K_C^{(1)}$	K_{AB}	K_{BC}	K_{CA}	
$\mathrm{d}\dot{I}_{AB}$	+	+	−	+	+	+	+
$\mathrm{d}\dot{I}_{BC}$	−	+	+	+	+	+	+
$\mathrm{d}\dot{I}_{CA}$	+	−	+	+	+	+	+

注　“+”表示动作；“−”表示不动作。

这种选相元件具有选相性能好、动作灵敏等优点，广泛用于高压和超高压输电线路的重合闸装置中。

16.6.2.2　潜供电流对综合重合闸的影响

当线路发生单相接地短路时，故障相自两侧断开后，由于非故障相与断开相之间存在着电（通过电容）和磁（通过互感）的联系，如图 16.17 所示为 C 相接地时潜供电流示意图。

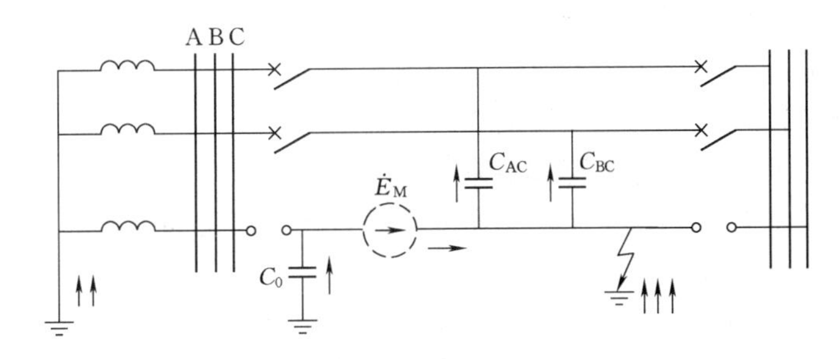

图 16.17　C 相接地时潜供电流示意图

这时短路电流虽然已被切除，但在故障点的弧光通道中，仍然流有如下电流：

（1）非故障相 A 通过 A—C 相间的电容 C_{AC} 供给的电流。

（2）非故障相 B 通过 B—C 相间的电容 C_{BC} 供给的电流。

（3）继续运行的两相中，由于流过负荷电流因而通过互感在 C 相中产生互感电动势 E_M，此电动势通过故障点和该相对地电容 C_0 而产生的电流。

这些电流的总和称为潜供电流。由于潜供电流的影响，将使短路时弧光通道中的去游离受到严重阻碍，电弧不能很快自灭，而自动重合闸只有在故障点电弧熄灭，绝缘强度恢复以后，才有可能成功。因此，单相重合闸的时间必须考虑潜供电流的影响。通常在220kV上的线路、单相重合闸时间要选择0.6s以上。

16.6.2.3 非全相运行状态对继电保护的影响

采用综合重合闸后，要求在单相接地短路时只跳开故障相的断路器，这样在重合闸周期内出现了只有两相运行的非全相运行状态，使线路处于不对称运行状态，从而在线路中出现负序分量和零序分量的电流和电压，这就可能引起本线路保护以及系统中的其他保护误动作。对于可能误动的保护，应在单相重合闸动作时予以闭锁，或在保护的动作值上躲开非全相运行数值或动作时限大于单相重合闸周期。现分别讨论如下：

（1）零序电流保护。在单相重合闸过程中，当两侧电动势摆开角度不大时，所产生的零序电流较小，一般只能引起零序过电流保护的误动作。但在非全相运行状态下系统发生振荡时，将产生很大的零序电流，会引起零序速断和零序限时速断的误动作。

对零序过电流保护，采用延长动作时限来躲过单相重合闸周期；对零序电流速断和零序电流限时速断，当动作电流值不能躲过非全相运行时的振荡电流时，应由单相重合闸实行闭锁，使其在单相重合闸过程中退出工作，并增加不灵敏Ⅰ段保护。

（2）距离保护。在非全相运行时，接于未断开两相上的阻抗继电器能够正确动作，但在非全相运行又发生系统振荡时可能会误动作。

（3）相差动高频保护。在非全相运行时不会误动作，外部故障时也不动作，而内部发生故障时却有拒动的可能。

（4）反应负序功率方向和零序功率方向的高频保护。当零序电压或负序电压取自线路侧电压互感器时，在非全相运行时不会误动作。

16.6.2.4 单相重合不成功时的影响

若单相重合闸不成功，根据系统运行的需要，线路需转入长期非全相运行时，则应考虑下列问题：

（1）长期出现负序电流对发电机的影响。

（2）长期出现负序和零序电流对继电保护的影响。

（3）长期出现零序电流对通信线路的干扰。

16.6.3 对综合重合闸接线回路的基本要求

综合重合闸除应满足三相重合闸的基本要求外，还应满足如下要求。

1. 综合重合闸的启动方式

综合重合闸除了采用断路器与控制开关位置不对应启动方式外，考虑到在单相重合闸过程中需要进行一些保护的闭锁，逻辑回路中需要对故障相实现选相固定等，还应采用一个由保护启动的重合闸启动回路。因此，在综合重合闸的启动回路中，有两种启动方式。其中以不对应启动方式为主，保护启动方式作为补充。

2. 综合重合闸的工作方式

重合闸装置通过切换应能实现四种工作方式，即综合重合闸、三相重合闸、单相重合闸和停用。

3. 综合重合闸与继电保护的配合

在设置综合重合闸的线路上，保护动作后一般要经过综合重合闸才能使断路器跳闸，考虑到非全相运行时，某些保护可能误动，须采取措施进行闭锁，因此，为满足综合重合闸与

各种保护之间的配合，一般设有五个保护接入端子，即 M、N、P、Q、R 端子。

（1）M 端子接本线路非全相运行时会误动而相邻线路非全相运行时不会误动的保护，如零序Ⅱ段等。

（2）N 端子接本线路和相邻线路非全相运行时不会误动的保护，如相差高频保护。

（3）P 端子接相邻线路非全相运行时会误动的保护。

（4）Q 端子接任何故障都必须切除三相并允许进行三相重合的保护，如进行重合闸的母线保护。

（5）R 端子接入的保护是只要求直跳三相断路器，而不再进行重合闸的保护，如长延时的后备保护。

（6）单相接地故障时只跳故障相断路器，然后进行单相重合，如重合不成功则跳开三相不再重合

（7）当选相元件拒动时，应能跳开三相断路器，并进行三相重合。如重合不成功，应再次跳三相。

（8）相间故障时跳开三相断路器，并进行三相重合。如重合不成功，仍跳三相，并不再重合。

（9）任两相的分相跳闸继电器动作后，应联跳第三相，使三相断路器均跳闸。

（10）当单相接地故障时，故障相跳开后重合闸拒绝动作时，则系统处于长期非全相运行状态，若系统不允许长期非全相运行，应能自动跳开其余两相。

（11）无论单相或二相重合闸，在重合不成功后，应能实现加速切除三相断路器，即实现重合闸后加速。

（12）在非全相运行过程中，如又发生另一相或两相的故障，保护应能有选择地切除故障。上述故障如果发生在单相重合闸的合闸脉冲发出之前，则在故障切除后能进行三相重合；如发生在重合闸脉冲发出之后，则切除故障后不再进行重合。

（13）对空气断路器或液压传动的油断路器，当气压或液压降低至不允许实行重合闸时，应将重合闸回路自动闭锁；但如果在重合闸过程中气压或液压下降到低于允许值时，则应保证重合闸动作的完成。

16.7　微机型综合自动重合闸

16.7.1　概述

综合自动重合闸经历了由传统的整流型、晶体管型、集成电路型到先进的微机型的发展过程。传统的自动重合闸装置接线复杂，辅助设备多，常常出现误动、拒动情况，调试工作量大，调试和维护都非常不便。为此，利用微型计算机具有快速收集、准确判断、处理多路信息的智能特点，构成微机型自动重合闸装置。

微机型综合自动重合闸装置可以对全厂（所）输电线路进行监控，对于各类不同类型的线路进行分类，分别施以不同的控制程序。对于单侧电源输电线路，若装置检测到线路发出了故障跳闸，则经过延时之后，立即发出重合闸命令；对于两侧电源输电线路，如果微机检测到事故跳闸的发出，装置在判断线路两侧断路器均为分闸状态后，首先对一侧断路器发出重合闸命令，而后，通过检查同期，调整同期，再对另一侧断路器发出重合闸命令。

由于计算机技术本身的优势，使得微机保护具有突出的特点：

(1) 程序具有自适应性，可按系统运行状态自动改变整定值和特性。

(2) 有可存取的存储器。

(3) 在现场可灵活地改变继电器的特性。

(4) 可以使保护性能得到更大的改变。

(5) 有自检能力。

(6) 有利于事故后分析。

(7) 可与计算机交换信息。

(8) 可增加硬件的功能。

(9) 可在低功率传变机构内工作。

微机型综合重合闸装置通常是组成线路成套保护的一部分，它与各种线路保护配合完成各种事故处理。因此，微机型综合重合闸的显著优点使其得到了广泛的应用。

16.7.2　硬件部分

微机型综合自动重合闸装置作为线路成套微机保护的组成部分，采用了通用的硬件构成，只要改变程序就可得到不同的原理和特性，因而可以很灵活地适应电力系统情况的变化。现以WXH—11型微机线路保护装置为例进行说明。

1. 应用范围

WXH—11型微机线路保护装置适用于110～500kV各级高压、超高压输电系统、作为线路的成套保护。

2. 主要特点

(1) 采用多单片机并行工作的方式。

(2) 四个CPU插件中有任一个损坏不影响其他三种保护正常工作，防止了一般性的硬件损坏而闭锁整套保护。

(3) 装置采用了电压—频率变换原理（VFC）构成模数变换器，它具有工作稳定、抗干扰能力强等特点。

(4) 采用高频、距离、零序电流三种保护的启动继电器三取二方式，至少有两种保护插件的启动元件动作才开放跳闸出口回路，有效地防止了硬件损坏造成的保护装置误动作。

(5) 采用先进可靠的表面贴装和多层印制板技术。

3. 主要功能

WXH—11型微机线路保护装置配置了四个硬件完全相同的保护（CPU）插件、分别完成高频保护、距离保护、零序电流保护以及重合闸等功能。另外，还配置了一块接口插件(MONITOR)，完成对各保护（CPU）插件的巡检、人机对话及与系统微机连机等功能。全装置连接图如图16.18所示。综合重合闸模块包括重合闸和外部保护选相跳闸部分，经光电隔离可实现综合重合闸、单相重合闸、三相重合闸或停用重合闸方式的选择。外部保护选相跳闸有N、M、P三种端子。

16.7.3　软件部分

微机综合自动重合闸程序分为主程序、采样中断服务程序、故障处理程序三个部分。在主程序中只有初始化和自检循环程序，没有专用自检程序。由于不需要静稳定条件下破坏检测元件，也没有设TV断线、零序辅助启动元件等，所以就不必设置专用自检这些元件运行

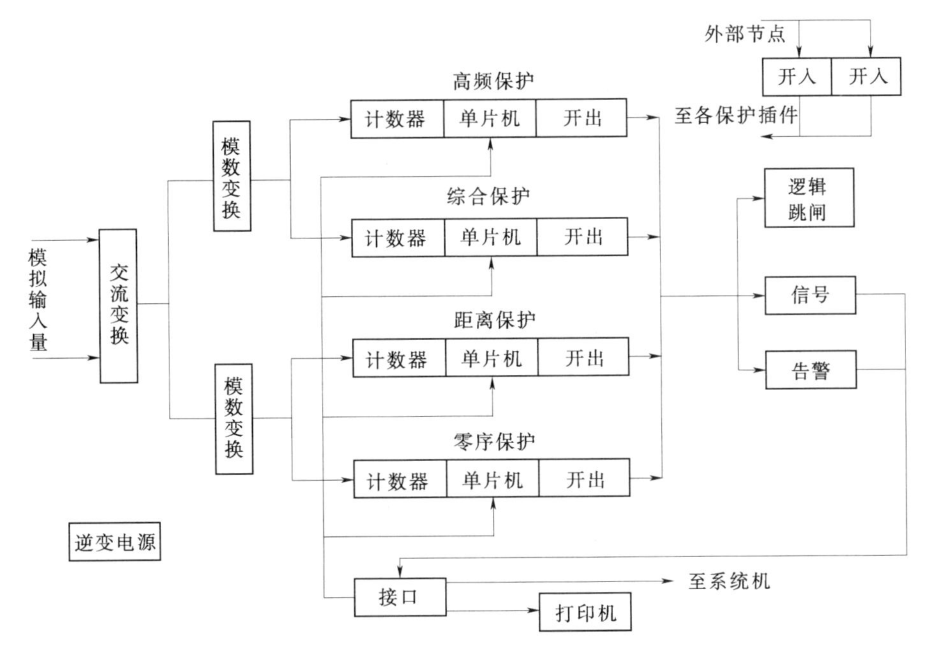

图 16.18　微机保护中综合自动重合闸与插件之间的连接图

状态的程序。故障初始重合闸启动由相电流突变量选相元件在采样中断服务程序中完成。微机综合自动重合闸的程序最主要部分就是采样中断服务程序，这部分程序中尤其以检查重合闸的重合条件为主。

1. 采样中断服务程序原理说明

采样中断服务程序流程框图如图 16.19 所示，它主要是对重合闸检测以下四个重合条件：

(1) 常规运行检测。在进入采样中断服务程序后即进行采样计算，接着就进行常规运行检测。常规运行检测包括调试或运行、综合重合闸运行或停用、“充电”准备好三个方面的检测。

(2) 流求和自检。程序中采用的是标志控制程序流程，QDB=1 和 ZDB=1 为初始状态时标志位，用以暂时退出突变量启动元件，求和自检及启动重合闸各流程以防止在采样存储不足的采样值前出现不希望的动作。在采样存储了足够的采样值后，主程序中 QDB=0、ZDB=0，开始正常运行，并投入电流求和自检、低气压闭锁重合闸及空变量启动元件 DI1。QDB=1、ZDB=0 是启动重合闸状态。

(3) 断路器低气压检测。在手合或闭锁重合开入量输入及检测到低气压时，经延时确认后“放电”，禁止重合。电流求和和自检在重合闸启动程序之前，如果电流求和自检出错，则重合闸启动的程序流程被旁路，重合闸就不可能启动合闸。

(4) 相电流差突变量元件动作，断路器位置不对应开入的检测。在相电流差突变量元件动作或断路器不对应开入时，均置标志位 QDB=1，重合闸闭锁解除，重合启动。如果断路器在轻载时（电流小于无电流值）偷跳，相电流差突变量元件是不可能启动的，这时可以在收到断路器位置不对应开入信号后启动重合闸。为防止重合闸启动不成功，在断路器位置不对应开入信号长期存在时可能多次启动重合闸，要求只能在充电计数器“充电满”条件下

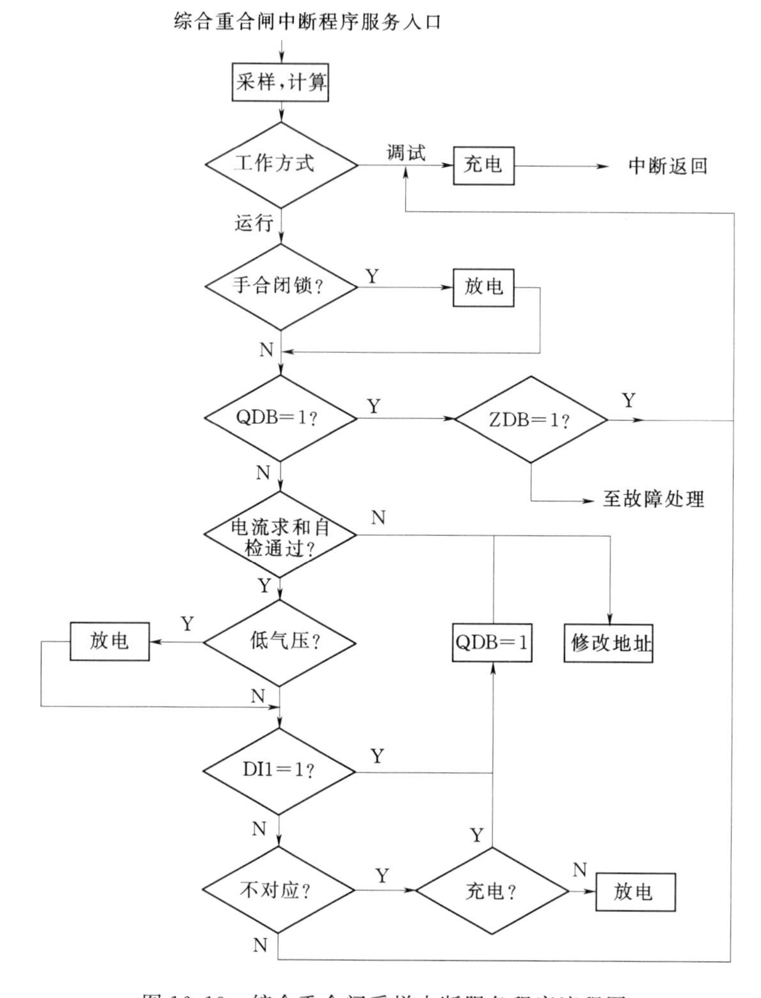

图 16.19　综合重合闸采样中断服务程序流程图

投入。

2. 故障处理程序原理说明

综合重合闸软件的故障处理程序主要分为三个部分，即三跳重合闸、单跳重合闸和不对应启动重合闸。故障处理程序流程框图如图 16.20 所示。

程序流程次序是以三跳重合在先，单跳重合在后，以便在发展性故障过程中发单重命令前如出现保护三跳时，可以立即停止单重计时，并在三跳完成后重新按三重要求计时。

在故障处理程序中，有四个计数器，即三跳计数器、单跳计数器、不对应开入计数器及重合延时计数器。前三个是为确认三跳或单跳及不对应开入而设置的延时计数器，在累计 20 次（20 个采样间隔）后才确认。确认后就置标志位为 1，如 T3Z=1、TZ=1、BTZ=1 分别表示三跳、单跳、不对应开入已被确认。TZH 是重合延时计数器，在故障处理程序中的阻抗选相元件都返回，故障已切除后开始计时，即 T3Z=1 或 TZ=1 才开始计时使 TZH =0。在延时的预定时间内均满足同步条件才允许发出三相或单相合闸命令。TZH 与采样中断服务程序中的 15s“充电”计数器是两个不相同的概念。“充电”计数器是为防止二次重合而设置的计数器；而 TZH 是在确认三跳、单跳后阻抗选相元件均已返回后才开始计时，

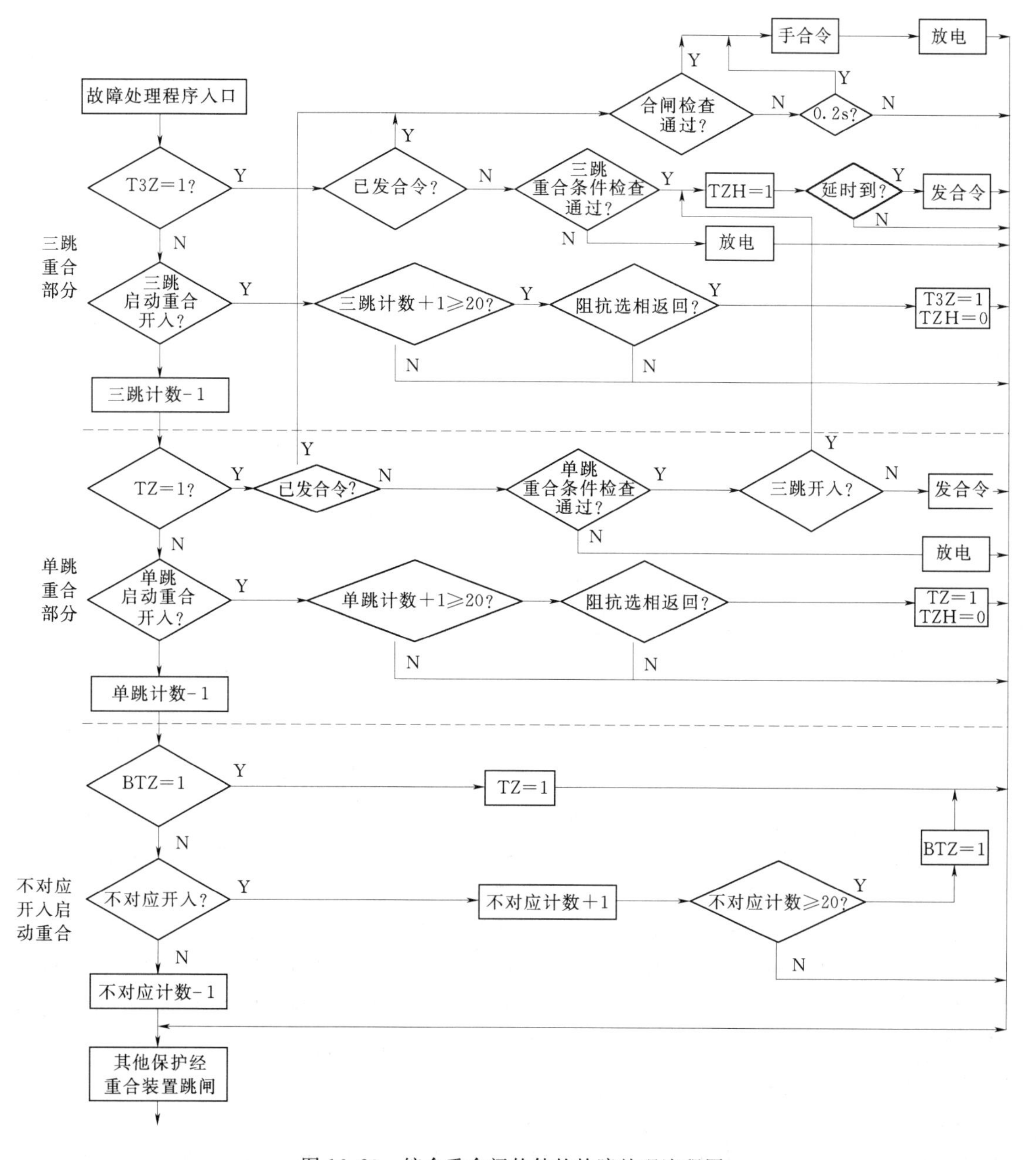

图 16.20　综合重合闸软件的故障处理流程图

并在预定的时间内必须连续满足同期条件，才能允许发合闸命令。

三跳重合条件检查主要是：检查充电是否已满；重合方式是综合重合闸、三相重合闸还是单相重合闸；是否满足同期条件。在重合令发出后还要检查是否已重合成功？如已重合就要收回合闸命令，如未重合就要继续延时等待重合（延时 0.2s）；合闸令发出后还要检查是否偷跳，如没有偷跳则驱动后加速继电器以备重合至永久性故障线路时保护加速跳闸。这些过程在图 16.20 中有的回路没有画出，但均包含在三跳重合条件检查及合闸检查的程序中。当不满足重合条件时，就将“充电”计数器清零作“放电”处理。

单跳重合部分的逻辑程序完全类似三跳，不再重复。但考虑到单跳重合过程中有可能发展为相间故障，应保证作三跳处理，因此在单跳重合条件检查部分有必要检查三跳位置开入，如有开入即转向三跳重合逻辑部分，处理三跳。不对应启动重合开入也要经20次累计才能确认，确认后不对应启动重合。程序先假定是单跳，因此先置TZ=1，从下一个采样点开始进入单跳启动重合计时状态，并由断路器三跳位置开入检查，如实际上是三跳启动再转向三跳重合逻辑程序部分。其他保护经综合重合闸跳闸程序部分都要经过综合重合闸的相电流差突变量启动元件的闭锁，以防止外部保护误动或外部保护的开入使光隔的光敏三极管击穿而误动。

16.8　自适应自动重合闸

16.8.1　概述

自适应的重合闸技术对电力系统有着重要的实际意义，作为保证系统安全供电和稳定运行的重要措施之一。采用自动重合闸能使线路在瞬时性故障消除后重新投入运行，纠正断路器的误跳闸，从而在短时间内恢复整个系统的正常运行，以保证系统的安全供电。但是如果重合于永久性故障，对系统稳定和电气设备所造成的危害将超过正常状态下发生短路时对系统的危害。

为了防止重合于永久性故障给系统带来的危害，应从根本上解决盲目重合闸的问题。自适应重合闸的实质是在做出是否重合的决策以前即能正确识别瞬时性故障或永久性故障。这不仅将改善各种电气设备的工作条件，避免断路器的盲目重合，还可防止电力系统再次受到短路电流的冲击，提高其稳定性。

自适应单相重合闸技术的核心问题是如何准确快速地识别故障性质。通过分析不同故障性质情况下断开相端电压、电流、功率或者其他电气量和非电气量的特性差别，可以构造出基于不同原理的判定方法。目前，自适应单相重合闸技术中，大多判据都是基于电压量的，如电压幅值判据、电压相位判据和电压谐波判据等。当输电线路因发生单相接地故障而将故障相断路器跳闸后，虽然故障相被切除，但两侧系统仍会通过两健全相联系起来，并且两健全相会通过相间耦合电容和相间耦合互感在故障相上产生感应的恢复电压。在系统运行方式确定和线路参数已知的条件下，故障相两端的感应电压可以根据网络结构求解出来。在瞬时性故障和永久性故障这两种故障性质下，端电压的某些特性是存在明显差异的，通过一定的算法来处理这种差异便能够制定出自适应单相重合闸的判据方法。

16.8.2　自适应单相自动重合闸

（1）瞬时故障时断开相两端的电压。如果为瞬时性故障，当线路故障相两端断开后，断开相两端电压由电容耦合电压和电感耦合电压组成。断开相两端的电容耦合电压由线路的单位长度正序容纳和并联补偿的程度而定，与线路长度无关。断开相线路互感电压$\dot{U}_{xL}$为

$$\dot{U}_{xL}=\dot{U}_{x}l$$

$$\dot{U}_{x}=3\dot{I}_{0}Z_{m}\approx\dot{I}_{0}(Z_{0}-Z_{1}) \tag{16.11}$$

式中　$\dot{U}_{x}$——单位长度互感电压；

$\dot{I}_{0}$——两相运行时的零序电流；

Z_{m}——单位长度线路的互感；

Z_{0}、Z_{1}——单位长度线路的零序、正序阻抗。

当线路发生单相永久性接地时，线路断开相两端的电压由接地位置、健全相负荷电流与过渡电阻决定。若为金属性接地短路时断开相两端的电压由互感电压和接地点位置决定，与接地点到断开点的距离成正比。若为过渡电阻接地短路时，断开相两端电压中电容耦合分量不为零，互感电压的幅值和相位也随过渡电阻而变化。

（2）瞬时性故障与永久性故障的判别方法有以下几种：

1）电压判据。电压判据是根据建立在测定单相自动重合闸过程中，断开相两端电压的大小来区分瞬时性故障和永久性故障。为了判别瞬时性和永久性故障，应保证在永久性故障时不重合，考虑最严重条件，电压继电器的整定值应按下式决定

$$U_{op}=K_{rel}U_{xL} \tag{16.12}$$

式中　K_{rel}——可靠系数，取 1.1～1.2；

U_{xL}——最大负载条件下两相运行时的感应电压。

2）补偿电压判据。对于重负荷长距离的高压输电线路，在断开相的两端将会出现永久性故障时的电压大于瞬时性故障电压的情况。为了能正确区分永久性故障和瞬时性故障，可采用补偿电压的方法。

当电流方向规定是由母线流向线路为正方向时，判别为瞬时性故障允许自动重合闸的条件，即补偿电压判据可表示为

$$\left|\dot{U}-\frac{1}{2}\dot{U}_{xL}\right|\geqslant\left|\frac{K_{rel}\dot{U}_{xL}}{2}\right| \tag{16.13}$$

式中　$\dot{U}$——断开相的测量电压。

3）组合电压补偿判据。在带并联电抗器好中性点电抗器的高压长距离线路上，瞬时性故障切除后，断开相线路两端的电压可能很低，为此跳出的组合电压补偿判据为

$$\left|\dot{U}-\frac{1}{4}\dot{U}_{xL}\right|\geqslant\left|\frac{K_{rel}\dot{U}_{xL}}{4}\right| \tag{16.14}$$

$$\left|\dot{U}-\frac{3}{4}\dot{U}_{xL}\right|\geqslant\left|\frac{K_{rel}\dot{U}_{xL}}{4}\right| \tag{16.15}$$

当以上二式同时满足时，判定为瞬时性故障，允许进行单相重合闸。

16.8.3　自适应三相自动重合闸

1. 三相跳闸后线路上自由振荡电压的特点

根据对带并联电抗器的输电线路在各种情况下开断三相后暂态过程的分析，对三相跳闸后线路上自由振荡电压有以下特点：

（1）无故障时开断三相空载长线路。线路自振电压的最大幅值一般接近或大于正常运行时的相电压，自振频率在 30～40Hz 之间，正序衰减时间常数 τ 一般大于 1s，零序衰减时间常数一般大于 0.5s。

（2）不对称接地情况下三相跳闸。当永久性故障时，故障相自振电压为零。当瞬时性故障时，故障相有一定幅值的自振电压。

（3）不接地短路情况下三相跳闸。当永久性故障时，各故障相自振电压的幅值和相位相同。当瞬时性故障时，短路点熄弧后各故障相自振电压不相同。

（4）三相接地情况下三相跳闸。当永久性故障时，三相自振电压为零。当瞬时性故障

时，短路点熄弧后线路上自振电压不为零。

2. 永久性故障和瞬时性故障的判据

根据上述各种短路情况下三相跳闸后线路自振电压的特点，提出利用三相跳闸后线路自由振荡电压作为永久性故障和瞬时性故障的判据。判据可以描述为：

（1）接地短路。当永久性故障时，故障相自振电压为零。当瞬时性故障时，故障相有一定幅值的自振电压。

（2）不接地短路。当永久性故障时，各故障相自振电压相等。当瞬时性故障时，各故障相自振电压不相等。

在使用上述判据进行判别时，为防止误判断，应注意：线路自振电压为拍频形式；在三相接地跳闸情况下，当短路点熄弧后有可能出现某一相自振电压很低的情况。

16.8.4　自适应分相自动重合闸

我国在6～110kV的线路上广泛采用三相操作的断路器和三相自动重合闸，220～500kV的线路上采用分相操作的断路器合综合自动重合闸。在不带并联电抗器的线路上发生故障三相跳开后，线路上存储的电荷数量和极性由故障类型、位置和三相跳开时刻决定，线路上的电压呈直流特性。在6～110kV电网内，电压互感器接在母线上；在220～500kV电网内，电压互感器虽然接在线路侧，但不具备传变直流电压的能力。因此，上述自适应单相和三相重合闸的应用遇到了困难，为防止重合于永久性故障必须另寻出路。

考虑到220～500kV线路断路器具有分相操作的特点和微机保护有故障选相能力，对不带并联电抗器的上述线路可采用自适应分相重合闸以防止重合于永久性故障。

自适应分相重合闸的基本原理是当线路发生故障的线路三相断开后，根据故障选相的结果，先重合其中一相。在一相或两相线路重合带电后，即可利用与自适应单相重合闸相似的方法识别故障是否消失。如果是永久性故障，则不再重合其他未合的相，并再次断开三相。反之，则重合发生故障的相，恢复线路正常运行。

自适应分相重合闸已经经过分析计算和仿真试验，证明了它的可行性和有效性。

项目 17　自动重合闸装置的 PLC 设计

传统的输电线路三相自动重合闸装置常采用继电器控制方式，由于继电器元件应用较多，而且是有触点元件，运行中会造成触点的拒动作、误动作、粘连和卡住现象，使自动重合闸装置的工作可靠性差。利用 PLC 构成自动重合闸装置的控制系统，可以克服传统控制方式的不足，而且具有连线简单，工作可靠，便于调试、调整和维护，还可以和计算机联网进行远程集中控制等优点。

1. PLC 型号选择及 I/O 端子分配

由自动重合闸装置的功能可知，系统的控制输入信号有过流保护、自动重合闸装置投入选择、前加速选择、重合闸闭锁复位按钮、手动合闸按钮、手动分闸按钮。输出信号有合闸线圈、跳闸线圈、报警灯、跳闸状态显示灯、合闸状态显示灯。共 6 个输入，4 个输出，且都是开关量。由于输入点较少，因此 PLC 的选型范围较宽，这里以西门子 S7 系列产品为例，其 I/O 分配见表 17.1，外部接线图如图 17.1 所示。

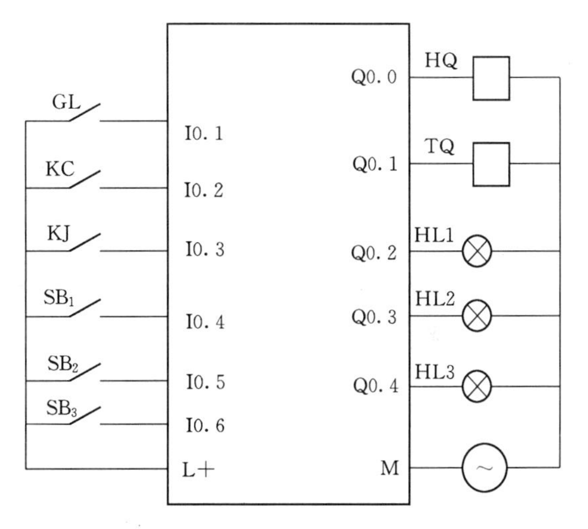

图 17.1　PLC 外部接线图

表 17.1　I/O 端子定义

输入			输出		
元件	端口地址	功能	元件	端口地址	功能
GL	I0.1	过流保护	HQ	Q0.0	合闸线圈
KC	I0.2	自动重合闸投入	TQ	Q0.1	跳闸线圈
KJ	I0.3	前加速选择	HL1	Q0.2	报警灯
SB1	I0.4	重合闸闭锁复位	HL2	Q0.3	断路器跳闸状态显示
SB2	I0.5	手动分闸	HL3	Q0.4	断路器合闸状态显示
SB3	I0.6	手动合闸			

2. 控制过程流程图分析

自动重合闸 PLC 逻辑控制流程图如图 17.2 所示。从控制流程图上，可清晰地看出所设计的自动重合闸装置的功能以及控制顺序和方式。自动重合闸始终处于预启动状态，当线路出现故障后正式启动自动重合闸系统。首先判断是否为前加速保护，若为前加速保护，则故障加速跳闸，然后延时合闸，随后判断重合是否成功，若重合成功则发出成功信号，否则故障延时跳闸，重合闸闭锁，发出重合失败报警信号；若非前加速保护，则故障延时跳闸，随后延时合闸，随后判断重合是否成功，若重合成功则发出成功信号，否则故障加速跳闸，重合闸闭锁，发出重合失败报警信号。

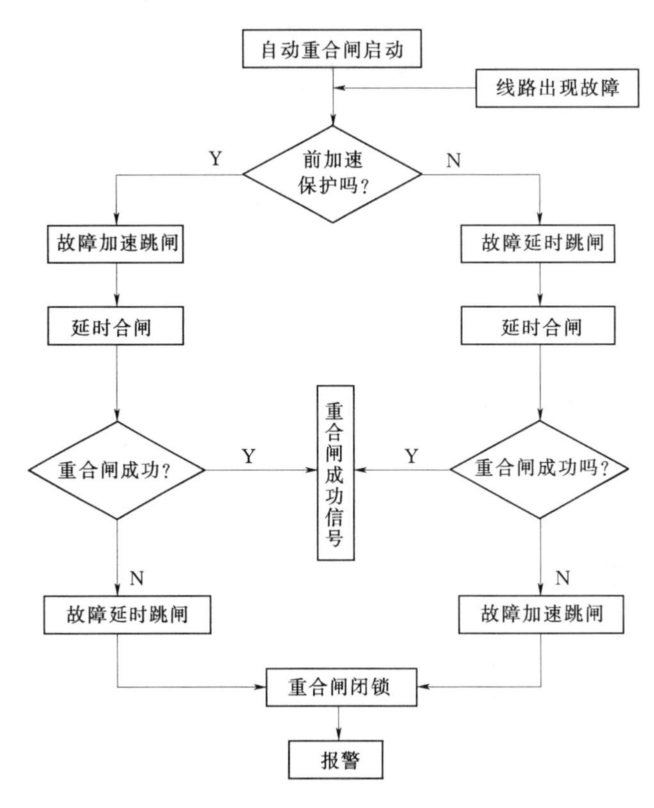

图17.2　自动重合闸PLC逻辑控制流程图

3. PLC控制的自动重合闸梯形图设计

该自动重合闸PLC控制系统采用西门子编程软件进行编程，其梯形图如图17.3所示。

4. 工作原理分析

系统处于允许自动重合闸方式时KC（I0.2）闭合，反之处于手动状态KC（I0.2）断开；系统处于前加速保护状态时开关KJ（I0.3）闭合，反之KJ（I0.3）断开；为了能表示出断路器分闸合闸的瞬间状态，设置Q0.3和Q0.4，分别代表断路器跳闸和合闸状态显示，并且实验仿真让其作为输出点，用小灯显示其的得电与否；当线路发生故障时，过电流保护继电器GL动作，I0.1常开触点闭合。

（1）当KC闭合且系统处于前加速保护状态发生故障时，有电流经过I0.3→M0.2→I0.1→Q0.3→Q0.1线圈，使Q0.1得电动作，跳闸线圈TQ受电动作，断路器跳闸；断路器断开后Q0.3亮，第一次跳闸，其常闭触点切断Q0.1供电，跳闸指令结束。

断路器分闸后，系统动作情况取决于是否处于自动重合闸状态；若系统处于不自动重合闸状态，则系统分闸后不再重合闸；若系统处于自动重合闸方式，在断路器跳闸后，电流经I0.2→Q0.3→M0.1→M0.2→T38线圈，使T38得电计时，T38延时时间到达后，接通Q0.0线圈，发出自动重合闸指令，合闸线圈HQ动作，断路器重合闸，同时Q0.4亮，Q0.3灭，代表第一次合闸。

当Q0.0线圈动作，其常开触点Q0.0经过Q0.0→T39→M0.2线圈，使得M0.2得电并自锁，其常闭触点断开，T38线圈电路将不能再得电，这样就可以避免系统反复重合于永

久性故障电路。断路器合闸后，Q0.0 常闭触点闭合，时间继电器 T39 开始计时，只有经过 25s 后，断路器触头周围介质绝缘强度回复，切断能力获得恢复，系统才又可以继续进行下一次自动重合闸。若此时发生的是瞬时故障，在分闸合闸期间，故障消失，则 I0.1 断开，系统重合闸成功。

若此时发生的是永久故障，则 I0.1 仍然是闭合的，虽然 M0.2 的常闭触点断开了，但经过 T37 延时后，经 T37 常开触点→I0.1 常开触点→Q0.3 常闭触点→Q0.1 线圈，使 Q0.1 得电动作，再次发出跳闸指令，同时 Q0.3 亮，Q0.4 灭，说明第二次跳闸成功。跳闸指令发出后，由于 M0.2 得电自锁尚未断开，经过 M0.2→Q0.1→M0.1，M0.1 得电自锁，使得 T38 不能得电，自然也就不能在出现第二次自动重合闸了，实现了分闸，并通过 Q0.2 发出报警信号。

(2) 当 KC 闭合且系统处于后加速保护状态系统处于后加速保护状态时，由于 I0.3 断开，I0.3→M0.2→I0.1→Q0.3→Q0.1 线圈不能得电，只有等 T37 延时时间达到后，电流经 T37→I0.1→Q0.3→Q0.1，使 Q0.1 得电动作，跳闸线圈 TQ 受电动作，断路器跳闸，Q0.3 亮，代表断路器跳闸。

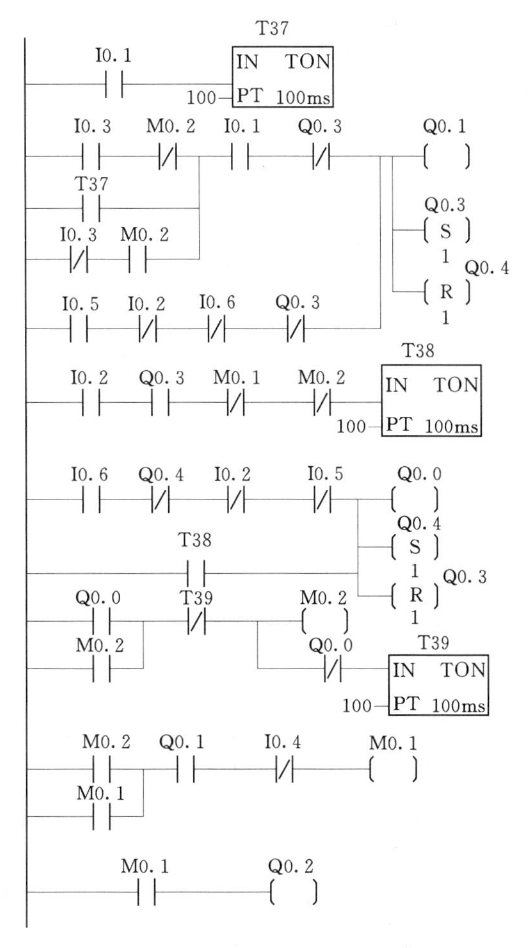

图 17.3　自动重合闸 PLC 梯形图

若系统处于自动重合闸方式，电流经过 I0.2→I0.0 常闭触点（断路器已断开）→M0.1 常闭触点→M0.2 常闭触点→T38 线圈，T38 得点，延时时间到达后，接通 Q0.0 线圈，发出自动重合闸指令，同时 Q0.4 亮，Q0.3 灭，表示第一次合闸。

当 Q0.0 线圈动作，其常开触点 Q0.0 经过 Q0.0→T39→M0.2 线圈，使得 M2 得电，为拒绝重合作准备。当断路器闭合后其断路器常开触点 I0.0 闭合，其常闭触点断开，切除 T38 线圈供电，T38 复位，切除 Q0.0 线圈供电，重合闸指令执行结束。

若此时是永久故障，则 I0.1 仍然是闭合的，而且此时 T37 延时时间也早到了，经 T37 常开触点→I0.1 常开触点→Q0.3 常开触点→Q0.1 线圈，使 Q0.1 得电动作，发出快速分闸指令，Q0.3 亮，表示第二次跳闸；分闸指令发出后，由于 M0.2 得电尚未复位，经过 M0.2→Q0.1→M1，M1 得电自锁，使得 T38 不能得电，自然也就不能在出现第二次自动重合闸了，实现了分闸，并通过 Q0.2 发出报警信号。

若此时发生的是瞬时故障，在分闸合闸期间，故障消失，则 I0.1 断开，系统重合闸成功。

(3) 当开关 KC (I0.2) 断开，系统处于手动控制方式，不能自动重合闸。

按下手动合闸按钮，电流经 I0.6→Q0.4 常闭触点→I0.2→I0.5→Q0.0 线圈，使得 Q0.0 得电，实现合闸动作，同时 Q0.4 亮，切断了 Q0.0 合闸线圈，保证其不会第二次动作。当 Q0.0 线圈动作，其常开触点 Q0.0 经过 Q0.0→T39→M0.2 线圈，使得 M0.2 得电，为拒绝重合闸作准备。

按下手动分闸按钮，电流经 I0.5 常开触点→I0.2 常闭触点→I0.6 常闭触点→Q0.3 常闭触点→Q0.1 线圈，使 Q0.1 线圈通电，Q0.3 亮，断路器实现分闸，Q0.3 常闭触点动作，切断 Q0.1，由于系统处于手动控制方式，I0.2 处于断开，T38 不能得电，不会出现 Q0.0 得电的情况，也就不会出现误合闸的情况。当出现了自动重合闸失败后，系统出现自动重合闸装置闭锁合报警后，必须按下 SB1（I0.4），解除 M0.1 的自锁状态，自动重合闸才能再次工作。

（4）远距离控制。系统中自动重合闸控制方式（或手动控制方式）KC（I0.2）控制信号及自动重合闸复位信号（SB1（I0.4））均可以来自远程控制信号，可以实现自动重合闸的远距离控制，可以满足了无人值班变电站的技术要求。

5. 时限参数整定

（1）动作时限。自动重合闸的动作时限就是延时合闸（t_0）的延时时间，原则上应越短越好，但必须考虑以下两个因素：

1）要使故障点的绝缘强度来得及恢复，即动作时限应大于故障点介质的去游离时间。

2）断路器触头周围介质绝缘强度的恢复及灭弧室充满油的时间，以及操作机构恢复原位做好合闸准备的时间。根据运行经验，一般取 $t_0=0.8\sim1s$。

（2）返回时限。返回时限是指在重合闸成功后，断路器能够进行下一个跳闸——闸的间隔时间（t_1）。这需要考虑断路器切断能力的恢复。根据运行经验，一般取 $t_1=15\sim25s$。

（3）过流保护动作时限。在过流保护装置中，当被保护元件中的电流超过预先整定的某一数值后，经过一定的延时时间（t_2），才使断路器跳闸，过流保护的动作时限就是指这一延时时间。由于电网中过流保护装置的动作时限是按照时间阶梯的原则来选择的，即从电网的最末端的过流保护装置数起，向电源方向沿短路电流流经的路径，逐级增加一个时间阶段 Δt，形成一个阶梯形的时限特性。因此，过流保护装置的动作时限应根据自动重合闸机构安装在电网的哪一级来确定。

这里的过流保护采用带时限的过流保护。带时限的过流保护是将被保护的线路的电流接入过流继电器，在线路发生短路时，线路中的电流剧增，当线路中的短路电流增大到整定值（即保护装置的动作电流）时，过流继电器动作。并且用时间继电器来保证动作的选择性。按动作时间特性分，有定时限过流保护和反时限过流保护两种。

1）定时限过流保护即是动作时间按整定的动作时间固定不变，与故障电流大小无关。

2）反时限过流保护即是动作时间与故障电流大小成反比，短路电流越大，动作时间越短。

根据所处情况选择不同的过流保护继电器，让继电器保护动作，启动 PLC 的逻辑控制，使分闸跳闸线圈控制断路器的动作。

6. 梯形图仿真结果

由于在仿真中，动作的变化和延时过程不能在图上体现出来。所以，这里不分前加速和后加速进行仿真，只列出了瞬时性故障、永久性故障、手动合闸、手动分闸这四个过程仿真的结果。但其前加速和后加速状态，以及中间延时过程实际存在，这一点可进行实验验证。

项目 18　典型自动重合闸故障分析及措施

1. 事故一

(1) 事故描述。2009 年 5 月 20 日 17 时 15 分 12 秒，220kV 输电线路发生 B 相单相永久性接地短路故障，在继电保护装置的控制下，线路两侧的继电保护装置均正确动作，并操纵断路器执行机构正确跳闸 B 相保护。在发生永久性接地短路故障后，线路Ⅰ变侧的 WXH—802 继电保护装置在 1s 后，启动重合闸装置重合 B 相，但由于重合在永久性故障上，WXH—802 保护装置进入三相跳闸闭锁保护环节，并且断路器跳闸保护动作正确；而线路Ⅱ变侧的 WXH—803 继电保护装置在检测到输电线路发生故障后，也正确操作断路器执行机构完成 B 相跳闸保护，并于 1s 后重合 B 相，重合于永久性故障上发出三相跳闸保护，并正确动作，但在线路重合整定时间 36s 时，发出三相重合命令，没有起到自动闭锁功能，而且在 17 时 19 分 13 秒，继续经过单跳Ⅱ变线 B 相，1s 后重合 B 相，并重合于永久性故障后三相跳闸，又经 36s 间隔后再次发生三相重合现象。从 220 kV 输电线路重合闸装置动作基本情况可以看出，输电线路Ⅰ变侧继电保护装置动作正确，而Ⅱ变继电保护装置动作有明显多次重合闸不正确动作情况，给 220kV 输电线路网络带来很大冲击破坏，直接威胁到线路的高效稳定运行。

(2) 事故原因分析。

1) 故障现象分析。从前面分析可知，输电线路Ⅰ变侧 WXH—802 继电保护装置在检测到系统发生单相接地短路故障后，于 17 时 15 分 12 秒经纵联保护、零序Ⅰ段保护、接地距离Ⅰ段保护出口发出跳闸动作保护命令，并在重合闸装置的配合下，于 17 时 15 分 13 秒发出单相跳闸启动重合闸出口合闸，当检测到单重在永久性故障上，经 0.1s 纵联和距离保护判断逻辑启动加速出口三跳保护跳闸，并于 17 时 15 分 59 秒（经 36s 后）WXH—802 继电保护装置不对应启动线路三相重合闸，经单相重合合闸于永久性故障保护方式形成三相跳闸闭锁不重合控制决策，从上述分析可知，该线路Ⅰ变侧的 WXH—802 继电保护装置动作完全正常，而且动作判断逻辑正确。而输电线路Ⅱ变侧 WXH—803 继电保护装置在前期运行与 WXH—802 一致，动作也正常，但于 17 时 15 分 59 秒（经 36s 后）不对应启动重合闸，经重合出口执行，并经 4min 后重复动作没有完成三相跳闸闭锁功能，可以看出，WXH—803 继电保护装置的多次重合闸动作行为属于不正确动作。

2) 多次不正确重合闸动作原因分析。经对输电线路Ⅱ侧的 WXH—803 继电保护装置和重合闸装置进行脱网预防性调试后，均未发现任何异常，于是对线路断路器柜进行预防性试验分析。从线路Ⅱ侧断路器配置情况分析，初步判断为断路器跳闸保护接点动作灵敏性问题。由于线路Ⅱ变侧断路器采用的是弹簧式储能操作机构，即必须将执行机构储能节点与断路器跳闸线路间进行串联连接，以防止断路器出现储能不到位后引起断路器发生三相不同期合闸故障出现。当断路器操作机构在继电保护装置控制下首次重合动作于永久性故障上发出跳闸保护动作后，断路器弹簧储能机构就进入重新储能阶段（断路器储能整定时间为 36s），在储能阶段断路器跳闸位置信号不能有效传入到 WXH—803 继电保护装置内部（经现场检查发现弹簧蓄能接点与断路器跳闸位置接点间是串联关系）。在首次重合跳闸 36s 后操作机构储能结束，此时断路器跳闸位置信号才通过储能串联回路传输到 WXH－803 继电保护装置内，此时继电保护装置会误认为断路器出现“偷跳”行为，就会启动重合闸装置进行重合闸动作（这就是故障报文中会出现“不对应启动重合”报文的主要原因），从而导致线路Ⅱ变侧出现“重合闸误动作”行为。从前面分析来看，WXH—803 保护装置发生多次重合闸不正确行为的主要原因是重合闸保护控制逻辑接点引入有问题，即该保护装置所选用的重合闸逻辑为与储能接点串联的单接点判断模式，保护装置在储能阶段不能检测到断路器三相跳闸位置状态信号，从而在储能结束保护启动前保护装置经三相无流时判断认为断路器发生了单相不正确偷跳行为，为提高线路供电可靠性，故出现误启动重合。该 220kV 输电线路此次发生的多次重合闸误重合行为，其主要原因是重合闸装置内部逻辑判断回路引入接点模式出现问题，从而造成电网系统受到多次重合于永久故障的冲击，大大影响了系统运行可靠性。假设该输电线路的Ⅰ变侧 WXH—802 继电保护装置的接线也与Ⅱ变侧 WXH—803 继电保护装置的接线相同，那么就将导致整个电网发生非同期合闸事故，严重影响电网系统运行经济可靠性。

（3）事故处理措施。电力系统继电保护相关规范标准中明确规定，断路器操作机构提供给继电保护装置逻辑判断单元的单跳、三跳以及跳位状态信号必须是独立瞬动接点，也就是说，这些状态信号接点的输入应该是实时独立的，不应受到其他控制接点的约束，严禁接入其他功能接点，这样可以保证继电保护装置逻辑判断的正确性，并将断路器状态位置的三跳瞬动节点引入到操作机构的操作箱内部，这样可以使 WXH—803 继电保护装置启动重合闸在发生单跳单重后，强制进行放电操作，避免出现单跳单重断路器三相跳闸后再次启动重合闸装置进行误重合。在 WXH—803 内部控制回路重新设计时，经 WXH—803 继电保护装置的自动化重合闸逻辑判断程序升级为双接点模式，增加断路器三跳和单跳的逻辑判别条件，从而提高重合闸动作正确性。并对断路器操作结构内部二次回路进行整改，将断路器位置状态监视回路与重合闸合闸动作监视回路间相互分开，独立完成对应逻辑判断，避免相互间发生干扰引起误重合行为发生。经过上述整改后，将 WXH—803 重新投入系统中运行，并经相应调试检测，所有运行工况参数正常，该 220kV 线路多次重合闸事故得到了解决，并根除了保护装置内部存在的安全隐患，保证了线路重合闸装置动作正确性，有效提高了线路运行的经济可靠性。

2. 事故二

（1）事故描述。南方电网某省的一条 220kV 重要联络线路一侧接于 500kV 变电站的 220kV 母线，另一侧接于 220kV 变电站的 220kV 母线。2009 年 6 月 10 日 19 时 34 分 07 秒，强雷雨天气，该线路因雷击发生 A 相瞬间接地故障，线路两侧保护（RCS931 电流差动保护，RCS902A 纵联距离保护共两套）均正确动作，两侧 A 相断路器跳闸切除故障电流，两侧 A 相断路器单相重合成功，线路恢复正常运行。约 22s 后，线路再次因雷击发生 A 相瞬间接地故障，两侧线路保护再次正确动作，两侧 A 相断路器再次跳闸切除故障电流，500kV 变电站侧 A 相断路器再次单相重合成功恢复正常运行。而此时 220kV 变电站侧断路器单相重合闸未动作，保护发三跳命令，跳开三相断路器。重合闸投单重方式，不再进行三相重合闸，造成该重要联络线路中断供电。因 500kV 侧断路器两次重合成功，说明 2 次接地故障均为瞬时故障，220kV 侧断路器第 2 次重合不成功造成线路中断供电属异常情况。

（2）事故原因分析。第一次故障时 220kV 变电站保护测距显示为 10.7km，第二次故障时保护测距显示为 9.2km，从保护动作报告来看，该线路连续发生的两次瞬时接地故障的故障点几乎为同一位置。通过对保护装置事故报告和录波数据进行分析，以第一次故障瞬间为 0s 起点，得出 220kV 侧断路器的保护动作时序如图 18.1 所示。

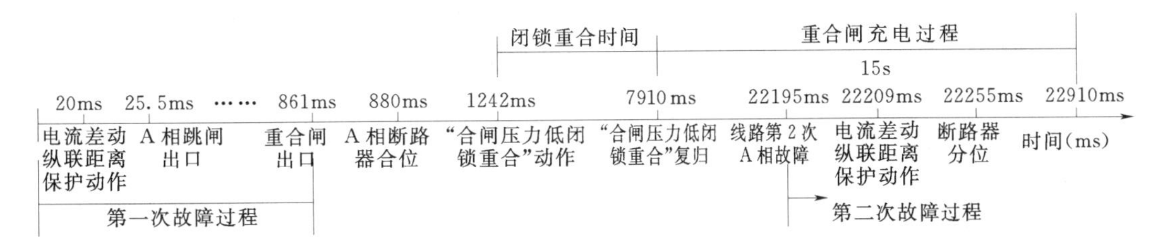

图 18.1　线路故障跳闸时序图

从保护动作时序图可以看出，故障后 25.5ms，220kV 变电站侧断路器 A 相跳闸出口，861ms 重合闸动作出口，880ms 该断路器 A 相重合成功，1242ms 时因 A 相断路器弹簧未储能，“合闸压力低闭锁重合”动作，闭锁保护装置重合闸，7910ms 断路器储能完成，“合闸压力低闭锁重合”复归，保护装置重合闸开始充电（需 15s 完成充电）。

在 22195ms 时，线路发生第 2 次 A 相接地故障，22209ms 电流差动保护动作，22255ms A 相断路器跳闸。由于保护装置重合闸充电未完成（22910ms 时刻重合闸方能完成充电），无法再次发出单相重合闸令，保护装置发三跳命令，在 22255ms 跳开三相断路器，单重方式下三相跳闸不重合，造成线路中断供电。

从时序图可见，220kV 变电站侧断路器在 22910ms（重合闸延时 0.8s，保护和断路器等固有动作时间约 0.11s，弹簧未储能闭锁重合闸时间约 7s，充电时间 15s，四者之和约 22.91s）后重合闸才能完成充电过程，即 22.91s 后发生第二次故障，重合闸才能动作；22.91s 之前任一时刻发生第二次故障重合闸是不会动作的。在 22.195s 时线路发生第二次 A 相接地故障，第二次故障时间小于 22.91s，这就是重合闸不成功的原因。

500kV 变电站侧断路器操作机构采用的是有较大储能容量的液压机构，不存在两次故障间隔液压机构储能闭锁重合闸时间 7s 的问题，即采用较大储能容量液压机构的断路器在 22.91－7＝15.91s 后发生第二次故障，重合闸能动作。在 22.195s 时线路发生第二次 A 相接地故障，第二次故障时间大于 15.91s，这就是 500kV 侧断路器重合成功的原因。

（3）事故处理措施。

1）建议变更保护装置的充电时间。目前，保护装置充电时间 15s 是固化的，运行单位无法更改。弹簧操作机构因结构简单、紧凑、价格较低等优点，目前被广泛采用。但弹簧机构蓄能需要约 7s 时间，如弹簧未蓄能断路器无法合闸，因此设计单位普遍采用弹簧储能期间，发一个闭锁重合闸的信息给保护装置，还会发“控制回路断线”的信号，两种情况都会闭锁重合闸，使第二次重合闸必须在弹簧机构蓄能完成后再充电 15s，即 22s 后才能进行。研究和运行经验表明，绝大多数单相接地故障是由于雷击等过电压造成绝缘子表面空气击穿所致，当线路两侧断路器跳闸后，强大的短路故障电流被切除，绝缘子表面空气的绝缘强度在 0.8～1.0s 内已基本恢复正常，断路器重合后即可恢复正常供电。另外目前普遍使用的 SF_6 或真空断路器已完全满足 7s 后进行第二次重合和第三次跳闸的能力，充电时间 15s 也不是由传统的电容元件实现的，因此，与弹簧操作机构配合的保护装置的充电时间整定为

0s很有必要或成为可能。此外，两次重合闸目前在配电系统也得到成功应用。因此建议，保护装置的生产厂家想办法将保护装置的充电时间能满足0～15s的范围，此措施可使两次重合闸盲区时间由22s大幅减少到7s，可大幅提高重合闸的成功率。

2）配用一次储能可多次分合的操作机构。对于电网的重要联络线路，为了提高线路故障后重合闸成功率，线路两侧断路器的操作机构应配用一次储能可多次分合的操作机构（如液压操作机构、压缩空气的气动操作机构），此措施可使两次重合闸盲区时间由22s减少到15s，如再配合充电时间整定等措施则可基本消除两次重合闸盲区，可大大提高重合闸成功率。

3）重合闸方式采用综合重合闸。该省的所有220kV线路，不管是环网供电还是双电源的单一联络线或单电源等均采用单相重合闸方式。这对于双电源的单一联络线是正确的，因为三相跳闸后两侧电源失去同步，三相重合闸基本不会成功。但对于220kV环网供电（或个别单一220kV电源供电）线路，由于跳闸后断路器两侧是同步的（或不存在同期问题），对于大量发生的电网瞬时故障三相重合闸成功率基本为100%。因此对于220kV环网供电（或个别单一220kV电源供电）线路，重合闸方式应采用综合重合闸，即单相故障跳单相重合单相；相间故障跳三相，一侧检无压重合三相，另一侧检同期重合三相。此措施可提高目前普遍采用的220kV环网供电（或个别单一220kV电源供电）线路的重合闸成功率。

模块6小结

本模块主要介绍了各种类型的自动重合闸；自动重合闸的PLC设计；典型事故的分析与解决途径。

(1) 采用自动重合闸并与继电保护相配合是提高输电线路供电可靠性的有力措施。由于输电线路发生的故障大多数属于瞬时性故障，通过自动重合闸可对线路恢复供电，又自动重合闸装置本身结构简单、工作可靠，所以自动重合闸在电力系统得以广泛应用，并分析讨论采用自动重合闸的利弊、分类。

(2) 本模块重点介绍单侧电源线路三相一次重合闸装置接线原理。即线路正常时，SA与QF位置对应，装置不启动；当非SA操作的断路器跳闸时，SA与QF位置不对应，装置启动。利用电容充电时间长放电快的特点，保证重合闸只动作一次。手动操作SA合闸于故障线路，因电容充电时间短，两端电压很低无法启动中间元件，实现重合闸闭锁。将相关的继电保护或自动装置的触点与SA（2—4）并联，则可实现这些继电保护或自动装置动作时，相关触点闭合，构成电容C对电阻R_6放电回路，实现重合闸闭锁。并介绍了装置的参数整定原则，即重合闸动作时间、复归时间及后加速继电器复归时间设置的意义，如重合闸动作时间应尽可能短，但要保证故障点真正与电源脱离后，有一定的断电时间，使故障点绝缘恢复。

(3) 分析了双侧电源线路采用重合闸时，需要考虑故障点的断电时间问题和同步问题。重点在于分析满足双侧电源线路的特殊问题的限制条件，对各类重合闸方式可归纳为：

1）三相快速ARD装置利用快速保护与快速断路器，保证很短的动作时间内具有必须的断电时间，利用重合周期短，实现重合后的同步。因此在使用上有限制条件，若不具备使用条件时，应考虑采用重合闸。

2）非同步ARD装置若按顺序重合方式，先重合侧即单侧电源ARD装置，后重合侧检定线路有电压后才重合。若不具备使用条件时，应考虑采用其他重合闸。

3）无电压检定和同步检定 ARD 装置，是一种最具通用性的双侧电源线路 ARD 装置，也是本模块的重点和主要内容，并分析其原理：正常运行时，同步检定继电器常闭触点闭合，检定无电压继电器常闭触点打开；线路发生瞬时性故障时，无压侧先重合，同步侧后重合；若为永久性故障时，无压侧断路器要连续两次切断短路电流，而同步侧始终不重合；接线中无压侧接入低电压继电器和同步检定继电器 KSY，同步侧只接入 KSY，保证两侧断路器误跳闸时可利用 KSY 进行重合，为了均衡两侧断路器工作条件，可利用检定无电压连接片对两侧重合闸方式进行定期轮换。简要分析了同步检定继电器的工作原理，即利用磁通与电压差成正比来判别同步的相差条件，利用比较 t_{KSY} 与 t_{AR} 时间大小来判别同步的频差条件，利用在临界条件下断路器合闸瞬间，所产生的冲击电流应小于允许值（即 KSY 动作角度整定条件），保证同步的相角条件。

4）介绍了整定重合闸与继电保护的配合方式，即重合闸前加速和重合闸后加速保护的工作方式、特点及使用场合。

5）分析了综合重合闸需要考虑的特殊问题，即①需要决定单相跳闸还是三相跳闸的接地故障判别元件，决定单相跳闸相的故障选相元件；②单相重合闸期间，非故障相继续运行，存在潜供电流问题；③单相重合闸期间和单相重合闸不成功，存在非全相运行问题。比较复杂的是选相问题，并讨论两点：一是根据电流选相元件、低电压选相元件、阻抗选相元件的固有特点和选相的要求，考虑其作为选相条件的适用性和特点；二是相电流差突变量选相元件的概念，只有两相电流差值发生突变时选相元件才动作。选相原理是根据各种故障时选相元件动作情况分析得出的。

对综合重合闸装置，继电保护、重合闸已经不具有独立的出口回路，而是继电保护动作经重合闸的故障判别元件和故障选相元件出口，所以有了继电保护与自动重合闸装置之间连接的问题，这就是为适应不同继电保护要求，综合重合闸设有 N 端子、M 端子、P 端子、Q 端子、R 端子，并讨论装置的跳闸回路、合闸回路的动作过程。

（4）简要介绍微机重合闸装置的构成、自适应自动重合闸的构成元件。

（5）列举了两个典型的自动重合闸事故，并进行分析故障原因以及解决的方法。

思　考　题

1. 电力系统对自动重合闸的基本要求是什么？为什么？

2. 三相一次自动重合闸是如何保证只重合一次？

3. 双侧电源线路装设自动重合闸有什么特殊问题需要考虑？为什么？

4. 无电压检定和同步检定自动重合闸的启动回路接线中，连接片 XB 接通和断开的含义是什么？

5. 与三相重合闸比较，综合重合闸有哪些特殊问题需要考虑？

6. 综合自动重合闸中为什么要装选相元件？对选相元件有什么要求？

7. 综合自动重合闸中为什么需要接地故障元件？

8. 综合自动重合闸可以实现的重合方式是什么，各自的定义是什么？

9. 相电流差突变量选相元件如何选出故障相？

10. 潜供电流与什么因素有关？对综合自动重合闸有什么影响？

模块 7　备用电源自动投入装置

【学习目标】 理解 BZT 装置的作用和要求；掌握 BZT 装置的明备用和暗备用的原理和接线；能够利用 PLC 对 BZT 系统进行设计；深刻理解 BZT 装置事故原因和处理方法。

【学习重点】 BZT 装置的明备用和暗备用的原理和接线；BZT 系统的 PLC 设计。

【学习难点】 BZT 系统的 PLC 设计。

项目 19　备用电源自动投入装置的基本理论

19.1　备用电源自动投入装置

19.1.1　备用电源自动投入装置发展的历史和意义

随着社会经济和科学技术的迅速发展，电力系统的规模在不断扩大，系统的运行方式也越来越复杂。而且各个行业对供电质量和供电可靠性的要求越来越高，特别是一些重要的用电单位具有用电容量大、工艺要求严格及自动化水平高等特点。只要突然停电，即使停电时间只有几分钟，都可能使整个生产线停产，而重新恢复生产要经很长时间而且操作复杂。一次突然停电还会给企业带来很大的经济损失，给人民生活造成极大的困难，从而使国民经济蒙受巨大损失。例如，2003 年 8 月 14 日北美东部发生有史以来最大的停电事故，100 多个发电厂和几十条高压输电线停运，波及 24000km^2，损失负荷 61.8GW，停电时间长达 29h，受停电影响的人口约 5000 万人，经济损失达 300 亿美元。所以，在电力系统发生故障时采取有效的措施，对于提高供电可靠性来说，具有重要的意义。

为了保证重要设施和场合用电的可靠性，备用电源自动投入装置（简称备自投装置，BZT 装置）得到广泛的应用。当工作电源因为故障或不正常情况而导致继电保护装置启动跳开工作断路器后，BZT 装置将立即投入正常的备用电源，从而保证了供电的可靠性。

BZT 装置与自动重合闸装置（简称 ARD 装置）一样也是电力系统保证可靠供电重要自动装置，两者常被称作为电力网络自动化的必要条件。在单侧电源线路中，通常在线路电源侧设置 ARD 装置，ARD 装置是根据输电线路故障大多数为瞬时性故障而设置。在线路因瞬时故障一旦被保护断开后，由 ARD 装置可再进行一次重合闸，往往就能够恢复原工作电源向负荷供电。但当工作电源永久性故障跳闸（或瞬时性故障跳闸无重合）后必须投入另一路备用电源，才能保证连续供电。两者的本质区别使其只可配合使用，但不可互为取代。

BZT 可以有效地提高供电的可靠性，并且使环网可以开环运行，变压器可解列运行，从而简化继电保护。在受端变电所，如果采用变压器解列运行或环网开环运行，可使故障时短路电流减小，供电母线残余电压相应提高，对保护电气设备，提高系统稳定性有很大意义。而且本身的实现原理简单，费用较低，所以在发电厂和变电站及配电网络中得到了广泛

的应用。这是一种提高对用户不间断供电的经济而又有效的重要技术措施之一。

BZT 装置主要用于 110kV 以下的中、低压配置系统中。其接线方案主要有三种：低压母线分段断路器自动投入；内桥断路器的自动投入；线路备用自动投入。备用自投不仅可用于变电站内部，还可实现相距较远的两个站之间的备自投。备用电源投入装置须校验备用电源和备用设备投入时过负荷的情况以及电动机自启动的情况，如过负荷超过允许限度，或不能保证电动机自启动时，应有自动投入装置动作于自动减负荷，这就是后续章节讲到的按频率自动减负荷装置（简称 AFL 装置）。

BZT 作为电力系统中常用的一种安全自动装置，其发展与继电保护装置一样经过了电磁（整流）型—晶体型—集成电路型—微机型等四个主要阶段。各阶段的主要技术区别在于对采集量（电流量、电压量、开关量）的运算方式和逻辑功能的实现方式上。电磁型备用电源自动投入装置主要由低电压继电器、时间继电器、中间继电器、开关辅助接点等组成，接线简单，维护方便，容易掌握，一定范围内能够满足控制要求，因而在 20 世纪 80 年代得到了广泛的应用。但是，电磁型备用电源自动投入装置也有着明显的缺点：设备体积大，寿命短，动作速度慢，功能少，程序不可调。20 世纪 80 年代中期到 90 年代初期，出现了整流型和晶体管型备用电源自动投入装置，具有体积小、功率消耗小和防震性能好的优点，但功能与电磁型备用电源自动投入装置基本相同。集成电路型备用电源自动投入装置作为向微机型备用电源自动投入装置过渡的产品，还没有来得及大面积推广应用，就被性能更为优越的微机型备用电源自动投入装置所取代。目前国内生产微机型备自投装置的厂家比较多，如南瑞继电保护公司生产的 LEP—965 周 B 型、北京四方公司生产的 CSB—21A 型和南京中德公司生产的 NSP—40 型基本上代表了国内 3 种主流类型。目前还没有一种或一家的备自投产品是十分完善的，相对于各地用户的不同需求和运行习惯，有值得发展和改进之处。

随着微处理技术的继续发展，备用电源自动投入装置将进一步向计算机化、网络化和智能化的方向发展，保护、控制、测量和数据通信将趋于一体化。

19.1.2　备用电源自动投入装置基本概念

在电力系统中，很多用户和用电设备是由单电源的辐射形网络供电的。当供电电源由于某些原因而断开时，则连接在它上面的用户和用电设备将失去电源，从而使正常工作遭到破坏，给生产和生活造成不同程度的损失。为了消除或减少损失，保证用户不间断供电，在发电厂和变电所中广泛采用了备用电源自动投入装置。

1. 装设 BZT 装置的情况

BZT 装置是指当工作电源因故障被断开以后，能迅速自动地将备用电源投入或将用电设备自动切换到备用电源上去，使用户不至于停电的一种自动装置。一般在下列情况下装设：

（1）发电厂的厂用电和变电所的所用电。

（2）有双电源供电的变电所和配电所，其中一个电源经常断开作为备用。

（3）降压变电所内装有备用变压器或互为备用的母线段。

（4）生产过程中某些重要的备用机组，如给水泵、循环水泵等。

在电力系统中，不少重要用户是不允许停电的。因此常设置两个或两个以上的独立电源供电，一个工作，另一个备用，或互为备用。当工作电源消失时，备用电源的投入，可以用手动操作，也可以用 BZT 装置自动操作。手动操作动作较慢，中断供电时间只是自动装置的动作时间，时间很短，只有几秒，对生产无明显影响，故BZT装置可大大提高供电可靠性。

备用电源自动投入（简称备自投）是提高供电可靠性的重要措施，在发电厂、变电站和配电网络中得到了广泛的应用。但随着电力系统的发展，配电网的负荷容量不断增大，负荷的无功—电压特性也在不断变化，因此可能会因电网电压稳定性被破坏而导致备自投不成功，甚至使提供备用电源的电网随故障电网一起崩溃，因此对备用电源自动投入时电网的动态过程进行分析并研究保证稳定性的策略变得十分重要。

当BZT装置动作时，往往是由于电网运行中已经发生了永久性故障、人员误操作或一、二次设备不正确动作等严重情况。在这种情况下，BZT装置如果仍不能可靠动作，必将导致停电事故或停电范围的扩大，所以在系统发生故障或事故的情况下，要坚决防止有BZT装置拒动而导致停电事故或停电范围扩大。因此，在BZT装置的回路设计和逻辑编程中，要尽量考虑足够的启动量，完善检查量，以提高可靠性，并考虑适当简化闭锁量，降低启动量整定值，以提高灵敏度。在强调BZT装置要确保可靠动作的同时，也要尽量避免误动作。如在整定计算时尽量予以弥补。为防止系统非永久性故障情况下BZT装置的误动作，在时间定值配合上，可以在允许的范围内尽量放长，在考虑与线路保护整定延时、重合闸延时、后加速保护延时、开关分合闸时间等时间进行匹配时，将配合时间级差多加1～2个时间级差。

2. 备用电源自动投入时对电网的动态过程分析

虽然BZT装置可增加供电的可靠性，但如果设置不当，可能导致严重的后果：轻者导致备自投不成功，失去电源的设备不能进入稳定运行状态；重者甚至还导致提供备用电源的电网随故障电网一起崩溃。因此对备用电源自动投入时电网的动态过程进行分析并提出保证安全的控制方法具有重要意义。

在分析备用电源自动投入时系统的动态过程中，应考虑以下几方面的动态因素：

（1）发电机是系统中主要的有功、无功电源，其中的励磁调节器又是系统中最主要的电压控制手段。发电机充足的无功容量和良好的励磁控制对电压和无功起支持作用，而发电机达到励磁限制后，失去了电压和无功控制作用，造成系统的无功短缺和局部电压下降。

（2）负荷特性是电压稳定动态分析的关键，负荷的动态特性对系统的电压稳定性有着十分显著的影响，在分析中应计及负荷动态特性的作用，其中特别重要的是占有很大比例的感应电动机负荷。电动机的自起动及其反馈电流对备用电源的自动投入具有重要的影响。

（3）无功补偿设备对提高电压稳定性有很大影响。并联电容器通过提高受电端负荷功率因数可以有效地扩大其电压稳定极限。

（4）备用电源投入时间的长短和投入容量的大小对系统遭受扰动后能否维持稳定有很大影响。投入时间越长，投入的负荷容量越大，越不利于系统的稳定。当备用电源过负荷时，减载量的多少对系统电压稳定也有重要影响。

（5）非同期合闸可能使电力系统稳定破坏而导致系统崩溃，发生大面积停电的重大事故。备用电源自动投入时应避免非同期合闸的发生。

19.1.3 备用方式

BZT装置从其电源备用方式上可以分成两大类，即明备用和暗备用。图19.1所示为应用BZT装置的几种电气接线举例。

1. 明备用方式

在图 19.1（a）中，正常工作时，断路器 1QF、2QF、6QF、7QF 合上运行，变压器 T1、T2 处于通电工作状态，向母线Ⅰ、Ⅱ供电；断路器 3QF、4QF、5QF 断开运行，变压器 T3 处于备用状态。当 T_1（或 T_2）故障时，其两侧断路器 1QF、2QF（或 6QF、7QF）由变压器的继电保护动作而跳闸，然后 BZT 装置动作，将 3QF、4QF（或 3QF、5QF）迅速合闸，Ⅰ段（或Ⅱ段）母线即由 T_3 恢复供电。这种设有可见的专用备用变压器或备用母线的情况，称为“明备用”。图 19.1（b）～（d）所示均属明备用方式。

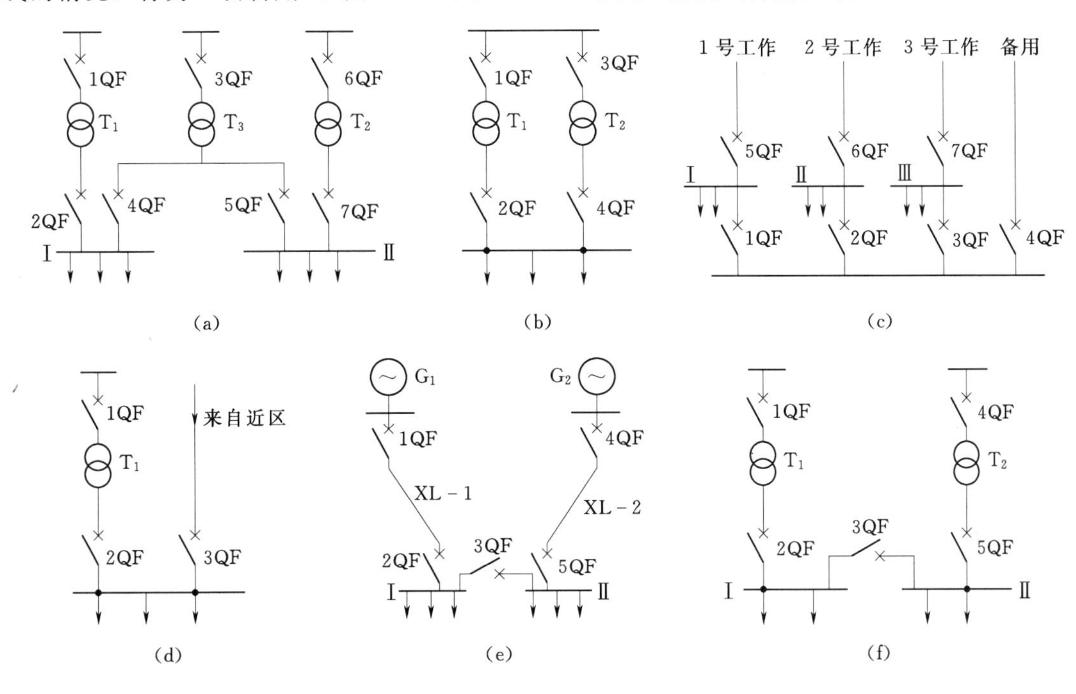

图 19.1　BZT 装置一次接线举例

（a）～（d）明备用；（e）、（f）暗备用

2. 暗备用方式

在图 19.1（f）中，正常运行时，断路器 1QF、2QF、4QF、5QF 合上运行，3QF 断开运行，两台工作变压器 T_1、T_2 分别向Ⅰ、Ⅱ段母线供电，母线分段运行。当变压器 T_1 发生故障时，T_1 的继电保护动作，将 1QF 和 2QF 跳闸，然后 BZT 装置动作，将 3QF 投入，Ⅰ段母线负荷即转移由变压器 T_2 供电；同样，当变压器 T_2 发生故障时，T_2 的继电保护动作将 4QF 和 5QF 跳闸，BZT 装置使 3QF 投入，Ⅱ段母线转由变压器 T_1 供电。这种互为备用的方式称为“暗备用”。暗备用的每台变压器容量，都应按两分段母线上的总负荷来考虑，否则在 BZT 装置动作后会造成过负荷运行，当然在实际应用上可考虑变压器允许的暂时过负荷能力，变压器容量可选得比总负荷小些，在 BZT 装置动作后及时采取措施，停止次要负荷的供电，以免变压器长期过负荷的运行。图 19.1（e）所示也属暗备用方式。

从上述接线图的工作情况可见，如果采用手动切换，动作慢，中断供电时间较长。如不采用 BZT 装置，要想达到同样的供电可靠性，同一母线必须由两路电源供电或由两台变压器并联运行，这样势必造成继电保护装置复杂，短路电流增大，设备投资增加等。因此，

BZT装置的采用是一种安全、经济的措施，采用BZT装置后，有如下优点：

（1）提高供电的可靠性，节省建设投资。

（2）简化继电保护，因为采用了BZT装置后，环形网络可以开环运行，变压器可以分裂运行等，这样，就可以采用方案相对简单的继电保护装置。

（3）限制短路电流，提高母线残余电压。在受端变电所，如果采用开环运行和变压器分裂运行，将使短路电流受到一定限制，不需要再装出线电抗器，这样，既节省了投资，又使运行维护方便。

由于BZT装置可以大大提高供电的可靠性和连续性，因此，广泛应用于发电厂的厂用电系统和厂矿企业的变、配电所的所用电系统中。

19.1.4 对备用电源自动投入装置的基本要求

BZT装置应满足下列基本要求。

（1）工作母线突然失压时BZT装置应能动作。工作母线突然失去电压，主要原因有：①工作变压器发生故障，继电保护动作，使两侧断路器跳闸；②工作母线上的馈电线发生短路，没有被线路保护瞬时切断，引起变压器断路器断开；③工作母线本身故障，继电保护使断路器跳闸；④工作电源断路器操作回路故障跳闸；⑤工作电源突然停止供电；⑥误操作造成工作变压器退出。这些原因都不是正常跳闸的失压，都应使BZT装置动作，使备用电源迅速投入恢复供电。

（2）工作电源先切，备用电源后投。主要目的是提高备用电源自动投入装置动作的成功率。假如工作电源发生故障，工作断路器尚未断开时，就投入备用电源，也就是将备用电源投入到故障元件上，这样就势必扩大事故，加重故障设备的损坏程度；另外，备用电源与工作电源不是取自同一点，往往存在电压差或相位差，只有工作电源先切，备用电源后投才能避免发生非同期并列。实现这一要求的主要措施是：备用电源必须判断工作电源断路器切实断开，工作段母线无电压，才允许备用电源合闸，比如备用电源断路器的合闸部分应该由工作电源断路器的常闭辅助触点来启动。

（3）BZT装置只动作一次，动作时应发出信号。当工作母线发生持续性短路故障或引出线上发生未被出线断路器断开的持续性短路故障时，备用电源第一次投入后，由于故障仍然存在，继电保护装置动作，将备用电源跳开，此时工作母线又失压，若再次将备用电源投入，就会扩大事故，对系统造成不必要的冲击。为了解决这一问题，就需控制备用电源或设备断路器的合闸脉冲，使它只能合闸一次。

（4）BZT装置动作过程应使负荷中断供电的时间尽可能短。工作母线失压到备用电源投入，这段时间为中断供电时间。停电时间短，对电动机自起动是有利的。停电时间短，电动机未完全制动，则在BZT装置动作，恢复供电时，电动机自起动较容易；但停电时间过短，电动机残压可能较高，当BZT装置动作时，会产生过大的电流和冲击力矩，导致电动机的损伤。因此，装有高压大容量电动机的厂用电母线，中断供电的时间应在1s以上。对于低压电动机，因转子电流衰减极快，这种问题并不突出。同时为使BZT装置动作成功，故障点应有一定的电弧熄灭去游离时间，在一般情况下，备用电源或备用设备断路器的合闸时间，已大于故障点的去游离时间，因而可不考虑故障点的去游离时间，但在使用快速断路器的场合，必须进行校核。另外，中断供电的时间还必须满足馈电线外部故障时，由线路保护切除故障，避免越级跳闸。运行经验证明，BZT装置的动作时间以1.0～1.5s为宜。

（5）工作母线电压互感器熔断器熔断时 BZT 装置不误动。运行中电压互感器二次侧断线是常见的，但此时一次侧回路正常，工作母线仍然正常工作，所以此时不应使备用电源自动投入装置动作，即 BZT 装置应予闭锁。

（6）备用电源无压时 BZT 装置不应动作。正常工作情况下，备用母线无电压时，BZT 装置应退出工作，以避免不必要的动作，因为在这种情况下，即使动作也没意义。当供电电源消失或系统发生故障造成工作母线与备用母线同时失去电压时，BZT 装置也不应动作，以便当电源恢复时仍由工作电源供电。为此，备用电源必须具有有压鉴定功能。

（7）正常停电操作时 BZT 装置不启动。如手动跳闸，因为此时工作电源不是因故障而退出运行，BZT 装置应予闭锁。

（8）备用电源或备用设备投于故障时应使其保护加速动作。因为此时故障的性质已确定，如果仍由继电保护的固有动作时间去跳闸，则达不到快速切除故障的目的。

除上述要求以外，一个备用电源同时作为几个工作电源的备用或有两个备用电源的情况，备用电源应能在备用电源已代替某工作电源后，其他工作电源又被断开，必要时备用电源自动投入装置仍应能动作。但对于单机容量为 200MW 及以上的火力发电厂，备用电源只允许代替一个机组的工作电源。在有两个备用电源的情况下，当两个备用电源互为独立备用系统时，应各装设独立的 BZT 装置，使得当任一备用电源都能作为全厂各工作电源的备用时，BZT 装置使任一备用电源都能对全厂各工作电源实行自动投入。

19.2　备用电源自动投入装置的工作原理及接线

19.2.1　BZT 的工作原理

BZT 装置中，当一次运行方式相对固定时，BZT 装置接线比较简单。但对于实际的运行方式来说，不可能永远在一种方式下运行，顾及到电网的灵活性，要求 BZT 装置投入时的动作过程也相应有所不同，如图 19.2 所示。

在图 19.2 所示接线方式下，共有三种可能的运行方式，从而也就有三种备自投方式。以下分别详细说明。

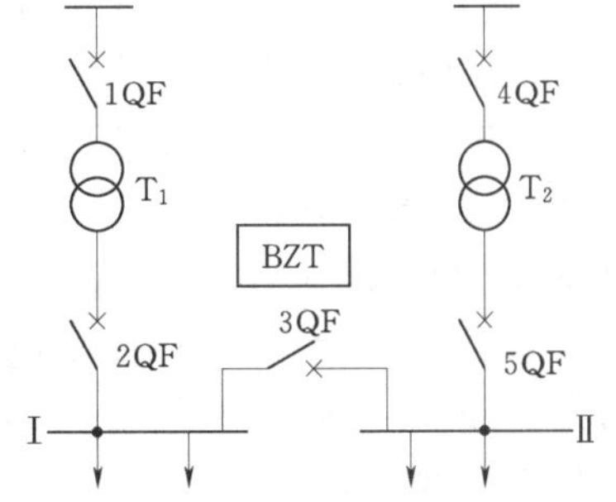

图 19.2　BZT 装置一次接线图

第一种运行方式：正常运行时 3QF 处于断开位置，Ⅰ、Ⅱ段母线分裂运行，分别由 T_1、T_2 供电。在这种运行方式下，如果Ⅰ回路故障，导致Ⅰ段母线失压，此时 BZT 装置应能自动断开运行断路器 1QF 和 2QF，然后再投入分段断路器 3QF，使母线Ⅰ恢复供电；反之，如果Ⅱ回路故障，导致Ⅱ段母线失压，此时 BZT 装置应能自动断开运行断路器 4QF、5QF，然后再投入分段断路器 3QF，使母线Ⅱ恢复供电。此种方式属暗备用的备自投方式。

第二种运行方式：1QF、2QF、3QF 处于合闸位置，4QF、5QF 断开，正常运行时由 T_1 给两条母线供电。在这种运行方式下，如果Ⅰ回路故障，导致两段母线均失压，此时 BZT 装置应能自动断开运行断路器 1QF、2QF，然后再投入 4QF、5QF，使 T_2 给两段母线供电。

第三种运行方式：3QF、4QF、5QF处于合闸位置，1QF、2QF断开，正常运行时由配给两条母线供电。在这种运行方式下，如果Ⅱ回路故障，导致两段母线均失压，此时BZT装置应能自动断开运行断路器4QF、5QF，然后再投入1QF、2QF，使T_1给两段母线供电。

上述第二种和第三种运行方式属明备用的备自投方式。

为满足运行要求，BZT装置应由低电压起动部分和自动合闸部分两部分组成：

（1）低压启动部分：其作用是监视工作母线失压和备用电源是否正常，并兼作电压互感器熔断器熔断时闭锁BZT装置之用。当工作母线因各种原因失去电压时，断开工作电源，并在备用电源正常时使BZT装置启动。

（2）自动合闸部分：在工作电源的断路器断开后，经过一定延时将备用电源的断路器自动投入。

19.2.2　暗备用的BZT装置典型接线

如图19.3（a）所示为厂用电系统暗备用BZT装置的典型接线，高压侧采用高压断路器接线，低压侧使用自动空气开关接线，低压侧母线接厂用电负荷，两台厂用变压器互为备用。

1.BZT装置的构成

（1）低压启动部分的组成元件为：监视工作母线失压的低电压继电器1KV和3KV；监视备用电源是否正常的过电压继电器2KV和4KV，并兼作电压互感器熔断器熔断时闭锁BZT装置之用；用于整定BZT装置启动时间的时间继电器1KT和2KT；用于发BZT装置动作信号的信号继电器1KS和2KS。

（2）自动合闸部分由闭锁继电器KM、信号继电器KS、自动空气开关QA的辅助接点和转换开关QT组成。其中，KM的接点具有0.5～0.8s延时断开（瞬时闭合）时间，确保BZT装置只动作一次；自动空气开关辅助接点保证工作电源先切，备用电源后投；信号继电器KS，用于发自动投入完成信号；切换开关QT，用于投入或撤出BZT装置。

2.BZT装置的动作过程

（1）正常运行状态。设正常运行时低压侧为单母线分段运行，T_1、T_2分别提供Ⅰ、Ⅱ段母线上的负荷，保证厂用电正常运行，即1QF、1QA、2QF、2QA在合闸位置，而3QA在断开位置，一次回路中的隔离开关均为合上运行，则此时，断路器和自动空气开关的辅助接点状态为：$1QF_1$、$2QF_1$、$1QA_1$、$1QA_2$、$1QA_3$、$2QA_1$、$2QA_2$、$2QA_3$、$3QA_2$闭合，$1QR_2$、$2QF_2$、$1QA_4$、$2QA_4$、$3QA_1$断开；正常运行时Ⅰ、Ⅱ段母线电压正常，1KV～4KV常闭接点断开，2KV、4KV常开接点闭合；在切换开关QT投入的情况下，由图分析可知，1KT、2KT不动作，其延时闭合接点断开，BZT装置不能启动；中间继电器KM线圈处于励磁状态，其接点闭合，指示灯HL亮，但因正电源被$1QA_4$和$2QA_4$切断，故不发合闸脉冲，为启动做好准备。

（2）工作母线失压后的BZT装置投入过程。以Ⅰ段母线BZT装置为例，当Ⅰ段母线由于某种原因失去电压时，低电压继电器1KV和过电压继电器2KV失压返回，其常闭接点闭合，启动时间继电器1KT，经过一定时限后，启动1QA的跳闸线圈1Y2，自动空气开关1QA跳闸，保证工作电源先切除，同时1KS发BZT装置动作信号，在1QA跳闸后，1QA的辅助常开接点打开，辅助常闭接点闭合，使KM断电，在KM的触点延时运同前，通过

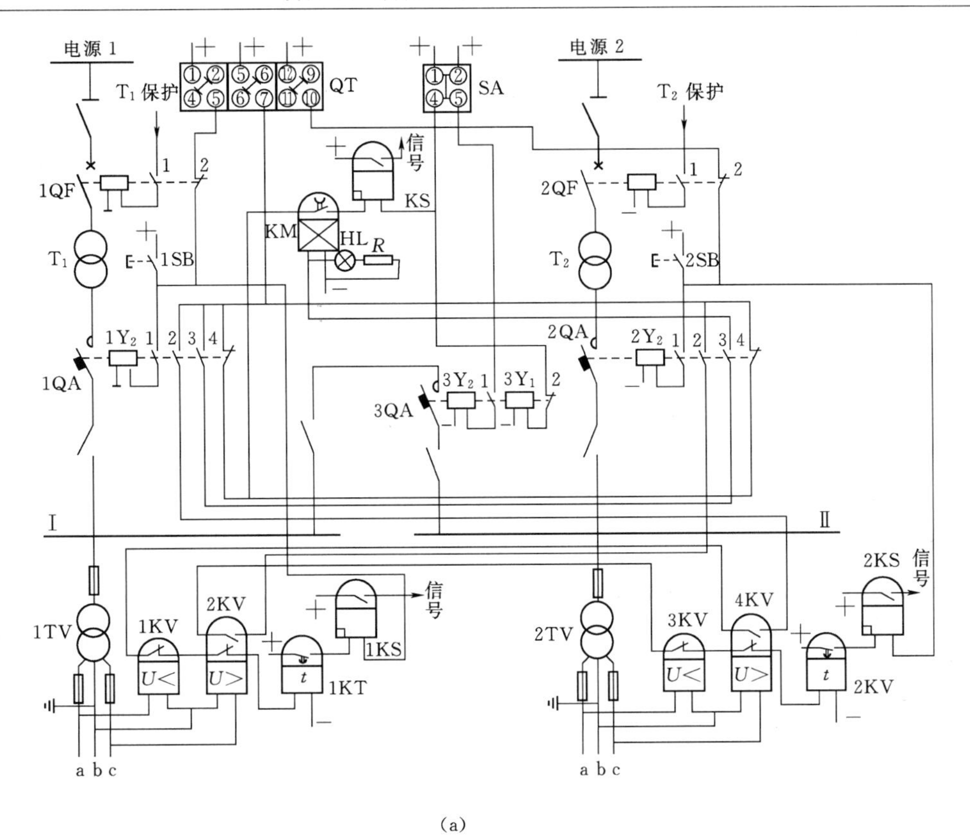

(a)

(b)

图 19.3　BZT 装置原理接线

(a) 暗备用的 BZT 装置原理接线；(b) 明备用的 BZT 装置原理接线

$3QA_2$，使自动空气开关3QA合闸，同时，由KS发3QA投入信号。3QA合闸后Ⅰ、Ⅱ母线上的负荷全部由T_2提供，完成一次BZT装置的自动投入过程。

Ⅱ母线的失压动作过程与Ⅰ母线的失压动作过程相似，在此不重述。

（3）合闸于持续性故障时保证BZT装置只动作一次。如果工作母线失压是由于母线发生持续性故障所造成，如上所述，当BZT装置使3QA合闸后，故障电流将使变压器他的继电保护启动或3QA的过流保护启动，选择性地将3QA跳闸。由于在发出第一个合闸脉冲后KM的延时返回接点已断开，将3QA的合闸回路切断，不能作第二次合闸，从而保证BZT装置只动作一次，不影响Ⅱ段母线正常供电。

（4）备用电源无压的闭锁。在Ⅰ母线失压且Ⅱ母线无压的情况下，由于4KV的常开接点打开，不能起动1KT，从而不能进行合3QA的操作，即保证在备用电源无压时可靠闭锁BZT装置，此时工作电源的切除由T_1的继电保护完成。

（5）电压互感器熔断器熔断的闭锁。运行中当电压互感器二次侧熔断器熔断时，造成工作母线失压的假象，但此时一次侧回路正常，工作母线仍然正常工作，所以此时不应使备用电源自动投入装置动作，即BZT装置应予闭锁。为此，为防止电压互感器二次侧任一相熔断器熔断时BZT装置误启动，1KV、2KV（或3KV、4KV）分别接在不同的相别上，其常闭接点串联，任一相熔断器熔断时不会导致两个电压继电器的常闭接点同时闭合，有效地闭锁了BZT装置。当然，从接线中不难发现，当两个熔断器都熔断时，BZT装置仍会误动，但实际上两种故障同时发生的概率是极少的，而且从保护的角度上说，电压互感器均装设有断线监视回路。

19.2.3　明备用的BZT装置典型接线

如图19.3（b）所示为明备用BZT装置的原理接线。其基本要求和工作原理与暗备用基本相同，主要的不同点是：

（1）失压监视使用的低电压继电器不同。在暗备用的BZT装置中，可用一只低电压继电器，并从另一套BZT装置的备用电源正常监视用过电压继电器借用一个常闭接点，构成失压监视。而明备用BZT装置的失压监视则必须装设两只低电压继电器，防止电压互感器熔断器熔断而误动。

（2）合闸回路使用的闭锁继电器不同。在暗备用BZT装置中，两段母线的BZT装置可共用一个自动合闸回路，两套BZT装置只需一只中间闭锁继电器。而明备用BZT装置，由于合闸对象不一致，故每套均要有单独的闭锁继电器和中间继电器。

（3）继电保护配合不同。在暗备用BZT装置中，如备用电源合闸到持续性故障，首先应使分段断路器跳闸，防止越级跳闸影响非故障母线的供电。而明备用BZT装置则在合到持续性故障时，可直接使备用电源断路器跳闸。

图19.3（b）明备用BZT装置的工作原理：当Ⅰ段母线由于某种原因失去电压时，低电压继电器1KV、2KV失压返回，接点闭合，起动时间继电器1KT，经过一定延时后，使自动空气开关1QA跳闸。接着中间继电器1KM断电，在1KM的接点返回前，通过1QA的辅助常闭接点$1QA_3$启动中间继电器2KM，2KM动作后，使断路器3QF和3QA合闸，合闸后，中间继电器1KM的延时返回触点打开，从而保证BZT装置只动作一次。若备用电源自动投入于永久性短路故障上时，应由变压器T_3的继电保护将3QF和3QA跳闸，切除故障。

19.2.4　BZT 装置元件动作参数整定

以图 19.4 暗备用 BZT 装置为例，介绍元件的动作参数的整定方法。

1. 低电压继电器 1KV、3KV 动作电压整定

整定原则：监视工作母线失压的继电器 1KV、3KV 动作电压，其整定原则是既要保证工作母线失压时能可靠动作，又要防止不必要的频繁动作，不使动作过于灵敏，整定时要考虑以下两个方面：

（1）在集中阻抗（电抗器或变压器）后发生短路，低电压继电器不应动作。如图 19.4 所示，在 K_1 点发生短路时，母线电压虽然下降，但残余电压相当高，应由线路保护切断故障线路，BZT 装置不应动作，故 1KV、3KV 的动作值应小于 K_1 点短路时工作母线的残压。

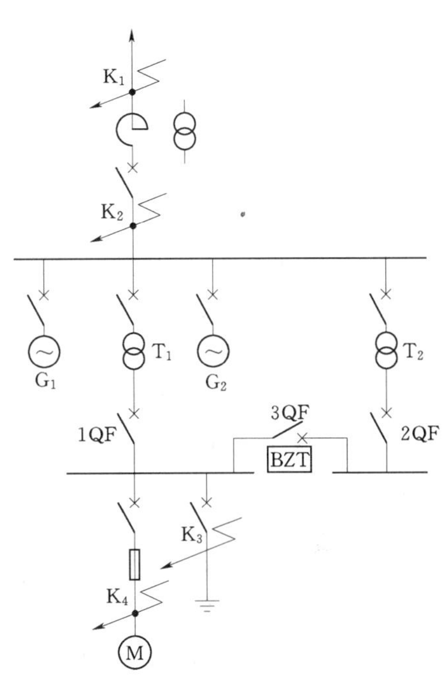

图 19.4　暗备用的 BZT 装置参数整定

$$U_{pj}<\frac{U_{cy}}{n_T}\text{或}U_{pj}=\frac{U_{cy}}{K_{rel}n_T}\tag{19.1}$$

式中　U_{pj}——继电器的动作电压；

U_{cy}——工作母线上的残余电压；

n_T——电压互感器变比；

K_{rel}——可靠系数，取 1.1～1.3。

（2）躲过电动机自启动时母线最低电压。在母线引出线上或引出线的集中阻抗前发生短路，如图 19.4 中 K_2、K_3 点短路，母线电压很低，接于母线上的电动机被制动。在故障被切除后，母线电压恢复，电动机自启动。这时母线电压仍然很低，为避免 BZT 装置误动，故 1KV、3KV 的动作电压应小于电动机自启动时母线最小电压值，即

$$U_{pj}=\frac{U_{min}}{n_T K_{rel} K_r}\tag{19.2}$$

式中　U_{min}——电动机自启动时最低电压；

K_r——返回系数，$K_r>1$。

取式（19.1）和式（19.2）中的较小者作为低电压继电器的动作整定值。根据运行经验，低电压继电器动作电压的整定值，一般约等于额定工作电压的 20%～25%。

2. 时间继电器 1KT（2KT）动作时限整定

时间继电器的动作时限值是保证 BZT 装置动作选择性的重要参数，其动作时间应与线路过流保护时间相配合。当系统内发生使低电压继电器动作的短路故障（如图 19.4 中 K_3、K_4 点）时，应由系统保护切除而不应使 BZT 装置动作，为此，动作时间 t_{pj} 应满足

$$t_{pj}=t_{dmax}+\Delta t\tag{19.3}$$

式中　t_{pj}——时间继电器的动作时间；

t_{dmax}——工作母线上各元件继电保护动作时限的最大者；

Δt——时限级差，取 0.5～0.7s。

3. 过电压继电器2KV（4KV）动作电压值的整定

过电压继电器的作用是监视备用电源是否有电压，所以当正常电压和备用母线最低工作电压时，过电压继电器应保持动作状态，因此应躲过厂用备用母线的最低运行电压，即

$$U_{pj}=\frac{U_{gmin}}{n_T K_{rel} K_r} \tag{19.4}$$

式中 U_{pj}——继电器的启动电压；

U_{gmin}——备用母线最低运行电压；

K_{rel}——可靠系数，取1.1～1.2；

K_r——返回系数，一般取0.85～0.9；

n_T——电压互感器变比。

4. 闭锁继电器KM延时返回时间值的整定

KM延时返回时间的作用是保证BZT装置只动作一次，其返回延时应大于自动空气开关3QA合闸所需时间，又小于两倍合闸时间，以免两次合闸，即

$$t_{hz}<t_{TM}<2t_{hz} \text{或} t_{TM}=t_{hz}+\Delta t \tag{19.5}$$

式中 t_{TM}——闭锁继电器TM接点延时返回时间，通过短路环调整延时；

t_{hz}——自动空气开关3QA全部合闸时间；

Δt——时间裕度，取0.2～0.3s。

19.3 微机型备用电源自动投入装置

19.3.1 微机型备用电源自动投入装置

目前真空断路器和SF_6断路器备广泛采用，这些快速断路器的固有分、合闸时间在60ms和80ms以内，尤其是对于大型机组，常用备用电源应快速自动投入，采用微机型备用电源自动投入装置即可满足要求。

当保护动作断开工作电源时，微机型备用电源自动投入装置可使厂用电源中断时间短、母线电压下降小，对备用电源及电动机冲击小，电动机启动时间很短，对保证大机组的安全、可靠运行起到良好的作用。

19.3.2 备用电源自动投入装置的典型硬件结构

19.3.2.1 备用电源自动投入装置的硬件结构

备用电源自动投入装置的硬件结构如图19.5所示。装置的输入模拟量包括母线Ⅰ、Ⅱ的三相电压幅值、频率和相位，母线Ⅰ、Ⅱ的进线电流。模拟量通过隔离变换后经滤波整形，进入模数（A/D）转换器，在送入CPU模块。

以图19.2暗备用方式为例，输入的开关量包括3QF、4QF、5QF的分、合闸位置，而输出开关量分别用于跳3QF、4QF、5QF，自动投入5QF等，开关量的输入和输出部分采用光电隔离技术，以免外部干扰引起装置工作异常。

19.3.2.2 微机型备用电源自动投入装置软件原理

微机型备用电源自动投入装置软件逻辑框图如图19.6（a）所示。下面以19.1（e）所示暗备用方式进行分析，正常时母线Ⅰ、Ⅱ分裂运行，5QF断开。

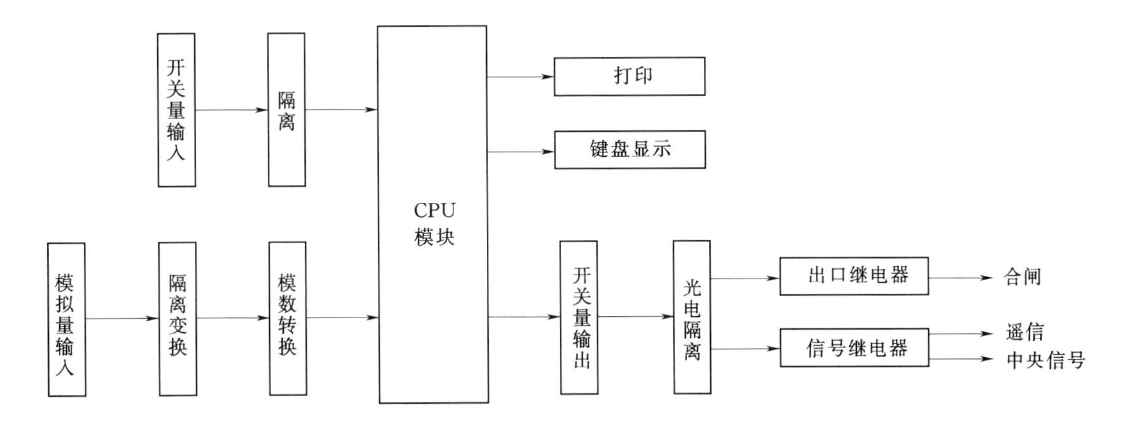

图 19.5　微机型备用电源自动投入装置硬件结构图

1. 装置的启动方式

方式一：由图 19.6（a）分析可知，当 3QF 在跳闸状态，并满足母线Ⅰ无进线电流，母线Ⅱ有电压的条件时，Y_4 动作，H_2 动作，在满足 Y_3 另一输入条件时合 5QF，此时 3QF 处于跳闸位置，而其控制开关仍处于合闸位置，即当二者不对应就启动备用电源自动投装置，这种方式为装置的主要启动方式。

方式二：当电力系统侧各种故障导致母线Ⅰ失去电压（如系统侧故障，保护动作使 1QF 跳闸），此时分析图 19.6（b）可知，在满足母线Ⅰ进线无电流，备用母线Ⅱ有电压的条件时，Y_6 动作，经过延时，跳开 3QF，再由方式一启动备用电源自动投入装置，是 5QF 合闸。这种方式可看做是对方式一的辅助。

以上两种方式保证无论任何原因导致母线Ⅰ失去电压均能启动备用电源自动投入装置，并且保证 3QF 跳闸后 5QF 才合闸的顺序，并且从图 19.6（c）所示的逻辑框图中可知，工作母线Ⅰ与备用母线Ⅱ同时失去电压时，装置不会动作；备用母线Ⅱ无电压，装置同样不会动作。

2. 装置的闭锁

微机型备用电源自动投入装置的逻辑回路中设计了类似于电容的“充电”、“放电”过程，在图 19.6（a）中以时间元件 T_1 表示“充放电”过程，只有在充电完成后，装置才进入工作状态，Y_3 才有可能动作。其“充电”、“放电”的过程如下。

（1）“充电”过程。从图 19.6（a）中看到，当满足 3QF、4QF 在合闸状态，5QF 在跳闸状态，工作母线Ⅰ有电压，备用母线Ⅱ也有电压，并且无装置的“放电”信号时，Y_1 动作，使 T_1“充电”，经过 10～15s 的充电过程，为 Y_3 的动作做好了准备，一旦 Y_3 的另一输入信号满足条件时，装置即动作，合上 5QF。

（2）“放电”过程，当满足 5QF 在合闸状态或者工作母线Ⅰ及备用母线Ⅱ无电压时，T_1 瞬时“放电”，Y_3 不能动作，即闭锁装置。

3. 合闸于故障母线上

当备用电源自动投入装置动作，5QF 合闸后，瞬时“放电”，若合闸于故障母线上，则 5QF 的继电保护加速动作使 5QF 立即跳闸，此时母线Ⅰ无电压，T_1 不能“充电”，装置不能动作，保证了装置只动作一次。

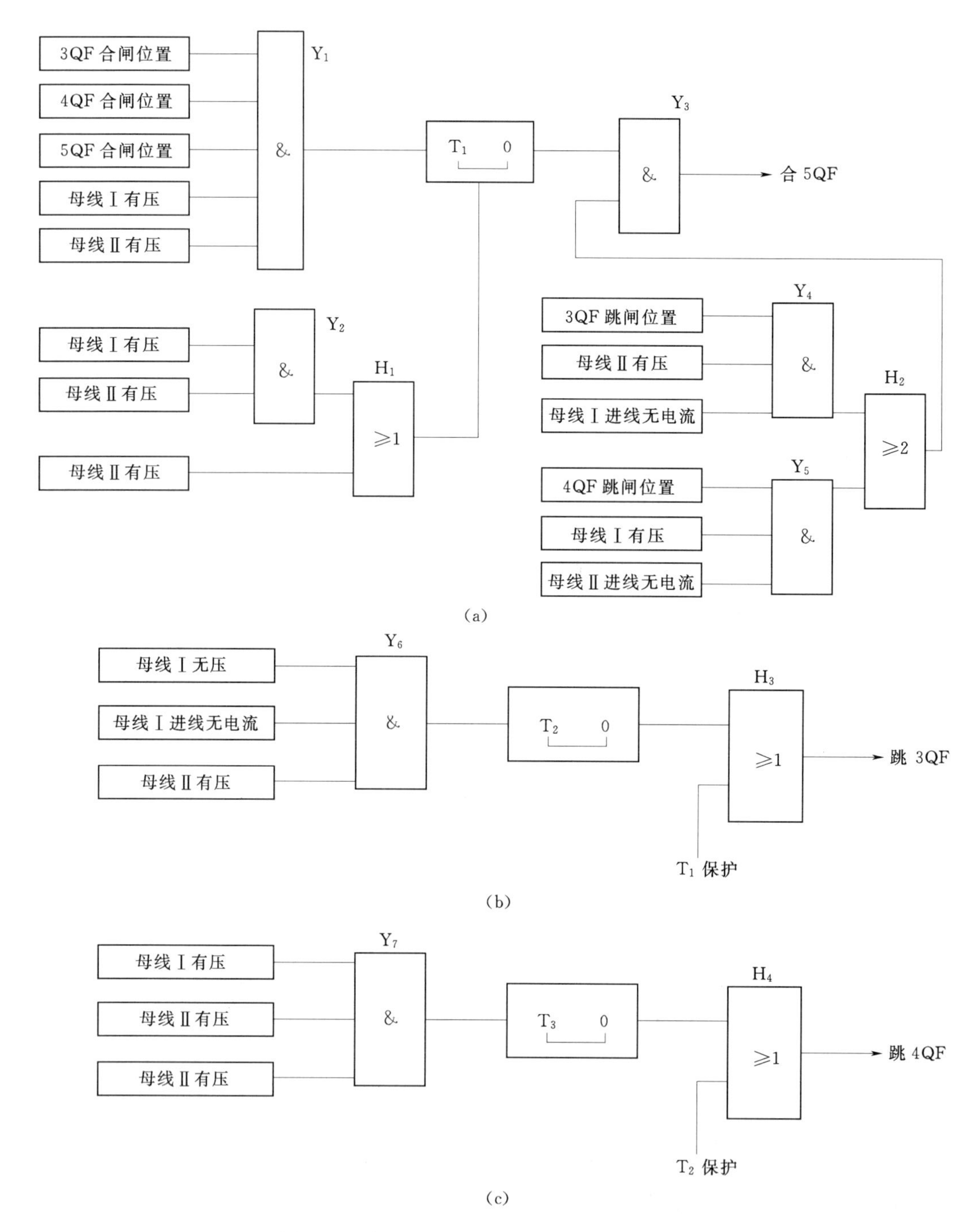

图 19.6　备用电源自动投入装置软件逻辑框图

项目 20　备用电源自动投入装置 PLC 接线设计

为保证供电的可靠性，110kV 及以下等级的变电站一般都采用了备用电源自动投入装置。电力系统经常采用两个或两个以上的电源进行供电，并且相互之间采取适当的备用方式。当工作电源失去电压时，备用电源由自动装置立即投入，从而保证供电的连续性。传统的备用电源自动投入装置采用各种继电器、接触器、开关及触点，根据不同的运行方式构成相应的备自投回路，其特点是逻辑回路设计复杂、逻辑关系一经确定更改困难、供电可靠性低、维护工作量大，但维护技术要求低，成本不高。

随着现代电力工业的发展和电网的建设改造，电力系统的规模越来越大，结构越来越复杂，性能要求越来越高，备用电源自动投入装置的逻辑关系有时需要根据电网结构的变化而改变。传统的备用电源自动投入装置已很难满足用户的要求，可编程控制器（PLC）是近年来发展迅速、应用面广的工业控制装置。该装置采用可编程控制的存储器存储用户指令，用软件编程实现确定的逻辑、顺序、定时、记数、运算和一些特定的功能，通过数字或模拟量的输入/输出来控制各种类型的生产过程。其结构简单、性能全面、可靠性高、操作简单、维修方便，易于实现机电一体化。由 PLC 构成的备用电源投入装置可根据电力系统的运行方式，通过编程完成各种复杂的逻辑和功能，适应各种运行方式，满足电网一次接线要求。

1. 电力系统主接线

图 20.1 所示为两条 110kV 进线通过内桥连接方式向 10kV 供电，10kV 采用单母线分段接线形式。下面以图 20.1 所示内桥主接线为例来说明备自投装置的实现过程。

2. 备自投动作情况

图 20.1 所示电路中有四种备自投情况，分别为桥备自投、进线Ⅰ备自投、进线Ⅱ备自投和 10kV 分段备自投。

（1）桥备自投。

对应的运行方式：两条进线分别带一段母线运行，桥开关（31QF）断开，两段母线处于相互暗备用状态。

充电条件（逻辑“与”）：11QF 合位，21QF 合位，31QF 分位，Ⅰ母线有压，Ⅱ母线有压。

放电条件（逻辑“或”）：11QF 分位，21QF 分位，31QF 合位，Ⅰ母线与Ⅱ母线同时无压。

桥备自投Ⅰ启动条件（逻辑“与”）：

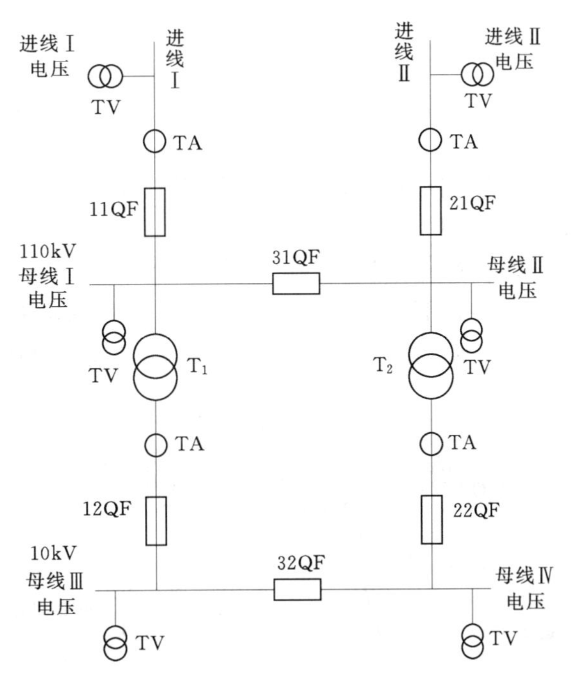

图 20.1　110kV 内桥主接线

Ⅰ母线无压，Ⅱ母线有压及21QF合位。

备自投启动后，经延时跳开21QF，合上31QF。

桥备自投Ⅱ启动条件（逻辑“与”）：Ⅰ母线无压，Ⅱ母线有压，11QF合位。

备自投启动后，经延时跳开11QF，合上31QF。

桥备自投的逻辑框图如图20.2所示。

（2）进线Ⅰ备自投。

对应的运行方式：进线Ⅱ同时带2段母线运行，桥开关合上，进线Ⅰ开关断开，处于明备用状态。

充电条件（逻辑“与”）：11QF分位，21QF合位，31QF合位，Ⅰ母线有压，Ⅱ母线有压，进线Ⅰ有压。

放电条件（逻辑“或”）：11QF合位，21QF分位，31QF分位，进线Ⅰ无压。

备自投启动条件（逻辑“与”）：Ⅰ母线无压，Ⅱ母线无压，进线Ⅰ有压，21QF合位。

备自投启动后，经延时跳开21QF，合上11QF。

进线Ⅰ备自投的逻辑框图如图20.3所示。

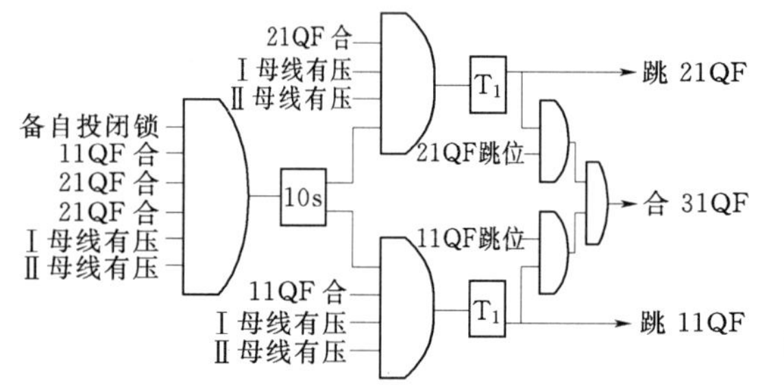

图20.2　桥备自投逻辑框图

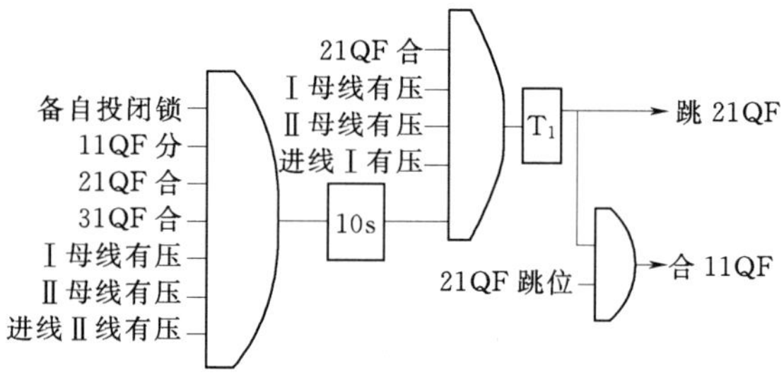

图20.3　进线Ⅰ备自投逻辑框图

（3）进线Ⅱ备自投。

对应的运行方式：进线Ⅰ同时带2段母线运行，桥开关合上，进线Ⅱ开关断开，处于明备用状态。

充电条件（逻辑“与”）：11QF合位，21QF分位，31QF合位，Ⅰ母线有压，Ⅱ母线有压，进线Ⅱ有压。

放电条件（逻辑“或”）：11QF分位，21QF合位，31QF分位，进线Ⅱ无压。

备自投启动条件（逻辑“与”）：Ⅰ母线无压，Ⅱ母线无压，进线Ⅱ有压，11QF合位。

备自投启动后，经延时跳开11QF，合上21QF。

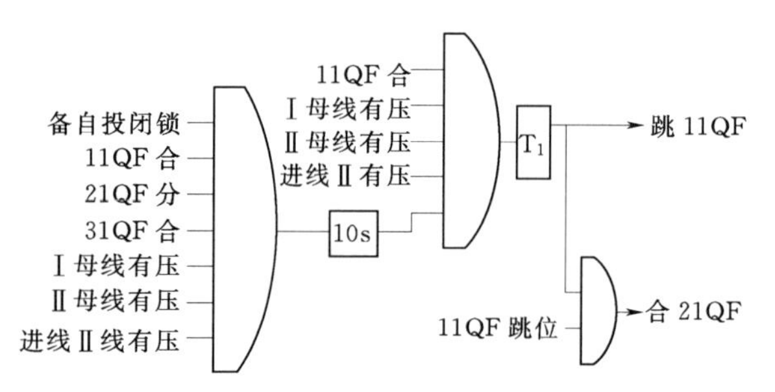

图20.4　进线Ⅱ备自投逻辑框图

进线Ⅱ备自投的逻辑框图如图20.4所示。

（4）10kV分段备自投。

对应的运行方式：10kV母线分裂运行，分段开关（32QF）断开，2段母线处于相互暗备用状态。

充电条件（逻辑“与”）：12QF合位，22QF合位，32QF分位，Ⅲ母线有

压，Ⅳ母线有压。

放电条件（逻辑“或”）：12QF分位，22QF分位，32QF合位，Ⅲ母线与Ⅳ母线同时无压。

分段备自投Ⅰ启动条件（逻辑“与”）：Ⅳ母线无压，Ⅲ母线有压，22QF合位。

备自投启动后，经延时跳开22QF，合上32QF。

分段备自投Ⅱ启动条件（逻辑“与”）：Ⅲ母线无压，Ⅳ母线有压，12QF合位。

备自投启动后，经延时跳开12QF，合上32QF。分段备自投的逻辑框图如图20.5所示。

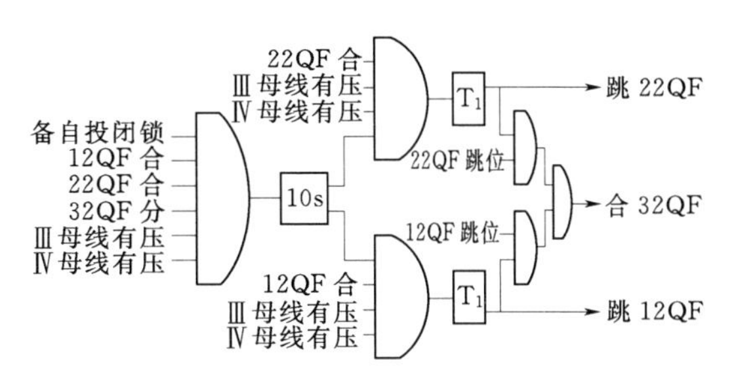

图20.5　分段备自投逻辑框图

3. 备自投编程

从以上四种备自投情况可以看出，每种备自投的充电条件和放电条件都不相同，这为PLC编程提供了便利，可以将这几种备自投情况都在一个PLC里面实现。由于PLC实行循环扫描方式运行，因此当输入状态变化后，就能启动相应的备自投程序，使其动作。

其中，PLC输入量包括闭锁信号（1表示闭锁，备自投不动作；0表示未闭锁，备自投可以动作），进线Ⅰ电压开关量（1表示有压、0表示无压，下同），进线Ⅱ电压开关量，110kV母线Ⅰ电压开关量，110kV母线Ⅱ电压开关量，10kV母线Ⅲ电压开关量，10kV母线Ⅳ电压开关量，11QF、21QF、31QF、12QF、22QF、32QF的开断信号（1表示闭合、0表示断开）；PLC输出量包括11QF、21QF、31QF、12QF、22QF、32QF的合闸/分闸信号，1个备自投动作指示灯输出信号。

当一种备自投情况动作之后，闭锁备自投装置，备自投指示灯点亮，表示已经动作。若想再次启动备自投装置，需要手动将闭锁信号清除。

下面以第1种备自投动作情况——桥备自投的桥备自投Ⅰ启动条件为例，说明PLC程序的流程。

将备自投闭锁按钮连接到PLC的X000，母线Ⅰ电压A、B、C三相分别连接到PLC的X001、X002、X003，母线Ⅱ电压A、B、C三相分别连接到PLC的X004、X005、X006，11QF、21QF、31QF的控制端连接到PLC的Y001、Y002、Y003。其PLC程序如图20.6所示。

4. 备自投装置硬件选择

若要实现上述备自投功能，其输入量需要25个，输出量需要7个，则输入、输出总量至少为32个。三菱公司FX2N系列中型号为FX2N—64—MR的备自投装置有32个输入节点和32个输出节点，选用该装置可以满足要求。另外，需要18个电压欠压继电器，分别测量进线Ⅰ电压，进线Ⅱ电压，110kV母线Ⅰ电压，110kV母线Ⅱ电压、10kV母线Ⅲ电压、10kV母线Ⅳ的电压三相（A、B、C），当所测电压低于设定值时，欠压继电器动作闭合，输入到PLC中的开关量为1；需要6个交流接触器控制11QF、21QF、31QF、12QF、22QF、32QF的动作；需要1个指示灯来指示备自投是否动作。

用PLC实现备用电源自动投入装置，所需的硬件少，各种逻辑关系可通过编程实现，

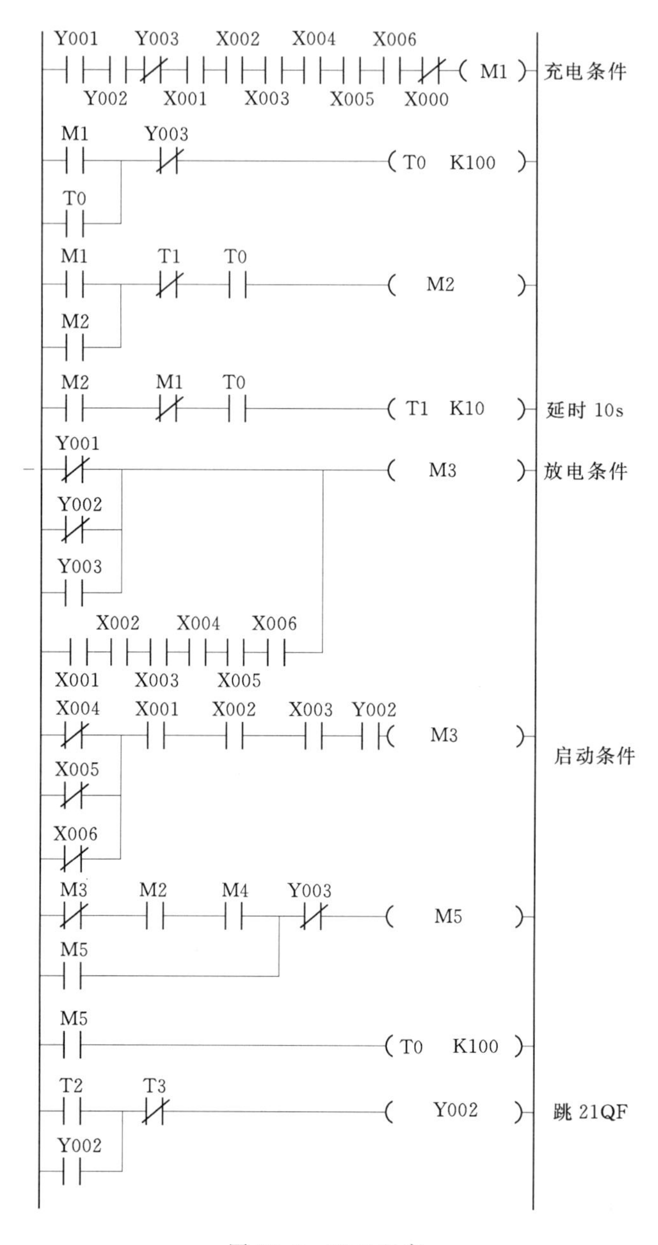

图 20.6　PLC 程序

减少了工作量，而且装置的体积较小、可靠性较高。对于不同的变电站，其备自投装置的外部接线可以不变，只需要改变内部程序即可，可扩展性较高，利于推广应用。

项目 21 典型备用电源自动投入装置故障分析及措施

1. 事故一

(1) 事故描述。2007 年，110kV 刘田庄变电站 110kV 电源线路小刘线故障，上级小营站线路保护动作切除故障，线路重合闸动作重合于永久故障后，小刘线保护再次动作跳闸。随后刘田庄变电站内自投装置动作：345 号开关备自投先动作，跳开 301 号开关，合上 345 号开关；145 号开关自投后动作，跳开 113 号开关，合上 145 号开关。145 号与 345 号母联自投装置动作不配合造成误动。

110kV 刘田庄变电站一次接线如图 21.1 所示，共设有 145 号、345 号、545 号 3 级自投装置。当时运行方式为：电源进线 113 号小刘线接于 110kV Ⅳ号母线，112 号龙刘线接于 110kV Ⅴ号母线，母联 145 号断开备用；1 号、2 号变压器分列运行，345 号、545 号断开备用。该运行方式下，145 号备自投装置满足暗备用运行方式的充电条件且完成充电，345 号及 545 号备自投装置也均满足充电条件完成充电。

110kV 刘田庄变电站的 145 号备自投装置为许继集团的 WBT—821，而 35kV 和 10kV 分段自投是南瑞继保有限公司的 RCS—9651 自投装置。根据秦皇岛地区电网继电保护整定原则，备自投装置动作时间应由上至下逐级配合，刘田庄站自投装置动作时间定值为：145 号自投掉闸时间 $t_{145}=4s$；345 号自投掉闸时间 $t_{345}=5s$；545 自投掉闸时间 $t_{545}=6s$。按照整定原则，当小刘线失电后，首先 145 号应自投动作，使 110kV Ⅳ号母线及 35kV Ⅳ号母线、10kV Ⅳ号母线恢复供电，345 号、545 号自投无需动作，这与实际动作情况不一致。

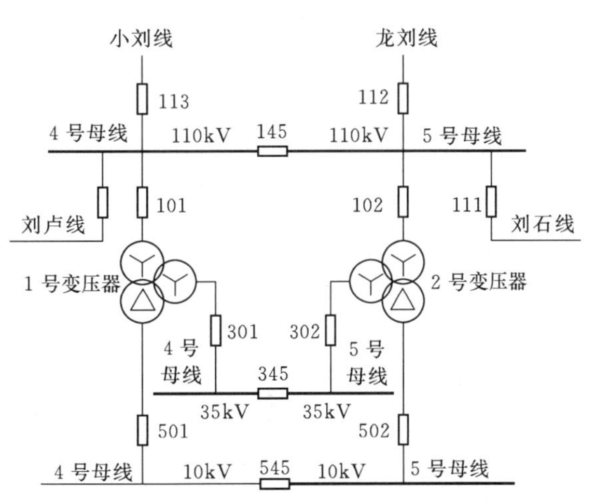

图 21.1 110kV 刘田庄变电站一次接线图

(2) 事故原因分析。当变电站电源进线 113 号小刘线故障时，线路距离保护动作，切除线路故障。此时 145 号、345 号、545 号母联备自投装置满足动作启动条件，但进线线路重合闸动作后，母线电压、电流短时恢复。此时 110kV Ⅳ号母线线电压大于无压定值，电流大于无流定值，145 号许继集团的 WBT—821 备自投装置计时逻辑立即清零；而 345 号、545 号备自投为南瑞继保有限公司的 RCS—9651 自投装置，其计时逻辑不清零，程序内部设定为 10s 后整组复归。

当重合闸装置重合于永久故障时，再次切除 110kV Ⅳ号母线电源进线 113 号小刘线后，145 号备自投装置启动重新计时，而 345 号、545 号南瑞继保有限公司的 RCS—9651 自投装

置在上次计时的基础上继续计时。

此时

$$t_{345}=t_{145}+t_{ch}+t$$

式中　t_{345}——345号备自投装置在重合闸动作后的计时时间；

t_{145}——145号备自投装置在重合闸动作后的计时时间；

t_{ch}——线路重合闸整定时间；

t——断路器动作及其他时间。

由于345号自投跳闸时间定值与145号间仅有1s的配合时间，在将1.5s重合闸时间计入后，实际动作时间较145号短0.5s；545号自投与345号自投逻辑相同，其自投跳闸较145号长2s，在将1.5s重合闸时间计入后，实际动作时间较145号长0.5s，因此实际动作时间依次为345号、145号、545号。545号由于母线恢复供电，不再动作。

（3）事故处理措施。针对同一变电站中的不同厂家的备自投装置的计时逻辑不统一问题，提出以下建议：

1）统一本地区备自投装置计时逻辑，在重合闸电压、电流短时回复后，计时逻辑统一清零。

2）对今后新建变电站设计审查时对备自投装置招投标时，尽可能选用同一厂家的备自投装置并保证计时逻辑一致。

3）对已投入运行变电站的备自投装置间的计时逻辑不统一问题，要求相应厂家尽快修改完善装置程序中的计时逻辑，避免再次误动。

2. 事故二

（1）事故描述。某110kV变电站的单母线分段接线方式如图21.2所示。事故前，断路器QF_1热备用，QF_2和QF_3运行，电源进线L_2带主变压器TV_1和TV_2运行，进线L_1作为备用电源。事故时，线路L_2发生永久性单相接地故障，对侧（电源侧）变电站线路L_2的保护“零序Ⅱ段”动作，跳开了线路L_2对侧的断路器，造成L_2失压。本侧变电站备自投装置检测到进线L_2无压（即TV_2电压小于备自投装置的无压整定值），断路器QF_2无流（即TA_2电流小于备自投装置的无流整定值）进线L_1有压（即TV_1电压大于备自投装置的有压整定值），符合备自投装置启动条件，备自投装置启动，发出跳QF_2的命令。但再执行跳开QF_2的过程中，出现了QF_2断路器操作卡涩拒跳的异常情况，直接导致备自投装置动作过程被迫中止。最终备自投装置未能达到切入备用电源的目的，造成了全站停电的严重后果。

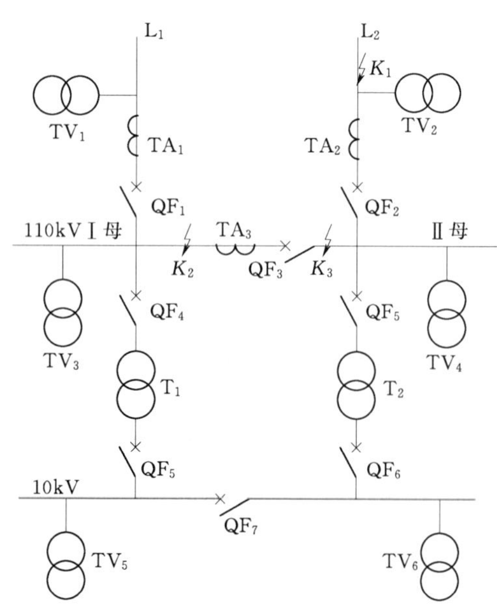

图21.2　某110kV变电站单母线分段接线方式

（2）事故分析。如图21.2所示的单母线分段接线方式有三种运行方式：

运行方式1：进线L_1和L_2分别供一台变

压器运行，断路器 QF_1 和 QF_2 运行，母联断路器 QF_3 热备用，启用 110kV 母联备自投装置。

运行方式 2：进线 L_2 带两台变压器运行，断路器 QF_1 和 QF_3 运行，QF_2 热备用，启用进线备自投装置。

运行方式 3：进线 L_2 带两台主变压器运行，断路器 QF_2 和 QF_3 运行，QF_1 热备用，启用进线备自投装置。

1）在运行方式 1 中，常规备自投装置动作逻辑为：当备自投装置监测到Ⅰ母线无压，进线 L_2 无流时，发出跳开 QF_2 命令，确认断路器 QF_2 跳开后，再发出合上母联断路器 QF_3 的命令。运行方式 1 下开关拒跳和故障位置等因素对常规备自投装置恢复送电的影响情况如下：

情况 1：在断路器 QF_2 正常情况下，若线路 L_2 发生故障（K_1），备自投装置动作跳开 QF_2，合上 QF_3，恢复Ⅰ母线、Ⅱ母线送电；若Ⅱ母发生故障（K_3），备自投装置动作跳开 QF_2，合上 QF_3，将送电至故障点，对线路和变电设备造成冲击，能够维持Ⅰ母线的供电，最终可通过 10kV 侧母联断路器 QF_7 恢复全站供电。

情况 2：在断路器 QF_2 拒跳情况下，L_2 线路或Ⅱ母线发生故障，备自投装置动作，在跳开 QF_2 失败后，动作过程被迫中止，能够维持Ⅰ母线的供电，最终可通过 10kV 侧母联断路器 QF_7 恢复全站供电。

2）运行方式 2 和运行方式 3 类似，以运行方式 3 为例，其常规备自投装置动作逻辑为：当备自投装置检测到Ⅰ母线、Ⅱ母线失压，进线 L_2 无流，进线 L_1 线路有压时，发出跳开 QF_2 的命令，确认 QF_2 跳开后，再发出合上 QF_1 的命令。运行方式 3 下开关拒跳和故障位置等因素对常规备自投装置恢复送电的影响情况如下：

情况 1：早断路器 QF_2 正常情况下，若故障位置在Ⅰ母线（K_2）或Ⅱ母线（K_3）上时，对侧（电源点）变电站 L_2 线路保护检测到故障电流，保护动作跳开线路 L_2 对侧的断路器，造成本侧变电站Ⅰ母线、Ⅱ母线失压。接着，本侧备自投装置动作，跳开 QF_2，合上 QF_1，结果使电源进线 L_1 送电至故障点，对线路和变电设备造成冲击，且送电失败，全站停电。

情况 2：在断路器 QF_2 异常拒动情况下，若进线 L_2 发生故障（如事故经过所述），因本侧备自投装置跳开 QF_2 失败后，不能恢复Ⅰ母线、Ⅱ母线供电，也将造成全站停电。

（3）事故处理措施。上述关于常规备自投装置供电存在问题的分析表明，对于运行方式 1，母联备自投装置启用时，无论是存在故障点还是进线断路器拒动，都能通过 10kV 侧母联断路器恢复全所供电，不作改进；针对运行方式 2 和运行方式 3，以运行方式 3 为例，为了避免变电站（10kV 侧无外来电源）全站停电，改进方案如下：

1）如果Ⅰ母线发生故障，备自投装置直接跳 QF_3，保证Ⅱ母线供电。

2）如果在Ⅱ母线发生故障或 QF_2 拒跳时，备自投装置检测到 QF_2 拒跳后，改跳 QF_3，合 QF_1，将Ⅰ母线送电，再经低压侧母联断路器 QF_7，恢复全站供电。

为了判断故障点在线路侧还是母线侧，在两条保护线路中需增设正、反方向元件，用以区分是线路故障还是母线故障。

为了区分Ⅰ母线故障还是Ⅱ母线故障，在进线备自投装置动作逻辑中增加母线故障选择判据，利用母联断路器中流过的电流是否有突变量并且大于负荷电流来判断哪段母线故障。其中，过流判据可以利用备自投装置原有的母联过流保护来实现。

常规备自投装置动作发出分合闸指令的对象是固定的，如运行方式3中，常规备自投装置仅向 QF_2 发出跳闸命令，限制了备自投装置的灵活性，造成前文所述情况1和情况2。图21.3给出了运行方式3下的改进型进线备自投装置动作逻辑。表21.1给出了方式3下改进型进线备自投装置投切方案，并分析比较了常规进线备自投装置动作结果和改进型进线备自投装置动作结果，比较结果表明改进型备自投装置较常规进线备自投装置具有更好的供电可靠性。

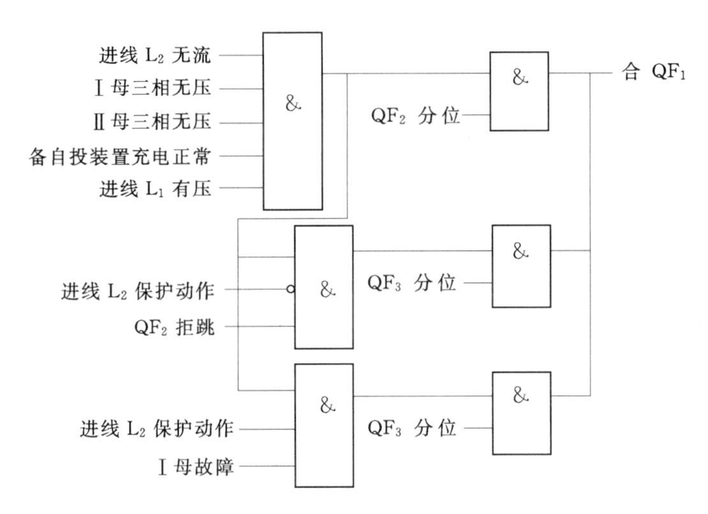

图21.3　运行方式3下的改进型进线备自投装置动作逻辑

表21.1　运行方式3下改进型进线备自投装置与常规进线备自投装置动作结果对比

序号	故障地点	QF3断路器状态	QF2断路器状态	改进型进线备自投装置动作情况	改进型进线备自投装置动作结果	常规进线备自投装置动作结果
1	进线	合位	跳开	跳 QF_2，合 QF_1	Ⅰ母、Ⅱ母恢复供电	Ⅰ母、Ⅱ母恢复供电
2	进线	合位	拒跳	改跳 QF_2，合 QF_1	Ⅰ母恢复供电	Ⅰ母、Ⅱ母失电
3	Ⅰ母	合位	跳开	改跳 QF_3	Ⅱ母连续供电	Ⅰ母、Ⅱ母失电
4	Ⅰ母	合位	拒跳	改跳 QF_3	Ⅱ母连续供电	Ⅰ母、Ⅱ母失电
5	Ⅱ母	合位	跳开	改跳 QF_3，合 QF_1	Ⅰ母恢复供电	Ⅰ母、Ⅱ母失电
6	Ⅱ母	合位	拒跳	改跳 QF_3，合 QF_1	Ⅰ母恢复供电	Ⅰ母、Ⅱ母失电

模块7小结

本模块主要介绍了两种类型的BZT装置；备用电源自动投入系统的PLC设计；典型事故的分析与解决途径。

BZT装置是指当工作电源因故障被断开后，能迅速自动地将备用电源投入或将用电设备自动切换到备用电源上去，使用户不至于停电的一种自动装置，简称备自投或BZT装置。BZT装置结构简单，费用低，可以大大提高供电的可靠性和连续性，广泛应用于发电厂的厂用电系统和厂矿企业的变、配电所的所用电系统中。通常采用两种备用方式，即明备用和暗备用，设有可见的专用备用电源的称为明备用，互为备用即为暗备用。

对 BZT 装置的基本要求是：工作母线突然失压，BZT 装置应能动作；工作电源先切，备用电源后投；BZT 装置只动作一次，动作时应发出信号；BZT 装置动作过程应使负荷中断时间尽可能短为原则；工作母线电压互感器的熔断器熔断时 BZT 装置不误动；备用电源无压时，BZT 装置不应动作；正常停电操作，BZT 装置不启动；备用电源或备用设备投于故障时，一般应使其保护加速工作。

BZT 装置由低压启动部分和自动合闸两部分组成。低压启动部分作用是监视故障母线失压和备用电源是否正常，并兼作电压互感器的熔断器熔断时闭锁 BZT 装置之用。当工作母线因各种原因失去电压时，断开工作电源，并在备用电源正常时使 BZT 装置启动；自动合闸部分是在失去工作电源的断路器断开后，经过一定延时将备用电源的断路器自动投入。

为使 BZT 装置能可靠运行，对启动过程中的主要元器件的动作参数必须进行整定，使 BAZ 装置既不误动又不拒动。

思　考　题

1. BZT 装置有何用途？

2. BZT 装置在什么情况下动作？

3. 备用电源自动投入应满足哪些基本要求？

4. 采用备用电源自动投入装置有何优点？

5. 为什么备用电源自动投入装置的起动回路需要串接反映备用电源有电压的电压继电器接点？

6. 选择 BZT 装置的低电压、过电压继电器的动作电压，时间继电器的动作时限要考虑哪些因素？

7. BZT 装置中闭锁继电器 KM 的延时返回时间应如何确定？如何调整？

8. 为了节省投资，在一些小电站或变电所常采用简易的 BZT 接线，如图 21.4 所示，试分析工作原理。

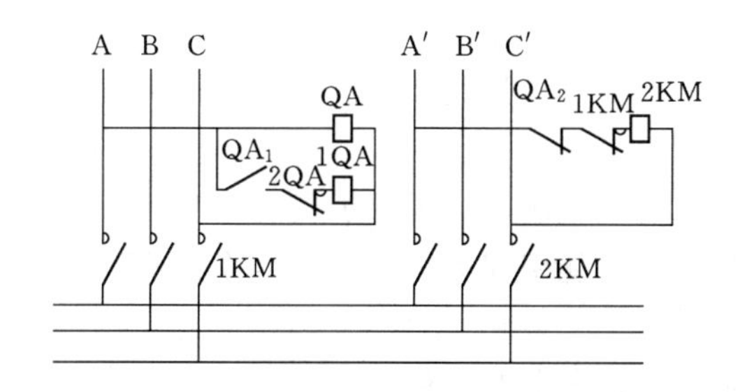

图 21.4　思考题 8 图

9. BZT 装置的低压启动部分和自动合闸部分的作用是什么？

10. 备用电源自动投入装置的分类以及各自的作用是什么？

模块 8　低频减载自动装置

【学习目标】 掌握和理解低频减载自动装置的原理及接线；能够进行低频减载系统设计；能够分析低频减载系统事故，并能够理解所采取的措施及办法。

【学习重点】 低频减载自动装置的原理和接线、能够进行低频减载系统设计。

【学习难点】 低频减载系统设计。

项目 22　低频减载自动装置的基本理论

22.1　低频减载自动装置

22.1.1　低频减载自动装置发展的历史和意义

1. 现代电力系统的特征

（1）发电厂容量很大，大型发电厂在系统中所占容量比例很高。

（2）发电区域与用电区域的距离加长，形成各局部电力系统内发电容量与用电容量严重不平衡。

因此，一个大型发电厂或一条超高压输电线的切除，将导致各局部电力系统功率严重失衡，受电区电力系统功率缺额很大，造成系统频率下降，严重时将导致全网频率崩溃。

2. 现代电力系统调频能力下降的原因

现代电力系统调节频率的能力在下降，其原因为：

（1）大容量机组惯性时间常数 M 减小。

（2）为安全起见，核电机组不参加调节，因此随核电机组所占比例的增加，将导致电力系统调节频率的能力下降。

（3）大机组对频率质量要求较高，为了保护机组本身，一些大型汽轮发电机配置了频率保护，运行频率过高或过低都可能引起大机组保护动作，从而导致破坏系统频率稳定事故的连锁发生。

（4）工业负荷中的恒频传动负荷及民用负荷的增长使得负荷的频率调节效应减小。

3. 低频减载

现代电力系统通过建设大电站、大机组取得高的发电经济效益的同时，削弱了在大扰动下维持系统频率稳定的能力，极易发生恶性频率事故，导致全系统的瓦解。北美和西欧等多处现代化电网的多次恶性频率事故所造成的重大经济损失更引起了各国电力系统运行与管理部门对电力系统频率稳定问题的普遍关注。

与电压稳定和功角稳定相比，对频率稳定的研究显得很不够。事实上，功角失稳、电压崩溃和频率崩溃的发生许多情况下是同时存在、相互关联并相互激发的。显然不能只重视前

两种而忽略第三者。近些年多次惨痛的大停电事故表明，必须关心电力系统的频率稳定问题。

防止电力系统频率崩溃事故有效的措施就是采用低频减载自动装置（UFLS），又称按频率自动减负荷装置。在系统频率下降时及时切除足够数量较次要的负荷，或在合适的点上将系统解列，以保证系统的安全稳定运行，并保证重要负荷供电。国内外几乎所有的电网都采取了低频减载措施，做为安全运行的最后一道防线。苏联早在20世纪40年代就采取了低频减载措施。我国在20世纪50年代即开始在电力系统中使用低频减载装置。目前，低频减载装置的厂家有南瑞、四方、南自、东方电子等公司，例如南瑞的UFV—200A、东方电子的DF3388等。

传统的低频减载是采用分级断开负荷功率并逐步修正的方法，在电力系统发生事故，系统频率下降的过程中，按照不同频率整定值顺序切除负荷。也就是将接至低频减载装置的总功率分配在不同起动频率值来分批地切除，以适应不同功率缺额的需要。这种方法不能反映系统实际功率缺额的大小，并且带有一定的动作延时，如果延时较长或出现较大功率缺额时，就会影响抑制频率下降的效果。

（1）计算机在线应用的低频减载方法。随着计算机技术的高速发展，出现了一些基于计算机在线应用的低频减载方法：

1）用 df/dt 的实时信息来判断是否应该加速切除负荷或是应该进行闭锁。

2）自动识别频率“悬停”现象，并按各自的阶梯曲线逐步调节定值。这种方式具有动态调节定值的自适应能力和较高的安全性与可靠性。

以上两种计算机在线应用的低频减载方式并未充分发挥计算机的快速计算与分析能力，只能算是一种改良。由于变电站自动化及电网调度自动化技术的发展与普及，由计算机监控和管理、无人值班的厂站将愈来愈多，提出低频减载等安全自动装置成为其中的一个子系统，使远方值班人员及时了解装置的运行及动作情况，并能在远方进行定值修改。

（2）电力系统低频减载装置的特点。目前，电力系统使用的低频减载装置的设计与运行整定本质上仍保持传统状态，其特点归纳为：

1）基于简单系统概念分析的动态频率特性所谓简单系统指的是等效为一个变电站的系统，在频率下降的过程中，全系统各点频率按指数曲线统一变化。

2）多级减载，各级减载量按预先人为假定的系统功率缺额进行计算，往往与系统实际运行状况不相符合。

3）低频减载装置只检测当前频率，按当前频率决定是否动作，不预测未来。

（3）电力系统低频减载装置不能适应现代电力系统的原因。随着电力系统的发展，这种减载装置已经不能很好地适应现代电力系统的需要，主要原因在以下几方面：

1）现代电力系统是一个复杂系统，出现有功缺额时系统频率下降的动态过程变得复杂，在空间上也具有分布特性，因此采用简单系统模型来分析动态频率过程与实际系统的情况有很大的差异，特别是开始几秒的过程相差甚远，这是使目前低频减载装置动作不令人满意的主要原因之一。

2）现代电力系统负荷波动剧烈，一天内负荷变化可达50%以上。在此情况下，仍以固定的负荷（假定的系统功率缺额）来整定低频减载装置，易于造成过减或少减。

3）当前频率与系统的稳态频率和功率缺额并无联系，在现代技术条件下必需预测稳态频率或功率缺额才能使低频减载装置得到质的飞跃。

22.1.2 低频运行对电力系统的影响

电力系统频率反映了系统中有功功率的供需平衡情况，它不仅是电力系统运行的重要质量指标，也是影响电力系统安全稳定运行的重要因素。低频运行对电力系统的有以下影响：

（1）对发电机和系统安全运行的影响。

1）频率下降时，汽轮机叶片的振动会变大，轻则影响使用寿命，重则可能产生裂纹。对于额定频率为50Hz的电力系统，当频率降低到45Hz附近时，某些汽轮机的叶片可能因产生共振而断裂，造成重大事故。

2）频率下降到47～48Hz时，由异步电动机驱动的送风机、吸风机、给水泵、循环水泵和磨煤机等火电厂厂用机械的出力随之下降，火电厂锅炉和汽轮机的出力也随之下降，从而使火电厂发电机发出的有功功率下降。这种趋势如果不能及时制止，就会在短时间内使电力系统频率下降到不能允许的程度，这种现象称为频率雪崩。出现频率雪崩会造成大面积停电，甚至使整个系统瓦解。

3）在核电厂中，反应堆冷却介质对供电频率有严格要求。当频率降到一定数值时，冷却介质泵会自动跳开，使反应堆停止运行。

4）电力系统频率下降使异步电动机和变压器的励磁电流增加，使异步电动机和变压器的无功消耗增加，从而使系统电压下降。频率下降还会引起励磁机出力下降，并使发电机电动势下降，导致全系统电压水平降低。如果电力系统原来的电压水平偏低，在频率下降到一定值时，可能出现电压快速且不断下降，即所谓的电压雪崩现象。出现电压雪崩会造成大面积停电，甚至使整个系统瓦解。

（2）低频运行对电力用户的影响。

1）电力系统频率变化会引起异步电动机转速变化，这会使得电动机所驱动的加工工业产品的机械转速发生变化。有些产品对加工机械的转速要求很高，转速不稳定会影响产品质量，甚至会出现次品和废品。

2）电力系统频率波动会影响某些测量和控制用的电子设备的准确性和性能，频率过低时有些设备甚至无法工作。

3）电力系统频率降低将使电动机的转速和输出功率降低，导致所带动机械的转速和出力降低，影响用户设备的正常运行。

22.1.3 频率控制措施

为保证频率运行于额定值，通常在电力系统中采用了两类控制措施：

（1）正常运行时采用自动频率控制（AFC），或称为自动发电控制（AGC）。其任务是在负荷缓慢变化时，启用系统中旋转备用容量，调节发电机的输出功率，以保持系统中的功率平衡，以使频率在确定值附近的波动不超过允许值。同时在调节发电功率时，还要考虑按最优经济原则分配机组出力（EDC）。

（2）紧急状态下采取低频减载措施。当系统发生事故而出现较大功率缺额，但旋转备用容量又不足时，为了保证系统安全运行，要在短时间内阻止频率的过渡降低，进而使系统频率快速恢复到可以安全运行的范围以内，比较有效的措施是根据频率下降程度自动断开一部分不重要的负荷，以保证电网的安全和对重要用户的供电。由于现代电网经济运行的要求，系统的备用容量偏低，是防止电力系统发生频率崩溃的低成本的紧急措施。

22.1.4　负荷的静态频率特性

电力系统负荷的有功功率—频率静态特性是指不考虑电压变化，在总负荷不变的情况下，负荷的有功功率与系统频率变化的关系。它决定于系统负荷的组成。负荷的频率特性能起到减轻系统能量不平衡的作用。

由于负荷类型不同，负荷的有功功率与系统频率的关系也不同。一般有下面几种类型：

（1）有功功率与频率变化无关的负荷，如照明、电炉、整流负荷等。

（2）有功功率与频率一次方成正比的负荷，如球磨机、卷扬机等。

（3）有功功率与频率二次方成正比的负荷，如变压器铁心中的涡流损耗等。

（4）有功功率与频率三次方成正比的负荷，如通风机、循环水泵等。

（5）有功功率与频率高次方成正比的负荷，如锅炉的给水泵等。

整个系统的负荷功率与频率关系可表示为

$$P_{L}=a_{0}P_{LN}+a_{1}P_{LN}\left(\frac{f_{1}}{f_{N}}\right)+a_{2}P_{LN}\left(\frac{f_{1}}{f_{N}}\right)^{2}+a_{3}P_{LN}\left(\frac{f_{1}}{f_{N}}\right)^{3}+\cdots+a_{n}P_{LN}\left(\frac{f_{1}}{f_{N}}\right)^{n} \tag{22.1}$$

式中　f_{N}——额定频率；

P_{LN}——系统频率为额定值时，系统的有功功率；

P_{L}——系统频率为 f_{1} 时，系统的有功负荷；

a_{1}，a_{2}，a_{3}，…，a_{n}——与系统频率的 0，1，2，3，…，n 次方成正比的负荷占额定负荷的百分比。

以额定频率 f_{N} 和额定频率下的负荷功率 P_{LN}为基准值，则上式的标幺值表达式为

$$P_{L*}=a_{0}+a_{1}f_{*}+a_{2}f_{*}^{2}+a_{3}f_{*}^{3}+\cdots+a_{n}f_{*}^{n} \tag{22.2}$$

式（22.2）称为电力系统负荷频率静态特性方程，由定义可知

$$\sum_{k=1}^{n}a_{k}=1 \tag{22.3}$$

通常与频率变化三次方以上成正比的负荷很少，忽略其影响，并将式（22.2）对频率微分，得

$$\frac{dP_{L*}}{df_{*}}=a_{1}+2a_{2}f_{*}+3a_{3}f_{*}^{2}=K_{L*} \tag{22.4}$$

式中　K_{L*}——负荷的频率调节效应系数。

由式（22.4）可以看出，频率升高时，负荷消耗的有功功率增加；当频率下降时，负荷的有功功率减小，这种现象称为负荷的调节效应。由于负荷调节效应的存在，当系统出现不大的功率缺额引起频率下降时，负荷消耗的有功功率随之减少从而部分补偿了功率缺额。于是，系统就可以稳定在一个低于额定值的频率下运行。当系统出现大量有功缺额时，若仍然依靠负荷的调节效应来补偿有功的不足，则系统频率将会低到不允许的程度，从而破坏系统稳定。

当系统频率在 45～50Hz 范围内变化时，由于变化范围小，静态频率特性可以近似地用一直线表示，负荷调节效应系数 K_{L*} 就可以定义为直线的斜率，如图 22.1 所示，K_{L*} 可表示为

$$K_{L*}=\frac{P_{LN}-P_{L}}{P_{LN}}\bigg/\frac{f_{N}-f_{1}}{f_{N}}=\frac{\Delta P_{L}}{P_{LN}}\bigg/\frac{\Delta f}{f_{N}}=\frac{\Delta P_{L*}}{\Delta f_{*}} \tag{22.5}$$

或

$$\Delta P_{L*}=K_{L*}\Delta f_{*} \tag{22.6}$$

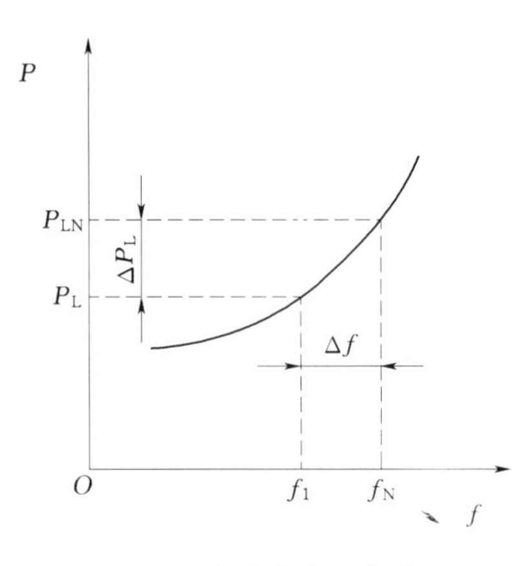

图 22.1 负荷静态频率特性

式中 P_L——频率为 f_1 时系统负荷有功功率；

P_{LN}——额定频率 f_N 下系统负荷有功功率；

ΔP_{L*}——系统负荷有功功率变化量的标幺值；

f_N——额定频率；

Δf_*——频率变化量的标幺值。

负荷调节效应系数随系统负荷组成不同而改变，一般 $K_{L*}=1\sim3$。

22.1.5 负荷的动态频率特性

电力系统出现有功功率缺额时，系统频率将发生变化，但是系统频率的变化不是瞬间完成的，而是要经历一个过渡过程。频率由额定值 f_N 随时间按指数规律逐渐衰减到另一个稳定值 f_∞ 的过程，这种关系曲线称为系统的动态频率特性。其表达式为

$$f=f_\infty+(f_N-f_\infty)e^{-\frac{t}{T_f}} \tag{22.7}$$

频率系统频率变化的时间常数 T_f 一般在 4～10s 之间，大容量的系统 T_f 较大。

22.2 低频减载自动装置的工作原理

实际上，单靠负荷的调节效应来补偿功率缺额时不够的。当功率缺额大时，将出现系统的稳定频率过低，根本不能保证系统的安全运行。为此，必须使用按频率自动减负荷装置切除一部分负荷，以阻止频率的严重下降。

22.2.1 低频减载自动装置所接负荷装置的确定

低频减载自动装置（UFLS 装置）切除负荷总额应根据系统实际可能发生的最大功率缺额来确定。系统可能出现的最大功率缺额要依据系统的装机容量的情况、机组的性能、重要输电线路的容量、网络的结构、故障的几率等因素具体分析，如断开一台或几台大机组或大电厂、断开重要送电线路来分析。如果系统因联络线线路事故而解列成几个部分运行时，还必须考虑各部分可能发生的最大功率缺额。总之，应按实际可能的最不利情况计算。

考虑到 UFLS 装置动作后，并不需要频率恢复到额定值 f_N，只需达到恢复频率 f_{re} 即可，这样可少切除一部分负荷。进一步的恢复工作，可由运行人员来处理。因此，UFLS 装置切除负荷总额 ΔP_{cut} 可稍低于最大功率缺额 ΔP_{Lmax}。设正常运行时系统负荷总功率为 P_{LN}，则根据式（22.5）可得

$$\frac{P_{Lmax}-\Delta P_{cut}}{P_{LN}-\Delta P_{cut}}=K_{L*}\frac{f_N-f_{re}}{f_N}=K_{L*}\Delta f_* \tag{22.8}$$

由式（22.8）可推出 UFLS 装置接入负荷总额为

$$\Delta P_{cut}=\frac{P_{Lmax}-K_{L*}\Delta f_* P_{LN}}{1-K_{L*}\Delta f_*} \tag{22.9}$$

式（22.9）表明，若系统负荷总功率，最大功率缺额已知，系统恢复频率确定，就可以根据该式求得 UFLS 装置切除负荷总额。反过来，若已知系统某种事故下产生的功率缺额 ΔP_L，UFLS 装置动作后，切除负荷量为 ΔP_{cut}，也可求得系统的稳定频率。

22.2.2　低频减载自动装置的分级实现

（1）UFLS 装置应根据频率下降的程度分级切除负荷。电流系统所产生的功率缺额不同，频率下降的程度也不同，为了提高供电的可靠性，应尽可能少的断开负荷，为此所切除负荷的总容量应根据频率下降的程度及负荷的重要性分级切除，即将 UFLS 装置切除负荷的总容量按照负荷的重要性分成若干级，分配在不同的动作频率上，重要负荷接在最后一级上，在系统频率下降过程中，UFLS 装置按照动作频率值的高低有顺序地分批切除负荷，以适应不同功率缺额的需要。当频率下降到第一级频率值时，第一级 UFLS 装置动作，切除接在第一级上的次要负荷后，若频率开始恢复，下一级就不再动作。若频率继续下降，则说明上一级所断开的负荷功率不足以补偿功率缺额，当频率下降至第二级动作频率值时，第二级动作，切除接在第二级上的较重要负荷，若频率仍然下降，再切除下一级负荷，依次逐级动作，直至频率开始回升，才说明所断开负荷与功率缺额接近。UFLS 装置就是采用这种逐级逼近的方法来求得每次事故所产生的功率缺额应断开的负荷数值。

（2）UFLS 装置第一级动作频率的确定应考虑两个方面。从系统运行的观点来看，希望第一级动作频率越接近额定值越好，因为这样可以使后面各级动作频率相应高一些，因此第一级的动作频率值宜选的高些。但又必须考虑电力系统投入旋转备用容量所需的时间延迟，避免因暂时性频率下降而不必要的断开负荷的情况。因此，兼顾上述两方面的情况，第一级动作频率一般整定在 48～48.5Hz。在以水电厂为主的电力系统中，由于水轮机调速系统动作较慢，故第一级动作频率宜取低值。具有大型机组的系统可取 49Hz。

（3）最后一级动作频率应由系统所允许的最低频率下限确定。对于高温高压的火电厂，当频率低于 46～46.5Hz 时，厂用电已不能正常工作。因此，对于以高温高压火电厂为主的电力系统，最后一级动作频率一般不低于 46～46.5Hz。其他电力系统不应低于 45Hz。

（4）频率级差及 UFLS 装置级数的确定。频率级差即相邻两级动作频率之差，一般按照 UFLS 装置动作的选择性要求来确定，即前一级动作后，若频率仍继续下降，最后一级才应该动作，此为 UFLS 装置动作的选择性。这就要求相邻两级动作频率具有一定的级差 Δf，Δf 的大小取决于频率继电器的测量误差 Δf_K 以及前级 UFLS 装置起动到负荷断开这段时间内频率的下降值 Δf_t，即

$$\Delta f=2\Delta f_K+\Delta f_t+\Delta f_y \tag{22.10}$$

式中　Δf_y——频差裕度。

一般，采用晶体管型低频率继电器时，由于测量误差较大，取 $\Delta f=0.5$Hz。采用数字频率继电器时，测量误差小，Δf 可缩至 0.3Hz 或更小。

需要指出的是，大容量电力系统，一般要求 UFLS 装置动作迅速，尽量缩短级差，可能使得 UFLS 装置不一定严格按选择性动作。

UFLS 装置的级数 N 可根据第一级动作频率 f_1 和最后一级动作频率 f_N 以及频率级差 Δf 计算出，即

$$N=\frac{f_1-f_n}{\Delta f}+1 \tag{22.11}$$

式中，N 一般为 5～7 级。

（5）UFLS 装置动作时限的确定应避免在系统振荡或系统电压急剧下降时，可能引起频率继电器误动，一般允许 UFLS 装置动作带 0.5s 延时来躲过上述暂态过程出现的误动作。

(6) UFLS装置应该装设附加级。在UFLS装置动作过程中，可能出现某一级动作后，系统频率稳定在恢复频率以下，但又不足以使下一级动作的情况，这样会使系统频率长期悬浮在低于恢复频率以下的水平，这是不允许的。为此在原有基本UFLS装置外还装设带延时的附加级，其动作频率不低于基本级的第一级动作频率，一般为48～48.5Hz。由于附加级是在系统频率变化已经比较稳定启动的，因此其动作时限一般为10～25s，相当于系统频率变化时间常数的2～3倍。附加级按时间又分为若干级，各级时间差不小于5s。这样附加级各级的动作频率相同，但动作时限不一样，它按时间先后次序分级切除负荷，使频率回升并稳定到恢复频率以上。

传统的逐级逼近法设定简单，不需要复杂的继电器，因而得到广泛应用。实践证明大多数情况下，传统法整定的低频减载装置运行良好。但是这种离线整定的方法往往是根据系统最严重故障下的频率绝对值情况来整定，虽然可以有效地阻止频率下降，但没有考虑到运行时具体情况，以及事故等级的不同，往往会过量切除负荷，引起不必要的经济损失；或者导致无选择的切负荷，或者导致欠切。例如，被切除的线路可能实际传输的功率比预计的少，或是部分被切除的线路中有一定数量的负荷本来就没有运行。另外，根据传统法整定减负荷装置切负荷必须等到频率降低到整定值以下才动作，可能会错过最佳切除时间，也会导致对继电器正确动作的依赖，在伴随低电压等其他故障时，继电器可能由于电压或电流低于正常工作值，而被闭锁，无法动作。

22.3 低频减载自动装置的整定计算

22.3.1 传统整定计算方法

UFLS装置是当电力系统发生严重有功功率缺额时的一种反事故措施。它按照系统频率下降的不同程度，有计划地自动地断开相应的不重要负荷，以阻止频率的下降。因此，预算出现有功功率缺额ΔP_L或最大有功功率缺额ΔP_{Lmax}时，频率下降到f_∞、接至UFLS装置的用户功率数量等计算，一般要进行下列计算。

有功功率缺额ΔP_L、频率的下降的程度f_∞，根据负荷静态频率特性可得

$$\Delta f=\frac{1}{K_L}\Delta P_L \tag{22.12}$$

式中 Δf——在有功缺额ΔP_L下的频率偏差；

K_L——负荷调节效应，则$f_\infty=50-\Delta f$。

式(22.12)仅适用系统既无备用容量又无启动UFLS。

(1) 求需要切除最大负荷。

$$\Delta P_{cut\cdot max}=\frac{P_{Lmax}-K_{L*}\Delta f_*P_{LN}}{1-K_{L*}\Delta f_*} \tag{22.13}$$

$$\Delta f_*=\frac{f_N-f_{re}}{f_N} \tag{22.14}$$

(2) 按频率自动减负荷装置中每级切除的负荷。

$$\Delta P_{cut\cdot i*}=(1-\sum_{k=1}^{i-1}\Delta P_{cut\cdot k*})\frac{K_{L*}(\Delta f_{i-1}-\Delta f_{i*})}{1-K_{L*}\cdot\Delta f_{i*}} \tag{22.15}$$

由式(22.15)可知，所需计算公式多，若还考虑系统备用容量等，则更麻烦。在对负

荷的静态特性研究的基础上，提出一式多用法，将负荷调节效应公式进行演化，可直接计算多种参数，更易记忆、理解和实现机算。

22.3.2 一式多用法

当 K_L 用标幺值表示时，由式（22.12）可得

$$\Delta f_* = \frac{f_N \Delta P_L}{K_{L*} P_{LN}} \tag{22.16}$$

即

$$\frac{\Delta P_L}{P_{LN}} = K_{L*} \frac{f_\infty - f_N}{f_N} \tag{22.17}$$

推导系统在不同条件下有：

（1）仅靠负荷调节效应，则系统稳定在低频 f_∞，由式（22.17）推导系统稳定频率

$$f_\infty = f_N \left(1 - \frac{1}{K_{L*}} \frac{\Delta P_L}{P_{LN}}\right) \tag{22.18}$$

（2）若系统有备用容量 ΔP_G，则式（22.18）中有功功率缺额可表示为 $\Delta P_L - \Delta P_G$，即

$$f_\infty = f_N \left(1 - \frac{1}{K_{L*}} \frac{\Delta P_L - \Delta P_G}{P_{LN} - \Delta P_G}\right) \tag{22.19}$$

（3）若通过UFLS切除一部分负荷 ΔP_{cut} 后，则式（22.18）中有功功率缺额可表示为 $\Delta P_L - \Delta P_{cut}$；系统中剩余的负荷功率 $P_{LN} - \Delta P_{cut}$，即

$$f_\infty = f_N \left(1 - \frac{1}{K_{L*}} \frac{\Delta P_L - \Delta P_{cut}}{P_{LN} - \Delta P_{cut}}\right) \tag{22.20}$$

（4）若求按频率自动减负荷装置中每级切除的负荷 $\Delta P_{cut \cdot i}$，则 $f_\infty = f_{i+1}$，（$i=1$，2，3，4，5，…，N）；有功功率缺额可表示为 $\Delta P_L - \sum_{k=1}^{i-1} \Delta P_{cut \cdot k} - \Delta P_{cut \cdot i}$，$\sum_{k=1}^{i-1} \Delta P_{cut \cdot k}$ 为UFLS前 $i-1$ 级动作所切除的负荷功率总和；则系统剩余的负荷功率 $P_{LN} - \sum_{k=1}^{i-1} \Delta P_{cut \cdot k} - \Delta P_{cut \cdot i}$，将已知数代入式（22.20）即可。

【例22.1】 在图22.2所示联合系统中，正常情况下 $f_N = 50$Hz，A系统自己发电500MW，B系统支援A系统180MW。A系统的负荷调节效应系数 $K_{L*} = 2$，设B系统因母线故障，与A系统完全解列，而A系统只有30MW的旋转备用容量。试问：

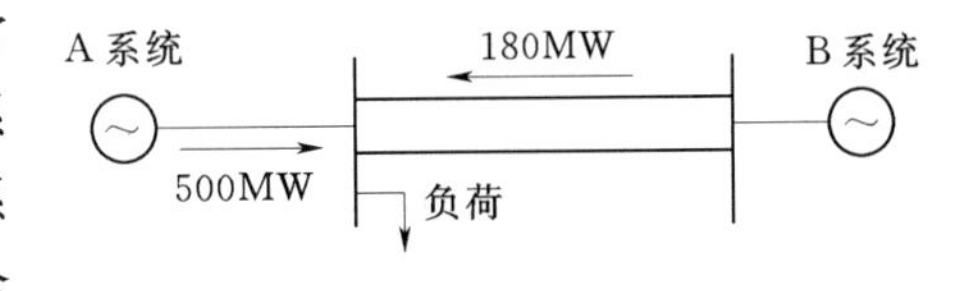

图22.2 例1图示

（1）如果A系统未装UFLS装置，则其频率将下降至何值？

（2）若A系统装有UFLS装置，切除了130MW负荷后，A系统的频率值将是多少？

解：（1）

$$f_\infty = f_N \left(1 - \frac{1}{K_{L*}} \frac{\Delta P_L}{P_{LN}}\right)$$

$$= 50\left(1 - \frac{1}{2} \times \frac{180 - 30}{500 + 180 - 30}\right) = 44.2 \text{（Hz）}$$

（2）

$$f_\infty = f_N \left(1 - \frac{1}{K_{L*}} \frac{\Delta P_L - \Delta P_{cut}}{P_{LN} - \Delta P_{cut}}\right)$$

$$= 50\left(1 - \frac{1}{2} \times \frac{180 - 30 - 130}{500 + 180 - 30 - 130}\right) = 49 \text{（Hz）}$$

【例 22.2】 某电力系统的负荷总功率为 $P_{LN}=5000\text{MW}$，系统的功率缺额为 $\Delta P_L=1200\text{MW}$，设负荷调节效应系数为 $K_{L*}=2$，UFLS 装置动作后，希望系统频率恢复到 $f_{re}=48\text{Hz}$，求接入 UFLS 装置的负荷功率 ΔP_{cut}。

解：

$$48=50\left(1-\frac{1}{2}\times\frac{1200-\Delta P_{cut}}{5000-\Delta P_{cut}}\right)$$

$$\Delta P_{cut}=\frac{1200-5000\times0.08}{1-0.08}=870\ (\text{MW})$$

22.4 低频减载自动装置的接线

22.4.1 UFLS 装置的接线图

对每一个发电厂、变电站，不要求同时装有全部基本级和附加级，一般装其中的 1～2 级。发电厂或变电站属于 UFLS 装置同一级的负荷，可共用一套 UFLS 装置。各级 UFLS 装置的原理接线图如图 22.3 所示。它由低频继电器 KF、时间继电器 KT、出口中间继电器 KCO 组成。当频率降低至低频继电器的动作频率时，KF 立刻启动，其动合触点闭合，启动 KT，经整定时限启动 KCO；KCO 动作，其动合触点闭合断开相应负荷。其中 KF 是装置的启动元件，用来测量频率，而 KT 的作用是为了防止 UFLS 装置误动作。

低频继电器 KF 是 UFLS 装置的主要元件。我国目前使用的频率继电器有感应型、晶体管型、数字型三种。其中数字式低频继电器以其高精度、快速、返回系数接近 1、可靠性高等优点，使用越来越普遍。

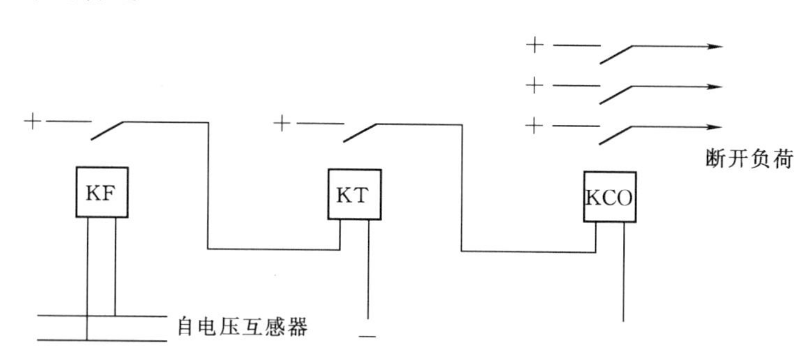

图 22.3 各级 UFLS 装置原理接线图

22.4.2 BDZ—1 型低频继电器

图 22.4 所示为 BDZ—1B 型晶体管低频继电器原理图。该继电器由输入变压器、频率敏感回路、整流比较、双 T 滤波和执行元件组成。

输入变压器 TV 一次绕组接系统电压互感器二次侧电压；其二次绕组分别接入工作回路、制动回路、和自供直流电源回路。由 L_1、C_1 构成的回路称为工作回路，由 L_2、C_2 构成的回路称为制动回路。两回路电流 i_1 和 i_2，通过整流桥 UB_1 和 UB_2 整流后，在电阻 R_3 和 R_4 形成直流电流 $|i_1|$ 和 $|i_2|$，其有效值分别为 I_1 和 I_2。

工作回路和制动回路都是串联谐振回路，其谐振频率 f_{01} 和 f_{02} 分别为

$$f_{01}=\frac{1}{2\pi\sqrt{L_1C_1}} \tag{22.21}$$

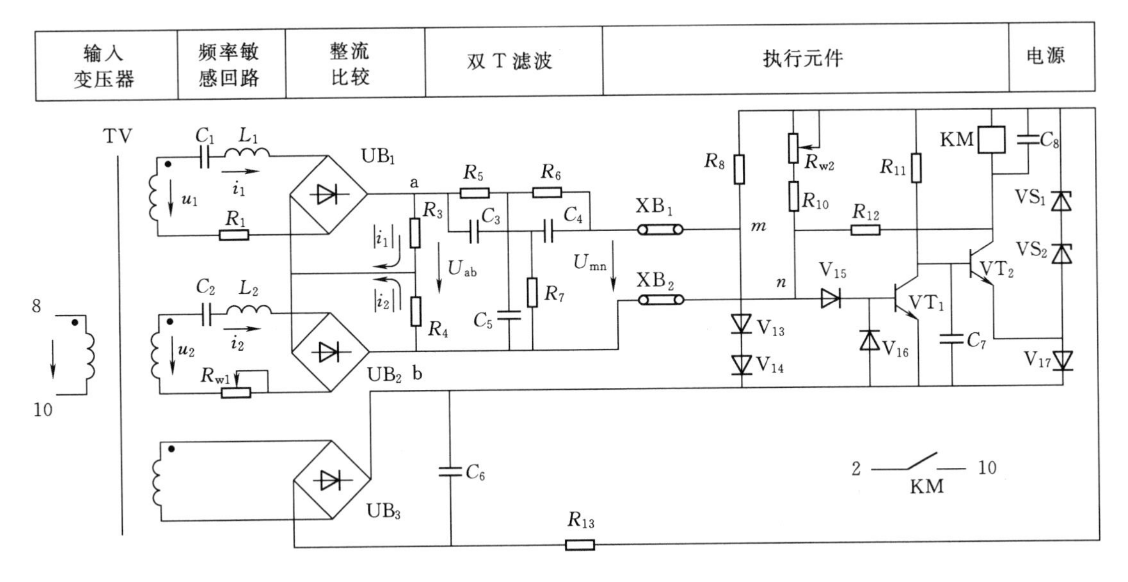

图 22.4　BDZ—1B 型晶体管低频继电器原理图

$$f_{02}=\frac{1}{2\pi\sqrt{L_2C_2}} \tag{22.22}$$

选择回路参数使 $f_{01}=40\text{Hz}$，$f_{02}=55\text{Hz}$。当频率等于谐振频率时，电流最大；偏离谐振频率时，电流将减小。两回路电流随频率变化的关系曲线——谐振曲线，如图 22.5 所示。由图可见，当频率为 40Hz 时，I_1 值为最大，I_2 值较小；反之，当频率为 55Hz 时，I_2 值为最大，I_1 值较小。

两组整流桥 UB_1 和 UB_2 同极性对接，用来将交流变成直流，以便进行绝对值比较。输出电压为

$$U_{ab}=U_{R3}-U_{R4}=I_1R_3-I_2R_4 \tag{22.23}$$

此电压经过双 T 滤波回路后，滤去了其中的交流分量，然后输入到执行元件。因此执行元件的输入电压 U_{mn} 正比于 U_{ab} 的直流分量（取平均值），即

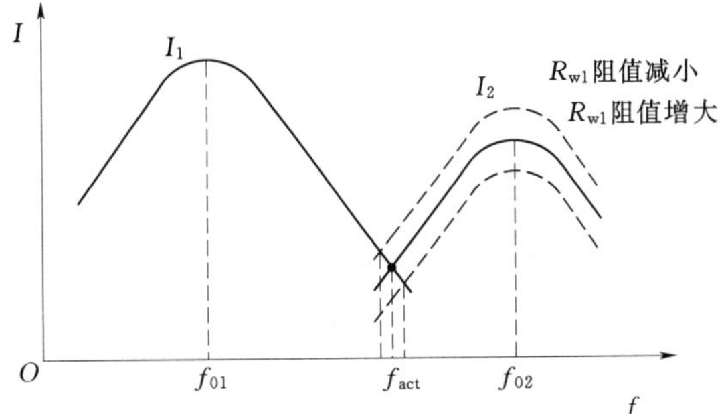

图 22.5　I_1、I_2 随频率变化的关系图

$$U_{mn}=K\frac{2\sqrt{2}}{\pi}(I_1R_3-I_2R_4) \tag{22.24}$$

令 $R_3=R_4=R$，式（22.24）变为

$$U_{mn}=K\frac{2\sqrt{2}}{\pi}R(I_1-I_2) \tag{22.25}$$

式中　K——考虑滤波影响的系数。

由于 I_1 和 I_2 是随频率变化的，故 U_{mn} 值也随频率而变化。当 $U_{mn}=0$ 时，即 $I_1=I_2$ 时对应的系统频率值，称为继电器的动作频率 f_{act}，如图 22.5 中两曲线的交点。

系统正常运行时，$f>f_{act}$，有 $I_1<I_2$，如图 22.5 所示，故 $U_{mn}<0$，执行元件输入一接

近于零的负电压信号；当频率下降，$f<f_{act}$时，$I_1>I_2$，$U_{mn}>0$，执行元件输入一正电压信号。

执行元件由两个三极管 VT_1、VT_2 构成的触发器组成，采用干簧继电器 KM 作为出口元件。

在系统正常运行时，$f>f_{act}$，执行元件输入电压 U_{mn} 为接近零的负值，此时，VT_1 导通，VT_2 截止，出口继电器 KM 无电流通过，低频继电器不动作。

当频率降低，$f<f_{act}$时，执行元件输入一正电压，VT_1 因发射结承受反向电压而截止，VT_2 导通，触发器翻转，出口继电器 KM 线圈有电流流过而动作，即低频继电器动作。

可见，低频继电器在 $f\leqslant f_{act}$，$I_1\geqslant I_2$ 时动作。动作频率时通过改变 R_{w1} 的阻值实现的。当增加 R_{w1} 时，I_2 值减小，制动回路谐振曲线下降，动作频率提高；反之，减小 R_{w1} 时，I_2 值增大，制动回路谐振曲线上升，动作频率则降低，调整情况如图 22.5 所示。

22.4.3　SZH—1 型低频继电器

1. 工作原理

图 22.6 所示为 SZH—1 型数字频率继电器的原理框图。在图中，输入的交流电压信号经变压器 TVS 降压后，一路供测量频率回路用，一路供稳压电压用。稳压电源向继电器电路提供 6、12V 及 24V 电源。

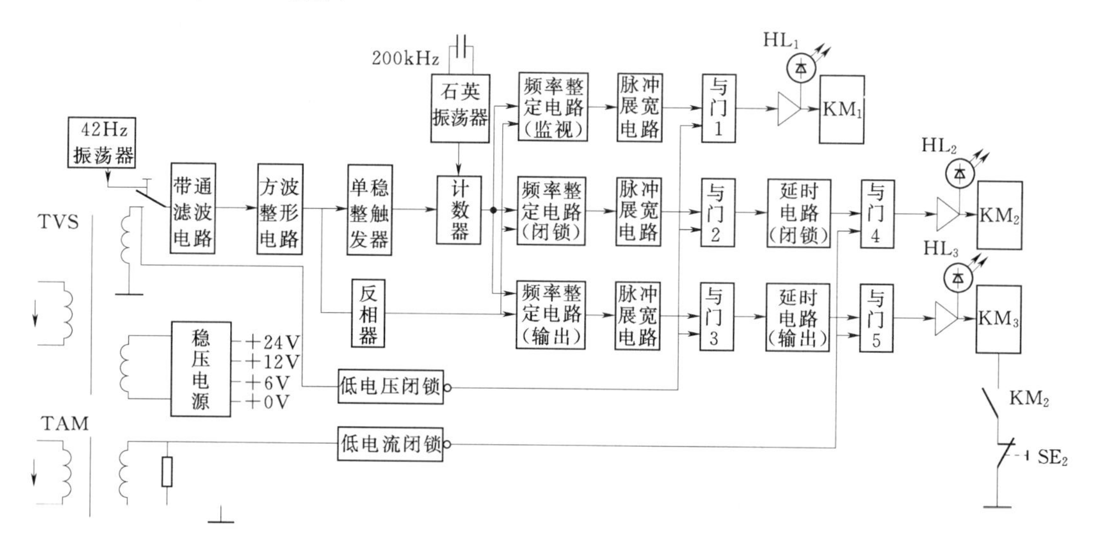

图 22.6　SZH—1 型数字频率继电器的原理框图

频率测量部分由带通滤波器、方波整形器、单稳触发器、计数器、石英振荡器等组成。输入电压信号经带通滤波器滤波后，滤掉其中谐波分量，获得平滑的正弦波电压信号，再经方波整形器整形为上升沿陡峭的方波。单稳触发器将方波的上升沿展成 4～5μs 的正脉冲。显然，该脉冲的周期与输入电压信号的周期相同。因此，将这个脉冲信号作为输入电压信号每个周期开始的标志，并用来使计数器清零。这样，计数器的计数值 N 即为被测信号一周期内石英振荡器所发出的时钟脉冲数。设石英振荡器的振荡频率为 200kHz，则输入电压信号的频率与计数值 N 的关系为

$$f=\frac{1}{T}=\frac{1}{N}\times 2\times 10^5\,\text{Hz} \tag{22.26}$$

式（22.26）表明，输入交流电压信号的频率与计数值 N 成反比。当输入信号的频率下降时，计数值 N 增加。

继电器内设有三级频率动作回路：一级为正常监视回路；二级为闭锁回路；三级为输出回路。每级的动作频率值由频率整定电路进行整定。当计数器测出的频率值小于整定的频率值时，频率整定电路就有正脉冲输出，然后由脉冲展宽电路展成连续信号。

正常监视级动作频率整定为 51Hz，正常运行时，系统频率小于 51Hz。因此，该级频率整定电路总有正脉冲输出，经展宽后，如此时系统电压正常，再经与门 1 到中间继电器 KM_1，使中间继电器始终处于动作状态，并且信号灯 HL_1 发光，起监视作用。当继电器内部故障时，如失去电源、振荡器停振、计数器停止计数等，KM_1 返回，发出故障报警信号。

闭锁级动作频率一般整定为 49.5Hz。当系统频率小于 49.5Hz 时，该级频率整定电路输出正脉冲，并经展宽后，经与门 2 启动延时电路，如果此时电流大于闭锁值，与门 4 有输出，使信号灯 HL_2 发光，并使中间继电器 KM_2 动作，其触点闭合，接通输出级中间继电器 KM_3 的正电源。也就是只有闭锁级动作，才允许出口切负荷。如果输出级出口三极管误导通或击穿时，而系统频率并没有下降，则闭锁级 KM_2 不动，触点打开，切断了输出级 KM_3 的正电源，起到闭锁作用。可见，闭锁级防止输出级回路元器件损坏而引起继电器误动作，提高了继电器工作的可靠性。

输出级动作频率由该级频率整定电路进行整定，可用拨盘开关按需要调整。当系统频率小于动作频率时，该频率整定电路输出正脉冲，如此时系统电压、电流正常，则经延时电路延时，启动输出级中间继电器 KM_3，KM_3 动作切除相应的负荷。反相器的作用是在输出信号为零时，防止整定电路误输出。

低电压闭锁回路用以防止母线附近短路故障或输出信号为零时该继电器的误动作。一般也能防止系统振荡、负荷反馈引起的误动作。低电压闭锁回路的动作电压一般整定为 60V，当输出电压低于 60V 时，整定闭锁输出回路。低电流闭锁主要是防止负荷反馈引起的误动作。

为了在运行中试验继电器的完好性，设有 42Hz 振荡器及试验开关 SE。当 SE 置于试验位置时，SE_2 断开了输出级中间继电器 KM_3 的正电源，防止在试验时输出级动作误切负荷；SE_1 将 42Hz 的信号引入继电器的测量回路，此时监视级、闭锁级和输出级同时发出灯光信号。

2. 参数整定

（1）输出级的频率整定。因本继电器采用测量系统电压周期的方法来测量系统频率，并通过计数器测量一个周期内的时钟脉冲数 N。因此，在整定频率时，应把频率整定值按式（22.26）换成计算值 N 的整定值。

（2）动作延时整定。一般地，频率闭锁级动作延时整定为 0.15s，输出级动作延时设置有 0.15s、0.5s 和 20s 几个时限供用户选用。

（3）继电器的返回时间即展宽电路的展宽时间，一般取 60～70ms。如果返回时间过短，继电器动作不可靠；而返回时间过长，又会在系统频率已经恢复时继电器不能及时返回，引起误切负荷。

22.5 微机型低频减载自动装置

微机型自动按频率减负荷装置硬件原理框图如图22.7所示。它主要由主机模块、频率的检测、闭锁信号的输入、功能设置和定值修改、开关量输出、串行通信接口六部分组成。

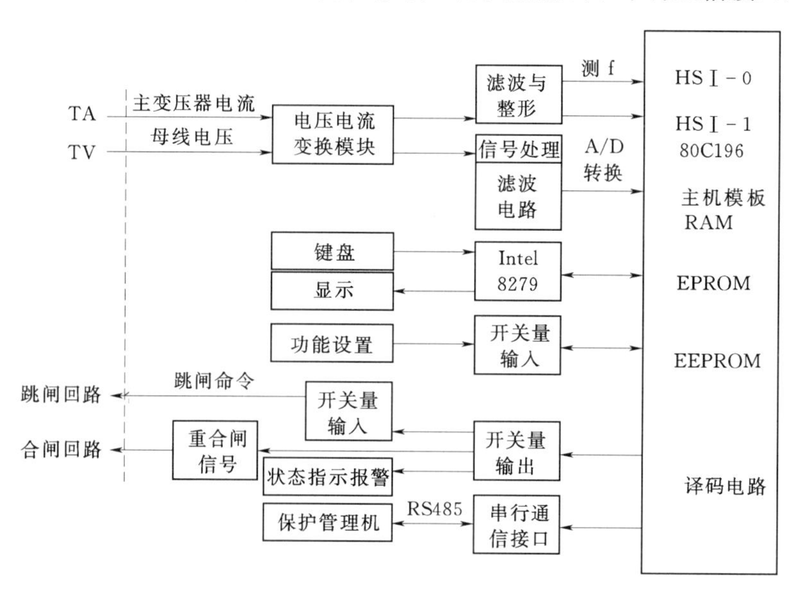

图22.7 微机型自动按频率减负荷装置硬件原理框图

22.5.1 主机模块

MCS—96系列单片机中的80C196是16位单片机，片内有可编程的高速输入/输出HIS/HSO，可相对于内部定时器产生的实时时钟，记下某个外部事件发生的时间，共可记下8个事件，内部定时器配合软件编程就能具有优越的定时功能；片内具有8通道的10位A/D转换器，为实现自动按频率减负荷的闭锁功能提供了方便；片内的异步、同步串行口使该微机系统可以与上级计算机通信。因此，用Intel80C196单片机扩展了随机存储器RAM和程序存储器EPROM，以及存放定制用得可带点擦除的随机写入的EEPROM和译码电路等必要的外围芯片，构成单片机应用系统。

22.5.2 频率的检测

自动按频率减负荷装置的关键环节是测频电路。为了准确测量电力系统的频率，必须将系统的电压由电压互感器TV输入，经过电压变换器变换成与TV输入成正比的、幅值在±5V范围内的同频率的电压信号，再经低通滤波和整形，转化为与输入同频率的矩形波，将此矩形波联结至Intel80C196单片机的高速输入口HIS—0作为测频的启动信号。可以利用矩形波的上升沿启动单片机对内部时钟脉冲开始计数，而利用技术波的下降沿，结束计数。根据半周波内单片机技术的值，便可推算出系统的频率。由于Intel80C196单片机有多个高速输入口，因此可以将整形后的信号通过两个高速输入口（HIS－0和HIS－1）进行检测，将两个口检测结果进行比较，以提高测频的准确性，这种测频方法既简单，又能保证测量精度。

22.5.3　闭锁信号的输入

为了保证自动按频率减负荷的可靠性，在外界干扰下不误动，以及当变电所进、出线发生故障，母线电压急剧下降导致测频错误时，装置不致误发控制命令，处理采用 df/dt 闭锁外，还设置了低电压及低电流等闭锁措施。为此，必须输入母线电压和主变压器电流。这些模拟信号分别有电压互感器 TV 和电流互感器 TA 输入，经电压、电流变换模块转化成幅值较低的电压信号，在经信号处理和滤波电路进行滤波和移动电平，使其转换成满足 Intel 80C196 片内 10 位 A/D 要求的单极性电压信号，并送给单片机进行 A/D 转化，如图 22.7 所示。

22.5.4　功能设置和定值修改

自动按频率减负荷装置在不同变电所应用时，由于各变电所在电力系统中的地位不同，负荷情况不同，因此装置必须提供功能设置和定值修改的功能，以便用户根据需要设置，如欲使自动按频率减负荷按几级切负荷、各回线所处的级次设置需投入哪些闭锁功能、重合闸投入否等，这些都属于功能设置的范围。对各级次的动作频率 f 的定值和动作时限，以及各种闭锁功能的闭锁定值，都可以在自动按频率减负荷面板上设置或修改。

22.5.5　开关量输出

在自动按频率减负荷装置中，全部开关量输出经光电隔离可输出如下三种类型的控制信号。

(1) 跳闸命令：用以按级次切除的负荷。

(2) 报警信号：指示动作级次、测频故障报警等。

(3) 重合闸动作信号：对于设置重合闸功能的情况，则能够发出重合闸动作信号。

22.5.6　串行通信接口

提供 RS485 和 RS232 的通信接口，可以与保护管理机等通信。

22.6　防止低频减载自动装置误动作措施

低频减载自动装置误动作情况分析如下。

1. 低频继电器触点抖动而产生误动作

电压突然变化时，在频率敏感回路中产生过渡过程，从而引起频率继电器触点抖动。由于触点抖动接通的时间很短，只要低频减载装置带 0.5s 动作时限即可防止误动作。

2. 短路故障造成频率下降而引起误动作

如在带电抗器的电线引出线上发生短路故障时，由于电抗器的作用，使母线电压较高，所以非故障线路的用户基本不受影响，但短路电流在故障线路上的有功损失可能达到 50～70MW，这在容量为 300MW 以下的系统中会引起较大的功率缺额，从而引起频率下降。若切除故障带有时限，就会使低频减载自动装置误动作。待故障切除后，系统不存在功率缺额，频率将逐渐恢复正常，因而低频减载自动装置的上述动作使不允许的。防止上述误动作措施有：

(1) 加速切除故障。

(2) 采用按频率自动重合闸来纠正。即当系统频率恢复时，将低频减载自动装置断开的负荷按频率恢复情况自动重合，从而恢复供电。应当指出，在出现功率缺额时，低频减载自动装置动作后，频率恢复时，重合闸不应动作。为此，按频率自动重合闸的动作应按频率恢复速度的快慢决定。由故障引起的频率下降，故障切除后，频率恢复得快，按频率自动重合闸应该动作。而系统真正有功缺额时，低频减载自动装置动作后，频率恢复慢，按频率自动重合闸不动作。

（3）系统中旋转备用容量起作用前，低频减载自动装置可能误动作。系统出现功率缺额时，首先应考虑投入旋转备用容量，如果投入旋转备用后，频率开始回升，弥补了功率缺额，则低频减载自动装置不应动作。但旋转备用发挥作用需要时间，特别是水轮发电机、由于调速机构动作慢（约10～15s），因此在其过程中由于频率的下降可能出现低频减载自动装置误动作的现象。

（4）防止这种误动作的措施是使低频减载自动装置前几级带长达5s的时限，或采用频率恢复到额定值时对被切负荷进行自动重合。

3. 供电电源中断，负荷反馈引起低频减载自动装置误动作

在地区变电所，供电线路重合闸期间，负荷与电源短时解列，地区中用户电动机仍继续旋转，此时同步电动机、调相机及感应电动机会产生较低频率的电压，其综合电压的幅值将随时间逐渐衰减，其频率也逐渐降低。而低频继电器动作功率很小，因此，在上述情况下，会引起低频减载自动装置动作切去负荷。待自动重合闸或备用电源自动投入装置动作，恢复供电时，这部分负荷以被切去。

为防止这种误动作，可采用如下措施：

（1）缩短供电中断时间，即加速自动重合闸或备用电源自动投入装置的动作时间，从而使频率下降得少些。

（2）使低频减载自动装置带延时，躲过负荷反馈的影响。对具有大型同步电动机的场合，需用1.5s以上延时，对小容量的异步电动机，需用0.5～1s的延时。

（3）加电流闭锁或电压闭锁。将电流继电器接在电源主进线或主变压器上。其控制的动合触点与低频继电器动合触点串联，形成“与”的关系。当电源中断后，电流或电压继电器失电，动合触点打开，即使低频减载自动装置因电机感应产生的低频电压而误动，其动合触点闭合，因二者触点串联，无法接通直流控制回路，也就无法接通出口继电器，进而无法去切负荷，起到闭锁的作用。电流继电器的动作电流应小于流过设备上的最小负荷电流，以便正常运行不误闭锁低频减载自动装置。

（4）采用滑差闭锁。滑差闭锁就是利用频率下降的变化速度来区分是系统功率缺额引起的频率下降还是负荷反馈引起的频率下降。运行经验表明，频率的变化速度$\frac{\mathrm{d}f}{\mathrm{d}t}<3\mathrm{Hz/s}$，可认为是系统功率缺额引起的频率下降，低频减载自动装置不闭锁。而当频率的变化速度$\frac{\mathrm{d}f}{\mathrm{d}t}>3\mathrm{Hz/s}$，可认为是负荷反馈引起的频率下降，低频减载自动装置应闭锁。

项目 23　孤立小受端系统的低频减载系统设计

电力系统的频率偏移是具有高斯分布的随机参数，即具有不确定性。而频率是电力系统运行最重要的参数之一，系统频率变化过大会对发电机和系统的安全运行带来严重影响。

“三道防线”的概念是我国老一代电力工作者对电力技术的重要贡献，意在通过不同的控制手段尽量降低故障造成的损失。在一般故障发生时，由第一道防线保证不中断供电；在严重故障发生时，由第二道防线保证不失去系统的完整性；在特别严重的故障发生而被迫解列后，由第三道防线尽量减少停电规模和停电时间。

低频减载作为保证电网安全稳定运行“三道防线”中的最后一道防线，在整个系统或解列后的局部系统出现功率缺额时，能够有计划地按频率下降情况自动切除部分负荷，防止发生电压崩溃，提高受端系统的抗干扰能力。当受端电网尚缺乏强有力的电压支持时，在受端电网中配置必要的低频减载装置以及连切负荷装置，在故障时切除部分负荷，是确保整个大电网稳定运行的必要措施。

现代电力系统的主要特征是大容量机组，超高压线路以及大范围远距离输电。这种互联系统在取得很高经济效益的同时，也削弱了在大扰动下系统维持频率稳定性的能力。如果发生恶性频率事故，则波及面更广，影响更大。多样化的功率短缺事故是现代联合动力系统的特点。当产生严重的功率缺额而导致系统频率迅速下降时，可能出现的系统崩溃过程持续时间为几十秒，甚至只有几秒。在这样短的时间内，要人工做出明确的决策是很难的。如果调频装置不能快速释放旋转备用容量，使系统频率尽快恢复，那么自动减载装置将作为最后的补救措施而动作，阻止系统的频率继续下降，从而避免系统出现“频率崩溃”的结果。

传统的低频减载采用“逐次逼近”式的方案。它预先估计系统的功率缺额，在电力系统发生事故，系统频率下降的过程中，按照不同的频率整定值顺序切除负荷，以达到稳定系统频率的目的。但这种方法是根据系统最严重故障下的频率绝对值来整定，虽然可以有效地阻止频率的下降，但没有考虑到运行时的具体情况，以及事故的不同等级，往往会造成过切，造成不必要的经济损失。

由于特定的地理条件，世界上有许多中、小规模的孤立小受端系统，这一类系统通过联络线从外部输入部分功率以供应本地负荷。一旦联络路线全部跳开，则完全成为带一定有功缺额的孤立系统。相对大系统大电网来说，此类系统惯量小，储备少甚至没有，并且极易受到大扰动的影响。

23.1　低频减载（UFLS）方案及原理

23.1.1　低频减载方案

调节系统功率不平衡主要有两种措施：增加功率输入或切负荷。当事故发生，出现功率缺额时，系统旋转备用容量将积极、尽可能快地阻止系统崩溃，这一方案称为低频调速控制(UFGC)。但当系统发生严重事故，旋转备用容量不足以弥补系统功率缺额时，就应该有选择的切掉一部分负荷，从而阻止频率下降，这一方案称为低频减载（UFLS）。由于现代电网经济运行的要求，系统的备用容量偏低，低频减载成为严守第三道防线，防止系统崩溃的重要手段。

考虑低频减载方案时，应从以下几点出发：

（1）系统安全运行的最低频率值，即频率危险点。

（2）切负荷量，即在系统严重故障时，防止系统崩溃的最大切荷量。

（3）不同的频率点，即在什么频率时开始切负荷，系统安全运行的最低频率值，由系统设备的运行要求来决定。

（4）切负荷动作频率的步长的数量和大小。

23.1.2 基本轮和后备轮

电网中应分别装设基本轮（基本级）和后备轮（附加级）低频减载装置。基本轮的任务在于，阻止频率的快速下降，避免事故后的系统频率长期悬浮于某一过低数值上。后备轮的任务在于，防止基本轮动作后频率滞留在某一不允许的水平上或防止频率缓慢降低，需等待系统的旋转备用发挥作用之后，才确定其是否动作。

23.1.3 UFLS工作原理

如图23.1所示为一种典型的系统发生功率缺额时，传统低频减载装置实现按频率逐级减载的过程中，系统频率的变化轨迹图。

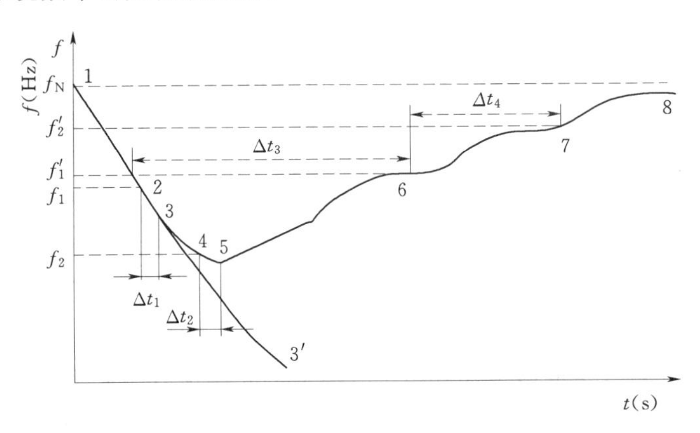

图23.1 系统频率的变化过程图

如图23.1所示，在故障发生前系统频率稳定在额定值 f_N，假如在点1系统发生了大量的有功功率缺额，系统频率将急剧下降。当频率下降到基本轮首轮动作频率整定值 f_1 时，第一轮低频继电器启动，在延时 Δt_1 后，切除一部分负荷。如果功率缺额比较大，第一轮减载后，系统频率还会继续下降。考虑到第一轮减载的作用，系统频率将按照曲线3～4下降，而不是按照曲线3～3′下降。当频率下降到基本轮第二轮动作频率整定值 f_2 时，第二轮低频继电器启动，延时 Δt_2 后，又切除一部分负荷。此时系统频率开始回升，但由于系统频率长时间悬停于后备轮首轮频率整定值 f'_1 之下，时间达到首轮动作整定值 Δt_3 后，后备轮减载第一轮，切除一部分负荷。由于系统频率仍然低于后备轮第二轮频率整定值 f'_2，时间达到第二轮动作整定值 Δt_4 后，后备轮第二轮减载，又切除一部部负荷，之后系统频率慢慢恢复至正常工况。

图23.1所示为基于典型工程应用的示意图，用于说明图23.2所示的传统低频减载装置

动作过程。其中，低频减载装备启动门槛选择为采集频率低于49.5Hz达50ms时间；f_1、f_2、f_3 和 f'_1、f'_2 分别是低频减载基本轮和后备轮的各轮动作频率整定值；T_1、T_2、T_3 和 T_{s1}、T_{s2} 分别是减载基本轮和后备轮的各轮动作延时整定值。

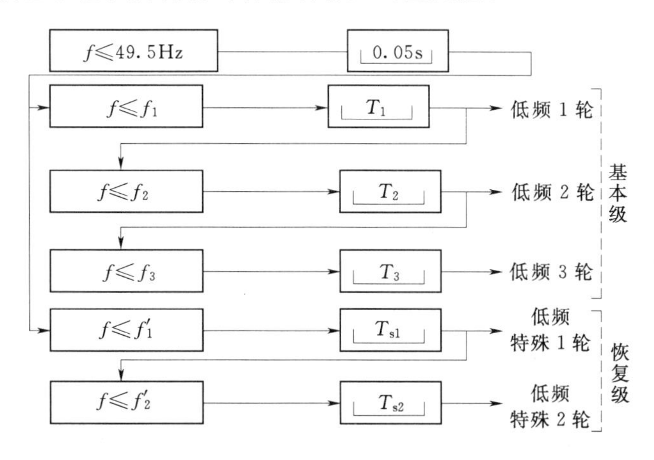

图23.2　传统低频减载示意图

23.2　孤立小受端系统中频率紧急控制必须解决的特殊问题

23.2.1　孤立小受端系统的特点

与大系统大电网相比，孤立小受端系统有其自身特点；

（1）系统中机组和负荷相对集中，便于对发配电集中统一管理，为在全局层次上的优化控制提供了现实基础。

（2）系统的发电功率、机组投退可以实时测量，通过记录扰动发生前各机组出力或联络线功率等数据，可以实时识别出当前的功率缺额。

常规的低频减载装置通常在动作前带延时以防止误动，而延时措施使得电网有功功率缺额引起频率下降时，必然会消极等待频率下降到动作值以下，再经过一段延时才能切除负荷。但当延时到达时，电网实际频率可能已下降到动作频率值以下，下降的深度视频率变化率的大小而定。电网有功功率缺额越大，频率下降速度越快，频率下降越深。当频率严重下降最终突破第三道防线时，必然导致电网频率崩溃，最后造成大面积停电事故。孤立小受端系统惯量小、储备少甚至没有，又极易遭受大的扰动，因此相对于一般互联系统而言，这种情况更为突出。

23.2.2　紧急轮概念的引入

在原有低频减载“基本轮＋后备轮”模式的基础上，提出了紧急轮的概念，即将按照频率滑差 df/dt 的大小加速切负荷所构成的轮次定义为紧急轮，使低频减载形成了“基本轮＋紧急轮＋后备轮”的新模式。

频率滑差 df/dt 是指电网有功功率平衡遭到破坏后，系统频率的变化速度。在系统有功功率重新平衡的动态过程中，df/dt 不断变化。在频率紧急控制装置中，df/dt 一般以微小时间段内频率的变化来测量，即

$$\frac{df}{dt}=\frac{\Delta f}{\Delta t}=\frac{[f_k-f_{(k-\Delta t)}]}{\Delta t} \tag{23.1}$$

式中 f_k——k 时刻的系统频率值；

$f_{(k-\Delta t)}$——$k-\Delta t$ 时刻的系统频率值。

频率滑差 df/dt 在频率紧急控制装置中主要有两种功能：一是加速功能，即在电力系统有功功率缺额（或余额）较大时，加速切负荷（或机组），尽早抑制频率的大幅度变化，防止出现频率稳定破坏事故；二是闭锁功能，主要是用以防止由于系统短路、负荷反馈等非正常情况可能引起的装置误动作。

基本轮动作轮级、各轮动作频率特别是首轮动作频率，按常见的功率缺额方式确定。紧急轮定义为按照滑差 df/dt 大小加速切负荷构成的轮次，如将基本轮第一轮启动时加速切基本轮第 2 轮的轮次定义为紧急第 1 轮，将基本轮第 1 轮启动时加速切基本轮第 2、第 3 轮的轮次定义为紧急第 2 轮，依次类推。

孤立小受端系统容量不大，当系统中有很大冲击性负荷时，系统频率将瞬时下降，可能引起低频减载装置误动作，错误地断开负荷。频率滑差闭锁可以有效地防止装置误动作。当满足 $\frac{df}{dt}\geqslant\left(\frac{df}{dt}\right)_{dz3}$ 时，不进行低频判断，闭锁出口。

（1）频率缓慢下降时的判别式。

$f\leqslant f_{qd}$、$t\geqslant t_{qd}$ 低频启动；

$\downarrow f\leqslant f_{dz1}$、$t\geqslant t_{dz1}$ 基本轮第 1 轮动作；

$\downarrow f\leqslant f_{dz2}$、$t\geqslant t_{dz2}$ 基本轮第 2 轮动作；

$\downarrow f\leqslant f_{dz3}$、$t\geqslant t_{dz3}$ 基本轮第 3 轮动作；

$\downarrow f\leqslant f_{dz4}$、$t\geqslant t_{dz4}$ 基本轮第 4 轮动作。

（2）有功缺额大、频率下降较快时的判别式。

$f\leqslant f_{qd}$、$t\geqslant t_{qd}$ 低频启动

$\downarrow f\leqslant f_{dz1}$、$t\geqslant t_{dz1}$、$\frac{df}{dt}\leqslant\left(\frac{df}{dt}\right)_{dz1}$ 基本轮第 1 轮动作

$\left(\frac{df}{dt}\right)_{dz1}\leqslant\frac{df}{dt}\leqslant\left(\frac{df}{dt}\right)_{dz2}$ 紧急第 1 轮动作（切基本轮第 1 轮，同时加速切第 2 轮）

$\left(\frac{df}{dt}\right)_{dz2}\leqslant\frac{df}{dt}\leqslant\left(\frac{df}{dt}\right)_{dz3}$ 紧急第 2 轮动作（切基本轮第 1 轮，同时加速切第 2、3 轮）

上各式中 f_{qd}、t_{qd}——装置的低频启动定值和启动延时定值；

f_{dzi}、t_{dzi}——基本轮第 i 轮的动作定值和延时定值；

$\left(\frac{df}{dt}\right)_{dz1}$、$\left(\frac{df}{dt}\right)_{dz2}$——紧急第 1 轮和紧急第 2 轮的动作定值；

$\left(\frac{df}{dt}\right)_{dz3}$——滑差闭锁定值。

23.2.3 df/dt 符号判据的引入

上述方案提出了紧急轮的概念，使低频减载形成“基本轮＋紧急轮＋后备轮”的新模式，以达到减少过切的目的。但是，严格地说，df/dt 加速的整定值是很难准确整定的；并且由于电网运行方式的多变，往往会造成单一的 df/dt 定值不能较好地满足多种系统运行方式的要求。

为了扩充了频率滑差 df/dt 的应用，引入了 df/dt 符号判据。在系统频率的下降过程中（df/dt≤0），开放基本轮的出口；在系统频率的回升过程中（df/dt≥0），闭锁基本轮出口以充分利用系统的备用容量；经系统自动调整 10～15s 后，再由后备轮恢复系统频率至额定值附近。

引入滑差 df/dt 的大小及符号判据的低频减载控制系统流程如图 23.3 所示。

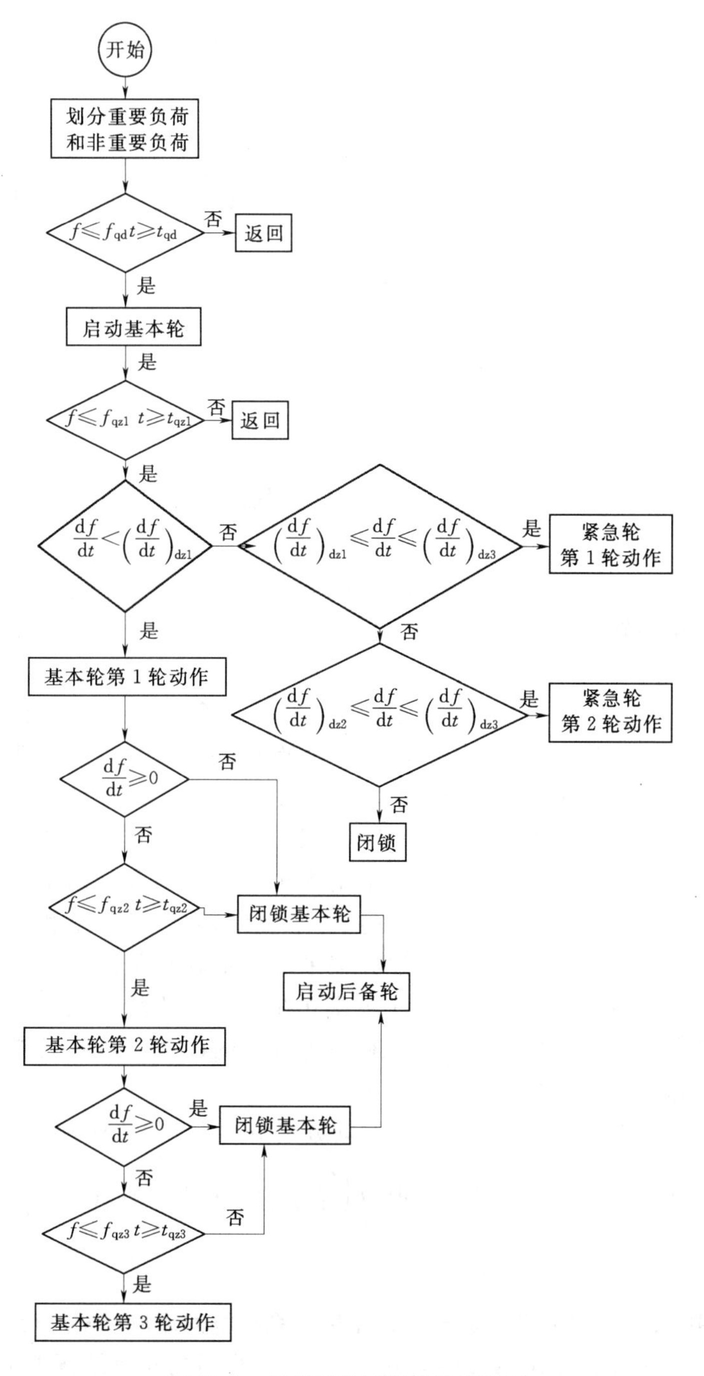

图 23.3　低频减载控制系统流程图

23.2.4 特殊考虑

计及频率滑差判据的低频减载方案的应用，给电力系统的安全稳定运行带来了积极的作用，但该类装置应用于孤立小受端系统，还必须考虑以下问题：

(1) 低频减载各轮启动值的确定。由于互联大系统与孤立小受端系统对系统频率控制能力的不同，对频率控制的要求也不一样。其中，孤立小受端系统运行时所允许的频率波动范围较大，如果低频减载各轮的启动值与大系统相同，在孤立小电网正常负荷波动时，也可能引起装置误动作。因此，对于孤立小受端系统，其低频减载各轮启动值应单独考虑。

(2) 设置 df/dt 死区，防止过切。由于孤立小受端系统的特点，有功功率的较小不平衡量将引起系统频率的较大变化，过切的后果是严重的。设置 df/dt 死区以防止过切，对于该类系统来说，非常重要。

在系统频率的恢复过程中，以及小电网孤立运行时的正常负荷波动时，电网的 df/dt 值都较小，能够较好地与事故状态下的 df/dt 值进行区分。因此，在计算中，通过设置一个 df/dt 死区，即：当 df/dt 的绝对值小于某一值时闭锁基本轮；当 df/dt 的绝对值大于某一值时开放基本轮。

23.3 仿真验证

利用电力科学研究院推广的 PSASP 电力系统综合分析程序进行仿真建模，对孤立小受端网络在大功率缺额下的频率变化过程进行仿真，比较了原有方案和新方案的控制效果。

典型孤立小受端系统的仿真模型如图 23.4 所示。负荷分为重要负荷和非重要负荷两类，各占该系统负荷总量的 40%和 60%，此处低频减载的对象是非重要负荷。在对传统方案的仿真中，设置基本轮三轮，备用轮两轮，其启动频率、级差和各轮切负荷量按常用方案整定：启动频率 $f_{qd}=49.0\text{Hz}$，级差 0.3Hz。非重要负荷中，60%均分给三个基本轮，10%均分给两个后备轮。在新方案的仿真中，启动频率、级差和各轮切负荷量与上述方案中的基本轮和备用轮一致，这样，对比试验将建立在一致性的基础上。为了方便对比新方法和现行方法的优劣，在此只考虑基本轮的作用效果。

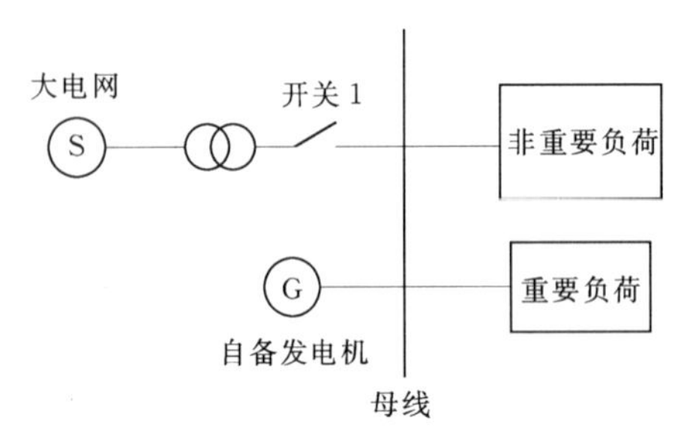

图 23.4 孤立小受端系统仿真模型

新方案中，紧急第 1 轮和紧急第 2 轮的动作定值为 $\left(\frac{df}{dt}\right)_{dz1}=0.2\text{Hz/s}$、$\left(\frac{df}{dt}\right)_{dz2}=0.5\text{Hz/s}$，滑差闭锁定值 $\left(\frac{df}{dt}\right)_{dz3}=2\text{Hz/s}$。

在图 23.4 中，$t=1\text{s}$ 时开关 1 断开，该小区和系统解列形成孤网运行，解列前该小区总有功负荷为 8MW，其中从系统 S 吸收有功 4MW，解列后的功率缺额占解列前整个系统功率的 50%。新方案和现有方案的全过程控制效果如图 23.5 和图 23.6 所示。

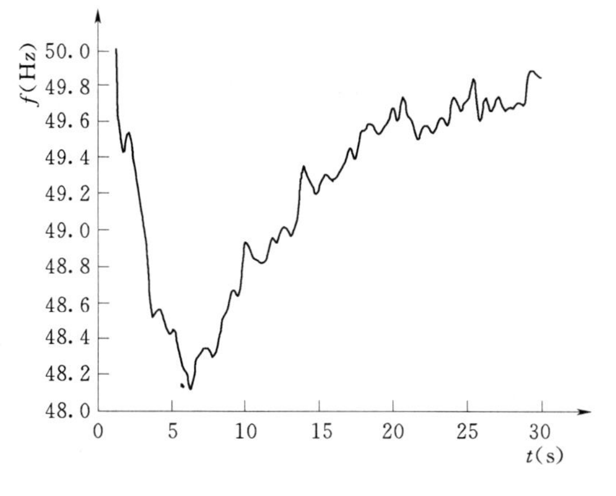

图 23.5　新方案控制效果图

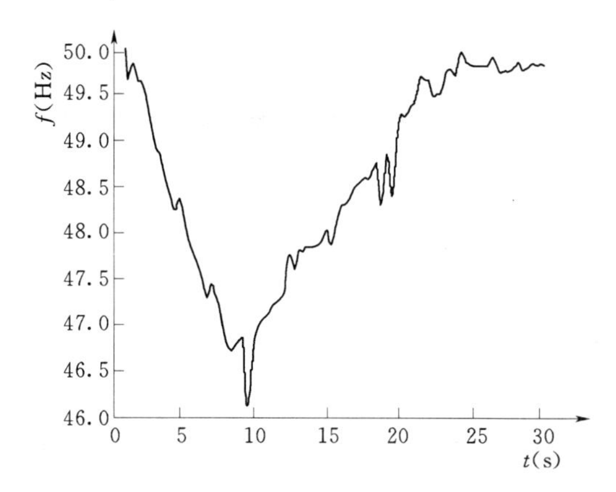

图 23.6　现有方案控制效果图

由图 23.5 和图 23.6 的对比可知，在系统出现巨大功率缺额时，按现有的 UFLS 方案，系统频率会降到很低的水平，甚至会下降到接近 46Hz，并且在 9s 的时间才开始回升。在新的 UFLS 方案中，系统频率最低仅会降至 48.1Hz，并且在 6s 时就开始回升。

项目 24　典型低频减载自动装置故障分析及措施

1. 事故一

(1) 事故描述。侯家湾变电站安装了一台 UFV—202A 型低频、低压减载屏，用于低频、低压减载或低频低压解列。该装置同时测量两段母线（110kV 南、北母线）电压、频率，并要求两段母线为同一系统，才能保证正确动作；对两段母线可能为不同系统而需要分别动作时，装置将拒动，侯家湾变电站就遇到了类似的情况。

正常运行方式：110kV 侯家湾变电站的 110kV 母线运行方式为双母分列运行，110kV 母线备自投按母联方式投入，其主接线图如图 24.1 所示。正常运行时侯 110kV 南母由 220kV 沙港变电站的 110kV 母线供电，110kV 北母由 220kV 信阳变电站的 110kV 母线供电。正常情况下沙港 220kV 变电站、信阳 220kV 变电站通过 220kV 线路互联，其相关接线图如图 24.2 所示，所以尽管侯 110kV 南、北母线分列运行，但频率为同一系统频率的低频。

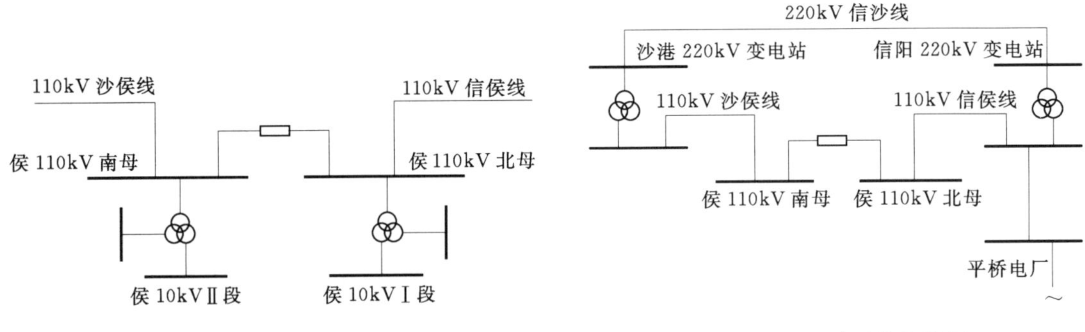

图 24.1　侯家湾变电站主接线图

图 24.2　相关系统接线图

河南省网与信阳电网的两条联络线突然跳闸，造成信阳电网孤网运行，如果联络线跳闸前省网向信阳电网输送大量的电力，则信阳孤网因网内电厂出力小于用电负荷，会产生频率下降；对于侯家湾变电站的 110kV 南、北母线同时出现频率下降，当装置对频率进行判断，频率满足动作条件，则自动切除整定的负荷线路，装置能正确动作。

220kV 沙港变电站的主变突然跳闸，因沙港 110kV 系统没有电厂支持，沙港 110kV 系统的电压、频率立即降到零，对于此时沙港 110kV 母线供电的侯家湾变电站 110kV 南母电压、频率也降到零。而由 220kV 信阳变电站的 110kV 母线供电的侯家湾变电站 110kV 北母频率、电压正常。低频减载装置可靠不动作，装置判断正确。

220kV 信阳变电站的主变突然跳闸，信阳 110kV 母线系统与平桥电厂组成跳闸后的孤网，当主变跳闸前主变的潮流为由 220kV 下灌到 110kV 母线，孤网的电压、频率将下降。此时侯家湾变电站 110kV 北母频率为孤网频率，而侯 110kV 南母频率为沙港 220kV 系统的正常频率，此时侯变电站低频自动减载装置虽然感受到侯 110 kV 北母频率下降到减载的定值，却因 110 kV 南母频率正常，发出装置异常的信号，拒绝动作。由此因孤网频率下降时

需自动减载的装置拒动，减少了减载容量，严重时造成平桥电厂因频率崩溃。

（2）事故原因分析。分析侯家湾变电站装设低频低压减载装置的动作原理，发现装置的动作逻辑只适应侯家湾两段母线为一个系统供电的情况，基于统一系统频率相等的原理，装置对两组母线的电压与频率统一判断；如果一段母线的频率或电压满足动作条件，立即进行另一母线频率或电压的复核；如果另一母线的频率或电压满足动作条件才动作相应的出口回路。如果装置对侯 110 kV 南、北母线的频率或电压只判断出一个正常，一个不正常则装置不发出动作命令，而发出某段 TV 异常信号。因此在发生 220kV 信阳变电站主变跳闸平桥电厂带着信阳变 110kV 系统孤网运行时，因孤网出现有功功率缺额，而处于孤网中的侯家湾变电站 110kV 北母电压频率降低时，侯变低频减载装置拒绝切除侯变负荷，但发出侯家湾变 110kV 北母 PT 异常的信号。究其原因，是装置不能适应两组母线独立运行。

（3）事故处理措施。

方法一：鉴于侯家湾变可能出现的运行方式，为了根本解决上述问题，最好的办法是增添新的低频、低压减载设备，实现侯 110kV 南、北母线各专用一台 UFV—202A 设备。此方案虽然可行，但需新添设备，改造旧设备接线，时间周期长，投资也较大。

方法二：改变侯家湾的母线运行方式，由侯 110kV 双母分列运行改为双母并列运行，使侯 110kV 双母线始终由一个 220kV 变电站供电，110kV 备自投按进线备自投方式投入。此方案简单，不用投资。但是作为一个双条 110kV 进线、双台主变的变电站的运行可靠性减低，同时运行方式安排过于复杂。

方法三：对侯家湾变电站的低频、低压减载装置的软件进行修改，对装置的动作逻辑改为双母线独立运行电压频率测量方式，并对切除回路进行改进；此方案虽说有难度，但可从根本上解决不同方式下的拒动问题。

经认真讨论，决定采用方法三，将装置的测量及动作原理改进为对两组母线的电压与频率分别进行判断；如满足动作条件，则切除该组母线所带的出口回路，两组母线独立运行，互不干涉对方。同时对跳闸出口回路也进行了改造，如某一组母线电压和频率满足动作条件，则切除该组母线所带的出口回路。将原来侯家湾变电站的低频自动减载的出口跳闸回路只与装置发出的轮次有关，与回路所在的母线无关，改为与装置发出的轮次与回路所在的母线都有关的跳闸控制方式。

改进后的侯家湾变电站的低频、低压自动减载装置，经过厂家及技术人员严格的测试及带电拷机运行，能够完全适应侯家湾变电站双母、双变分列运行方式，使侯家湾变电站的低频自动减载容量，不仅满足省网与信阳电网解列时自动减载，而且在发生信阳 220kV 主变断面解列时侯变也能恰如其分地切除信阳变电站所带的侯家湾变电站负荷，满足了信阳变电站 110kV 系统孤网运行的安全。

2. 事故二

（1）事故描述。昌都电网内有三个主力发电厂（金河电厂、昌都电厂、沙贡电厂），总装机容量为 71.2MW，负荷水平较低，而且昌都电网是独立的网络，承受系统负荷变化和频率震荡的能力较低。在出现负荷波动较大的时候，发电厂出力不能及时跟随负荷变化，造成系统频率的震荡，而且在中性点不接地的配电网中由于电压互感器会产生低频的震荡电流分量，也会造成系统的频率震荡。昌都电网由三个主力电厂、一个 110kV 变电站和七个 35kV 变电站构成，独立运行，没有与西藏主网相连。网络结构较为薄弱，承受系统震荡的能力较小，在突遇主力电厂停机或减负荷时容易引起电网的震荡甚至崩溃。昌都电网主接线图如图 24.3 所示。

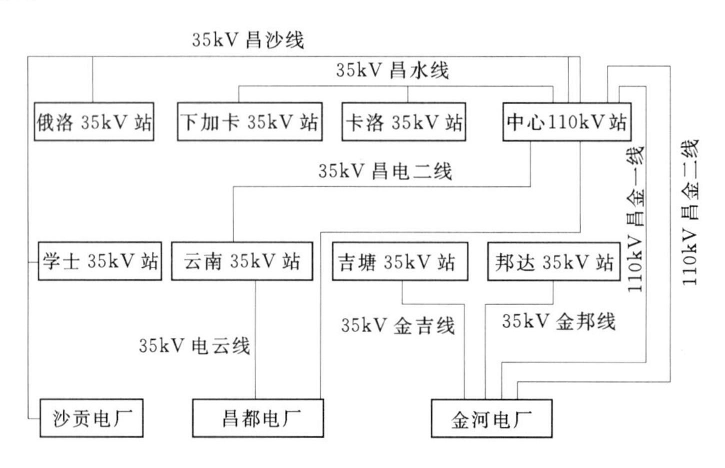

图 24.3 昌都 电网主接线图

如图 24.3 所示，昌都电网的主干网是金河电厂到中心变电站的双回 110kV 输电线。金河电厂装机为 4×15000kW，昌都电厂装机为 4×2000kW；沙贡电厂装机为 4×800kW，主要由金河电厂供昌都负荷。

事故发生时沙贡电厂已退出运行，金河电厂一台发电机带 9000kW 负荷，到中心变的两回线 110kV 线路只投了一回；昌都电厂两台发电机带 3500kW 负荷。在停了昌庙线 1200kW 负荷、1min 后送上时就出现了系统震荡，0.3s 低频减载装置动作切除了三轮负荷。昌都电厂通过手动将发电机负荷减掉（机组放在手动调速），系统才恢复正常。在整个事故过程中昌都地区甩掉了大部分负荷，造成了大面积的停电。

在事故的故障录波数据中可以清楚地看到当时出现了频率震荡，有低频振荡分量的存在。这可能是由于中性点不接地的配电网中电压互感器会产生低频的震荡电流分量。

(2) 事故原因分析。在中性点不接地的配电网中常会发生电压互感器（TV）饱和引起的铁磁谐振，但系统对地电容增大后即可避免。但系统单相接地或弧光接地故障时，仍有 TV 高压熔丝频繁熔断甚至 TV 烧毁的现象，其原因是系统超低频振荡；接地电弧熄灭后，TV 和对地电容组成的零序回路中会产生很大的频率仅几赫兹的零序自由振荡电流分量。

中性点不接地电网单相接地消失瞬间，健全相对地电容储存的电荷重新分配，形成的直流电荷经中性点接地的 TV 泄放（图 24.4），所构成的零序振荡回路的频率在对地电容较大时就很低，对应的低频磁链使 TV 瞬时饱和，形成超低频饱和过电流。

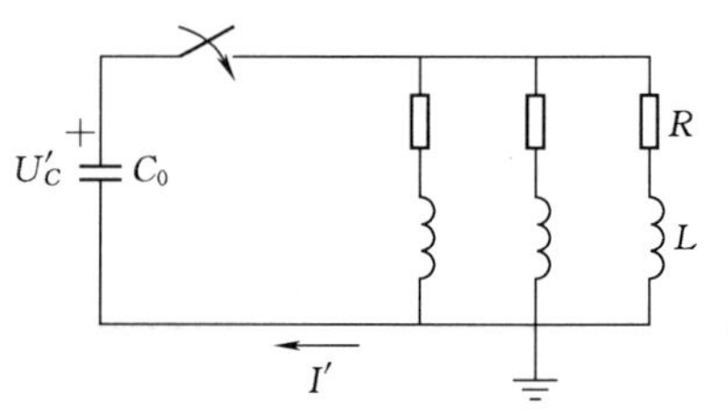

图 24.4 直流电荷泄放回路

图 24.4 中，R、L 分别为 TV 的损耗电阻和饱和电感；C_0 为每相对地电容，电容上电压为 U_C，电弧熄灭时刻电压为 U'_C，电流为 I'；等值零序回路电阻（即 R）一般小于 $2\sqrt{L/C}$。单相接地电弧熄灭（即等值零序回路接通）会发生自由振荡。流经 TV 每相的振荡电流分量 i'' 为

$$3C_0\left(\frac{L}{3}\right)\frac{d^2u_C}{dt^2}+3C_0\left(\frac{R}{3}\right)\frac{du_C}{dt}+u_C=0 \tag{24.1}$$

$$i''=-\frac{1}{3}\times 3C_0\frac{du_C}{dt}$$

其解为
$$i''=-e^{\sigma t}\left(\frac{U'_C}{\omega_1 L}\sin\omega_1 t+I'\left(\cos\omega_1 t-\frac{\sigma}{\omega}\sin\omega_1 t\right)\right)$$

式中，$\sigma=\frac{R}{2L}$，$\omega_1=\sqrt{\omega_0^2-\sigma^2}$，$\omega_0=\frac{1}{\sqrt{LC_0}}$。

线电压下 35kV 配电网常用的 JDZJ 型 TV，$L\approx1500$H，$R\approx1800\Omega$。电网金属接地的电容电流 1～50A（对应的电容约为 0.18～9.19μF）时，自由振荡频率约 9.7～1.4Hz。因 TV 电感的非线性，1.1 倍线电压下仅 1000H，自由振荡频率会提高，此过程持续时间很长，其衰减常数为：$\tau=1/\sigma=2L/R=1.7\sim1.1$s。

如电弧重燃再熄弧，直流电荷的积累及 TV 磁路的饱和将使激磁电流进一步升高。另外，实际流过 TV 一次绕组的电流还应包括正序强制分量。这种零序自由振荡电流分量会引起系统的频率震荡，在昌都电网这次频率震荡可能就是由于在中性点不接地的配电网中常会发生电压互感器（TV）饱和引起的铁磁谐振而引起的。系统频率震荡后就引起了低频减载装置的动作。这种过电流并非是铁磁谐振引起，故 TV 开口三角绕组并接消谐器的措施无效；增大对地电容（即减小 X''）和增大 X_L 则使超低频震荡的频率更低，减小 X'' 还会使该过电流增大；增大 X_L 时，采用伏安特性好的 TV 可抑制该过电流，但是减小系统内 TV 并联台数则会因减少分流而增大过电流。

1990 年能源部在大连召开了全国电力系统低周减载运行工作会议，并颁发“电力系统自动低频减负荷暂行技术规定”。为适应系统运行需要，西藏电网统一实行了低频减载方案：

基本一轮，49Hz；

基本二轮，48.75Hz；

基本三轮，48.50Hz；

基本四轮，48.25Hz；

基本五轮，48.00Hz；

基本六轮，47.75Hz。

基本轮动作时限 0.5s，并增设一级特殊轮，动作频率为 49Hz，动作时限为 20s。在昌都电网这次系统频率震荡的过程中，低周减载装置动作了三轮，在切除大量负荷后才使系统恢复正常。

昌都电网是一个孤立的小网络，其受电方式的可靠性是个很重要的问题。一旦金河电厂出力不足或昌金一、二线故障跳闸都会出现大量的功率缺额，无论处理多及时都会出现功率损失。但为了保证重要用户的供电，牺牲一部分地区的供电是必需的。因此在制订低频减载线路时应考虑两点：①按负荷重要性质，减载装置动作后，应绝对保证地区党政机关、医院、电力调度等重要用户供电，为尽量使全县停电面积压缩在较小范围内，与其他 35kV 变电所连接的输电线、供电区域较大的 10kV 轻载线路不参加减载；②在尽可能做到小水电专线供电的情况下，对这种专用线路不参加减载。

(3) 事故处理措施。目前，防止低频减载装置误动的方法一般采用下列四种：

1) 时限闭锁。由于负荷反馈电压衰减的时间常数与负荷的构成有关，最严重的情况是

从额定电压 U_0 下降至 0.15U_0 的时间长达 1s 以上，在 1s 左右反馈电压的频率往往低于低频继电器的动作频率，若装置处残压在 0.15U_0 以上时，低频继电器有可能动作。为了防止此种情况下低频减载装置误动，一般低频减载装置的出口延时必须大于 1.5s 才能有效地防止最严重情况下的误动。而目前所采用的 0.5s 延时是不能有效地防止低频减载装置误动的。

2）电压闭锁。电压闭锁值的整定应保证：①在短路故障切除后的最低运行电压时，电压继电器的接点能可靠闭合；②当电源中断后，在负荷反馈电压下能可靠闭锁。故闭锁电压整定值可取最低运行电压 0.6～0.7 倍，并考虑最低运行电压为（0.85～0.9）U_0，所以，低电压继电器电压整定值取额定电压的 0.5～0.6 倍。

3）电流闭锁。电流闭锁的原理是利用电源中断时该电流为零的特点进行闭锁。此种方法可以有效地防止负荷电压引起低频减载装置的误动。但采用电流闭锁方法时，最小负荷电流应考虑上一轮低频减载切除后的负荷变化而不致闭锁下一轮减载装置。

4）滑差闭锁。低频减载装置采用滑差闭锁方式的原理是基于当系统发生功率缺额时，频率下降的速度比供电电源中断（即全站失压）时，电动机反馈电压的频率下降速度慢很多的特点来区分系统功率缺额事故和供电电源中断造成的频率降低事故，也就是当发生功率缺额事故时，低频减载装置不被闭锁，此时，装置正确动作切除负荷；当供电电源中断，由于负荷反馈电压频率的作用，装置能可靠闭锁，不应切除负荷，电流线路重合成功时，即可恢复供电。

但要使昌都电网能够具有更好的抵御系统震荡的能力还需要大力加强电网建设，只有坚强的电网才能满足日益增长的用电需要。昌都电网还需要扩大装机容量，增加 110kV 线路，提高系统的供电可靠性。

模块8 小 结

本模块主要介绍了低频减载自动装置的原理和接线；孤立小受端系统的低频减载系统设计；典型事故的分析与解决途径。

（1）当电力系统因事故发生有功功率缺额引起频率下降时，低频减载自动装置能根据频率下降的程度，自动断开部分次要负荷，以阻止频率过度降低，保证系统的稳定运行和重要负荷的连续供电。

（2）电力系统中装设的 UFLS 装置包括快速动作的基本级和带长延时的附加级两种。

UFLS 装置的基本级根据负荷的重要性按频率分为若干级，实行分级切除，动作频率越低，UFLS 装置所切除的负荷越重要，其动作时限一般为 0.5s。

UFLS 装置设有带长延时的附加级，以防止基本级动作后频率仍停留在不允许的水平上。

（3）UFLS 装置所切除的负荷总额应根据系统实际可能出现的最大功率缺额确定。各级 UFLS 装置所切除的负荷值应根据负荷调节效应和该级的动作频率确定。

（4）对感应型、晶体管型和数字型三种频率继电器，根据运用情况，着重掌握数字型频率继电器，其特点是利用计数值 N 反应频率的变化。第一级为监视回路，正常运行时，KM_1 动作，信号灯 HL_1 发光，当继电器内部故障时，如失去电源、振荡器停振、计数器停止计数等，KM_1 返回，发出故障报警信号。只有第二级闭锁级和第三级输出级动作后，才

切除相应的负荷。

（5）防止 UFLS 装置误动作的措施中，电压闭锁、电流闭锁和滑差闭锁是为了供电电源中断，负荷反馈引起 UFLS 装置误动。UFLS 装置带延时，可防止低频继电器触点抖动、系统短路故障引起短时功率缺额和系统中旋转备用容量起作用前三种情况下 UFLS 装置可能误动作。

（6）由防止 UFLS 装置误动作的措施，可推导出低频减载保护的原理。

思　考　题

1. 什么是 UFLS 装置？有何作用？
2. 实现 UFLS 装置的基本原则是什么？
3. 试述附加级的作用，它与基本级的整定原则有何不同？
4. 试述 SZH—1 型数字频率继电器的简单工作原理。
5. UFLS 装置误动作的原因有哪些？防止误动作的措施是什么？
6. 说明低频减载保护的原理框图。
7. UFLS 装置由哪些元件组成？各元件的作用是什么？
8. 我国目前使用的频率继电器有哪些种类，功能最完善的哪种？
9. UFLS 装置在什么情况下会发生误动？如何防止？
10. 微机型自动按频率减负荷装置硬件由哪些部分组成？

参 考 文 献

［1］ 楼永仁，黄先生，李植鑫．水电站自动化［M］．北京：中国水利水电出版社，1995.

［2］ 刘忠源，徐和睦．水电站自动化［M］．北京：中国电力出版社，2002.

［3］ 钱武，李生明．电力系统自动装置［M］．北京：中国水利水电出版社，2004.

［4］ 唐检回，黄红荔．电力系统自动装置［M］．北京：中国电力出版社，2002.

［5］ 甘齐顺，陈金星．电力系统自动装置［M］．郑州：黄河水利出版社，2008.

［6］ 高石炳．非同期并列的危害及闭锁装置的应用［J］．科技情报开发与经济，2003，13（7）：115-116.

［7］ 匡全忠，国光海．水轮发电机组自动准同期并网故障解析［J］．水电自动化与大坝检测，2004，28（6）：12-14.

［8］ 彭道林．新型机组并网用自动准同期装置的设计［J］．电力科学与工程，2007，23（3）：62-65.

［9］ 郭权利，郑俊哲，许鉴．新型自动准同期装置设计［J］．沈阳工程学院学报（自然科学版），2006，2（2）：134-136.

［10］ 叶念国．由我国同期装置的现状所引发的思考［J］．电网技术，1998，22（12）：74-77.

［11］ 蒋炜华，张志成．自动准同期并网实验装置的设计［J］．河南机电高等专科学校学报，2010，18（2）：11-14.

［12］ 汪晓兵．发电机微机励磁系统发展趋势及选型参考［J］．中国农村水电及电气化，2005.2/3 合刊：39-41.

［13］ 赫卫国，华光辉，等．大型抽水蓄能机组励磁系统设计［J］．水电自动化与大坝监测，2001.35（3）：25-29.

［14］ 许其品，朱晓东，刘国华．大型发电机励磁系统的设计［J］．水电厂自动化，2009.30（4）：20-24.

［15］ 袁亚洲，许其品．华能澜沧江小湾电站励磁系统的设计与应用［J］．水电自动化与大坝监测，2010.34（5）：18-21.

［16］ 郭成．同步发电机自并励励磁系统研究及仿真［D］．西华大学硕士学位论文，2006，4.

［17］ 闫伟，吴龙，等．同步发电机自并励励磁系统主回路工程设计［J］．水电自动化与大坝监测，2009.33（3）：18-21.

［18］ 郑恩让，张文苑．无刷励磁同步风力发电机励磁系统设计［J］．电机与控制应用，2009，36（7）：10-13.

［19］ 刘芬．两起同步电动机无刷励磁系统故障分析与处理［J］．安徽电子信息职业技术学院学报，2010，9（41）：14-15.

［20］ 田宏梁．一起励磁系统故障分析及建议［J］．宁夏电力，2010，6：23-26.

［21］ 陈芬环．安康水电厂坝体渗漏排水泵故障分析与处理［J］．水电站机电技术，2009，32（3）：87-88.

［22］ 林成法，苏宜健．蝴蝶阀关闭故障分析及处理方法［J］．华电技术，2010，32（2）：54-56.

［23］ 周玉辉．油压装置组合阀笼虫异审声音分衙和处理［J］．电力安全技术，2010，12（9）：54-56.

［24］ 折义，郭颀．汽轮机油系统故障分析及对策［J］．中国新技术新产品，2011，3：177.

［25］ 金伟韧．700MW 机组给水系统故障分析与措施［J］．锅炉技术，2007，38（3）：58-61.

［26］ 方红庆，吴恺，曹居峰．PLC 在水电站自动控制系统中的应用及其串行通讯［J］．山西水利科技，

2002，144（2）：59－61.
[27] 陈国志.PLC在水轮发电机自动控制系统中的应用［J］.云南水力发电，2012，28（5）：89－104.
[28] 李建善.电气制动系统在水轮发电机组中的应用［J］.水电厂自动化，2009，30（4）：49－51.
[29] 王国清.贯流式水轮发电机组自动控制系统［J］.大机电技术，2012，5：53－56.
[30] 唐逸泽.水轮发电机组冷却水自动控制系统设计［J］.大机电技术，2000，5：60－61.
[31] 陈家恒.小湾水电站自动控制系统设计［J］.云南水力发电，1996，1：81－83.
[32] 周荣富.中小型水电站自动控制系统设计［J］.机械与电子，2010，7（1）：182－184.
[33] 杨永福，张启明.大中型水电站计算机监控系统改造设计探讨［J］.水电自动化与大坝监测，2006，30（2）：29－36.
[34] 王惠民，芮钧.龙滩水电站计算机监控系统［J］.水电厂自动化，2007，144（4）：18－24.
[35] 龚传利，邓鹏程，魏志鹏，万元.五凌集控计算机监控系统关键技术［J］.中国知网.
[36] 谭子健.220kV线路重复故障时重合闸拒动原因分析及防范措施［J］.广西电力，2012，2：71－76.
[37] 袁越，张保会.电力系统自动重合闸研究的现状与展望［J］.中国电力，1997，30（10）：45－47.
[38] 曹芬.高压输电线路自适应重合闸技术研究［D］.浙江大学硕士学位论文，2012，3，TM762.
[39] 卓双阳.一起220kV线路多次重合闸事故原因分析及解决措施［J］.电气工程与自动化，2011，306（24）：39－41.
[40] 刘文贵.自动重合闸装置工作原理的定量分析［J］.河北工程技术高等专科学校学报，1996，1：40－43.
[41] 廖衡章.备用电源自动投入方案设计［J］.福建电脑，2002，9：43－44.
[42] 魏光迅.备用电源自动投入装置的发展及应用［J］.机电信息，2010，258（12）：20－21.
[43] 宋国堂.备用电源自动投入装置应用中的误动问题分析及应对措施［J］.电力自动化设备，2010，30（7）：147－150.
[44] 苏宜强.单母线分段接线中备用电源自动投入装置的改进［J］.电力系统自动化，2012，36（22）：1－3.
[45] 王宁.基于PLC备用电源自动投入装置的实现［J］.华电技术，2008，30（3）：33－36
[46] 汪登华.昌都电网频率震荡事故及系统低频减载方案分析［J］.四川电力技术，2006，29（2）：36－38.
[47] 刘显枢.低频低压自动减载装置的研究［D］.山东大学硕士学位论文，2010，4，TM761.
[48] 王君.电力系统低频减载算法的研究［D］.西南交通大学硕士学位论文，2009，5，TM762.
[49] 杜奇壮.电力系统低频减灾研究［D］.华北电力大学硕士学位论文，2007，1，TM76.
[50] 任国威.侯家湾变电站低频低压减载装置的改进［J］.电力系统保护与控制，2009，37（15）：110－111、120.
[51] 黄红荔，唐建辉.自动按频率减负荷装置算法研究［J］.宁德师专学报，2007，19（3）：352－353.